科学出版社“十三五”普通高等教育本科规划教材

国家特色专业建设点建设项目

数学分析立体化教材/刘名生 冯伟贞 主编

数学分析学习辅导Ⅱ

——微分与积分

（第二版）

刘名生 韩彦昌
徐志庭 冯伟贞 编著

科学出版社

北京

内 容 简 介

本书主要研究数学分析中的微分与积分及相关的一些问题. 内容包括一元函数微分学、一元函数微分法的应用、一元函数积分学和多元函数及其微分学等. 本书在内容的安排上, 深入浅出, 表达清楚, 可读性和系统性强. 书中主要通过一些疑难解析和大量的典型例题来解析数学分析的内容和解题方法, 并提供了一定数量的进阶练习题, 便于教师在习题课中使用, 也有利于学生在学习数学分析时练习提高.

本书可以与主教材相关章节配套使用, 也可作为所有学习数学分析或微积分课程的高等学校学生的参考书.

图书在版编目(CIP)数据

数学分析学习辅导. Ⅱ, 微分与积分/刘名生等编著. —2 版. —北京: 科学出版社, 2022.1

科学出版社“十三五”普通高等教育本科规划教材·数学分析立体化教材/刘名生, 冯伟贞主编

ISBN 978-7-03-070583-9

Ⅰ. ①数… Ⅱ. ①刘… Ⅲ. ①数学分析–高等学校–教材 ②微分–高等学校–教材 ③积分–高等学校–教材 Ⅳ. ①O17

中国版本图书馆 CIP 数据核字(2021) 第 228224 号

责任编辑: 王胡权 / 责任校对: 杨聪敏
责任印制: 张 伟 / 封面设计: 陈 敬

科学出版社 出版
北京东黄城根北街 16 号
邮政编码: 100717
http://www.sciencep.com
北京凌奇印刷有限责任公司 印刷
科学出版社发行 各地新华书店经销
*
2013 年 8 月第 一 版 开本: 720 × 1000 B5
2022 年 1 月第 二 版 印张: 18
2022 年 1 月第九次印刷 字数: 362 000

定价: 59.00 元
(如有印装质量问题, 我社负责调换)

“数学分析立体化教材”序言

“数学分析立体化教材”通过提供多种教学资源而提出数学分析课程的整体教学解决方案. 本立体化教材包括二维码新形态主教材三册:《数学分析（一）(第二版)》《数学分析（二）(第二版)》《数学分析（三）(第二版)》, 学习辅导书三册:《数学分析学习辅导 I——收敛与发散 (第二版)》《数学分析学习辅导 II——微分与积分 (第二版)》《数学分析学习辅导 III——习题选解》; 另外本立体化教材还配有《数学分析网络课程》.

三册主教材的编写考虑不同教学基础的学校和不同层次的学生在教学方面的不同需求, 在较充分顾及系统的完整性的基础上, 特别标记了选学内容. 教师对教材中的选学内容可以作灵活取舍, 以及适当调整相关内容的讲授或阅读次序. 我们希望这种编排能更好地帮助教师落实分类、分层教学, 同时使学生获得合理的阅读指引. 主教材的编写力求在可读性、系统性和逻辑性上各具特色, 并将分层教学的理念贯穿全书. 主教材的建设, 在数字化资源配套方面做了一定的工作, 内容的呈现更加丰富、饱满, 呈现方式更加生动、直观. 我们对书中的许多概念、定理和方法配有小视频, 使由于篇幅限制在书中无法全部写出来的一些内容通过小视频提供给读者, 从而使得教材能更好地支持学生的自主学习.

在数学分析学习过程中, 学生往往因为欠缺学习自主意识或基础、能力, 难以驾驭一个较大数学知识体系的学习, 造成自我知识体系零碎、割裂, 这是数学分析教学中存在的主要问题及教学难点.《数学分析学习辅导 I——收敛与发散 (第二版)》、《数学分析学习辅导 II——微分与积分 (第二版)》两册辅导书的编写均立足于类比, 希望教学的师生双方在求同存异的思想的指引下, 打通知识点的关联, 在反复对比中深化对基本数学思想方法的理解及强化对问题解决技巧的掌握, 从而突破教学障碍. 我们力求在可读性和系统性上能够编出特色.《数学分析学习辅导 I——收敛与发散 (第二版)》主要解决数学分析中的收敛与发散及相关的一些问题, 包括点列的收敛与发散、函数极限的存在性、$\mathbb{R}^n$ 的完备性、反常积分的收敛与发散、数项级数的收敛与发散、函数项级数的收敛与一致收敛以及函数的展开与级数的求和.《数学分析学习辅导 II——微分与积分 (第二版)》主要研究数学分析中的微分与积分及相关的一些问题, 包括一元函数微分学、一元函数微分法的应用、一元函数积分学、多元函数及其微分学、多元函数微分法的应用、重积分、曲线积分和曲面积分以及各种积分之间的关系.

《数学分析学习辅导 III——习题选解》对三册主教材中的大约一半的习题和复习题提供详细解答, 并在书末附录中提供了 2013 ~ 2017 年华南师范大学的数学分析考研真题, 希望对使用本教材为数学分析教材的教师和学生有所帮助.

《数学分析网络课程》由课程简介、课程学习、图形与课件、测试题库、方法论、拓展阅读及学习论坛和教学录像等模块构成. 在课程简介中提供了数学分析课程的教学日历、教学大纲和学习方法指引等课程资料, 在课程学习中提供了数学分析 (一)、数学分析 (二) 和数学分析 (三) 等课程的完整课件, 在测试题库中提供了华南师范大学数科院 2004 ~ 2014 级本科生的数学分析期末考试题, 在教学录像中提供了 5 位教师多次数学分析课的教学录像, 为教学双方提供了丰富的教学资源. 我们希望这门精品资源共享课程能成为实施数学分析混合学习的理想平台.

本立体化教材的编写得到“数学与应用数学国家特色专业”建设项目、“数学与应用数学广东省高等学校重点专业”建设项目及“数学与应用数学国家专业综合改革建设项目”的资助, 第一版在华南师范大学数学科学学院的 2008 ~ 2016 级及综合班中使用, 也被多所兄弟院校作为数学系学生的数学分析课程教材.

借此机会衷心感谢华南师范大学数学科学学院领导和科学出版社领导对本立体化教材的编写的大力支持. 对编辑们付出的辛勤劳动, 在此表示诚挚的谢意. 希望广大读者批评指正, 以使本立体化教材得到进一步完善, 为数学分析课程建设和一流人才培养做出更大的贡献.

刘名生　冯伟贞

2019 年 7 月

华南师范大学

第二版说明

承蒙兄弟院校的厚爱, 数学分析立体化教材中的《数学分析学习辅导 II——微分与积分》自 2013 年出版以来, 已经被全国近十所高等院校选为辅导教材使用, 并被全国近百所高等院校的图书馆购买作为参考资料使用, 这是对本教材的肯定, 让我们倍感鼓舞. 为了帮助教师们在教学过程中提高效率和增强大学生的学习兴趣, 根据近些年来我们在华南师范大学的教学体会与学生反馈, 这次再版我们对本书的 180 多处进行了如下修改或补充.

1. 修改、补充了对一些方法的说明, 修改了几个例题的证明过程.

2. 为了减少与《数学分析学习辅导 III——习题选解》的重复, 替换了几个例子, 增加了部分例题.

3. 作了一些文字上的修改, 改正了一些印刷错误.

4. 补充了部分习题, 并将 "练习题" 改为 "进阶练习题", 以满足 "一流课程" 的要求.

5. 增加了一个附录: 2011 年、2012 年和 2020 年华南师范大学数学分析考研真题, 方便考研的同学复习使用.

限于编者水平, 书中不足与疏漏之处在所难免, 敬请读者批评指正.

编　者

2021 年 6 月

华南师范大学

第一版前言

数学分析是数学各专业学生任务最重的课程, 一般要三个学期才能完成教学. 对于学生和教师来说, 都希望有一套好的辅导教材. 我们根据多年的教学经验, 在吸取一些现有数学分析辅导教材的优点基础上, 编写了本套辅导教材.

这套书是从收敛与发散、微分与积分两个方向编写的数学分析的学习辅导教材. 我们力求在可读性和系统性上能够编出特色. 《数学分析学习辅导 I——收敛与发散》主要解决数学分析中的收敛与发散及相关的一些问题. 包括点列的收敛与发散、函数极限的存在性、$\mathbb{R}^n$ 的完备性、反常积分的收敛与发散、数项级数的收敛与发散、函数项级数的收敛与一致收敛, 以及函数的展开与级数的求和. 《数学分析学习辅导 II——微分与积分》主要研究数学分析中的微分与积分及相关的一些问题. 包括一元函数微分学、一元函数微分法的应用、一元函数积分学、多元函数微分学、多元函数微分法的应用、重积分、曲线积分和曲面积分以及各种积分之间的关系.

首先, 在可读性方面, 每一章都编有疑难解析, 使读者通过阅读疑难解析, 对这一章的主要概念有清楚的认识. 然后通过典型例题讲述这一章的各种典型例题和解题方法, 而且在每个例题中均给出了详细的解法, 涉及的定义和定理都明确指出, 还有“分析”或者“注”, 教会读者如何分析问题和解决问题. 在每章后面还有练习题, 供读者练习使用. 书后还附有练习题的参考答案或提示.

其次, 在系统性方面, 我们理出了“收敛与发散”“微分与积分”两条主线, 沿着这两条主线, 本着求同存异的思想, 展开对同一维度下的不同模型、不同维度下的同一模型的分析性质的讨论, 使概念、性质及方法的运用共性能够凸显, 并使其中的差异及特点受到关注. 我们将关系较密切的内容放在一起. 例如, 将数列的收敛与发散和点列的收敛与发散放在同一章; 将一元函数极限的存在性和多元函数极限的存在性放在同一章; 将反常积分的收敛与发散和含参变量反常积分的收敛与一致收敛放在同一章; 将函数的展开与级数的求和放在同一章. 这样更容易了解这些内容之间的联系与差别. 我们希望读者通过学习本套教材, 能够清楚理解数学分析中相关内容之间的联系. 例如, 在点列的收敛与发散这一章中, 讲述了数列的收敛与发散和 $\mathbb{R}^n$ 中点列的收敛性, 让学生通过学习与比较, 熟悉 $\mathbb{R}^n$ 中点列的收敛性与数列的收敛性的关系. 在反常积分的收敛与发散这一章中, 讲述了反常积分的收敛与发散和含参变量反常积分的收敛与一致收敛的内容, 使学生在学习含参变量反常积分的内容前, 要先复习反常积分的内容, 并且在学习中, 可以在不断的比较中掌握它们之间的区别与联系.

本套教材分两册出版.《数学分析学习辅导 I——收敛与发散》由刘名生教授、冯伟贞副教授和罗世平博士编写,《数学分析学习辅导 II——微分与积分》由刘名生教授、韩彦昌副教授、徐志庭教授和冯伟贞副教授编写. 初稿完成后, 编写组全体成员多次仔细讨论、评阅和修改. 全套教材由刘名生教授和冯伟贞副教授负责编写组织工作.

本套教材在编写过程中得到华南师范大学数学科学学院许多同事的大力支持, 并得到国家特色专业建设点建设项目和广东省高等学校重点专业建设项目的资助. 我们在华南师范大学数学科学学院 2011 级师范班及 2011 级、2012 级勷勤创新班的数学分析课程中试用了本教材, 2011 级师范班及 2011 级、2012 级勷勤创新班的学生为本套教材的完善提供了许多宝贵意见, 在此一并致谢. 我们还要感谢科学出版社的热情关注和大力支持, 使本套教材得以尽早出版.

本套教材中的不足之处在所难免, 敬请读者批评指正.

编　者

2012 年 11 月

华南师范大学

目　录

第 1 章 一元函数微分学

1.1 疑难解析

1. 对于函数 $y=f(x)$, 什么叫可微? 什么叫微分?

答：设函数 $y=f(x)$ 在某个 $U(x_0;\delta)$ 内有定义， $x_0+\Delta x\in U(x_0;\delta)$. 如果存在与 Δx 无关的常数 A, 使 $\Delta y=f(x_0+\Delta x)-f(x_0)$ 能表示成

$$\Delta y=A\Delta x+o(\Delta x)\,, \tag{1.1.1}$$

则称函数 f 在点 x_0 **可微**, 并称 $A\Delta x$ 为 f 在点 x_0 的**微分**, 记作

$$\mathrm{d}y|_{x=x_0}=A\Delta x \quad 或 \quad \mathrm{d}f|_{x=x_0}=A\Delta x\,.$$

2. 对于函数 $y=f(x)$, 什么叫可导? 什么叫导数?

答：设函数 $y=f(x)$ 在某个 $U(x_0;\delta)$ 内有定义. 如果极限

$$\lim_{\Delta x\to 0}\frac{\Delta y}{\Delta x}=\lim_{\Delta x\to 0}\frac{f(x_0+\Delta x)-f(x_0)}{\Delta x} \tag{1.1.2}$$

存在, 则称函数 f 在点 x_0 **可导**, 并称这个极限值为 f 在点 x_0 的**导数**, 记作 $f'(x_0)$, 即

$$f'(x_0)=\lim_{\Delta x\to 0}\frac{f(x_0+\Delta x)-f(x_0)}{\Delta x}.$$

3. 可微、可导、微分、导数都是一回事吗? 它们之间有什么关系?

答：不是一回事. 可微与可导是指函数在一点的状态, 而微分与导数是与函数在一点的可微与可导性相关的两个量. 对于一元函数来说, 可微与可导是等价的.

如果函数 $y=f(x)$ 在点 x_0 附近满足式 (1.1.1), 那么称函数 $y=f(x)$ 在点 x_0 可微, 此时函数 $y=f(x)$ 在点 x_0 也可导, 反之亦然. A 就等于函数 $y=f(x)$ 在点 x_0 的导数 $f'(x_0)$, 而 $A\Delta x$ 就是函数 $y=f(x)$ 在点 x_0 的微分 $\mathrm{d}y|_{x=x_0}$. 即函数 $y=f(x)$ 在点 x_0 可导与可微是等价的, 当函数 $y=f(x)$ 在点 x_0 可导或者可微时, 函数在这点肯定有微分和导数, 但是函数 $y=f(x)$ 在点 x_0 的微分与导数一般不相等.

4. 若函数 $y=f(x)$ 在点 x_0 存在左导数和右导数, 问 $f(x)$ 在点 x_0 是否可导? 它们之间有什么关系?

答：如果函数 $y=f(x)$ 在点 x_0 存在左导数和右导数，$f(x)$ 在点 x_0 不一定可导. 例如, 函数 $f(x)=|x|$ 在点 $x=0$ 存在左导数 $f'_-(0)=-1$ 和右导数 $f'_+(0)=1$, 但是 $f(x)=|x|$ 在点 $x=0$ 不可导.

函数 $f(x)$ 在点 x_0 可导当且仅当 $f(x)$ 在点 x_0 存在左导数和右导数, 且左导数等于右导数.

5. 若函数 $y=f(x)$ 在点 x_0 存在左导数和右导数, 问 $f(x)$ 在点 x_0 是否连续? 它们之间有什么关系?

答：函数 $f(x)$ 在点 x_0 连续, 因为函数 $y=f(x)$ 在点 x_0 存在左导数和右导数, 所以函数 $f(x)$ 在点 x_0 左连续和右连续, 因此 $f(x)$ 在点 x_0 连续.

反过来, 如果函数 $f(x)$ 在点 x_0 连续, 不能推出 $f(x)$ 在点 x_0 存在左导数或者右导数. 例如, 函数 $f(x)=\sqrt[3]{x}$ 在点 $x=0$ 连续, 但是 $f(x)$ 在点 $x=0$ 不存在左导数, 也不存在右导数.

6. 微分、导数的几何意义是什么?

答：微分与导数的几何意义是：函数 $y=f(x)$ 在 x_0 处的导数 $f'(x_0)$ 是曲线 $y=f(x)$ 在 $(x_0,f(x_0))$ 处的切线的斜率, 函数 $y=f(x)$ 在 x_0 处的微分 $\mathrm{d}y|_{x=x_0}$ 是曲线 $y=f(x)$ 在 $(x_0,f(x_0))$ 处的切线方程 $y=f'(x_0)(x-x_0)+f(x_0)$ 在 $(x_0,f(x_0))$ 处的增量 $f'(x_0)(x-x_0)$.

7. 若曲线 $y=f(x)$ 在点 $(x_0,f(x_0))$ 有切线, 问函数 $y=f(x)$ 在 x_0 处是否可导?

答：若曲线 $y=f(x)$ 在点 $(x_0,f(x_0))$ 有切线, 函数 $y=f(x)$ 在 x_0 处不一定可导. 例如, 函数 $y=x^{\frac{1}{3}}$ 在 $x=0$ 处有切线 $x=0$, 但是它在 $x=0$ 处不可导.

如果曲线 $y=f(x)$ 在点 $(x_0,f(x_0))$ 有不垂直于 x 轴的切线, 那么函数 $y=f(x)$ 在 x_0 处是可导的.

8. 如果函数 $f(x)$ 在 x_0 处可导, 能否推知 $f(x)$ 在 x_0 的某个邻域内处处可导? 能否推知 $f(x)$ 在 x_0 的某个邻域内处处连续? 能否推知 $f(x)$ 在 x_0 的某个邻域内有定义?

答：如果函数 $f(x)$ 在 x_0 处可导, 那么由可导的定义知, $f(x)$ 必然在 x_0 的某个邻域内有定义. 但是, 不能由此推出 $f(x)$ 在 x_0 的某个邻域内处处连续, 更不能推出 $f(x)$ 在 x_0 的某个邻域内处处可导. 例如, 对于函数

$$f(x)=\begin{cases} x^2, & x\text{为有理数}, \\ 0, & x\text{为无理数}, \end{cases}$$

易证 $f'(0)=0$. 但是 $f(x)$ 在所有 $x\neq 0$ 处都不连续, 更不可导.

9. 设 $f(x)=\begin{cases} x^2\sin\dfrac{1}{x}, & x\neq 0, \\ 0, & x=0, \end{cases}$ 当 $x\neq 0$ 时, $f'(x)=2x\sin\dfrac{1}{x}-\cos\dfrac{1}{x}$. 下面关于 $f'(0)$ 不存在的两种证明是否正确?

(1) 在等式 $f'(x)=2x\sin\dfrac{1}{x}-\cos\dfrac{1}{x}$ 中, 令 $x=0$, 显然没有意义, 所以 $f'(0)$ 不存在;

(2) 因为 $\lim\limits_{x\to 0}f'(x)=\lim\limits_{x\to 0}\left[2x\sin\dfrac{1}{x}-\cos\dfrac{1}{x}\right]$ 不存在, 所以 $f'(0)$ 不存在.

答: 这两种分析都不正确. (1) 中的错误是: 只有当 $x\neq 0$ 时, 等式 $f'(x)=2x\sin\dfrac{1}{x}-\cos\dfrac{1}{x}$才正确. (2) 中的错误是:不能由极限 $\lim\limits_{x\to 0}f'(x)$ 的存在性推出 $f'(0)$ 的存在性, 因为只有当 $f'(x)$ 在 $x=0$ 处连续时, 才有 $f'(0)=\lim\limits_{x\to 0}f'(x)$.

正确的方法是按照导数的定义求 $f'(0)$. 事实上, 因为

$$\lim_{x\to 0}\frac{f(x)-f(0)}{x-0}=\lim_{x\to 0}x\sin\frac{1}{x}=0,$$

所以 $f'(0)$ 存在, 且 $f'(0)=0$.

一般地, 对于分段函数在分段点的导数都要用导数的定义或者左右导数来求.

10. 判断下列命题的真假, 并说明理由:

1) 设 f 在 $x=0$ 处可导, 若 $f(0)=0$, 则 $f'(0)=0$, 反之也成立;

2) 若 f 在 x_0 处可导, 且在 $U(x_0)$ 内 $f(x)>0$, 则 $f'(x_0)>0$;

3) 若 f 为 $[-a,a]$ 上偶函数, 且 $f'(0)$ 存在, 则 $f'(0)=0$;

4) 设 $f=\varphi+\psi$. 若 f 在 x_0 处可导, 则 φ,ψ 至少有一个在点 x_0 可导;

5) 设 $f=\varphi\cdot\psi$. 若 f 在 x_0 处可导, 则 φ,ψ 至少有一个在点 x_0 可导;

6) 若 f 在 x_0 可导, 则 $|f|$ 也在 x_0 可导, 反之也成立.

答: 1) 是假命题. 例如, $f(x)=x$ 在 $x=0$ 处可导, 且满足 $f(0)=0$, 但是 $f'(0)=1\neq 0$. 反之, 对于 $f(x)\equiv 1$ 在 $x=0$ 处可导, 且 $f'(0)=0$, 但是 $f(0)=1\neq 0$.

2) 是假命题. 例如, $f(x)=x^2+1$ 在 $x=0$ 处可导, 且在 $U(0)$ 内 $f(x)>0$, 但是 $f'(0)=0$.

3) 是真命题. 因为 f 为 $[-a,a]$ 上偶函数, 且 $f'(0)$ 存在, 所以

$$f'(0)=\lim_{x\to 0}\frac{f(x)-f(0)}{x-0}=\lim_{x\to 0}\frac{f(-x)-f(0)}{-x}=-\lim_{x\to 0}\frac{f(x)-f(0)}{x-0}=-f'(0),$$

因此 $f'(0)=0$.

4) 是假命题. 例如, 设 φ 在 x_0 处不可导, $\psi=1-\varphi$, 则 $f(x)=\varphi(x)+\psi(x)=1$ 在 $x=0$ 处可导, 但是 φ,ψ 都在点 x_0 不可导.

5) 是假命题. 例如, $\varphi(x)=|x|$ 与 $\psi(x)=-2|x|$ 都在 $x=0$ 处不可导, 但是 $f(x)=\varphi\cdot\psi=-2x^2$ 在点 $x=0$ 可导.

6) 是假命题. 例如, $f(x)=x$ 在 $x=0$ 处可导, 但是 $|f|=|x|$ 在 $x=0$ 处不可导. 又如, 对于 $g(x)=\begin{cases}1, & x\in\mathbb{Q},\\ -1, & x\notin\mathbb{Q},\end{cases}$ 有 $|g(x)|\equiv 1$ 在 $x=0$ 处可导, 但 $g(x)$ 在 $x=0$ 处不可导. 即反之不成立.

11. 如何正确理解高阶微分不具备微分形式的不变性?

答: 以二阶微分为例, 当 x 是自变量时,

$$\mathrm{d}^2y=f''(x)\mathrm{d}x^2. \tag{1.1.3}$$

当 x 是中间变量时, 考虑两个可导函数 $y=f(x), x=\varphi(t)$ 复合而成的函数 $y=f(\varphi(t))$, 于是

$$\begin{aligned}\mathrm{d}^2y&=(f(\varphi(t)))''\mathrm{d}t^2=(f'(\varphi(t))\varphi'(t))'\mathrm{d}t^2\\&=[f''(\varphi(t))\varphi'^2(t)+f'(\varphi(t))\varphi''(t)]\mathrm{d}t^2\\&=f''(\varphi(t))\varphi'^2(t)\mathrm{d}t^2+f'(\varphi(t))\varphi''(t)\mathrm{d}t^2\\&=f''(x)\mathrm{d}x^2+f'(x)\mathrm{d}^2x.\end{aligned} \tag{1.1.4}$$

式 (1.1.3) 和式 (1.1.4) 表明, 二阶微分不具有微分形式的不变性. 其原因是当 x 是自变量时, $\mathrm{d}^2x\equiv 0$; 当 $x=\varphi(t)$ 是中间变量时, $\mathrm{d}^2x=\varphi''(t)\mathrm{d}t^2\neq 0$.

1.2 典型例题

1.2.1 微分与导数的概念

例 1 设 $f(x)=x|x|$, 试讨论函数 $f(x)$ 的可微性, 并求其微分.

分析 可以用可微的定义验证.

解 由于

$$\Delta f(0)=f(0+\Delta x)-f(0)=\Delta x|\Delta x|=0+o(\Delta x),$$

所以函数 $f(x)$ 在 $x=0$ 处可微, 且 $\mathrm{d}f|_{x=0}=0$.

又因为当 $x>0$ 时, 对于任意 $\Delta x\in(-x,x)$, 有

$$\Delta f(x)=f(x+\Delta x)-f(x)=(x+\Delta x)^2-x^2$$

$$=2x\cdot\Delta x+(\Delta x)^2$$
$$=2x\cdot\Delta x+o(\Delta x),$$

所以 $f(x)$ 在 $(0,+\infty)$ 内可微, 且 $\mathrm{d}f=2x\mathrm{d}x$.

同理可得, 函数 $f(x)$ 在 $(-\infty,0)$ 内可微, 且 $\mathrm{d}f=-2x\mathrm{d}x$.

综上所述, 函数 $f(x)$ 在 $(-\infty,+\infty)$ 内可微, 且 $\mathrm{d}f=2|x|\mathrm{d}x$. □

例 2 设 $f'(x_0)$ 存在, a,b 为两个非零常数, 求极限 $\lim\limits_{h\to 0}\dfrac{f(x_0+ah)-f(x_0+bh)}{h}$. 若 $\lim\limits_{h\to 0}\dfrac{f(x_0+h)-f(x_0-h)}{h}$ 存在, 能否推出 $f'(x_0)$ 存在?

分析 所求极限与函数在一点的导数定义类似, 可以通过恒等变形, 设法利用导数定义计算.

解 由于 $f'(x_0)$ 存在, 及 a,b 为两个非零常数, 所以

$$\begin{aligned}&\lim_{h\to 0}\frac{f(x_0+ah)-f(x_0+bh)}{h}\\=&\lim_{h\to 0}\left[a\frac{f(x_0+ah)-f(x_0)}{ah}-b\frac{f(x_0+bh)-f(x_0)}{bh}\right]\\=&(a-b)f'(x_0).\end{aligned}$$

若 $\lim\limits_{h\to 0}\dfrac{f(x_0+h)-f(x_0-h)}{h}$ 存在, 不能推出 $f'(x_0)$ 存在. 例如, 设 $f(x)=|x|$, 则

$$\lim_{h\to 0}\frac{f(0+h)-f(0-h)}{h}=\lim_{h\to 0}\frac{|h|-|-h|}{h}=0,$$

但是 $f(x)=|x|$ 在 $x=0$ 处没有导数. □

例 3 讨论下列函数的连续性与可导性:

$$f(x)=\begin{cases}0, & x\text{ 为无理数},\\ x, & x\text{ 为有理数},\end{cases}\qquad g(x)=\begin{cases}0, & x\text{ 为无理数},\\ x^2, & x\text{ 为有理数}.\end{cases}$$

解 先考虑函数 f 的连续性与可导性. 事实上, 对任意给定的 $x_0\neq 0$, 取数列 $\{x_n'\}\subset\mathbb{R}\backslash\mathbb{Q}$, $\{x_n''\}\subset\mathbb{Q}$, 使满足

$$x_n'\to x_0,\quad x_n''\to x_0\quad(n\to\infty),$$

则

$$\lim_{n\to\infty}f(x_n')=\lim_{n\to\infty}0=0,\quad \lim_{n\to\infty}f(x_n'')=\lim_{n\to\infty}x_n''=x_0\neq 0,$$

于是根据归结原则得, $\lim\limits_{x\to x_0} f(x)$ 不存在, 因此 $f(x)$ 在 x_0 处不连续, 当然也不可导.

对于 $x_0=0$, 由于 $0\leqslant |f(x)|\leqslant |x|$, 所以 $\lim\limits_{x\to 0} f(x)=0=f(0)$, 因此根据连续的定义得, $f(x)$ 在 $x=0$ 处连续. 但因为

$$\frac{f(x)-f(0)}{x-0}=\begin{cases}0, & x\text{ 为无理数},\\ 1, & x\text{ 为有理数}\end{cases}$$

当 $x\to 0$ 时极限不存在, 所以根据可导的定义得, $f(x)$ 在 $x=0$ 处不可导.

再考虑函数 g 的连续性与可导性. 事实上, 对任意给定的 $x_0\neq 0$, 同理可得, $g(x)$ 在 x_0 处不连续, 也不可导.

对于 $x_0=0$, 由于

$$\frac{g(x)-g(0)}{x-0}=f(x)\to 0\quad (x\to 0),$$

所以 $g(x)$ 在 $x=0$ 处可导, 当然也连续, 且 $g'(0)=0$. □

注　函数 $f(x)$ 是在 $(-\infty,+\infty)$ 内有定义, 但是处处不可导的例子; 函数 $g(x)$ 是在 $(-\infty,+\infty)$ 内有定义, 但是仅在一点可导的例子.

例 4　求曲线 $y=2\sqrt{x}$ 在点 $x=1$ 的切线与法线方程.

分析　注意函数 $f(x)$ 的导数 $f'(x_0)$ 是曲线 $y=f(x)$ 在点 $(x_0,f(x_0))$ 的切线的斜率.

解　由于 $y'|_{x=1}=\frac{1}{\sqrt{x}}|_{x=1}=1$, 所以曲线在点 $x=1$ 的切线方程为

$$y-2=1\cdot(x-1),$$

即 $y=x+1$.

又因为法线的斜率为 -1, 所以所求的法线方程为

$$y-2=-1\cdot(x-1),$$

即 $y=-x+3$. □

1.2.2　微分与导数的计算

1. 利用定义求函数的导数

例 1　设 $f(x)=\begin{cases}x^2\cos\dfrac{1}{x}, & x>0,\\ x^3, & x\leqslant 0,\end{cases}$ 求 $f'(0)$ 和 $\mathrm{d}f|_{x=0}$.

分析 这是分段函数, 在 $x=0$ 的两侧, 函数有不同的表达式, 所以要分别求左右导数, 然后求导数.

解 由于

$$\lim_{x\to 0^+}\frac{f(x)-f(0)}{x-0}=\lim_{x\to 0^+}x\cos\frac{1}{x}=0,$$

$$\lim_{x\to 0^-}\frac{f(x)-f(0)}{x-0}=\lim_{x\to 0^-}x^2=0,$$

所以 $f'_+(0)=f'_-(0)=0$, 因此 $f'(0)=0$, $\mathrm{d}f|_{x=0}=f'(0)\mathrm{d}x=0$. □

注 分段函数在分段点的导数, 一般都要用导数的定义求.

例 2 求函数 $f(x)=\begin{cases} x^2\mathrm{e}^{-x^2}, & |x|\leqslant 1,\\ \dfrac{1}{\mathrm{e}}, & |x|>1\end{cases}$ 的导函数.

分析 这是分段函数, 在 $x=\pm 1$ 的两侧, 函数有不同的表达式, 所以在 $x=\pm 1$ 处要分别用定义求左右导数, 然后求导数. 在其余地方可以用求导法则和求导公式求导数.

解 由条件, 根据求导法则和求导公式, 有

$$f'(x)=\begin{cases} (x^2\mathrm{e}^{-x^2})'=2x(1-x^2)\mathrm{e}^{-x^2}, & |x|<1,\\ \left(\dfrac{1}{\mathrm{e}}\right)'=0, & |x|>1.\end{cases}$$

下面考虑函数在 $x=\pm 1$ 处的导数. 由于

$$\begin{aligned}\lim_{x\to 1^-}\frac{f(x)-f(1)}{x-1}&=\lim_{x\to 1^-}\frac{x^2\mathrm{e}^{-x^2}-\mathrm{e}^{-1}}{x-1}\\ &=\lim_{x\to 1^-}\mathrm{e}^{-x^2}\lim_{x\to 1^-}\frac{x^2-1+1-\mathrm{e}^{x^2-1}}{x-1}\\ &=\mathrm{e}^{-1}\left[\lim_{x\to 1^-}(x+1)-\lim_{x\to 1^-}(x+1)\cdot\frac{\mathrm{e}^{x^2-1}-1}{x^2-1}\right]\\ &=\mathrm{e}^{-1}(2-2)=0,\end{aligned}$$

$$\lim_{x\to 1^+}\frac{f(x)-f(1)}{x-1}=\lim_{x\to 1^+}\frac{\mathrm{e}^{-1}-\mathrm{e}^{-1}}{x-1}=0,$$

所以 $f'_-(1)=f'_+(1)=0$, 因此 $f'(1)=0$. 同理可得, $f'(-1)=0$, 故

$$f'(x)=\begin{cases} 2x(1-x^2)\mathrm{e}^{-x^2}, & |x|<1,\\ 0, & |x|\geqslant 1.\end{cases}$$ □

2. 利用导数的运算法则求导数

例 3　设 $f(x)=x(x-1)(x-2)\cdots(x-101)$, 求 $f'(1)$.

分析　这是乘积函数在一点的导数, 可以用导数的定义求, 也可以用乘积函数的导数公式求.

解法 1　用导数的定义求. 由于

$$\begin{aligned}\lim_{x\to1}\frac{f(x)-f(1)}{x-1}&=\lim_{x\to1}\frac{x(x-1)(x-2)\cdots(x-101)}{x-1}\\&=\lim_{x\to1}x(x-2)(x-3)\cdots(x-101)\\&=(-1)^{100}\cdot100!=100!,\end{aligned}$$

所以 $f'(1)=100!$.

解法 2　用乘积函数的导数公式求. 由于

$$\begin{aligned}f'(x)&=[x(x-1)(x-2)\cdots(x-101)]'\\&=(x-1)(x-2)\cdots(x-101)+x(x-2)\cdots(x-101)+\cdots\\&\quad+x(x-1)(x-2)\cdots(x-100),\end{aligned}$$

所以 $f'(1)=f'(x)|_{x=1}=0+1(1-2)\cdots(1-101)+0+\cdots+0=100!$. □

例 4　求下列函数的导数:

(1) $y=(2+7x^{\frac{1}{2}})(1+3x^2)$;　(2) $y=\dfrac{10^x}{1+\cos x}$;

(3) $y=\sqrt{x+\sqrt{x+\sqrt{x}}}$;　(4) $y=x^2\cdot\arccos x\cdot\ln x$;

(5) $y=\arctan\dfrac{a}{x}+\ln\sqrt{\dfrac{x-a}{x+a}}$;　(6) $y=x\ln(x+\sqrt{1+x^2})-\sqrt{1+x^2}$;

(7) $y=\mathrm{e}^{x^x}$;　(8) $f(x)=g(xg(x))$, 其中 $g(x)$ 为可导函数.

解　(1) 根据乘积函数的导数公式可得

$$\begin{aligned}y'&=(2+7x^{\frac{1}{2}})'(1+3x^2)+(2+7x^{\frac{1}{2}})(1+3x^2)'\\&=\frac{7}{2}x^{-\frac{1}{2}}(1+3x^2)+(2+7x^{\frac{1}{2}})\cdot6x\\&=\frac{7}{2}x^{-\frac{1}{2}}+12x+\frac{105}{2}x^{\frac{3}{2}}.\end{aligned}$$

(2) 根据商函数的导数公式可得

$$y'=\frac{(10^x)'(1+\cos x)-10^x(1+\cos x)'}{(1+\cos x)^2}$$

$$=\frac{10^x\ln 10(1+\cos x)-10^x(-\sin x)}{(1+\cos x)^2}$$

$$=\frac{10^x(\ln 10+\ln 10\cos x+\sin x)}{(1+\cos x)^2}.$$

(3) 根据复合函数的求导法则可得

$$y'=\frac{1}{2}\left(x+\sqrt{x+\sqrt{x}}\right)^{-1/2}\left(x+\sqrt{x+\sqrt{x}}\right)'$$

$$=\frac{1}{2\sqrt{x+\sqrt{x+\sqrt{x}}}}\left[1+\frac{1}{2\sqrt{x+\sqrt{x}}}(x+\sqrt{x})'\right]$$

$$=\frac{1}{2\sqrt{x+\sqrt{x+\sqrt{x}}}}\left[1+\frac{1}{2\sqrt{x+\sqrt{x}}}\left(1+\frac{1}{2\sqrt{x}}\right)\right]$$

$$=\frac{1+2\sqrt{x}+4\sqrt{x}\cdot\sqrt{x+\sqrt{x}}}{8\sqrt{x}\sqrt{x+\sqrt{x}}\sqrt{x+\sqrt{x+\sqrt{x}}}}.$$

(4) 根据乘积函数的导数公式可得

$$y'=(x^2)'\cdot\arccos x\cdot\ln x+x^2\cdot(\arccos x)'\cdot\ln x+x^2\cdot\arccos x\cdot(\ln x)'$$

$$=2x\arccos x\ln x-\frac{x^2}{\sqrt{1-x^2}}\ln x+x\arccos x$$

$$=x\arccos x(2\ln x+1)-\frac{x^2}{\sqrt{1-x^2}}\ln x.$$

(5) 根据和函数的导数公式与复合函数的求导法则可得

$$y'=\left(\arctan\frac{a}{x}\right)'+\left(\frac{1}{2}\ln\frac{x-a}{x+a}\right)'$$

$$=\frac{1}{1+\left(\dfrac{a}{x}\right)^2}\cdot\left(-\frac{a}{x^2}\right)+\frac{1}{2}\left(\frac{1}{x-a}-\frac{1}{x+a}\right)$$

$$=\frac{2a^3}{x^4-a^4}.$$

(6) 根据导数的四则运算法则与复合函数的求导法则可得

$$y'=(x\ln(x+\sqrt{1+x^2}))'-(\sqrt{1+x^2})'$$

$$
\begin{aligned}
&= \ln(x+\sqrt{1+x^2}) + x\cdot\frac{1}{x+\sqrt{1+x^2}}(x+\sqrt{1+x^2})' - \frac{x}{\sqrt{1+x^2}} \\
&= \ln(x+\sqrt{1+x^2}) + \frac{x}{x+\sqrt{1+x^2}}\left(1+\frac{x}{\sqrt{1+x^2}}\right) - \frac{x}{\sqrt{1+x^2}} \\
&= \ln(x+\sqrt{1+x^2}).
\end{aligned}
$$

(7) 两边求对数, 得

$$\ln y = x^x = \mathrm{e}^{x\ln x}, \quad x>0,$$

将上式两边对 x 求导数, 根据复合函数的求导法则可得

$$
\begin{aligned}
\frac{1}{y}y' &= \mathrm{e}^{x\ln x}(x\ln x)' \\
&= \mathrm{e}^{x\ln x}(\ln x+1),
\end{aligned}
$$

所以 $y' = y\mathrm{e}^{x\ln x}(\ln x+1) = \mathrm{e}^{x^x}\cdot x^x(\ln x+1)$, $x>0$.

(8) 根据复合函数的求导法则可得

$$y' = g'(xg(x))(xg(x))' = g'(xg(x))(g(x)+xg'(x)). \qquad \square$$

例 5　设函数 $f(x)=\begin{cases} x^m\sin\dfrac{1}{x}, & x\neq 0, \\ 0, & x=0, \end{cases}$ m 为正整数, 试问:

(1) m 等于何值时, f 在 $x=0$ 处连续;

(2) m 等于何值时, f 在 $x=0$ 处可导;

(3) m 等于何值时, f' 在 $x=0$ 处连续.

分析　注意本例是问答题, 先回答, 然后验证你的答案.

解　(1) 当 m 为正整数时, f 在 $x=0$ 处连续. 事实上, 因为当 m 为正整数时, $x^m=o(1)\,(x\to 0)$ 及 $\left|\sin\dfrac{1}{x}\right|\leqslant 1$, 所以根据无穷小量的性质得

$$\lim_{x\to 0} f(x) = \lim_{x\to 0} x^m\sin\frac{1}{x} = 0 = f(0),$$

因此 $f(x)$ 在 $x=0$ 处连续.

(2) 当 $m\geqslant 2$ 为正整数时, f 在 $x=0$ 处可导. 事实上, 因为当 $m\geqslant 2$ 为正整数时, $x^{m-1}=o(1)\,(x\to 0)$ 及 $\left|\sin\dfrac{1}{x}\right|\leqslant 1$, 所以根据无穷小量的性质得

$$\lim_{x\to 0}\frac{f(x)-f(0)}{x-0} = \lim_{x\to 0} x^{m-1}\sin\frac{1}{x} = 0,$$

因此 $f(x)$ 在 $x=0$ 处可导, 且 $f'(0)=0$. 当 $m=1$ 时, 由于

$$\lim_{x\to 0}\frac{f(x)-f(0)}{x-0}=\lim_{x\to 0}\sin\frac{1}{x}$$

不存在, 所以此时 $f(x)$ 在 $x=0$ 处不可导.

(3) 当 $m\geqslant 3$ 为正整数时, $f'(x)$ 在 $x=0$ 处连续. 事实上, 由 (2) 知, 当 $m\geqslant 2$ 为正整数时, $f'(0)=0$. 而当 $x\neq 0$ 时, 有

$$f'(x)=mx^{m-1}\sin\frac{1}{x}-x^{m-2}\cos\frac{1}{x},$$

所以

$$f'(x)=\begin{cases} mx^{m-1}\sin\dfrac{1}{x}-x^{m-2}\cos\dfrac{1}{x}, & x\neq 0,\\ 0, & x=0.\end{cases}$$

又因为当 $m\geqslant 3$ 时, $x^{m-1}=o(1), x^{m-2}=o(1)\,(x\to 0)$ 及 $\left|\sin\dfrac{1}{x}\right|\leqslant 1, \left|\cos\dfrac{1}{x}\right|\leqslant 1$, 所以根据无穷小量的性质得

$$\lim_{x\to 0}f'(x)=\lim_{x\to 0}\left[mx^{m-1}\sin\frac{1}{x}-x^{m-2}\cos\frac{1}{x}\right]=0=f'(0),$$

因此 $f'(x)$ 在 $x=0$ 处连续. 当 $m=2$ 时, 由于

$$\lim_{x\to 0}f'(x)=\lim_{x\to 0}\left[2x\sin\frac{1}{x}-\cos\frac{1}{x}\right]$$

不存在, 所以此时 $f'(x)$ 在 $x=0$ 处不连续. □

3. 微分的计算及应用

例 6 求下列函数的微分:

(1) $y=\dfrac{x^3+1}{x^2+x-2}$; (2) $y=\mathrm{e}^{ax}\ln(bx)\cos(cx)$;

(3) $y=\sqrt[3]{1+\sqrt[3]{x}}$.

解 (1) 根据商函数的微分公式可得

$$\mathrm{d}y=\frac{(x^2+x-2)\mathrm{d}(x^3+1)-(x^3+1)\mathrm{d}(x^2+x-2)}{(x^2+x-2)^2}$$

$$=\frac{3x^2(x^2+x-2)-(x^3+1)(2x+1)}{(x^2+x-2)^2}\mathrm{d}x$$
$$=\frac{x^4+2x^3-6x^2-2x-1}{(x^2+x-2)^2}\mathrm{d}x.$$

(2) 根据乘积函数的微分公式可得

$$\begin{aligned}\mathrm{d}y&=\ln(bx)\cos(cx)\mathrm{d}(\mathrm{e}^{ax})+\mathrm{e}^{ax}\cos(cx)\mathrm{d}(\ln(bx))+\mathrm{e}^{ax}\ln(bx)\mathrm{d}(\cos(cx))\\&=\left[a\mathrm{e}^{ax}\ln(bx)\cos(cx)+\frac{\mathrm{e}^{ax}\cos(cx)}{x}-c\mathrm{e}^{ax}\ln(bx)\sin(cx)\right]\mathrm{d}x\\&=\mathrm{e}^{ax}\left[a\ln(bx)\cos(cx)+\frac{\cos(cx)}{x}-c\ln(bx)\sin(cx)\right]\mathrm{d}x.\end{aligned}$$

(3) 根据复合函数的微分运算法则可得

$$\begin{aligned}\mathrm{d}y&=\left(\sqrt[3]{1+\sqrt[3]{x}}\right)'\mathrm{d}x\\&=\frac{1}{3}(1+\sqrt[3]{x})^{-2/3}(1+\sqrt[3]{x})'\mathrm{d}x\\&=\frac{\mathrm{d}x}{9\sqrt[3]{x^2(1+\sqrt[3]{x})^2}}.\end{aligned}$$

□

注 (3) 还可以用一阶微分形式不变性. 令 $u=1+\sqrt[3]{x}$, 则

$$\mathrm{d}y=(\sqrt[3]{u})'\mathrm{d}u=\frac{1}{3}u^{-2/3}\cdot\frac{1}{3}x^{-2/3}\mathrm{d}x=\frac{\mathrm{d}x}{9\sqrt[3]{x^2(1+\sqrt[3]{x})^2}}.$$

例 7 求下列近似值:

(1) $\sqrt[4]{80}$; (2) $\sin 59^\circ$.

分析 选择适当的函数 $f(x)$, 应用公式

$$f(x_0+\Delta x)\approx f(x_0)+f'(x_0)\Delta x$$

进行计算.

解 (1) 由于 $\sqrt[4]{80}=\sqrt[4]{81-1}=3\sqrt[4]{1-\frac{1}{81}}$, 所以考虑函数 $f(x)=3\sqrt[4]{x}$ 当 $x_0=1$, $\Delta x=-\frac{1}{81}$ 时的增量的近似值.

因为 $f'(x)=\dfrac{3}{4}x^{-3/4}$, 所以

$$\sqrt[4]{80}=3\sqrt[4]{1-\frac{1}{81}}\approx f(1)+f'(1)\Delta x=3+\frac{3}{4}\left(-\frac{1}{81}\right)=3-\frac{1}{108}\approx 2.9907.$$

(2) 由于 $\sin 59^\circ=\sin(60^\circ-1^\circ)=\sin\left(\dfrac{\pi}{3}-\dfrac{\pi}{180}\right)$, 所以考虑函数 $f(x)=\sin x$ 当 $x_0=\dfrac{\pi}{3}$, $\Delta x=-\dfrac{\pi}{180}$ 时的增量的近似值.

因为 $f'(x)=\cos x$, 所以

$$\sin 59^\circ=\sin\left(\frac{\pi}{3}-\frac{\pi}{180}\right)\approx f\left(\frac{\pi}{3}\right)+f'\left(\frac{\pi}{3}\right)\Delta x=\frac{\sqrt{3}}{2}+\frac{1}{2}\left(-\frac{\pi}{180}\right)\approx 0.8573.\ \square$$

4. 高阶导数与高阶微分

例 8 求下列函数在指定点的高阶导数:

(1) 设 $f(x)=\mathrm{e}^{-x^2}$, 求 $f'''(0)$;

(2) 设 $f(x)=\begin{cases} x^4\cos\dfrac{1}{x}, & x<0, \\ x^3\sin x, & x\geqslant 0, \end{cases}$ 求 $f''(0)$.

分析 求函数的高阶导数有递推公式: $y^{(n+1)}=(y^{(n)})'$, $n=1,2,\cdots$. 一般当所求高阶导数的阶数较小时, 就用这个公式求.

解 (1) 由于

$$\begin{aligned} y'&=-2x\mathrm{e}^{-x^2}, \\ y''&=(-2x\mathrm{e}^{-x^2})'=(4x^2-2)\mathrm{e}^{-x^2}, \\ y'''&=[(4x^2-2)\mathrm{e}^{-x^2}]'=(-8x^3+12x)\mathrm{e}^{-x^2}, \end{aligned}$$

所以 $f'''(0)=(-8x^3+12x)\mathrm{e}^{-x^2}|_{x=0}=0$.

(2) 先求 $f'(x)$. 由条件可得

$$f'(x)=\begin{cases} \left(x^4\cos\dfrac{1}{x}\right)'=4x^3\cos\dfrac{1}{x}-x^2\sin\dfrac{1}{x}, & x<0, \\ (x^3\sin x)'=3x^2\sin x+x^3\cos x, & x>0. \end{cases}$$

下面求 $f'(0)$. 由于

$$\lim_{x\to 0^-}\frac{f(x)-f(0)}{x-0}=\lim_{x\to 0^-}\frac{x^4\cos\dfrac{1}{x}-0}{x}=\lim_{x\to 0^-}x^3\cos\frac{1}{x}=0,$$

$$\lim_{x\to0^+}\frac{f(x)-f(0)}{x-0}=\lim_{x\to0^+}\frac{x^3\sin x-0}{x}=\lim_{x\to0^+}x^2\sin x=0,$$

所以 $f'_-(0)=f'_+(0)=0$, 因此 $f'(0)=0$, 故

$$f'(x)=\begin{cases}4x^3\cos\dfrac{1}{x}-x^2\sin\dfrac{1}{x}, & x<0,\\ 3x^2\sin x+x^3\cos x, & x\geqslant 0.\end{cases}$$

再求 $f''(0)$. 由于

$$\begin{aligned}\lim_{x\to0^-}\frac{f'(x)-f'(0)}{x-0}&=\lim_{x\to0^-}\frac{4x^3\cos\frac{1}{x}-x^2\sin\frac{1}{x}-0}{x}\\&=\lim_{x\to0^-}\left(4x^2\cos\frac{1}{x}-x\sin\frac{1}{x}\right)=0,\\ \lim_{x\to0^+}\frac{f'(x)-f'(0)}{x-0}&=\lim_{x\to0^+}\frac{3x^2\sin x+x^3\cos x-0}{x}\\&=\lim_{x\to0^+}(3x\sin x+x^2\cos x)=0,\end{aligned}$$

所以 $f''_-(0)=f''_+(0)=0$, 因此 $f''(0)=0$. □

例 9　求下列函数的 n 阶导数:

(1) $y=\dfrac{x^n}{1-x}$;　　(2) $y=x^2\sin x$;　　(3) $y=\mathrm{e}^{ax}\sin(bx)$　$(ab\neq0)$.

分析　求有理函数的高阶导数, 要先将其化为多项式与一个真分式的和, 如

$$\frac{x^n}{1-x}=\frac{x^n-1+1}{1-x}=-(x^{n-1}+x^{n-2}+\cdots+x+1)+\frac{1}{1-x},$$

然后利用两个函数和的高阶导数公式: $(u+v)^{(n)}=u^{(n)}+v^{(n)}$, 以及公式

$$\left(\frac{1}{a-x}\right)^{(n)}=\frac{n!}{(a-x)^{n+1}}$$

求其高阶导数. 对于乘积函数的高阶导数, 有莱布尼茨公式:

$$[u(x)v(x)]^{(n)}=\sum_{k=0}^{n}\mathrm{C}_n^k u^{(n-k)}(x)v^{(k)}(x)\,. \tag{1.2.1}$$

一般地, 只是对 $v(x)$ 满足对适当大的 k, 有 $v^{(k)}(x)\equiv0$ 时, 才用莱布尼茨公式. 对于其他情况, 一般通过求其一阶、二阶导数, 总结出 n 阶导数的公式, 然后用数学归纳法证明.

解 (1) 由于

$$y=\frac{x^n-1+1}{1-x}=-(x^{n-1}+x^{n-2}+\cdots+x+1)+\frac{1}{1-x},$$

所以

$$\begin{aligned}y^{(n)}&=-(x^{n-1}+x^{n-2}+\cdots+x+1)^{(n)}+\left(\frac{1}{1-x}\right)^{(n)}\\&=0+\frac{n!}{(1-x)^{n+1}}=\frac{n!}{(1-x)^{n+1}}.\end{aligned}$$

(2) 令 $u(x)=\sin x$, $v(x)=x^2$, 则

$$u(x)^{(n)}=\sin\left(x+\frac{n\pi}{2}\right),\quad v'(x)=2x,\quad v''(x)=2,\quad v^{(k)}(x)=0,\quad k\geqslant 3,$$

于是由莱布尼茨公式可得

$$\begin{aligned}y^{(n)}&=[u(x)v(x)]^{(n)}=\sum_{k=0}^{n}\mathrm{C}_n^k u^{(n-k)}(x)v^{(k)}(x)\\&=\mathrm{C}_n^0u^{(n)}(x)v^{(0)}(x)+\mathrm{C}_n^1u^{(n-1)}(x)v'(x)+\mathrm{C}_n^2u^{(n-2)}(x)v''(x)\\&=x^2\sin\left(x+\frac{n\pi}{2}\right)+2nx\sin\left(x+\frac{(n-1)\pi}{2}\right)+\frac{n(n-1)}{2}\cdot 2\sin\left(x+\frac{(n-2)\pi}{2}\right)\\&=(x^2-n^2+n)\sin\left(x+\frac{n\pi}{2}\right)+2nx\sin\left(x+\frac{(n-1)\pi}{2}\right).\end{aligned}$$

(3) 由于

$$y'=a\mathrm{e}^{ax}\sin(bx)+\mathrm{e}^{ax}\cdot b\cos(bx)=\sqrt{a^2+b^2}\mathrm{e}^{ax}\sin(bx+\varphi),$$

其中 $\sin\varphi=\dfrac{b}{\sqrt{a^2+b^2}}$, $\cos\varphi=\dfrac{a}{\sqrt{a^2+b^2}}$. 下面用数学归纳法证明

$$y^{(n)}=(\sqrt{a^2+b^2})^n\mathrm{e}^{ax}\sin(bx+n\varphi),\quad n\in\mathbb{N}_+.\tag{1.2.2}$$

当 $n=1$ 时, 上面已经证明式 (1.2.2) 成立. 假定 $n=k$ 时, 式 (1.2.2) 成立, 即

$$y^{(k)}=(\sqrt{a^2+b^2})^k\mathrm{e}^{ax}\sin(bx+k\varphi),$$

则当 $n=k+1$ 时, 有

$$\begin{aligned}y^{(k+1)}&=(y^{(k)})'=\left[(\sqrt{a^2+b^2})^k\mathrm{e}^{ax}\sin(bx+k\varphi)\right]'\\&=(\sqrt{a^2+b^2})^k\cdot a\mathrm{e}^{ax}\sin(bx+k\varphi)+(\sqrt{a^2+b^2})^k\mathrm{e}^{ax}\cdot b\cos(bx+k\varphi)\\&=(\sqrt{a^2+b^2})^{k+1}\mathrm{e}^{ax}\sin(bx+(k+1)\varphi),\end{aligned}$$

即当 $n=k+1$ 时, 式 (1.2.2) 成立. 所以由数学归纳法得, 式 (1.2.2) 成立. □

例 10　求下列函数的一阶微分和二阶微分:

(1) $y=x^3\ln x$;　　(2) $y=\dfrac{x^2+1}{(x+1)^3}$.

分析　函数 $y=f(x)$ 的一阶微分为 $\mathrm{d}y=f'(x)\mathrm{d}x$, n 阶微分有公式

$$\mathrm{d}^ny=f^{(n)}(x)\mathrm{d}x^n.$$

解　(1) 根据乘积函数的微分公式可得

$$\begin{aligned}\mathrm{d}y&=\ln x\mathrm{d}(x^3)+x^3\mathrm{d}(\ln x)\\&=x^2(3\ln x+1)\mathrm{d}x,\\\mathrm{d}^2y&=[x^2(3\ln x+1)]'\mathrm{d}x^2\\&=[2x(3\ln x+1)+3x]\mathrm{d}x^2\\&=(6x\ln x+5x)\mathrm{d}x^2.\end{aligned}$$

(2) 根据商函数的微分公式可得

$$\begin{aligned}\mathrm{d}y&=\frac{(x+1)^3\mathrm{d}(x^2+1)-(x^2+1)\mathrm{d}(x+1)^3}{(x+1)^6}\\&=\frac{2x(x+1)-3(x^2+1)}{(x+1)^4}\mathrm{d}x\\&=\frac{-x^2+2x-3}{(x+1)^4}\mathrm{d}x,\\\mathrm{d}^2y&=\left[\frac{-x^2+2x-3}{(x+1)^4}\right]'\mathrm{d}x^2\\&=\frac{(-x^2+2x-3)'(x+1)^4-(-x^2+2x-3)[(x+1)^4]'}{(x+1)^8}\mathrm{d}x^2\\&=\frac{(-2x+2)(x+1)-4(-x^2+2x-3)}{(x+1)^5}\mathrm{d}x^2,\end{aligned}$$

所以 $\mathrm{d}^2y=\dfrac{2x^2-8x+14}{(x+1)^5}\mathrm{d}x^2$. □

5. 参数方程所表示函数的导数

例 11 设函数由参数方程 $\begin{cases}x=\dfrac{t}{1+t^2},\\ y=\dfrac{t^2}{1+t^2}\end{cases}$ 确定, 求其导函数 $\dfrac{\mathrm{d}y}{\mathrm{d}x}, \dfrac{\mathrm{d}^2y}{\mathrm{d}x^2}$.

分析 由参数方程

$$\begin{cases}x=\varphi(t),\\ y=\psi(t),\end{cases}\quad t\in[\alpha,\beta]$$

所确定的函数的一阶导数可用公式 $\dfrac{\mathrm{d}y}{\mathrm{d}x}=\dfrac{\frac{\mathrm{d}y}{\mathrm{d}t}}{\frac{\mathrm{d}x}{\mathrm{d}t}}=\dfrac{\psi'(t)}{\varphi'(t)}$ 计算, 其参数方程为

$$\begin{cases}x=\varphi(t),\\ \dfrac{\mathrm{d}y}{\mathrm{d}x}=\dfrac{\psi'(t)}{\varphi'(t)},\end{cases}$$

因此其二阶导数可以利用公式 $\dfrac{\mathrm{d}^2y}{\mathrm{d}x^2}=\dfrac{\mathrm{d}}{\mathrm{d}x}\left(\dfrac{\mathrm{d}y}{\mathrm{d}x}\right)=\dfrac{\frac{\mathrm{d}}{\mathrm{d}t}\left(\frac{\mathrm{d}y}{\mathrm{d}x}\right)}{\frac{\mathrm{d}x}{\mathrm{d}t}}$ 计算.

解 因为

$$\frac{\mathrm{d}x}{\mathrm{d}t}=\frac{(t)'(1+t^2)-t(1+t^2)'}{(1+t^2)^2}=\frac{1-t^2}{(1+t^2)^2},$$
$$\frac{\mathrm{d}y}{\mathrm{d}t}=\frac{(t^2)'(1+t^2)-t^2(1+t^2)'}{(1+t^2)^2}=\frac{2t}{(1+t^2)^2},$$

所以

$$\frac{\mathrm{d}y}{\mathrm{d}x}=\frac{\frac{\mathrm{d}y}{\mathrm{d}t}}{\frac{\mathrm{d}x}{\mathrm{d}t}}=\frac{\frac{2t}{(1+t^2)^2}}{\frac{1-t^2}{(1+t^2)^2}}=\frac{2t}{1-t^2}.$$

因此

$$\frac{\mathrm{d}\left(\frac{\mathrm{d}y}{\mathrm{d}x}\right)}{\mathrm{d}t}=\left(\frac{2t}{1-t^2}\right)'=\frac{2(1+t^2)}{(1-t^2)^2},$$

故

$$\frac{\mathrm{d}^2y}{\mathrm{d}x^2}=\frac{\mathrm{d}}{\mathrm{d}x}\left(\frac{\mathrm{d}y}{\mathrm{d}x}\right)=\frac{\dfrac{\mathrm{d}\left(\dfrac{\mathrm{d}y}{\mathrm{d}x}\right)}{\mathrm{d}t}}{\dfrac{\mathrm{d}x}{\mathrm{d}t}}=\frac{\dfrac{2(1+t^2)}{(1-t^2)^2}}{\dfrac{1-t^2}{(1+t^2)^2}}=\frac{2(1+t^2)^3}{(1-t^2)^3}. \qquad \square$$

1.2.3 综合举例

例 1　求 $\sum\limits_{k=1}^{n}kx^k$ 的和.

分析　当 $x\neq 1$ 时, 注意到 $\sum\limits_{k=1}^{n}kx^{k-1}=\left(\sum\limits_{k=1}^{n}x^k\right)'$, 可以求出所求的和.

解　当 $x=1$ 时, $\sum\limits_{k=1}^{n}kx^k=\sum\limits_{k=1}^{n}k=\dfrac{n(n+1)}{2}$.

当 $x\neq 1$ 时, 有

$$\begin{aligned}\sum_{k=1}^{n}kx^k&=x\sum_{k=1}^{n}kx^{k-1}=x\sum_{k=1}^{n}(x^k)'\\&=x\left(\sum_{k=1}^{n}x^k\right)'=x\left(\frac{x-x^{n+1}}{1-x}\right)'\\&=\frac{x-(n+1)x^{n+1}+nx^{n+2}}{(1-x)^2},\end{aligned}$$

所以

$$\sum_{k=1}^{n}kx^k=\begin{cases}\dfrac{n(n+1)}{2}, & x=1,\\ \dfrac{x-(n+1)x^{n+1}+nx^{n+2}}{(1-x)^2}, & x\neq 1.\end{cases} \qquad \square$$

例 2　设函数 $f(x)$ 在 $\mathbb{R}$ 上满足函数方程 $f(x+y)=f(x)\cdot f(y)$, 且 $f'(0)=1$. 试证明: $f(x)$ 在 $\mathbb{R}$ 上可导, 且成立 $f'(x)=f(x)$.

分析　这是抽象函数, 只能利用导数的定义和题目的条件证明 $f'(x)=f(x)$.

证明　首先, 由于 $f'(0)=1$, 所以在 $\mathbb{R}$ 上, $f(x)\neq 0$, 因此存在 $x_0\in\mathbb{R}$, 使 $f(x_0)\neq 0$, 故由条件得, $f(x_0)=f(x_0)\cdot f(0)$, 从而 $f(0)=1$.

其次, 证明 $f'(x)=f(x)$. 事实上, 由于 $f(x+y)=f(x)\cdot f(y)$, 所以对任意取定的 $x\in\mathbb{R}$ 及任取的 $\Delta x\in\mathbb{R}$, 有 $f(x+\Delta x)=f(x)\cdot f(\Delta x)$, 因此

$$\lim_{\Delta x\to 0}\frac{f(x+\Delta x)-f(x)}{\Delta x}=\lim_{\Delta x\to 0}\frac{f(x)\cdot f(\Delta x)-f(x)}{\Delta x}$$

$$
\begin{aligned}
&= f(x) \lim_{\Delta x \to 0} \frac{f(\Delta x) - f(0)}{\Delta x} \\
&= f(x) f'(0) = f(x),
\end{aligned}
$$

故 f 在 x 处可导, 且 $f'(x) = f(x)$. 由 x 的任意性知, $f(x)$ 在 $\mathbb{R}$ 上可导, 且成立 $f'(x) = f(x)$. □

例 3 设函数 f 在点 $x = 0$ 连续, 且存在极限

$$\lim_{x \to 0} \frac{f(x)}{x^2} = A,$$

试讨论 f 在 $x = 0$ 处的可导性.

分析 讨论 f 在 $x = 0$ 处的可导性, 就是考虑极限

$$\lim_{x \to 0} \frac{f(x) - f(0)}{x - 0}$$

的存在性.

解 由于 f 在点 $x = 0$ 连续, 且存在极限

$$\lim_{x \to 0} \frac{f(x)}{x^2} = A,$$

所以

$$f(0) = \lim_{x \to 0} f(x) = \lim_{x \to 0} \left[\frac{f(x)}{x^2} \cdot x^2 \right] = A \cdot 0 = 0,$$

因此

$$\lim_{x \to 0} \frac{f(x) - f(0)}{x - 0} = \lim_{x \to 0} \left[\frac{f(x)}{x^2} \cdot x \right] = A \cdot 0 = 0,$$

故 f 在 $x = 0$ 处可导, 且 $f'(0) = 0$. □

例 4 设 $f(x)$ 是 $(0, 3)$ 内有定义的正值函数, 且 $f(2) = 1$, $f'(2) = 3$. 试求极限 $\lim\limits_{x \to 2} \dfrac{\sqrt{f(x)} - 1}{\sqrt[3]{x} - \sqrt[3]{2}}$ 的值.

分析 首先对下列分式, 可以进行根式有理化

$$
\begin{aligned}
\frac{\sqrt{f(x)} - 1}{\sqrt[3]{x} - \sqrt[3]{2}} &= \frac{(\sqrt{f(x)} - 1)(\sqrt{f(x)} + 1)(\sqrt[3]{x^2} + \sqrt[3]{2x} + \sqrt[3]{2^2})}{(\sqrt[3]{x} - \sqrt[3]{2})(\sqrt[3]{x^2} + \sqrt[3]{2x} + \sqrt[3]{2^2})(\sqrt{f(x)} + 1)} \\
&= \frac{f(x) - 1}{x - 2} \cdot \frac{\sqrt[3]{x^2} + \sqrt[3]{2x} + \sqrt[3]{2^2}}{\sqrt{f(x)} + 1}.
\end{aligned}
$$

然后利用条件 $f(2)=1,\ f'(2)=3$ 及导数的定义, 可求出所求的极限.

解 由于 $f(2)=1,\ f'(2)=3$, 所以

$$\lim_{x\to 2}\frac{f(x)-1}{x-2}=\lim_{x\to 2}\frac{f(x)-f(2)}{x-2}=f'(2)=3.$$

又因为 $f(x)$ 在 $x=2$ 处连续, 所以 $\lim\limits_{x\to 2}f(x)=f(2)=1$, 因此

$$\begin{aligned}\lim_{x\to 2}\frac{\sqrt{f(x)}-1}{\sqrt[3]{x}-\sqrt[3]{2}}&=\lim_{x\to 2}\frac{(\sqrt{f(x)}-1)(\sqrt{f(x)}+1)(\sqrt[3]{x^2}+\sqrt[3]{2x}+\sqrt[3]{2^2})}{(\sqrt[3]{x}-\sqrt[3]{2})(\sqrt[3]{x^2}+\sqrt[3]{2x}+\sqrt[3]{2^2})(\sqrt{f(x)}+1)}\\&=\lim_{x\to 2}\frac{f(x)-1}{x-2}\cdot\lim_{x\to 2}\frac{\sqrt[3]{x^2}+\sqrt[3]{2x}+\sqrt[3]{2^2}}{\sqrt{f(x)}+1}\\&=3\cdot\frac{\sqrt[3]{2^2}+\sqrt[3]{4}+\sqrt[3]{4}}{\sqrt{1}+1},\end{aligned}$$

故 $\lim\limits_{x\to 2}\dfrac{\sqrt{f(x)}-1}{\sqrt{x}-\sqrt{2}}=\dfrac{9}{2}\sqrt[3]{4}$. □

例 5 设 $f'(a)$ 存在, 且 $f(a)\neq 0$. 试证明

$$\lim_{n\to\infty}\left[\frac{f(a+\frac{1}{n})}{f(a)}\right]^n=\mathrm{e}^{f'(a)/f(a)}.$$

分析 可以利用对数换底公式 $a=\mathrm{e}^{\ln a}$、复合函数的极限及导数的定义证明.

证明 由于 $f(a)\neq 0$, 不妨设 $f(a)>0$, 则由 $f'(a)$ 存在得, f 在 $x=a$ 处连续. 于是当 n 充分大时, $f\left(a+\dfrac{1}{n}\right)>0$, 所以

$$\begin{aligned}\lim_{n\to\infty}\left[\frac{f\left(a+\frac{1}{n}\right)}{f(a)}\right]^n&=\lim_{n\to\infty}\mathrm{e}^{n\left[\ln f(a+\frac{1}{n})-\ln f(a)\right]}\\&=\mathrm{e}^{\lim\limits_{n\to\infty}\frac{\ln f(a+\frac{1}{n})-\ln f(a)}{1/n}}\\&=\mathrm{e}^{(\ln f(x))'|_{x=a}},\end{aligned}$$

因此

$$\lim_{n\to\infty}\left[\frac{f\left(a+\frac{1}{n}\right)}{f(a)}\right]^n=\mathrm{e}^{f'(a)/f(a)}.$$

□

例 6 设 $f(x), g(x)$ 都在 $U(x_0)$ 内有定义, 且 $f'(x_0)$ 存在, $g(x)$ 在 $x=x_0$ 处连续但不可导. 试证明 $F(x)=f(x)g(x)$ 在 $x=x_0$ 处可导当且仅当 $f(x_0)=0$.

分析 注意到 $g(x)$ 在 $x=x_0$ 处连续但不可导, 只能应用导数的定义证明.

证明 先证充分性. 若 $f(x_0)=0$, 则 $F(x_0)=0$, 于是由 $f'(x_0)$ 存在及 $g(x)$ 在 $x=x_0$ 处连续得

$$\lim_{x\to x_0}\frac{F(x)-F(x_0)}{x-x_0}=\lim_{x\to x_0}\frac{f(x)-f(x_0)}{x-x_0}\lim_{x\to x_0}g(x)=f'(x_0)g(x_0),$$

所以 $F(x)$ 在 $x=x_0$ 处可导, 且 $F'(x_0)=f'(x_0)g(x_0)$.

再证必要性. 若 $F(x)$ 在 $x=x_0$ 处可导, 需要证明 $f(x_0)=0$. 用反证法, 假设 $f(x_0)\neq 0$, 由于 $f'(x_0)$ 存在, 所以 $g(x)=\dfrac{F(x)}{f(x)}$ 在 $x=x_0$ 处可导, 这与 $g(x)$ 在 $x=x_0$ 处不可导相矛盾. 故 $f(x_0)=0$. □

例 7 设 $f(x)=\begin{cases}x^2, & x\geqslant 3,\\ ax+b, & x<3.\end{cases}$ 试确定 a,b 的值, 使 f 在 $x=3$ 处可导.

分析 要使 $f(x)$ 在 $x=3$ 处可导, 必使 $f(x)$ 在 $x=3$ 处连续, 这样两个条件可以解出 a,b 的值.

解 要使 $f(x)$ 在 $x=3$ 处可导, 必使 $f(x)$ 在 $x=3$ 处连续, 于是

$$\lim_{x\to 3^-}f(x)=\lim_{x\to 3^-}(ax+b)=f(3)=9,$$

所以 $3a+b=9$.

又因为 $f(x)$ 在 $x=3$ 处可导, 所以 $f'_+(3)=f'_-(3)$. 而

$$f'_+(3)=\lim_{x\to 3^+}\frac{f(x)-f(3)}{x-3}=\lim_{x\to 3^+}\frac{x^2-3^2}{x-3}=\lim_{x\to 3^+}(x+3)=6,$$

$$\begin{aligned}f'_-(3)&=\lim_{x\to 3^-}\frac{f(x)-f(3)}{x-3}=\lim_{x\to 3^-}\frac{ax+b-3^2}{x-3}\\&=\lim_{x\to 3^-}\frac{ax+b-(3a+b)}{x-3}=a,\end{aligned}$$

所以 $a=6$, $b=9-3a=-9$. □

例 8 设 $y=y(x)$ 存在反函数, 满足方程

$$\frac{\mathrm{d}^2y}{\mathrm{d}x^2}+\left(\frac{\mathrm{d}y}{\mathrm{d}x}\right)^3=0,$$

且 $\dfrac{\mathrm{d}y}{\mathrm{d}x} \neq 0$. 试证反函数 $x = x(y)$ 满足方程

$$\frac{\mathrm{d}^2 x}{\mathrm{d}y^2} = 1.$$

分析　注意利用函数 $y = y(x)$ 与其反函数 $x = x(y)$ 的导数满足的等式

$$\frac{\mathrm{d}y}{\mathrm{d}x} \cdot \frac{\mathrm{d}x}{\mathrm{d}y} \equiv 1,$$

及题目的条件.

证明　首先, 由条件得

$$\frac{\mathrm{d}^2 y}{\mathrm{d}x^2} = -\left(\frac{\mathrm{d}y}{\mathrm{d}x}\right)^3.$$

其次, 根据反函数的求导法则得, 反函数 $x = x(y)$ 也可导, 且满足

$$\frac{\mathrm{d}y}{\mathrm{d}x} \cdot \frac{\mathrm{d}x}{\mathrm{d}y} \equiv 1.$$

将上式两边对 x 求导, 得

$$\begin{aligned}
\left(\frac{\mathrm{d}y}{\mathrm{d}x} \cdot \frac{\mathrm{d}x}{\mathrm{d}y}\right)' &= \left(\frac{\mathrm{d}y}{\mathrm{d}x}\right)' \cdot \frac{\mathrm{d}x}{\mathrm{d}y} + \frac{\mathrm{d}y}{\mathrm{d}x} \cdot \left(\frac{\mathrm{d}x}{\mathrm{d}y}\right)' \\
&= \frac{\mathrm{d}^2 y}{\mathrm{d}x^2} \cdot \frac{\mathrm{d}x}{\mathrm{d}y} + \frac{\mathrm{d}y}{\mathrm{d}x} \cdot \frac{\mathrm{d}^2 x}{\mathrm{d}y^2} \cdot \frac{\mathrm{d}y}{\mathrm{d}x} \\
&= -\left(\frac{\mathrm{d}y}{\mathrm{d}x}\right)^3 \cdot \frac{\mathrm{d}x}{\mathrm{d}y} + \left(\frac{\mathrm{d}y}{\mathrm{d}x}\right)^2 \cdot \frac{\mathrm{d}^2 x}{\mathrm{d}y^2} \\
&= \left(\frac{\mathrm{d}y}{\mathrm{d}x}\right)^2 \left(\frac{\mathrm{d}^2 x}{\mathrm{d}y^2} - 1\right) \equiv 0.
\end{aligned}$$

又因为 $\dfrac{\mathrm{d}y}{\mathrm{d}x} \neq 0$, 所以

$$\frac{\mathrm{d}^2 x}{\mathrm{d}y^2} = 1.$$

□

例 9　设 $f(x) = \begin{cases} x^{n+1} \sin\ln|x|, & x \neq 0, \\ 0, & x = 0 \end{cases}$ $(n \in \mathbb{N}_+)$. 求证 $f(x)$ 在 $x = 0$ 有直到 n 阶导数, 而 $n+1$ 阶导数不存在.

分析 可以对 n 用数学归纳法证明.

证明 当 $n=1$ 时, 由于

$$\lim_{x\to 0}\frac{f(x)-f(0)}{x-0}=\lim_{x\to 0}\frac{x^2\sin\ln|x|-0}{x}=\lim_{x\to 0}x\sin\ln|x|=0,$$

所以 $f'(0)=0$.

又因为

$$f'(x)=\begin{cases}2x\sin\ln x+x\cos\ln x\,, & x>0,\\ 2x\sin\ln(-x)+x\cos\ln(-x)\,, & x<0,\end{cases}$$

所以

$$f'(x)=\begin{cases}x(2\sin\ln|x|+\cos\ln|x|)\,, & x\neq 0,\\ 0\,, & x=0.\end{cases}$$

由于

$$\begin{aligned}\lim_{x\to 0}\frac{f'(x)-f'(0)}{x-0}&=\lim_{x\to 0}\frac{x(2\sin\ln|x|+\cos\ln|x|)-0}{x}\\&=\lim_{x\to 0}(2\sin\ln|x|+\cos\ln|x|)\end{aligned}$$

不存在, 所以 $f''(0)$ 不存在. 即 $n=1$ 时, 结论成立.

假定 $n=k$ 时, 结论成立. 那么当 $n=k+1$ 时, 类似于 $n=1$ 的情况, 可得

$$f'(x)=\begin{cases}x^{k+1}[(k+2)\sin\ln|x|+\cos\ln|x|]\,, & x\neq 0,\\ 0\,, & x=0.\end{cases}$$

用数学归纳法可以证明

$$f^{(j)}(x)=\begin{cases}x^{k+2-j}(a_j\sin\ln|x|+b_j\cos\ln|x|)\,, & x\neq 0,\\ 0\,, & x=0,\end{cases}$$

其中 $a_j^2+b_j^2\neq 0, j=1,2,\cdots,k+1$. 所以 $f(x)$ 在 $x=0$ 有直到 $n=k+1$ 阶导数.

因为

$$\begin{aligned}\lim_{x\to 0}\frac{f^{(k+1)}(x)-f^{(k+1)}(0)}{x-0}&=\lim_{x\to 0}\frac{x(a_{k+1}\sin\ln|x|+b_{k+1}\cos\ln|x|)-0}{x}\\&=\lim_{x\to 0}(a_{k+1}\sin\ln|x|+b_{k+1}\cos\ln|x|)\end{aligned}$$

不存在, 所以 $f^{(k+2)}(0)$ 不存在. 即 $n=k+1$ 时, 结论成立. 因此根据数学归纳法, 对所有正整数 n, 本题结论成立. □

1.3　进阶练习题

1. 设 $f'(x_0)$ 存在, 试证明存在 $\delta>0$ 及常数 $M>0$, 使得

$$|f(x)-f(x_0)|<M|x-x_0|,\quad x\in U^\circ(x_0;\delta).$$

2. 设 $f(x_0)=g(x_0)=0$, 存在 $f'(x_0)$, $g'(x_0)$, 且 $g'(x_0)\neq 0$, 试证明

$$\lim_{x\to x_0}\frac{f(x)}{g(x)}=\frac{f'(x_0)}{g'(x_0)}.$$

3. 设直线 $y=px-2$ 是曲线 $y=x^3$ 的切线, 求 p 的值.

4. 设 $f(x)=x^n|x|$, $n\in\mathbb{N}_+$, 试证明 $f'(x)=(n+1)x^{n-1}|x|$.

5. 设 $f(x)$ 在 $x=0$ 处连续, 且 $f(0)\neq 0$. 试证明 f^2 在 $x=0$ 处可导当且仅当 f 在 $x=0$ 处可导.

6. 设 $f(x)$ 在 $(-1,1)$ 内有定义, 且在其上满足 $2x+1\leqslant f(x)\leqslant x^2+2x+1$. 试证明 $f'(0)=2$.

7. 若 $\displaystyle\lim_{x\to x_0}\frac{f(x)-f(x_0)}{(x-x_0)^2}=A$, 试讨论 $f(x)$ 在 $x=x_0$ 处的连续性和可导性.

8. 设 $f'(0)=1$, 求极限 $\displaystyle\lim_{x\to 0}\frac{\mathrm{e}^x f(x)-f(0)}{f(x)\cos x-f(0)}$.

9. 设 $f'(a)=1$, 求极限 $\displaystyle\lim_{n\to\infty}n\left[\sum_{i=1}^{k}f\left(x+\frac{i}{n}\right)-kf(a)\right]$.

10. 求 $\displaystyle\sum_{k=1}^{n}k\cos kx$ 的和.

11. 试证明 $\displaystyle\sum_{k=1}^{n}\mathrm{C}_n^k k^2=n(n+1)2^{n-2}$.

12. 设 $f(x)$, $g(x)$ 都在 $x=0$ 处可导, 且 $f(0)=g'(0)=0$, $f'(0)=g(0)=1$. 若在 $U(0)$ 内满足关系 $f(x+y)=f(x)g(y)+f(y)g(x)$, $x,x+y\in U(0)$. 试证明 $f'(x)=g(x),x\in U(0)$.

13. 设 $f(x)=|g(x)|$, $g'(x_0)$ 存在.

(1) 若 $g(x_0)\neq 0$, 则 $\displaystyle f'(x_0)=\frac{g(x_0)g'(x_0)}{|g(x_0)|}$.

(2) 若 $g(x_0)=0$, 则 $f'(x_0)$ 存在当且仅当 $g'(x_0)=0$.

14. 求下列函数的导数:

(1) $\displaystyle f(x)=\sqrt[3]{\frac{\mathrm{e}^x}{1+\cos x}}$;　　(2) $g(x)=2^{\cot^2 x}$.

15. 设 $f(x),g(x)$ 都在 $(-\infty,+\infty)$ 内可导, 求下列函数的导数:

(1) $y=\sqrt[n]{f^2(x)+g^2(x)}$　$(f^2(x)+g^2(x)>0)$;

(2) $\displaystyle y=\ln\left|\frac{f(x)}{g(x)}\right|$　$(f(x)g(x)\neq 0)$.

16. 设函数 $f(x)$ 在 $U(0)$ 内有定义, 且 $f(0)=0$, 试证明 $f(x)$ 在 $x=0$ 处可导当且仅当存在 $x=0$ 处连续的函数 $g(x)$, 使得 $f(x)=xg(x)$, 且此时成立 $f'(0)=g(0)$.

17. 求下列函数的 n 阶导数:

(1) $f(x)=\dfrac{x^n}{1+x}$; (2) $g(x)=\dfrac{x^{n+1}}{2-x}$; (3) $h(x)=\mathrm{e}^{ax}\cos(bx)\,(ab\neq 0)$.

18. 设 $F(x)=xf(x)$ 在 $x_0\neq 0$ 处有导数 A, 试证明 $f(x)$ 在 x_0 处可导, 且 $f'(x_0)=\dfrac{A-f(x_0)}{x_0}$.

19. 求下列函数的导数或微分:

(1) 设 $y=\arctan\dfrac{1}{x}+\ln\sqrt{\dfrac{x-1}{x+1}}$, 求微分 $\mathrm{d}y$;

(2) 设 $f(x)=\ln\sqrt{\dfrac{x^2+x+1}{x^2-x+1}}-\dfrac{1}{\sqrt{3}}\arctan\dfrac{\sqrt{3}x}{x^2-1}$, 求导数 $f'(x)$;

(3) 设 $f(x)=\dfrac{1}{4\sqrt{2}}\ln\dfrac{x^2+\sqrt{2}x+1}{x^2-\sqrt{2}x+1}-\dfrac{1}{2\sqrt{2}}\arctan\dfrac{\sqrt{2}x}{x^2-1}$, 求导数 $f'(x)$;

(4) 设 $f(x)=\sin(x^2)$, 求 $f^{(n)}(0)$;

(5) 设 $f(x)=x^{2020}\cdot\mathrm{e}^{\frac{1}{x}}$, 求 $f^{(2021)}(x)$.

第 2 章　一元函数微分法的应用

2.1　疑 难 解 析

1. 举例说明, 函数的导数为零的点, 不一定是该函数的极值点.

答: 例如, 函数 $f(x) = x^3$ 满足 $f'(0) = 0$, 但是 $x = 0$ 不是 $f(x) = x^3$ 的极值点.

2. 举例说明 Rolle 中值定理的三个条件缺一不可.

答: (1) 例如, 函数 $f(x) = x$ 在闭区间 $[0, 1]$ 上连续, 在开区间 $(0, 1)$ 内可导, 但是 $f(0) = 0 \neq 1 = f(1)$, 即满足 Rolle 中值定理的条件 (1)(2), 不满足条件 (3), 此时 $f'(x) = 1 \neq 0, x \in (0, 1)$, 即 Rolle 中值定理的结论不成立.

(2) 例如, 函数 $g'(x) = \begin{cases} x, & x \in [0, 1), \\ 0, & x = 1 \end{cases}$ 在开区间 $(0, 1)$ 内可导, $g(0) = 0 = g(1)$, 但是 $g(x)$ 在闭区间 $[0, 1]$ 上不连续, 即满足 Rolle 中值定理的条件 (2)(3), 不满足条件 (1), 此时 $g'(x) = 1 \neq 0, x \in (0, 1)$, 即 Rolle 中值定理的结论不成立.

(3) 例如, 函数 $h(x) = \begin{cases} -x, & x \in [-1, 0], \\ x, & x \in (0, 1] \end{cases}$ 在闭区间 $[-1, 1]$ 上连续, $h(-1) = 1 = h(1)$, 但是 $h(x)$ 在开区间 $(-1, 1)$ 内不可导, 即满足 Rolle 中值定理的条件 (1)(3), 不满足条件 (2), 此时 $h'(x) = 1 \neq 0, x \in (0, 1), h'(x) = -1 \neq 0, x \in (-1, 0), h'(0)$ 不存在, 即 Rolle 中值定理的结论不成立.

综上所述知, Rolle 中值定理的三个条件缺一不可. 由此可得, Lagrange 中值定理的两个条件也缺一不可.

3. Rolle 中值定理, Lagrange 中值定理中的中值 ξ 唯一吗? 试举例说明.

答: 不唯一. 例如, 函数 $f(x) = x(x-1)(x-2)$ 在区间 $[0, 2]$ 上满足 Rolle 中值定理和 Lagrange 中值定理的条件, 所以存在 $\xi \in (0, 2)$, 使得

$$f'(\xi) = 3\xi^2 - 6\xi + 2 = 3\left(\xi - 1 - \frac{1}{\sqrt{3}}\right)\left(\xi - 1 + \frac{1}{\sqrt{3}}\right) = 0.$$

因此 $\xi_1 = 1 + \frac{1}{\sqrt{3}}, \xi_2 = 1 - \frac{1}{\sqrt{3}}$, 即此时有两个中值 ξ.

4. 函数 $f(t)=\begin{cases} t^2\sin\dfrac{1}{t}, & t\neq 0, \\ 0, & t=0 \end{cases}$ 在区间 $[0,x]$ 上满足 Lagrange 中值定理的条件, 故存在 $\xi\in(0,x)$, 使得

$$f(x)-f(0)=f'(\xi)(x-0),$$

即

$$x^2\sin\frac{1}{x}=\left(2\xi\sin\frac{1}{\xi}-\cos\frac{1}{\xi}\right)x,$$

或

$$2\xi\sin\frac{1}{\xi}-x\sin\frac{1}{x}=\cos\frac{1}{\xi},$$

对上式令 $x\to 0^+$, 有 $\xi\to 0^+$, 取极限, 得到 $\lim\limits_{x\to 0^+}\cos\dfrac{1}{\xi}=0$, 此与当 $x\to 0^+$ 时, $\cos\dfrac{1}{x}$ 的极限不存在矛盾吗? 为什么?

答: 不矛盾, 因为当 $x\to 0^+$ 时, ξ 只是沿着某列点趋于 0^+, 不是沿着所有 $(0,x)$ 内的点趋于 0^+. 换句话说, $\lim\limits_{x\to 0^+}\cos\dfrac{1}{\xi}=0$ 不能推出 $\lim\limits_{x\to 0^+}\cos\dfrac{1}{x}=0$. 所以 $\lim\limits_{x\to 0^+}\cos\dfrac{1}{\xi}=0$ 与当 $x\to 0^+$ 时, $\cos\dfrac{1}{x}$ 的极限不存在不矛盾.

5. Cauchy 中值定理的下述证明正确吗? 为什么?

由 Lagrange 中值定理可得

$$f'(\xi)=\frac{f(b)-f(a)}{b-a},\quad \frac{g(b)-g(a)}{b-a}=g'(\xi),$$

于是由上面两式得

$$f'(\xi)[g(b)-g(a)]=[f(b)-f(a)]g'(\xi).$$

答: 不正确. 因为无法保证两次使用 Lagrange 中值定理时的 ξ 是同一个值.

6. 下面的计算错在哪里, 应该如何纠正, 为什么?

$$\lim_{x\to+\infty}\frac{2x-\cos x}{2x+\cos x}=\lim_{x\to+\infty}\frac{2+\sin x}{2-\sin x}=\lim_{x\to+\infty}\frac{\cos x}{-\cos x}=-1.$$

答: 第 1 个等号是错误的, 因为极限 $\lim\limits_{x\to+\infty}\dfrac{2+\sin x}{2-\sin x}$ 不存在, 不满足 L'Hospital 法则的条件. 第 2 个等号也是错误的, 因为极限 $\lim\limits_{x\to+\infty}\dfrac{2+\sin x}{2-\sin x}$ 不是不定式极限, 不能用 L'Hospital 法则.

正确的推导如下：因为 $\lim\limits_{x\to+\infty}\dfrac{1}{x}=0$, $|\cos x|\leqslant 1$, 所以根据无穷小量的性质得,

$$\lim_{x\to+\infty}\frac{\cos x}{x}=\lim_{x\to+\infty}\left(\frac{1}{x}\cdot\cos x\right)=0,$$

因此

$$\lim_{x\to+\infty}\frac{2x-\cos x}{2x+\cos x}=\lim_{x\to+\infty}\frac{2-\dfrac{\cos x}{x}}{2+\dfrac{\cos x}{x}}=\frac{2-0}{2+0}=1.$$

7. 如果 $\lim\limits_{x\to a}\dfrac{f'(x)}{g'(x)}$ 存在, 则 $\lim\limits_{x\to a}\dfrac{f(x)}{g(x)}$ 存在吗? 为什么?

答: $\lim\limits_{x\to a}\dfrac{f(x)}{g(x)}$ 不一定存在. 例如, 设 $f(x)=x$, $g(x)=x-1$, 则 $\lim\limits_{x\to 1}\dfrac{f'(x)}{g'(x)}=1$, 但是 $\lim\limits_{x\to 1}\dfrac{f(x)}{g(x)}=\lim\limits_{x\to 1}\dfrac{x}{x-1}=\infty$ 不存在.

8. 若函数 $f(x)$ 在 (a,b) 内严格递增（严格递减）, 则对任意的 $x\in(a,b)$, $f'(x)>0$ $(f'(x)<0)$ 吗? 为什么?

答: 不一定, 因为函数 $f(x)$ 在 (a,b) 内可能不可导. 例如, 函数

$$f(x)=\begin{cases} x, & x\in(0,1),\\ 2x-1, & x\in[1,2)\end{cases}$$

在 $(0,2)$ 内严格递增, 但是 $f(x)$ 在 $(0,2)$ 内不可导, 自然不可能满足对任意的 $x\in(0,2)$, $f'(x)>0$. 即使是可导函数也不行, 例如, 函数 $f(x)=x^3$ 在 $\mathbb{R}$ 上严格递增, 但是 $f'(0)=0$.

9. 为什么 $f(x)$ 在 (a,b) 内 (严格) 递增 (减), 且在点 a 右连续, 则 $f(x)$ 在 $[a,b)$ 上也 (严格) 递增 (减)?

答: 这可以证明. 例如, 若 $f(x)$ 在 (a,b) 内严格递增, 且在点 a 右连续, 则 $f(x)$ 在 $[a,b)$ 上也严格递增.

事实上, 对任意 $x_1,x_2\in[a,b)$, 且 $x_1<x_2$, 分两种情况证明: $f(x_1)<f(x_2)$.

(1) 当 $a < x_1 < x_2$ 时, 由于 $f(x)$ 在 (a,b) 内严格递增, 所以有 $f(x_1) < f(x_2)$.

(2) 当 $a = x_1 < x_2$ 时, 可以取 $x_3, x_4 \in (a,b)$, 使得 $a < x_3 < x_4 < x_2$.

由于 $f(x)$ 在 (a,b) 内严格递增, 所以有 $f(x_3) < f(x_4) < f(x_2)$. 又因为 $f(x)$ 在点 a 右连续, 所以

$$f(a) = \lim_{x \to a^+} f(x).$$

因此在不等式 $f(x_3) < f(x_4)$ 两边令 $x_3 \to a^+$, 得 $f(a) = f(x_1) \leqslant f(x_4) < f(x_2)$, 即有 $f(x_1) < f(x_2)$.

故根据单调函数的定义得, $f(x)$ 在 $[a,b)$ 上也严格递增.

10. 导数为零的点一定是单调区间的分界点吗? 为什么?

答: 不一定. 例如, 函数 $f(x) = x^3$ 满足在 $x = 0$ 处 $f'(x) = 3x^2 = 0$, 但是 $f(x) = x^3$ 在 $(-\infty, \infty)$ 内单调递增, 即 $x = 0$ 不是单调区间的分界点.

11. 若 $f(x)$ 在 $[a,b)$ 上为下凸函数, 则 $f(x)$ 在 $[a,b)$ 上连续吗? 为什么?

答: 不一定, 因为 $f(x)$ 可能在 $x = a$ 处不连续. 例如, 函数

$$f(x) = \begin{cases} x^2, & x \in (0,1), \\ 1, & x = 0 \end{cases}$$

在 $[0,1)$ 上为下凸函数 (可以用定义验证), 但是它在 $x = 0$ 处不连续, 所以它在 $[0,1)$ 上不连续.

12. 若 $f'(0) > 0$, 是否能断定 $f(x)$ 在原点的充分小的邻域内单调递增?

答: 不能. 例如, 考察函数 $f(x) = \begin{cases} 1 + x + 3x^2 \sin \dfrac{1}{x}, & x \neq 0, \\ 1, & x = 0, \end{cases}$ 利用导数定义易得, $f'(0) = 1 > 0$, 但是这个函数在原点的任意小的邻域内都不是单调递增的. 事实上, 当 $x \neq 0$ 时,

$$f'(x) = 1 + 6x \sin \frac{1}{x} - 3 \cos \frac{1}{x}$$

在 $s_n = \dfrac{1}{2n\pi}\,(n = 1, 2, \cdots)$ 处, $f'(s_n) = -2 < 0$; 在 $t_n = \dfrac{1}{\left(2n + \dfrac{1}{2}\right)\pi}\,(n = 1, 2, \cdots)$ 处,

$$f'(t_n) = 1 + \frac{6}{\left(2n + \dfrac{1}{2}\right)\pi} > 0;$$

且 $t_{n+1} < s_{n+1} < t_n < s_n\,(n=1,2,\cdots)$, 以及当 $n\to\infty$ 时有, $s_n\to 0, t_n\to 0$. 由此可得, $f(x)$ 在原点的任意小的邻域内都不是单调递增的.

13. 如果 a 为 $f(x)$ 的极小值点, 那么必存在 a 的某邻域, 在此邻域内, $f(x)$ 在 a 的左侧下降, 而在 a 的右侧上升. 这个命题正确吗? 为什么?

答: 不正确. 例如, 考察函数

$$f(x)=\begin{cases}1+x^2\left(1+\sin\dfrac{1}{x}\right), & x\neq 0,\\ 1, & x=0,\end{cases}$$

利用极值的定义易证, $x=0$ 是 $f(x)$ 的极小值点. 又直接计算可得

$$f'(x)=\begin{cases}2x\left(1+\sin\dfrac{1}{x}\right)-\cos\dfrac{1}{x}, & x\neq 0,\\ 0, & x=0.\end{cases}$$

令 $s_n=\dfrac{1}{2n\pi}, t_n=\dfrac{1}{(2n+1)\pi}\,(n=1,2,\cdots)$, 则 $t_{n+1}<s_{n+1}<t_n<s_n\,(n=1,2,\cdots)$, 及当 $n\to\infty$ 时有, $s_n\to 0, t_n\to 0$. 且有

$$f'(s_n)=-1+\frac{1}{n\pi}<0,\quad f'(t_n)=1+\frac{2}{(2n+1)\pi}>0;$$

于是可得, $f(x)$ 在原点的任意邻域内, 在 0 的右侧不是上升的. 类似可以证明, $f(x)$ 在原点的任意邻域内, 在 0 的左侧不是下降的.

14. 曲线 $y=f(x)$ 的水平渐近线、垂直渐近线、斜渐近线可能有几条? 为什么?

答: (1) 曲线 $y=f(x)$ 的水平渐近线至多有两条. 因为当 $\lim\limits_{x\to+\infty}f(x)=b$ 或者 $\lim\limits_{x\to-\infty}f(x)=b$ 或者 $\lim\limits_{x\to\infty}f(x)=b$ 时, $y=b$ 是曲线 $y=f(x)$ 的水平渐近线. 而当 $\lim\limits_{x\to\infty}f(x)=b$ 时, $\lim\limits_{x\to+\infty}f(x)=\lim\limits_{x\to-\infty}f(x)=b$, 所以至多出现 $\lim\limits_{x\to+\infty}f(x)=b_1$, $\lim\limits_{x\to-\infty}f(x)=b_2\neq b_1$ 的情况, 此时曲线 $y=f(x)$ 有两条水平渐近线: $y=b_1, y=b_2$.

(2) 曲线 $y=f(x)$ 的垂直渐近线可以有无穷条. 例如, $y=\tan x$ 以 $x=\left(k+\dfrac{1}{2}\right)\pi\,(k=0,\pm1,\pm2,\cdots)$ 为垂直渐近线.

(3) 曲线 $y=f(x)$ 的斜渐近线至多有两条. 理由同 (1).

2.2 典型例题

2.2.1 微分中值定理及其应用

微分中值定理主要指 Rolle 中值定理、Lagrange 中值定理和 Cauchy 中值定理, 其中 Rolle 中值定理常用于证明结论是等式的证明题, Lagrange 中值定理常用于证明与“函数值差”、“自变量差”相关的命题, Cauchy 中值定理使用通常涉及两个函数差的比. 应用中值定理的关键是作辅助函数, 使其满足中值定理的条件.

例 1 设 $f(x)$ 在 $[0,1]$ 上连续, 在 $(0,1)$ 内可导, 且 $f(0)=f(1)-a$, 试证明对任何正整数 n, 存在 $\xi\in(0,1)$, 使 $f'(\xi)=na\xi^{n-1}$.

分析 易见, $f'(\xi)=na\xi^{n-1}\Leftrightarrow [f(x)-ax^n]'_{x=\xi}=0$. 于是可以作辅助函数 $F(x)=f(x)-ax^n$, 然后应用 Rolle 中值定理.

证明 令 $F(x)=f(x)-ax^n$, 则由题设知, $F(x)$ 在 $[0,1]$ 上连续, 在 $(0,1)$ 内可导, 且

$$F(1)=f(1)-a=f(0)=F(0),$$

于是根据 Rolle 中值定理得, 存在 $\xi\in(0,1)$, 使

$$F'(\xi)=f'(\xi)-na\xi^{n-1}=0,$$

即 $f'(\xi)=na\xi^{n-1}$. □

例 2 设 $f(x)$ 在 $[0,1]$ 上连续, 在 $(0,1)$ 内可导, 且 $f(1)=0$, 试证明存在 $\xi\in(0,1)$, 使 $f'(\xi)=-\dfrac{3f(\xi)}{\xi}$.

分析 易见, $f'(\xi)=-\dfrac{3f(\xi)}{\xi}\Leftrightarrow \xi f'(\xi)+3f(\xi)=0\Leftrightarrow \xi^3f'(\xi)+3\xi^2f(\xi)=[x^3f(x)]'_{x=\xi}=0$. 于是可以作辅助函数 $F(x)=x^3f(x)$, 然后应用 Rolle 中值定理.

证明 令 $F(x)=x^3f(x)$, 则由题设知, $F(x)$ 在 $[0,1]$ 上连续, 在 $(0,1)$ 内可导, 且

$$F(1)=f(1)=0=F(0),$$

于是根据 Rolle 中值定理得, 存在 $\xi\in(0,1)$, 使

$$F'(\xi)=\xi^3f'(\xi)+3\xi^2f(\xi)=0,$$

即 $f'(\xi)=-\dfrac{3f(\xi)}{\xi}$. □

注 此题的结论可以改为: 对任何正整数 n, 存在 $\xi \in (0,1)$, 使 $f'(\xi) = -\dfrac{nf(\xi)}{\xi}$.

例 3 证明方程 $\mathrm{e}^x = ax^2 + bx + c\,(a,b,c$ 是常数) 的不同实根不多于三个.

分析 本例直接证明要用到函数的单调性和极值, 这里可以用反证法, 假定上述方程至少有四个实根, 然后设法利用 Rolle 中值定理导出矛盾.

证明 用反证法, 假定方程 $\mathrm{e}^x = ax^2+bx+c$ 至少有四个不同实根. 令 $f(x) = \mathrm{e}^x - ax^2 - bx - c$, 则 $f(x)$ 在 $(-\infty,+\infty)$ 内可导, 且至少有四个不同零点. 于是根据 Rolle 中值定理得, $f'(x)$ 至少有三个不同零点, 所以 $f''(x)$ 至少有两个不同零点, 因此 $f'''(x)$ 至少有一个零点, 这与 $f'''(x) = \mathrm{e}^x \neq 0$ 相矛盾. 故本题得证. □

例 4 证明方程 $(x^2-3x+2)\cos x + (2x-3)\sin x = 0$ 在 $(0,\pi)$ 内至少有三个不同实根.

分析 注意到方程 $(x^2-3x+2)\cos x + (2x-3)\sin x = 0$ 等价于方程 $[(x^2-3x+2)\sin x]' = 0$, 及函数 $(x^2-3x+2)\sin x$ 以 $x = 0,1,2,\pi$ 为零点, 于是可以利用 Rolle 中值定理证明.

证明 令 $f(x) = (x^2-3x+2)\sin x$, 则显然 $f(x)$ 在 $[0,\pi]$ 上连续, 在 $(0,\pi)$ 内可导, 且

$$f(0) = f(1) = f(2) = f(\pi) = 0.$$

于是根据 Rolle 中值定理得, 存在 $\xi_1 \in (0,1), \xi_2 \in (1,2), \xi_3 \in (2,\pi)$, 使得

$$f''(\xi_j) = (\xi_j^2 - 3\xi_j + 2)\cos\xi_j + (2\xi_j - 3)\sin\xi_j = 0 \quad (j = 1,2,3),$$

即原方程 $(x^2-3x+2)\cos x+(2x-3)\sin x = 0$ 在 $(0,\pi)$ 内至少有三个不同实根. □

注 本例也可以用介值定理证明, 读者不妨一试.

例 5 设 $f(x)$ 在 $[x_0-a, x_0+a]\,(a>0)$ 上连续, 在 (x_0-a, x_0+a) 内可导, 试证明存在 $\xi \in (0,1)$, 使

$$\frac{f(x_0+a) - f(x_0-a)}{a} = f'(x_0+a\xi) + f'(x_0-a\xi).$$

分析 注意上述等式等价于

$$f(x_0+a) - f(x_0-a) = \frac{\mathrm{d}}{\mathrm{d}t}[f(x_0+ta) - f(x_0-ta)]\Big|_{t=\xi}.$$

于是可以作辅助函数 $F(t) = f(x_0+ta) - f(x_0-ta)$, 这样上述等式等价于 $F(1) - F(0) = F'(\xi)\cdot(1-0)$, 所以可以应用 Lagrange 中值定理.

证明 令 $F(x)=f(x_0+ta)-f(x_0-ta)$, 则由题设知, $F(x)$ 在 $[0,1]$ 上连续, 在 $(0,1)$ 内可导, 于是根据 Lagrange 中值定理得, 存在 $\xi\in(0,1)$, 使

$$F(1)-F(0)=F(1)=F'(\xi)\cdot(1-0)=F'(\xi),$$

即 $f(x_0+a)-f(x_0-a)=[f'(x_0+a\xi)+f'(x_0-a\xi)]a$. 故

$$\frac{f(x_0+a)-f(x_0-a)}{a}=f'(x_0+a\xi)+f'(x_0-a\xi).$$ □

例 6 设 $f(x)$ 在 $[a,b]$ 上可导, 且 $f(a)=f(b)=0$, $f'(a)\cdot f'(b)>0$, 试证明至少存在两个不同点 $\xi_1,\xi_2\in(a,b)$, 使 $f'(\xi_1)=f'(\xi_2)=0$.

分析 注意到 $f(x)$ 在 $[a,b]$ 上可导, 且 $f(a)=f(b)=0$, 设法证明存在 $c\in(a,b)$, 使 $f(c)=0$, 为此要在 (a,b) 内找 x_1,x_2, 使得 $f(x_1)\cdot f(x_2)<0$, 这样利用介值定理即可以证明 c 的存在性. 然后应用 Rolle 中值定理.

证明 因为 $f'(a)\cdot f'(b)>0$, 不妨设 $f'(a)>0, f'(b)>0$, 则由导数的定义知, 存在 $a<x_1<x_2<b$, 使 $f(x_1)>f(a)=0$, $f(x_2)<f(b)=0$, 于是根据连续函数的介值定理知, 存在 $c\in(x_1,x_2)\subset(a,b)$, 使 $f(c)=0$.

由于 $f(x)$ 在 $[a,b]$ 上可导, 且 $f(a)=f(b)=f(c)=0$, 所以据 Rolle 中值定理得, 存在 $\xi_1\in(a,c)$, $\xi_2\in(c,b)$, 使 $f'(\xi_1)=f'(\xi_2)=0$. □

例 7 设 $f(x)$ 在 $[a,b]$ 上连续, 在 (a,b) 内可导. 又设 $f(x)$ 不是线性函数, 且 $f(b)>f(a)$. 试证明存在 $\xi\in(a,b)$, 使

$$f'(\xi)>\frac{f(b)-f(a)}{b-a}.$$

分析 上述不等式等价于 $\left[f(x)-f(a)-\dfrac{f(b)-f(a)}{b-a}(x-a)\right]'_{x=\xi}>0$. 由此知, 可以作辅助函数 $F(x)=f(x)-f(a)-\dfrac{f(b)-f(a)}{b-a}(x-a)$, 直接计算可得, $F(a)=F(b)=0$. 由于 $f(x)$ 不是线性函数, 可得存在 $x_0\in(a,b)$, 使 $F(x_0)\neq0$, 然后应用 Lagrange 中值定理便可.

证明 过点 $(a,f(a))$ 与 $(b,f(b))$ 的线性函数是

$$y=f(a)+\frac{f(b)-f(a)}{b-a}(x-a).$$

令 $F(x)=f(x)-f(a)-\dfrac{f(b)-f(a)}{b-a}(x-a)$, 则由题设知, $F(x)$ 在 $[a,b]$ 上连续, 在 (a,b) 内可导, 且直接计算可得, $F(a)=F(b)=0$.

由于 $f(x)$ 不是线性函数, 所以

$$F(x) \neq 0, \quad x \in [a,b].$$

因此存在 $x_0 \in (a,b)$, 使 $F(x_0) \neq 0$, 即 $F(x_0) > 0$ 或者 $F(x_0) < 0$. 下面分两种情况证明.

(1) 当 $F(x_0) > 0$ 时, 将 $F(x)$ 在 $[a,x_0]$ 上应用 Lagrange 中值定理得, 存在 $\xi_1 \in (a,x_0) \subset (a,b)$, 使

$$F'(\xi_1) = \frac{F(x_0) - F(a)}{x_0 - a} = \frac{F(x_0)}{x_0 - a} > 0,$$

即 $f'(\xi_1) > \dfrac{f(b) - f(a)}{b - a}$.

(2) 当 $F(x_0) < 0$ 时, 将 $F(x)$ 在 $[x_0,b]$ 上应用 Lagrange 中值定理得, 存在 $\xi_2 \in (x_0,b) \subset (a,b)$, 使

$$F'(\xi_2) = \frac{F(b) - F(x_0)}{b - x_0} = \frac{-F(x_0)}{b - x_0} > 0,$$

即 $f'(\xi_2) > \dfrac{f(b) - f(a)}{b - a}$. □

注　在本例的条件下, 还可以得到结论: 存在 $\eta \in (a,b)$, 使

$$f'(\eta) < \frac{f(b) - f(a)}{b - a}.$$

例 8　若函数 $f(x)$ 在 $[a,b]$ 上连续, 在 (a,b) 内二阶可导, $f(a) = f(b) = 0$, 且存在 $c \in (a,b)$, 使 $f(c) > 0$, 则存在 $\xi \in (a,b)$, 使 $f''(\xi) < 0$.

分析　由题设条件, 可以先分别在 $[a,c]$ 与 $[c,b]$ 上应用 Lagrange 中值定理, 得 $\xi_1 \in (a,c)$, $\xi_2 \in (c,b)$, 使

$$f'(\xi_1) = \frac{f(c) - f(a)}{c - a} = \frac{f(c)}{c - a} > 0, \quad f'(\xi_2) = \frac{f(b) - f(c)}{b - c} = \frac{-f(c)}{b - c} < 0.$$

然后再对 $f'(x)$ 在 $[\xi_1,\xi_2]$ 上应用 Lagrange 中值定理便可.

证明　将 $f(x)$ 分别在 $[a,c]$ 与 $[c,b]$ 上应用 Lagrange 中值定理得, 存在 $\xi_1 \in (a,c)$, $\xi_2 \in (c,b)$, 使

$$f'(\xi_1) = \frac{f(c) - f(a)}{c - a} = \frac{f(c)}{c - a} > 0,$$

$$f'(\xi_2)=\frac{f(b)-f(c)}{b-c}=\frac{-f(c)}{b-c}<0.$$

由于 $f(x)$ 在 (a,b) 内二阶可导, 所以 $f'(x)$ 在 $[\xi_1,\xi_2]$ 上可导, 因此根据 Lagrange 中值定理得, 存在 $\xi\in(\xi_1,\xi_2)\subset(a,b)$, 使

$$f''(\xi)=\frac{f'(\xi_2)-f'(\xi_1)}{\xi_2-\xi_1}<0.$$ □

例 9 若函数 $f(x)$ 在 $[0,1]$ 上可导, $f(0)=0$, 且 $\forall x\in[0,1]$, 有 $|f'(x)|\leqslant|f(x)|$, 则 $f(x)\equiv 0,\ x\in[0,1]$.

分析 任意取定 $t\in(0,1)$, 证明 $M(t)=\max\limits_{x\in[0,t]}|f(x)|\equiv 0$.

证明 由于 $f(x)$ 在 $[0,1]$ 上可导, 所以 $f(x)$ 在 $[0,1]$ 上连续, 因此 $|f(x)|$ 在 $[0,1]$ 上连续.

任意取定 $t\in(0,1)$, 记 $M(t)=\max\limits_{x\in[0,t]}|f(x)|$, 则由连续函数最值定理得, 存在 $x_1\in[0,t]$, 使

$$|f(x_1)|=M(t).$$

由题设, 根据 Lagrange 中值定理得, 存在 $\xi\in(0,x_1)$, 使

$$f(x_1)=f(x_1)-f(0)=f'(\xi)(x_1-0),$$

于是

$$M(t)=|f(x_1)|=|f'(\xi)|\cdot|x_1|\leqslant|f(\xi)|t\leqslant M(t)t,$$

所以 $0\leqslant M(t)\cdot(1-t)\leqslant 0\Rightarrow M(t)=0$.

因此对任意 $x\in[0,t]$, 有 $0\leqslant|f(x)|\leqslant M(t)=0$, 即 $f(x)\equiv 0,\ x\in[0,1)$.

又因为 $f(x)$ 在 $[0,1]$ 上连续, 所以

$$f(1)=\lim_{x\to 1^-}f(x)=\lim_{x\to 1^-}0=0,$$

故 $f(x)\equiv 0,\ x\in[0,1]$. □

例 10 设函数 $f(x)$ 在 $[a,b]$ 上连续, 在 (a,b) 内可导, $0\leqslant a<b$, 则存在 $\xi,\eta\in(a,b)$, 使

$$f'(\xi)=\frac{a+b}{2\eta}f'(\eta).$$

分析 等式的左边可以应用 Lagrange 中值定理得, 存在 $\xi\in(a,b)$, 使

$$f'(\xi)=\frac{f(b)-f(a)}{b-a}.$$

这样只需证明: 存在 $\eta \in (a,b)$, 使

$$\frac{f(b)-f(a)}{b-a}=\frac{a+b}{2\eta}f'(\eta) \Leftrightarrow \frac{f(b)-f(a)}{b^2-a^2}=\left.\frac{f'(x)}{(x^2)'}\right|_{x=\eta}.$$

应用 Cauchy 中值定理便可.

证明　由题设条件, 根据 Lagrange 中值定理得, 存在 $\xi \in (a,b)$, 使

$$f'(\xi)=\frac{f(b)-f(a)}{b-a}.$$

于是只需证明: 存在 $\eta \in (a,b)$, 使

$$\frac{f(b)-f(a)}{b-a}=\frac{a+b}{2\eta}f'(\eta),$$

或者

$$\frac{f(b)-f(a)}{b^2-a^2}=\left.\frac{f'(x)}{(x^2)'}\right|_{x=\eta}.$$

为此, 令 $g(x)=x^2$, 由于 $g'(x)=2x \neq 0\,(x \in (a,b))$ 及 $g(a)=a^2 \neq b^2 = g(b)$, 所以根据 Cauchy 中值定理得, 存在 $\eta \in (a,b)$, 使

$$\frac{f'(\eta)}{g'(\eta)}=\frac{f'(\eta)}{2\eta}=\frac{f(b)-f(a)}{b^2-a^2}.$$

故本题得证. □

2.2.2 Taylor 公式与不定式极限

求不定式的极限是函数极限计算中的一个难点, L'Hospital 法则提供了求不定式极限的一个有效方法. 带 Peano 型余项的 Taylor 公式也可以用来求某些不定式的极限, 其难点是需要知道一些函数的带 Peano 型余项的 Taylor 公式. 为了计算简便, 有时需要用到等价无穷小代换. 函数的带 Lagrange 型余项的 Taylor 公式, 是证明某些函数不等式的有效方法. 下面分别举例说明.

1. *求不定式的极限*

例 1　求下列不定式的极限:

(1) $\lim\limits_{x\to 0}\dfrac{\mathrm{e}^{2x}-\mathrm{e}^{-2x}-4x}{x-\sin x}$;　　(2) $\lim\limits_{x\to +\infty}\dfrac{\ln^3 x}{x^2}$.

分析 (1) 是 $\frac{0}{0}$ 型不定式极限, (2) 是 $\frac{\infty}{\infty}$ 型不定式极限, 这都可以用 L'Hospital 法则求它们的极限, 如果用一次 L'Hospital 法则后, 仍然是 $\frac{0}{0}$ 型或者 $\frac{\infty}{\infty}$ 型不定式极限, 可以继续使用 L'Hospital 法则.

解 (1) 易见, 这是 $\frac{0}{0}$ 型不定式极限, 根据 L'Hospital 法则得

$$\begin{aligned}\lim_{x\to0}\frac{\mathrm{e}^{2x}-\mathrm{e}^{-2x}-4x}{x-\sin x}&=\lim_{x\to0}\frac{2\mathrm{e}^{2x}+2\mathrm{e}^{-2x}-4}{1-\cos x}\\&=\lim_{x\to0}\frac{4\mathrm{e}^{2x}-4\mathrm{e}^{-2x}}{\sin x}\\&=\lim_{x\to0}\frac{8\mathrm{e}^{2x}+8\mathrm{e}^{-2x}}{\cos x}=16.\end{aligned}$$

(2) 易见, 这是 $\frac{\infty}{\infty}$ 型不定式极限, 根据 L' Hospital 法则得

$$\begin{aligned}\lim_{x\to+\infty}\frac{\ln^3 x}{x^2}&=\lim_{x\to+\infty}\frac{\frac{3}{x}\ln^2 x}{2x}=\lim_{x\to+\infty}\frac{3\ln^2 x}{2x^2}\\&=\lim_{x\to+\infty}\frac{\frac{6}{x}\ln x}{4x}=\lim_{x\to+\infty}\frac{3\ln x}{2x^2}\\&=\lim_{x\to+\infty}\frac{\frac{3}{x}}{4x}=0.\end{aligned}$$

□

注 本例多次使用 L'Hospital 法则, 每次都要验证是否满足 L'Hospital 法则的条件. (2) 也可以简化如下：

$$\lim_{x\to+\infty}\frac{\ln^3 x}{x^2}=\left(\lim_{x\to+\infty}\frac{\ln x}{x^{2/3}}\right)^3=\left(\lim_{x\to+\infty}\frac{\frac{1}{x}}{\frac{2}{3}x^{-1/3}}\right)^3=\left(\lim_{x\to+\infty}\frac{3}{2x^{2/3}}\right)^3=0.$$

例 2 (1) 设函数 $f(x)$ 在 x_0 处具有连续的二阶导数, 试证明：

$$\lim_{h\to0}\frac{f(x_0+h)+f(x_0-h)-2f(x_0)}{h^2}=f''(x_0);$$

(2) 当函数 $f(x)$ 在 x_0 处只具有二阶导数时, 上式是否成立?

分析　当函数 $f(x)$ 在 x_0 处具有连续的二阶导数时, $f(x)$ 在 x_0 的某个邻域内二阶可导, 且 $f''(x)$ 在 x_0 处连续, 此时可以对不定式 $\dfrac{f(x_0+h)+f(x_0-h)-2f(x_0)}{h^2}$ 用两次 L'Hospital 法则. 当函数 $f(x)$ 在 x_0 处只具有二阶导数时, $f(x)$ 在 x_0 的某个邻域内可导, 此时对不定式 $\dfrac{f(x_0+h)+f(x_0-h)-2f(x_0)}{h^2}$ 只能用一次 L'Hospital 法则, 然后用导数的定义.

证明　(1) 由于 $f(x)$ 在 x_0 处具有连续的二阶导数, 所以 $f(x)$ 在 x_0 的某个邻域内二阶可导, 且 $f''(x)$ 在 x_0 处连续, 因此根据 L'Hospital 法则得

$$\begin{aligned}\lim_{h\to 0}\frac{f(x_0+h)+f(x_0-h)-2f(x_0)}{h^2}&=\lim_{h\to 0}\frac{f'(x_0+h)-f'(x_0-h)}{2h}\\&=\lim_{h\to 0}\frac{f''(x_0+h)+f''(x_0-h)}{2}\\&=f''(x_0).\end{aligned}$$

(2) 当函数 $f(x)$ 在 x_0 处只具有二阶导数时, 上式也成立. 事实上, 因为函数 $f(x)$ 在 x_0 处只具有二阶导数, 所以 $f(x)$ 在 x_0 的某个邻域内可导, 且 $f'(x)$ 在 x_0 处可导, 因此根据 L'Hospital 法则和导数的定义得

$$\begin{aligned}&\lim_{h\to 0}\frac{f(x_0+h)+f(x_0-h)-2f(x_0)}{h^2}\\&=\lim_{h\to 0}\frac{f'(x_0+h)-f'(x_0-h)}{2h}\\&=\frac{1}{2}\left[\lim_{h\to 0}\frac{f'(x_0+h)-f'(x_0)}{h}+\lim_{h\to 0}\frac{f'(x_0-h)-f'(x_0)}{-h}\right]\\&=\frac{1}{2}[f''(x_0)+f''(x_0)]=f''(x_0).\end{aligned}$$

□

例 3　求下列不定式的极限:

(1) $\lim\limits_{x\to+\infty}x(\mathrm{e}^{\frac{1}{x}}-1)$;　(2) $\lim\limits_{x\to 0}\left(\dfrac{1}{x}-\cot x\right)$;

(3) $\lim\limits_{x\to 0^+}\left(\dfrac{\mathrm{e}^x-1}{x}\right)^{\frac{1}{x}}$;　(4) $\lim\limits_{x\to 0^+}(\sin x)^x$;

(5) $\lim\limits_{x\to+\infty}(1+x)^{\frac{1}{x^2}}$;　(6) $\lim\limits_{x\to+\infty}\ln x\cdot(\pi-2\arctan x)$.

分析　对于其他形式的不定式极限可以化为 $\dfrac{0}{0}$ 型或者 $\dfrac{\infty}{\infty}$ 型不定式极限来

处理. 例如, 对于幂指函数 $f(x)^{g(x)}$ 形式出现的 0^0, 1^∞, ∞^0 型不定式极限, 一般利用恒等式

$$\lim_{x\to x_0} f(x)^{g(x)} = \lim_{x\to x_0} \mathrm{e}^{g(x)\ln f(x)} = \mathrm{e}^{\lim\limits_{x\to x_0} g(x)\ln f(x)},$$

将其变为 $0\cdot\infty$ 型不定式极限.

解 (1) 易见, 这是 $\infty\cdot 0$ 型不定式极限, 要将其化为 $\dfrac{\infty}{\infty}$ 型不定式极限, 然后应用 L'Hospital 法则得

$$\begin{aligned}\lim_{x\to+\infty} x(\mathrm{e}^{\frac{1}{x}}-1) &= \lim_{x\to+\infty}\frac{\mathrm{e}^{\frac{1}{x}}-1}{\dfrac{1}{x}} = \lim_{x\to+\infty}\frac{-\dfrac{1}{x^2}\mathrm{e}^{\frac{1}{x}}}{-\dfrac{1}{x^2}}\\ &= \lim_{x\to+\infty}\mathrm{e}^{\frac{1}{x}} = \mathrm{e}^0 = 1.\end{aligned}$$

(2) 易见, 这是 $\infty-\infty$ 型不定式极限, 首先将函数式化为 $\dfrac{0}{0}$ 型, 然后根据 L'Hospital 法则得

$$\begin{aligned}\lim_{x\to 0}\left(\frac{1}{x}-\cot x\right) &= \lim_{x\to 0}\frac{\sin x - x\cos x}{x\sin x}\\ &= \lim_{x\to 0}\frac{x\sin x}{\sin x + x\cos x}\\ &= \lim_{x\to 0}\frac{\sin x + x\cos x}{2\cos x - x\sin x} = 0.\end{aligned}$$

(3) 易见, 这是 1^∞ 型不定式极限, 先将函数式化为复合的指数函数, 其次化为 $\infty\cdot 0$ 型, 然后化为 $\dfrac{0}{0}$ 型, 即

$$\left(\frac{\mathrm{e}^x-1}{x}\right)^{\frac{1}{x}} = \mathrm{e}^{\frac{1}{x}\cdot\ln\frac{\mathrm{e}^x-1}{x}} = \mathrm{e}^{\frac{\ln(\mathrm{e}^x-1)-\ln x}{x}}.$$

再应用 L'Hospital 法则得

$$\begin{aligned}\lim_{x\to 0^+}\frac{\ln(\mathrm{e}^x-1)-\ln x}{x} &= \lim_{x\to 0^+}\left(\frac{\mathrm{e}^x}{\mathrm{e}^x-1}-\frac{1}{x}\right)\\ &= \lim_{x\to 0^+}\frac{x\mathrm{e}^x-\mathrm{e}^x+1}{x(\mathrm{e}^x-1)}\end{aligned}$$

$$
\begin{aligned}
&= \lim_{x\to 0^+} \frac{e^x + xe^x - e^x}{e^x - 1 + xe^x} \\
&= \lim_{x\to 0^+} \frac{e^x + xe^x}{2e^x + xe^x} = \frac{1}{2},
\end{aligned}
$$

所以

$$
\lim_{x\to 0^+} \left(\frac{e^x - 1}{x}\right)^{\frac{1}{x}} = e^{\lim\limits_{x\to 0^+} \frac{\ln(e^x-1)-\ln x}{x}} = e^{\frac{1}{2}}.
$$

(4) 易见, 这是 0^0 型不定式极限, 先将函数式化为复合的指数函数, 其次化为 $0\cdot\infty$ 型, 然后化为 $\dfrac{\infty}{\infty}$ 型, 即

$$
(\sin x)^x = e^{x\ln\sin x} = e^{\frac{\ln\sin x}{\frac{1}{x}}}.
$$

再应用 L'Hospital 法则得

$$
\lim_{x\to 0^+} \frac{\ln\sin x}{\dfrac{1}{x}} = \lim_{x\to 0^+} \frac{\dfrac{\cos x}{\sin x}}{-\dfrac{1}{x^2}} = \lim_{x\to 0^+} (-x\cos x)\cdot\frac{x}{\sin x} = 0,
$$

所以

$$
\lim_{x\to 0^+} (\sin x)^x = e^{\lim\limits_{x\to 0^+} \frac{\ln\sin x}{\frac{1}{x}}} = e^0 = 1.
$$

(5) 易见, 这是 ∞^0 型不定式极限, 先将函数式化为复合的指数函数, 其次化为 $0\cdot\infty$ 型, 然后化为 $\dfrac{\infty}{\infty}$ 型, 再应用 L'Hospital 法则得

$$
\begin{aligned}
\lim_{x\to +\infty} (1+x)^{\frac{1}{x^2}} &= \lim_{x\to +\infty} e^{\frac{\ln(1+x)}{x^2}} \\
&= e^{\lim\limits_{x\to+\infty} \frac{\ln(1+x)}{x^2}} \\
&= e^{\lim\limits_{x\to+\infty} \frac{\frac{1}{1+x}}{2x}} \\
&= e^{\lim\limits_{x\to+\infty} \frac{1}{2x(1+x)}} \\
&= e^0 = 1.
\end{aligned}
$$

(6) 易见, 这是 $\infty\cdot 0$ 型不定式极限, 先将其化为 $\dfrac{0}{0}$ 型, 再应用 L'Hospital 法

则得

$$
\begin{aligned}
\lim_{x\to+\infty}\ln x\cdot(\pi-2\arctan x)&=\lim_{x\to+\infty}\frac{\pi-2\arctan x}{(\ln x)^{-1}}\\
&=\lim_{x\to+\infty}\frac{\dfrac{-2}{1+x^2}}{-\dfrac{1}{x(\ln x)^2}}\\
&=\lim_{x\to+\infty}\frac{2x(\ln x)^2}{1+x^2}\\
&=\lim_{x\to+\infty}\frac{2(\ln x)^2+4\ln x}{2x}\\
&=\lim_{x\to+\infty}\frac{2\ln x+2}{x}\\
&=\lim_{x\to+\infty}\frac{2}{x}=0.
\end{aligned}
$$

□

例 4 求下列极限:

(1) $\lim\limits_{x\to0}\left(\dfrac{1}{x^2}-\dfrac{1}{\sin^2 x}\right)$; (2) $\lim\limits_{x\to0}\dfrac{x-\arcsin x}{\sin^3 x}$.

分析 (1) 是 $\infty-\infty$型不定式极限, 可以通分化为 $\dfrac{0}{0}$ 型不定式极限, 这时直接用 L'Hospital 法则会使式子变得更复杂. 为了简化计算, 可以先在乘积运算中使用等价无穷小代换 $\sin x\sim x\,(x\to0)$, 然后应用 L'Hospital 法则. (2) 是$\dfrac{0}{0}$型不定式极限, 同理要先使用等价无穷小代换, 对 $\sin x$, 可用带 Peano 型余项的 Taylor 公式将其展开到三阶, 这样可以简化计算.

解 (1) 易见, 这是 $\infty-\infty$ 型不定式极限, 首先将函数式化为 $\dfrac{0}{0}$ 型, 即

$$\frac{1}{x^2}-\frac{1}{\sin^2 x}=\frac{\sin^2 x-x^2}{x^2\sin^2 x}.$$

然后根据 L'Hospital 法则和 $\sin x\sim x\,(x\to0)$ 得

$$
\begin{aligned}
\lim_{x\to0}\left(\frac{1}{x^2}-\frac{1}{\sin^2 x}\right)&=\lim_{x\to0}\frac{\sin^2 x-x^2}{x^2\sin^2 x}=\lim_{x\to0}\frac{\sin^2 x-x^2}{x^2\cdot x^2}\\
&=\lim_{x\to0}\frac{2\sin x\cos x-2x}{4x^3}\\
&=\lim_{x\to0}\frac{\cos^2 x-\sin^2 x-1}{6x^2}
\end{aligned}
$$

$$=\lim_{x\to 0}\frac{-\sin^2 x}{3x^2}=-\frac{1}{3}.$$

(2) 令 $t=\arcsin x$, 则 $x=\sin t$, 且 $x\to 0\Leftrightarrow t\to 0$. 由于当 $t\to 0$ 时, $\sin(\sin t)\sim\sin t\sim t$, 及

$$\sin t=t-\frac{t^3}{3!}+o(t^4)\quad(t\to 0),$$

所以

$$\begin{aligned}\lim_{x\to 0}\frac{x-\arcsin x}{\sin^3 x}&=\lim_{t\to 0}\frac{\sin t-t}{(\sin(\sin t))^3}\\&=\lim_{t\to 0}\frac{\sin t-t}{t^3}\\&=\lim_{t\to 0}\frac{\left(t-\dfrac{t^3}{6}+o(t^4)\right)-t}{t^3}=-\frac{1}{6}.\end{aligned}$$

□

2. 带 Lagrange 型余项的 Taylor 公式在证明题中的应用

例 5 证明数 e 是无理数.

分析 设法给出 e 的表达式, 例如利用 e^x 的带 Lagrange 型余项的 Taylor 公式, 可得 e 的表达式. 然后用反证法进行证明.

证明 由于 $e^x=1+x+\dfrac{x^2}{2!}+\cdots+\dfrac{x^n}{n!}+\dfrac{e^{\theta x}}{(n+1)!}x^{n+1}$, $0<\theta<1$, 所以

$$e=1+1+\frac{1}{2!}+\cdots+\frac{1}{n!}+\frac{e^{\theta}}{(n+1)!},$$

因此

$$n!e-\left(n!+n!+\frac{n!}{2}+\cdots+\frac{n!}{n!}\right)=\frac{e^{\theta}}{n+1}. \tag{2.2.1}$$

用反证法. 假设 $e=\dfrac{p}{q}\,(p,q\in\mathbb{N}_+)$ 为有理数, 则当 $n>q$ 时, $n!e$ 为正整数, 于是式 (2.2.1) 左边是正整数, 而

$$0<\frac{e^{\theta}}{n+1}<\frac{e}{n+1}<\frac{3}{n+1},$$

所以当 $n>2$ 时, $\dfrac{\mathrm{e}^{\theta}}{n+1}$ 不是正整数, 因此当 $n>\max\{q,2\}$ 时, 式 (2.2.1) 左边是正整数, 右边不是正整数, 这就产生矛盾, 故 e 是无理数. □

例 6 设 $f(x)$ 在 $[0,1]$ 上具有三阶连续导数, 且 $f(0)=1, f(1)=2, f'\left(\dfrac{1}{2}\right)=0$, 试证明: 在 $(0,1)$ 内至少存在一点 ξ, 使得 $|f'''(\xi)|\geqslant 24$.

分析 由题目条件, 可以利用带 Lagrange 型余项的 Taylor 公式, 将 $f(0)$, $f(1)$ 分别在 $x=\dfrac{1}{2}$ 处展开, 然后相减便可.

证明 由题设, 根据带 Lagrange 型余项的 Taylor 公式得, 存在 $\xi_1\in\left(0,\dfrac{1}{2}\right)$, $\xi_2\in\left(\dfrac{1}{2},1\right)$, 使得

$$\begin{aligned}
f(0)&=f\left(\frac{1}{2}\right)+f'\left(\frac{1}{2}\right)\left(0-\frac{1}{2}\right)+\frac{1}{2!}f''\left(\frac{1}{2}\right)\left(0-\frac{1}{2}\right)^2+\frac{f'''(\xi_1)}{3!}\left(0-\frac{1}{2}\right)^3\\
&=f\left(\frac{1}{2}\right)+\frac{1}{8}f''\left(\frac{1}{2}\right)-\frac{1}{48}f'''(\xi_1),\\
f(1)&=f\left(\frac{1}{2}\right)+f'\left(\frac{1}{2}\right)\left(1-\frac{1}{2}\right)+\frac{1}{2!}f''\left(\frac{1}{2}\right)\left(1-\frac{1}{2}\right)^2+\frac{f'''(\xi_2)}{3!}\left(1-\frac{1}{2}\right)^3\\
&=f\left(\frac{1}{2}\right)+\frac{1}{8}f''\left(\frac{1}{2}\right)-\frac{1}{48}f'''(\xi_2),
\end{aligned}$$

于是

$$1=f(1)-f(0)=\frac{1}{48}\Big[f'''(\xi_1)-f'''(\xi_2)\Big].$$

所以存在 $\xi\in(0,1)$, 使得 $|f'''(\xi)|=\max\{|f'''(\xi_1)|,|f'''(\xi_2)|\}$, 且有

$$1\leqslant\frac{1}{48}\Big[|f'''(\xi_1)|+|f'''(\xi_2)|\Big]\leqslant\frac{1}{24}\cdot|f'''(\xi)|,$$

故 $|f'''(\xi)|\geqslant 24$. □

例 7 设 $f(x)$ 在 $[0,4]$ 上二次可微, 且 $|f(x)|\leqslant 1$, $|f''(x)|\leqslant 1$, 则 $|f'(x)|\leqslant\dfrac{5}{2}$, $x\in[0,4]$.

分析 设法给出 $f'(x)$ 的表达式, 利用带 Lagrange 型余项的 Taylor 公式, 将 $f(0)$, $f(4)$ 分别在 x 处展开, 两式相减可得 $f'(x)$ 的表达式, 然后进行估计.

证明　任意取定 $x\in(0,4)$. 因为 $f(x)$ 在 $[0,4]$ 上二次可微, 所以根据 Taylor 中值定理得, 存在 $\xi_1\in(0,x)$, $\xi_2\in(x,4)$, 使得

$$f(0)=f(x)+f'(x)(0-x)+\frac{1}{2!}f''(\xi_1)(0-x)^2,$$

$$f(4)=f(x)+f'(x)(4-x)+\frac{1}{2!}f''(\xi_2)(4-x)^2.$$

将上述两式相减得

$$f(4)-f(0)=4f'(x)+\frac{(4-x)^2}{2}f''(\xi_2)-\frac{x^2}{2}f''(\xi_1),$$

所以

$$f'(x)=\frac{1}{4}\Big[f(4)-f(0)+\frac{x^2}{2}f''(\xi_1)-\frac{(4-x)^2}{2}f''(\xi_2)\Big].$$

又因为 $|f(x)|\leqslant 1$, $|f''(x)|\leqslant 1$, $\forall x\in[0,4]$, 所以对任意 $x\in(0,4)$, 有

$$\begin{aligned}|f'(x)|&\leqslant\frac{1}{4}\Big[|f(4)|+|f(0)|+\frac{x^2}{2}|f''(\xi_1)|+\frac{(4-x)^2}{2}|f''(\xi_2)|\Big]\\&\leqslant\frac{1}{4}\Big[1+1+\frac{x^2}{2}+\frac{(4-x)^2}{2}\Big]\\&=\frac{1}{4}\cdot[10+x(x-4)]\leqslant\frac{5}{2}.\end{aligned}$$

注意到 $f'(x)$ 在 $[0,4]$ 上连续, 故 $|f'(x)|\leqslant\dfrac{5}{2}$, $x\in[0,4]$. □

例 8　设 $f(x)$ 在点 a 的某邻域 $U(a,\delta)$ 内有 $n+1$ 阶导数, 且 $f^{(n+1)}(a)\neq 0$, 其 Taylor 公式为

$$f(a+h)=f(a)+f'(a)h+\cdots+\frac{f^{(n-1)}(a)}{(n-1)!}h^{n-1}+\frac{f^{(n)}(a+\theta h)}{n!}h^n,\quad |h|<\delta,\theta\in(0,1),$$

则 $\lim\limits_{h\to 0}\theta=\dfrac{1}{n+1}$.

分析　利用 $n+1$ 阶带 Peano 型余项的 Taylor 公式和题目中的 Taylor 公式及题目条件, 可以证明.

证明　由于 $f(x)$ 在点 a 的某邻域 $U(a,\delta)$ 内有 $n+1$ 阶导数, 所以根据带 Peano 型余项的 Taylor 公式得

$$f(a+h)=f(a)+f'(a)h+\cdots+\frac{f^{(n+1)}(a)}{(n+1)!}h^{n+1}+o(h^{n+1}),\quad h\to 0.$$

将上式与题目中的 Taylor 公式相减得

$$0=\left[\frac{f^{(n)}(a)}{n!}-\frac{f^{(n)}(a+\theta h)}{n!}\right]h^n+\frac{f^{(n+1)}(a)}{(n+1)!}h^{n+1}+o(h^{n+1}),$$

于是

$$\theta\cdot\frac{f^{(n)}(a+\theta h)-f^{(n)}(a)}{\theta h}=\frac{1}{n+1}f^{(n+1)}(a)+o(1).$$

注意到 $f(x)$ 在 a 处 $n+1$ 阶可导, 且 $f^{(n+1)}(a)\neq 0$, 在上式两边令 $h\to 0$, 得

$$\lim_{h\to 0}\theta=\lim_{h\to 0}\frac{\dfrac{1}{n+1}f^{(n+1)}(a)+o(1)}{\dfrac{f^{(n)}(a+\theta h)-f^{(n)}(a)}{\theta h}}=\frac{\dfrac{1}{n+1}f^{(n+1)}(a)}{f^{(n+1)}(a)}=\frac{1}{n+1}.$$ □

2.2.3 利用导数研究函数的性态

利用导数可以研究函数的单调性、极值、最值、凸性区间和拐点, 进一步可以作出函数的图形, 下面分别举例说明.

例 1 设函数 $f(x)$ 在 $[0,a)$ 上连续, 在 $(0,a)$ 内可导, 且 $f(0)=0$. 如果 $f'(x)$ 在 $(0,a)$ 内单调递增, 则函数 $\dfrac{f(x)}{x}$ 也在 $(0,a)$ 内单调递增.

分析 利用题设条件证明 $\dfrac{f(x)}{x}$ 的导函数非负.

证明 对任意 $x\in(0,a)$, 根据 Lagrange 中值定理得, 存在 $\xi\in(0,x)$, 使

$$f(x)=f(x)-f(0)=f'(\xi)x.$$

于是由 $f'(x)$ 在 $(0,a)$ 内单调递增得

$$\begin{aligned}\left(\frac{f(x)}{x}\right)'&=\frac{xf'(x)-f(x)}{x^2}\\&=\frac{x(f'(x)-f'(\xi))}{x^2}\geqslant 0,\end{aligned}$$

所以 $\dfrac{f(x)}{x}$ 也在 $(0,a)$ 内单调递增. □

例 2 设函数 $f(x)$ 在 $[a,b]$ 上可导, 且 $f'(a)>0, f'(b)<0$, 则函数 $f(x)$ 在 (a,b) 内取得最大值.

分析　由题设条件知 $f(x)$ 在 $[a,b]$ 上连续, 于是 $f(x)$ 在 $[a,b]$ 上取得最大值. 进一步说明最大值不是 $f(a)$, 也不是 $f(b)$.

证明　因为 $f(x)$ 在 $[a,b]$ 上可导, 所以 $f(x)$ 在 $[a,b]$ 上连续, 因此由最值定理知, $f(x)$ 在 $[a,b]$ 上取得最大值.

又因为 $f'(a)=\lim\limits_{x\to a^+}\dfrac{f(x)-f(a)}{x-a}>0$, 所以根据函数极限的局部保号性, 存在 a 的某个右邻域 $U_+(a)$, 使 $\forall x\in U_+(a)$, 有

$$\frac{f(x)-f(a)}{x-a}>0\Rightarrow f(x)>f(a),$$

因此 $f(a)$ 不是 $f(x)$ 在 $[a,b]$ 上的最大值.

利用条件 $f'(b)<0$, 类似可以证明, $f(b)$ 也不是 $f(x)$ 在 $[a,b]$ 上的最大值. 故 $f(x)$ 在 (a,b) 内取得最大值. □

例 3　确定函数 $f(x)=\dfrac{\ln^2 x}{x}$ 的单调区间, 并求其极值.

分析　先确定函数的定义域, 然后求出函数的驻点和不可导点, 由此将函数的定义域分为若干个区间, 再通过讨论 $f'(x)$ 在各个区间的符号来确定函数的单调区间和极值.

解　首先, 函数 $f(x)=\dfrac{\ln^2 x}{x}$ 的定义域是 $(0,+\infty)$.

其次, 由 $f'(x)=\dfrac{\ln x(2-\ln x)}{x^2}=0$ 得驻点：$x_1=1$, $x_2=\mathrm{e}^2$. 用它们将 $f(x)$ 的定义域 $(0,+\infty)$ 分成三个区间, 列表讨论如下：

x	$(0,1)$	1	$(1,\mathrm{e}^2)$	e^2	$(\mathrm{e}^2,+\infty)$
$f'(x)$	$-$	0	$+$	0	$-$
$f(x)$	↘	0	↗	$\dfrac{4}{\mathrm{e}^2}$	↘

从上表中可见函数 $f(x)$ 单调递增的区间是 $(1,\mathrm{e}^2)$; 单调递减的区间是 $(0,1),(\mathrm{e}^2,+\infty)$. $f(1)=0$ 是极小值, $f(\mathrm{e}^2)=\dfrac{4}{\mathrm{e}^2}$ 是极大值. □

例 4　确定函数 $f(x)=\ln(x^2+1)$ 的凸性区间和拐点.

分析　先求出函数的二阶导数为零的点及二阶导数不存在的点, 由此将函数的定义域分为若干个区间, 再通过讨论 $f''(x)$ 在各个区间的符号来确定函数的凸性区间和拐点.

解 (1) 求二阶导数

$$f'(x)=\frac{2x}{x^2+1},\quad f''(x)=\frac{2(1-x^2)}{(x^2+1)^2}.$$

(2) 求拐点可疑点的横坐标.

令 $f''(x)=\dfrac{2(1-x^2)}{(x^2+1)^2}=\dfrac{2(1-x)(1+x)}{(x^2+1)^2}=0$, 得 $x_1=-1, x_2=1$.

(3) 列表判别.

x	$(-\infty,-1)$	-1	$(-1,1)$	1	$(1,+\infty)$
$f''(x)$	$-$	0	$+$	0	$-$
$f(x)$	上凸	拐点 $(-1,\ln 2)$	下凸	拐点 $(1,\ln 2)$	上凸

从上表中可见该曲线在 $(-1,1)$ 内是下凸的, 在 $(-\infty,-1)$, $(1,+\infty)$ 内是上凸的, 拐点是 $(-1,\ln 2)$ 和 $(1,\ln 2)$. □

例 5 求函数 $f(x)=\sin^3 x+\cos^3 x$ 在区间 $\left[0,\dfrac{3\pi}{4}\right]$ 的最值.

分析 先求出函数的导数为零的点及导数不存在的点, 由此比较函数在这些点及区间端点的函数值, 其中最大者就是最大值, 最小者就是最小值.

解 显然函数 $f(x)=\sin^3 x+\cos^3 x$ 在区间 $\left[0,\dfrac{3\pi}{4}\right]$ 上连续且可导, 故必存在最大、最小值. 由

$$f'(x)=3\sin^2 x\cos x-3\cos^2 x\sin x=3\sin x\cos x(\sin x-\cos x)=0,$$

得稳定点: $x_1=0, x_2=\dfrac{\pi}{4}, x_3=\dfrac{\pi}{2}$. 由于

$$f(0)=1,\quad f\left(\frac{\pi}{4}\right)=\frac{\sqrt{2}}{2},\quad f\left(\frac{\pi}{2}\right)=1,\quad f\left(\frac{3\pi}{4}\right)=0,$$

所以函数 $f(x)$ 在 $x=\dfrac{3\pi}{4}$ 处取最小值 0, 在 $x=0$ 处取最大值 1. □

例 6 已知等腰三角形的面积为 S, 试问它的顶角多大时, 其周长最短? 并求此时的周长.

分析 先利用题设条件建立周长与顶角的函数关系, 然后按照求最值的方法来求其最小值.

解 设等腰三角形的腰长为 a, 顶角为 θ, 周长为 l, 则等腰三角形的面积为

$$S=\frac{1}{2}a^2\sin\theta,$$

于是 $a=\sqrt{\dfrac{2S}{\sin\theta}}$. 所以等腰三角形的周长为

$$l=2a+2a\sin\frac{\theta}{2}=2\sqrt{\frac{2S}{\sin\theta}}\cdot\left(1+\sin\frac{\theta}{2}\right),\quad 0<\theta<\pi.$$

令

$$\frac{\mathrm{d}l}{\mathrm{d}\theta}=\sqrt{\frac{2S}{\sin^3\theta}}\left(\sin\theta\cos\frac{\theta}{2}-\cos\theta\sin\frac{\theta}{2}-\cos\theta\right)=\sqrt{\frac{2S}{\sin^3\theta}}\left(\sin\frac{\theta}{2}-\cos\theta\right)=0,$$

得

$$\sin\frac{\theta}{2}-\cos\theta=2\sin^2\frac{\theta}{2}+\sin\frac{\theta}{2}-1=\left(2\sin\frac{\theta}{2}-1\right)\left(\sin\frac{\theta}{2}+1\right)=0,$$

注意到 $0<\theta<\pi$, 解之得, $\theta=\dfrac{\pi}{3}$.

易见, $\theta=\dfrac{\pi}{3}$ 是极小值点, 且是唯一的极值点, 所以 $l\left(\dfrac{\pi}{3}\right)=\dfrac{6\sqrt{S}}{\sqrt[4]{3}}$ 是最小值. 故当顶角为 $\dfrac{\pi}{3}$ 时, 等腰三角形的周长最短, 此时的周长为 $\dfrac{6\sqrt{S}}{\sqrt[4]{3}}$. □

例 7 设函数 $f(x)$ 在点 a 存在 n 阶导数, 且

$$f'(a)=f''(a)=\cdots=f^{(n-1)}(a)=0,\quad f^{(n)}(a)\neq 0.$$

(1) 证明：n 是奇数时, a 点不是函数 $f(x)$ 极值点.

(2) 证明：n 是偶数时, a 点是函数 $f(x)$ 极值点, 且

当 $f^{(n)}(a)>0$ 时, a 点是函数 $f(x)$ 极小值点;

当 $f^{(n)}(a)<0$ 时, a 点是函数 $f(x)$ 极大值点.

分析 根据题设条件, 可以利用带 Peano 型余项的 Taylor 中值定理和极值的定义进行证明.

证明 由于 $f(x)$ 在点 a 存在 n 阶导数, 及 $f'(a)=f''(a)=\cdots=f^{(n-1)}(a)=0, f^{(n)}(a)\neq 0$, 所以根据带 Peano 型余项的 Taylor 中值定理得

$$f(x)=f(a)+f'(a)(x-a)+\cdots+\frac{f^{(n)}(a)}{n!}(x-a)^n+o((x-a)^n)$$

$$=f(a)+\left[\frac{f^{(n)}(a)}{n!}+o(1)\right](x-a)^n,\quad x\to a.$$

(1) 若 n 是奇数, 不妨设 $f^{(n)}(a)>0$, 则由

$$\lim_{x\to a}\left[\frac{f^{(n)}(a)}{n!}+o(1)\right]=\frac{f^{(n)}(a)}{n!}>0$$

得, 存在 $\delta>0$, 使当 $x\in U^\circ(a;\delta)$ 时, $\dfrac{f^{(n)}(a)}{n!}+o(1)>0$. 于是当 $a-\delta<x<a$ 时, $f(x)<f(a)$; 当 $a<x<a+\delta$ 时, $f(x)>f(a)$, 所以此时 a 点不是函数 $f(x)$ 极值点.

(2) 若 n 是偶数. 当 $f^{(n)}(a)>0$ 时, 同上可得, $\forall x\in U(a;\delta)$, 有 $f(x)\geqslant f(a)$, 此时 a 点是函数 $f(x)$ 极小值点.

当 $f^{(n)}(a)<0$ 时, 同理可证, a 点是函数 $f(x)$ 极大值点. □

例 8 作函数 $y=2\arctan x-x$ 的图形.

解 (1) 函数的定义域是 $(-\infty,+\infty)$.

$$y'=\frac{2}{1+x^2}-1=\frac{1-x^2}{1+x^2},\quad y''=-\frac{4x}{(1+x^2)^2}.$$

(2) 函数 $y=2\arctan x-x$ 是奇函数, 所以只需讨论函数在 $[0,+\infty)$ 上的图形便可.

(3) 求函数在 $[0,+\infty)$ 上的特殊点. 令 $y'=0$, 得稳定点: $x_1=1$; 令 $y''=0$, 得 $x_2=0$. 它们将 $[0,+\infty)$ 分为两个区间

$$(0,1),\quad (1,+\infty).$$

(4) 列表判别曲线性态 (只列出 $[0,+\infty)$ 的情况, 其余可以由对称性得出).

x	0	$(0,1)$	1	$(1,+\infty)$
$f'(x)$	$+$	$+$	0	$-$
$f''(x)$	0	$-$	$-$	$-$
$f(x)$	$(0,0)$, 拐点	$\nearrow$, 上凸	$\dfrac{\pi}{2}-1$, 极大值	$\searrow$, 上凸

(5) 求渐近线. 由于

$$k=\lim_{x\to\infty}\frac{y}{x}=-1,\quad b_1=\lim_{x\to+\infty}(y-kx)=\pi,\quad b_2=\lim_{x\to+\infty}(y-kx)=-\pi,$$

所以直线 $y=-x+\pi$ 和 $y=-x-\pi$ 是两条斜渐近线.

(6) 适当补充一些点.

$$x=\pi,\quad y=2\arctan\pi-\pi<0;\quad x=-\pi,\quad y=\pi-2\arctan\pi>0.$$

综合上述结果, 画出函数 $y=2\arctan x-x$ 的图形 (图 2.1).

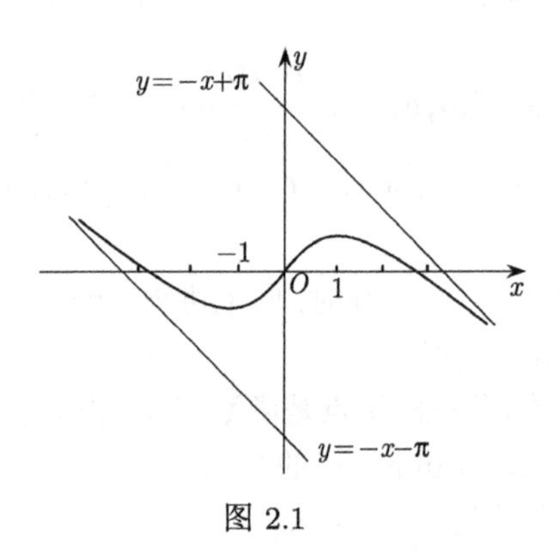

图 2.1

2.2.4 利用导数证明不等式

利用导数证明不等式是导数应用的一个重要方面, 其主要方法有: (1) 应用中值定理; (2) 应用 Taylor 中值定理; (3) 应用函数的单调性、极值和最大值; (4) 应用函数的凸性性质. 证明的关键是构造辅助函数.

例 1　证明不等式: 当 $0<x<1$ 时, $x<\arcsin x<\dfrac{x}{\sqrt{1-x^2}}$.

分析　根据题设条件, 可以利用 Lagrange 中值定理进行证明.

证明　任意取定 $x\in(0,1)$, 令 $f(t)=\arcsin t$, $t\in[0,x]$, 则显然 $f(t)$ 在 $[0,x]$ 上连续, 在 $(0,x)$ 内可导, 于是根据 Lagrange 中值定理得, 存在 $\xi\in(0,x)$, 使得

$$\arcsin x=f(x)-f(0)=f'(\xi)(x-0)=\frac{x}{\sqrt{1-\xi^2}}.$$

又由于 $0<\xi<x$, 所以

$$x<\arcsin x=\frac{x}{\sqrt{1-\xi^2}}<\frac{x}{\sqrt{1-x^2}}.$$

□

例 2　证明：当 $x>0$ 时, $\mathrm{e}^x>1+\left(\dfrac{1}{2}+\dfrac{\sqrt{6}}{3}\right)x^2$.

分析 注意到上述不等式右边是 x 的二次多项式, 所以不能用 Lagrange 中值定理进行证明, 可以利用 Taylor 中值定理进行证明.

证明 根据 Taylor 中值定理得, 存在 $\theta \in (0,1)$, 使得

$$\mathrm{e}^x = 1 + x + \frac{x^2}{2!} + \frac{\mathrm{e}^{\theta x}}{3!}x^3,$$

于是当 $x > 0$ 时, $\mathrm{e}^x > 1 + x + \dfrac{x^2}{2} + \dfrac{x^3}{6}$.

另一方面, 由于当 $x > 0$ 时, 有

$$\begin{aligned} 1 + x + \frac{x^2}{2} + \frac{x^3}{6} - \left[1 + \left(\frac{1}{2} + \frac{\sqrt{6}}{3}\right)x^2\right] &= x - \frac{\sqrt{6}}{3}x^2 + \frac{x^3}{6} \\ &= \frac{x}{6} \cdot (x^2 - 2\sqrt{6}x + 6) \\ &= \frac{x}{6} \cdot (x - \sqrt{6})^2 \geqslant 0, \end{aligned}$$

所以当 $x > 0$ 时, $1 + x + \dfrac{x^2}{2} + \dfrac{x^3}{6} \geqslant 1 + \left(\dfrac{1}{2} + \dfrac{\sqrt{6}}{3}\right)x^2$.

因此当 $x > 0$ 时, $\mathrm{e}^x > 1 + \left(\dfrac{1}{2} + \dfrac{\sqrt{6}}{3}\right)x^2$. □

注 本题后面部分也可令 $f(x) = x - \dfrac{\sqrt{6}}{3}x^2 + \dfrac{x^3}{6}$, 利用单调性证明.

例 3 设函数 $f(x)$ 在 $[0,1]$ 上具有连续二阶导数, 且 $f(0) = f(1) = 0$ 及 $\min\limits_{x\in(0,1)} f(x) = m < 0$, 则

$$\max_{x\in[0,1]} f''(x) \geqslant 8|m|.$$

分析 根据题设条件, 可以利用 Fermat 定理、Taylor 中值定理进行证明.

证明 由题设条件, 设 $f(x)$ 在 $a \in (0,1)$ 处取到 $f(x)$ 在 $(0,1)$ 内的最小值, 则 $f(a) = m$ 也是极小值, 于是 $f'(a) = 0$.

由于 $f(x)$ 在 $[0,1]$ 上具有连续二阶导数, 所以由最值定理知, $f''(x)$ 在 $[0,1]$ 上存在最大值, 且根据 Taylor 中值定理得, 存在 $\xi_0 \in (0,a)$, $\xi_1 \in (a,1)$, 使得

$$0 = f(0) = f(a) + f'(a)(a-0) + \frac{1}{2!}f''(\xi_0)a^2$$

$$
\begin{aligned}
&=m+\frac{a^2}{2}f''(\xi_0),\\
0=f(1)&=f(a)+f'(a)(1-a)+\frac{1}{2!}f''(\xi_0)(1-a)^2\\
&=m+\frac{(1-a)^2}{2}f''(\xi_1),
\end{aligned}
$$

故

$$
f''(\xi_0)=\frac{-2m}{a^2},\quad 0<\xi_0<a,
$$

$$
f''(\xi_1)=\frac{-2m}{(1-a)^2},\quad a<\xi_1<1.
$$

这样当 $0<a<\frac{1}{2}$ 时，$f''(\xi_0)>-8m=8|m|$; 当 $\frac{1}{2}\leqslant a<1$ 时，$f''(\xi_1)\geqslant -8m=8|m|$. 从而

$$
\max_{x\in[0,1]}f''(x)\geqslant \max\{f''(\xi_0),f''(\xi_1)\}\geqslant 8|m|. \qquad \square
$$

例 4 证明：当 $0<x<\frac{\pi}{2}$ 时, $\frac{2}{\pi}x<\sin x<x$.

分析 可以利用函数的单调性进行证明, 右边的不等式还可以应用 Lagrange 中值定理进行证明.

证明 先证明: 当 $0<x<\frac{\pi}{2}$ 时, $\sin x<x$.

为此, 令 $f(x)=x-\sin x$, 则 $f(x)$ 在 $\left[0,\frac{\pi}{2}\right)$ 上连续, 且 $f'(x)=1-\cos x>0, x\in\left(0,\frac{\pi}{2}\right)$, 于是 $f(x)$ 在 $[0,1)$ 上严格递增, 所以当 $0<x<\frac{\pi}{2}$ 时, $f(x)>f(0)=0$, 即 $\sin x<x$.

再证明：当 $0<x<\frac{\pi}{2}$ 时, $\sin x>\frac{2}{\pi}x$.

事实上, 令 $g(x)=\frac{2}{\pi}x-\sin x$, 则 $g(x)$ 在 $[0,1]$ 上连续, 且 $g(0)=g\left(\frac{\pi}{2}\right)=0$.

由于 $g'(x)=\frac{2}{\pi}-\cos x<0, \forall x\in\left(0,\arccos\frac{2}{\pi}\right)$ 和 $g'(x)=\frac{2}{\pi}-\cos x>0, \forall x\in\left(\arccos\frac{2}{\pi},\frac{\pi}{2}\right)$, 所以 $g(x)$ 在 $\left[0,\arccos\frac{2}{\pi}\right]$ 上严格递减, 在 $\left(\arccos\frac{2}{\pi},\frac{\pi}{2}\right]$ 上严格递增. 因此当 $x\in\left(0,\arccos\frac{2}{\pi}\right]$ 时, $g(x)<g(0)=0$; 当 $x\in\left(\arccos\frac{2}{\pi},\frac{\pi}{2}\right)$

时, $g(x) < g\left(\dfrac{\pi}{2}\right) = 0$. 故当 $0 < x < \dfrac{\pi}{2}$ 时, $g(x) < 0$, 即 $\sin x > \dfrac{2}{\pi}x$. □

例 5 证明：当 $x > 0$ 时, $\ln(1+x) > \dfrac{2x}{2+x}$.

分析 可以通过证明函数 $f(x) = \ln(1+x) - \dfrac{2x}{2+x}$ 的单调性得到结论.

证明 令 $f(x) = \ln(1+x) - \dfrac{2x}{2+x}$, 则当 $x > 0$ 时, 有

$$f'(x) = \frac{1}{1+x} - \frac{4}{(2+x)^2} = \frac{x^2}{(1+x)(2+x)^2} > 0,$$

于是 $f(x)$ 在 $[0, +\infty)$ 上严格递增, 所以当 $x > 0$ 时, $f(x) > f(0) = 0$, 即

$$\ln(1+x) > \frac{2x}{2+x}.$$ □

注 由于当 $x > 0$ 时, $\dfrac{2x}{2+x} > x - \dfrac{x^2}{2}$, 所以上述结果比下面的不等式更精确：

当 $x > 0$ 时, $\ln(1+x) > x - \dfrac{x^2}{2}$, $\ln(1+x) > \dfrac{x}{1+x}$.

例 6 证明：当 $0 < x < \dfrac{\pi}{2}$ 时, $\dfrac{x^2}{\pi} < 1 - \cos x < \dfrac{x^2}{2}$.

分析 本题有多种证法, (1) 可以利用 Cauchy 中值定理和例 4 的结论证明; (2) 可以应用 Taylor 公式进行证明; (3) 可以仿照例 4 的证明, 对左右两边的不等式分别应用函数的单调性进行证明等. 下面给出前面两种证法.

证法 1 任意取定 $x \in \left(0, \dfrac{\pi}{2}\right)$, 令 $f(t) = -\cos t$, $g(t) = t^2$, 则 $f(t), g(t)$ 在 $[0, x]$ 上连续, 在 $(0, x)$ 内可导且 $g'(t) = 2t \neq 0$. 于是根据 Cauchy 中值定理得, 存在 $\xi \in (0, x)$, 使得

$$\frac{f(x) - f(0)}{g(x) - g(0)} = \frac{1 - \cos x}{x^2} = \frac{f'(\xi)}{g'(\xi)} = \frac{\sin \xi}{2\xi}.$$

又由例 4 知, $\dfrac{1}{\pi} < \dfrac{\sin \xi}{2\xi} < \dfrac{1}{2}$, 所以 $\dfrac{1}{\pi} < \dfrac{1 - \cos x}{x^2} < \dfrac{1}{2}$, 即当 $0 < x < \dfrac{\pi}{2}$ 时, 有

$$\frac{x^2}{\pi} < 1 - \cos x < \frac{x^2}{2}.$$

证法 2　任意取定 $x \in \left(0, \dfrac{\pi}{2}\right)$, 根据 Taylor 公式得, 存在 $\xi \in (0, x)$, 使得

$$\cos x = 1 - \frac{x^2}{2!} + \frac{\cos\xi}{4!}x^4,$$

于是

$$\frac{1-\cos x}{x^2} = \frac{1}{2} - \frac{x^2}{24}\cos\xi.$$

又因为 $0 < \xi < x < \dfrac{\pi}{2}$, 所以

$$\frac{1}{2} > \frac{1}{2} - \frac{x^2}{24}\cos\xi > \frac{1}{2} - \frac{1}{24}\cdot\left(\frac{\pi}{2}\right)^2 = \frac{1}{2} - \frac{\pi^2}{96} > \frac{1}{\pi},$$

因此

$$\frac{1}{\pi} < \frac{1-\cos x}{x^2} < \frac{1}{2},$$

故当 $0 < x < \dfrac{\pi}{2}$ 时, 有

$$\frac{x^2}{\pi} < 1 - \cos x < \frac{x^2}{2}.$$

□

注　能否利用例 4 的结果, 通过作变换直接得到例 6 的结果? 为什么?

例 7　设 n 是正整数. 试证明: 当 $0 < x < 1$ 时, $x^n(1-x) < \dfrac{1}{n\mathrm{e}}$.

分析　可以通过求函数 $f(x) = x^n(1-x)$ 的极值和最值进行证明.

证明　令 $f(x) = x^n(1-x)$, 则显然 $f(x)$ 在 $[0,1]$ 上连续, 且 $f(0) = f(1) = 0$. 由 $f'(x) = nx^{n-1} - (n+1)x^n = (n+1)x^{n-1}\left(\dfrac{n}{n+1} - x\right) = 0$ 得, $x_0 = \dfrac{n}{n+1}$ 是 $f(x)$ 在 $(0,1)$ 内的唯一稳定点, 且

$$f''(x_0) = n(n+1)x_0^{n-2}\left(\frac{n-1}{n+1} - x_0\right) = -n\left(\frac{n}{n+1}\right)^{n-2} < 0,$$

所以 x_0 是 $f(x)$ 在 $(0,1)$ 内的极大值点, 且是最大值点, 其最大值是

$$f\left(\frac{n}{n+1}\right) = \left(\frac{n}{n+1}\right)^n\left(1 - \frac{n}{n+1}\right) = \frac{1}{n}\left(1 + \frac{1}{n}\right)^{-(n+1)}.$$

又因为 $\left(1 + \dfrac{1}{n}\right)^{n+1}$ 单调递减趋于 e, 所以 $f\left(\dfrac{n}{n+1}\right) = \dfrac{1}{n}\left(1 + \dfrac{1}{n}\right)^{-(n+1)} <$

$\dfrac{1}{ne}$, 故当 $0<x<1$ 时, $f(x)<\dfrac{1}{ne}$, 即 $x^n(1-x)<\dfrac{1}{ne}$. □

例 8 证明：当 $a>0,b>0$ 时, 有

$$(ab)^{\frac{a+b}{2}} \leqslant \left(\frac{a+b}{2}\right)^{a+b} \leqslant a^a b^b.$$

分析 左边的不等式等价于平均值不等式, 右边的不等式等价于

$$\frac{a+b}{2}\ln\frac{a+b}{2} \leqslant \frac{1}{2}\cdot a\ln a+\frac{1}{2}\cdot b\ln b.$$

于是可以利用函数 $f(x)=x\ln x$ 的凸性性质来证明右边的不等式.

证明 由于 $\sqrt{ab}\leqslant\dfrac{a+b}{2}$, 所以

$$(ab)^{\frac{a+b}{2}} \leqslant \left(\frac{a+b}{2}\right)^{a+b}.$$

下面证明右边的不等式. 事实上, 令 $f(x)=x\ln x$, 则当 $x>0$ 时,

$$f'(x)=\ln x+1,\quad f''(x)=\frac{1}{x}>0,$$

所以 $f(x)=x\ln x$ 是 $(0,+\infty)$ 内的下凸函数, 因此根据下凸函数的定义得, $f\left(\dfrac{a+b}{2}\right)\leqslant\dfrac{1}{2}[f(a)+f(b)]$, 即

$$\frac{a+b}{2}\ln\frac{a+b}{2}\leqslant\frac{1}{2}(a\ln a+b\ln b)=\frac{1}{2}\ln(a^a b^b).$$

故

$$\left(\frac{a+b}{2}\right)^{a+b}\leqslant a^a b^b.$$ □

例 9 证明：当 $x>0$ 时有 $\ln(1+x)<\dfrac{x}{\sqrt{1+x}}$.

分析 这可以用单调性或者中值定理进行证明.

证法 1 令 $f(x)=\ln(1+x)-\dfrac{x}{\sqrt{1+x}}$, 则 $f(0)=0$,

$$f'(x) = \frac{1}{1+x}-\frac{\sqrt{1+x}-\dfrac{x}{2\sqrt{1+x}}}{1+x}$$

$$= \frac{2\sqrt{1+x}-2(1+x)+x}{2(1+x)\sqrt{1+x}}$$

$$= -\frac{(\sqrt{1+x}-1)^2}{2(1+x)\sqrt{1+x}} < 0 \quad (x>0),$$

于是 f 在 $[0,+\infty)$ 上严格递减, 所以 $f(x)<f(0)=0\,(x>0)$, 因此本题得证.

证法 2 用 Cauchy 中值定理. 事实上, 任意取定 $x>0$, 注意到 $\ln(1+x)\Big|_{x=0}=\dfrac{x}{\sqrt{1+x}}\Big|_{x=0}=0$, 于是根据 Cauchy 中值定理得, 存在 $\xi\in(0,x)$, 使得

$$\frac{\ln(1+x)}{\dfrac{x}{\sqrt{1+x}}} = \frac{\dfrac{1}{1+\xi}}{\dfrac{\sqrt{1+\xi}-\dfrac{\xi}{2\sqrt{1+\xi}}}{1+\xi}}$$

$$= \frac{\sqrt{1+\xi}}{1+\xi/2} < \frac{\sqrt{(1+\xi/2)^2}}{1+\xi/2} = 1,$$

所以当 $x>0$ 时有 $\ln(1+x)<\dfrac{x}{\sqrt{1+x}}$. □

2.2.5 综合举例

例 1 设 $f(x)$ 在 $[a,b]$ 上连续, 在 (a,b) 内可导, 且 $f(a)=f(b)=0$. 则存在 $\xi\in(a,b)$, 使得 $f(\xi)=f'(\xi)$.

分析 注意到 $f(\xi)=f'(\xi)\Leftrightarrow f'(\xi)-f(\xi)=0\Leftrightarrow[\mathrm{e}^{-x}f(x)]'_{x=\xi}=0$, 作辅助函数 $F(x)=\mathrm{e}^{-x}f(x)$, 然后应用 Rolle 中值定理便可.

证明 令 $F(x)=\mathrm{e}^{-x}f(x)$, 则由题设条件得, $F(x)$ 在 $[a,b]$ 上连续, 在 (a,b) 内可导, 且

$$F(a)=\mathrm{e}^{-a}f(a)=0=\mathrm{e}^{-b}f(b)=F(b).$$

于是根据 Rolle 中值定理得, 存在 $\xi\in(a,b)$, 使得 $F'(\xi)=0$, 即

$$\mathrm{e}^{-\xi}[f'(\xi)-f(\xi)]=0,$$

故 $f(\xi)=f'(\xi)$. □

注 这题的结论可换为: 对任意实数 λ, 存在 $\xi\in(a,b)$, 使得 $f'(\xi)+\lambda f(\xi)=0$.

例 2 设 $f(x)$ 在 $[a,b]$ 内存在 $n+1$ 阶导数, 且

$$f^{(k)}(a)=f^{(k)}(b)=0,\quad k=0,1,\cdots,n.$$

则存在 $\xi\in(a,b)$, 使得 $f(\xi)=f^{(n+1)}(\xi)$.

证明 令 $F(x)=\sum\limits_{k=0}^{n}f^{(k)}(x)$, 则由题设条件得, $F(x)$ 在 $[a,b]$ 上可导, 且 $F(a)=F(b)=0$. 于是利用上例的结论得, 存在 $\xi\in(a,b)$, 使得 $F(\xi)=F'(\xi)$.

由于 $F(\xi)-F'(\xi)=f(\xi)-f^{(n+1)}(\xi)=0$, 所以 $f(\xi)=f^{(n+1)}(\xi)$. □

注 本题的关键是作辅助函数 $F(x)=\sum\limits_{k=0}^{n}f^{(k)}(x)$, 这也可以通过注意到 $f(\xi)=f^{(n+1)}(\xi)\Leftrightarrow f^{(n+1)}(\xi)-f(\xi)=0\Leftrightarrow F(\xi)-F'(\xi)=0$ 想到.

例 3 设 $f(x)$ 在 $(0,1]$ 上可导, 且 $\lim\limits_{x\to0^+}\sqrt{x}f'(x)$ 存在, 试证明 $f(x)$ 在 $(0,1]$ 上一致连续.

分析 本例的关键是如何使用条件 $\lim\limits_{x\to0^+}\sqrt{x}f'(x)$ 存在, 由此条件可得 $\sqrt{x}f'(x)$ 在 $x=0$ 处局部有界, 然后对 $f(x),g(x)=\sqrt{x}$ 应用 Cauchy 中值定理. 注意, 不能用 Lagrange 中值定理.

证明 由于 $\lim\limits_{x\to0^+}\sqrt{x}f'(x)$ 存在, 所以根据函数极限的局部有界性定理得, 存在 $\delta_1>0$, $M>0$, 使得对任意 $x\in U_+^\circ(0;\delta_1)=(0,\delta_1)$, 有

$$|\sqrt{x}f'(x)|\leqslant M.$$

因此对任意 $x_1,x_2\in U_+^\circ(0;\delta_1),x_1\neq x_2$, 根据题设条件和 Cauchy 中值定理得, 存在 ξ 介于 x_1 与 x_2 之间, 使得

$$\frac{f(x_1)-f(x_2)}{\sqrt{x_1}-\sqrt{x_2}}=\frac{f'(\xi)}{(\sqrt{x})'|_{x=\xi}}=2\sqrt{\xi}f'(\xi),$$

故对任意 $x_1,x_2\in U_+^\circ(0;\delta_1),x_1\neq x_2$, 有

$$|f(x_1)-f(x_2)|=2|\sqrt{\xi}f'(\xi)||\sqrt{x_1}-\sqrt{x_2}|\leqslant 2M\sqrt{|x_1-x_2|}.$$

另一方面, 由于 $f(x)$ 在 $(0,1]$ 上可导, 所以 $f(x)$ 在 $[\delta_1/2,1]$ 上连续, 因此 $f(x)$ 在 $[\delta_1/2,1]$ 上一致连续, 故根据一致连续的定义得, 对任意的 $\varepsilon>0$, 存在 $\delta_2>0$, 使当 $x_1,x_2\in[\delta_1/2,1]$ 且 $|x_1-x_2|<\delta_2$ 时, 有

$$|f(x_1)-f(x_2)|<\varepsilon.$$

取 $\delta=\min\left\{\delta_1/2,\delta_2,\dfrac{\varepsilon^2}{4M^2}\right\}$, 则当 $x_1,x_2\in(0,1]$ 且 $|x_1-x_2|<\delta$ 时, 有

$$|f(x_1)-f(x_2)|<\varepsilon.$$

故根据一致连续的定义得, $f(x)$ 在 $(0,1]$ 上一致连续. □

例 4　设 $P(x)$ 是 $n\,(\geqslant 1)$ 次多项式

$$P(x)=a_nx^n+a_{n-1}x^{n-1}+\cdots+a_1x+a_0,$$

且 $P(a)\geqslant 0$, $P'(a)\geqslant 0$, $\cdots$, $P^{(n)}(a)\geqslant 0$, 则当 $x>a$ 时, $P(x)>0$.

证明　由于 $P(x)$ 是 $n\,(\geqslant 1)$ 次多项式, 所以当 $m>n$ 时, $P^{(m)}(x)\equiv 0$, 因此根据 Taylor 公式有

$$P(x)=P(a)+P'(a)(x-a)+\cdots+\frac{P^{(n)}(a)}{n!}(x-a)^n.$$

又因为 $n\geqslant 1$, 所以 $P(x)\not\equiv$ 常数, 因此存在 $1\leqslant k\leqslant n$, 使 $P^{(k)}(a)>0$, 故当 $x>a$ 时,

$$P(x)\geqslant\frac{P^{(k)}(a)}{k!}(x-a)^k>0.$$

□

例 5　若 a 为大于 $\ln 2-1$ 的实数, 则当 $x>0$ 时有

$$x^2-2ax+1<\mathrm{e}^x.$$

证明　设 $f(x)=\mathrm{e}^x-(x^2-2ax+1)$, 则根据 Taylor 中值定理得, 当 $x>0$ 时, 存在 $\theta\in(0,1)$, 使得

$$\begin{aligned}
f(x)&=1+x+\frac{x^2}{2!}+\frac{x^3}{3!}+\frac{\mathrm{e}^{\theta x}}{4!}x^4-(x^2-2ax+1)\\
&>(1+2a)x-\frac{x^2}{2}+\frac{x^3}{6}\\
&>\frac{x}{6}(x^2-3x+12\ln 2-6)\\
&=\frac{x}{6}\left[(x-\frac{3}{2})^2+12\ln 2-\frac{33}{4}\right]\\
&\geqslant\frac{16\ln 2-11}{8}x>0,
\end{aligned}$$

所以当 $x>0$ 时, 有 $f(x)>0$, 或 $x^2-2ax+1<\mathrm{e}^x$. □

注　也可以利用严格单调性证明.

例 6 设 $f(x)$ 在 $(0,+\infty)$ 上二阶可微, 且已知

$$M_0=\sup_{x\in(0,+\infty)}|f(x)|,\quad M_2=\sup_{x\in(0,+\infty)}|f''(x)|$$

是有限数, 则 $M_1\leqslant\sqrt{2M_0M_2}$, 其中 $M_1=\sup\limits_{x\in(0,+\infty)}|f'(x)|$.

分析 首先要利用 Taylor 公式给出 $f'(x)$ 的表示式, 然后进行估计.

证明 任意取定 $x\in(0,+\infty)$, 对任意 $h\in(0,x)$, 由题设条件, 根据带 Lagrange 型余项的 Taylor 公式, 存在 $\xi_1\in(x,x+h)$, $\xi_2\in(x-h,x)$, 使得

$$f(x+h)=f(x)+f'(x)h+\frac{1}{2}f''(\xi_1)h^2,$$

$$f(x-h)=f(x)-f'(x)h+\frac{1}{2}f''(\xi_2)h^2.$$

于是将上述两式相减得

$$2hf'(x)=f(x+h)-f(x-h)+\frac{1}{2}h^2[f''(\xi_2)-f''(\xi_1)],$$

所以

$$|f'(x)|\leqslant\frac{1}{2h}(2M_0+h^2M_2)=\frac{M_0}{h}+\frac{M_2h}{2},$$

因此

$$M_1\leqslant\frac{M_0}{h}+\frac{M_2h}{2}.$$

将上式关于 $h>0$ 取最小值得

$$M_1\leqslant\min_{h>0}\left(\frac{M_0}{h}+\frac{M_2h}{2}\right)=2\sqrt{\frac{M_0}{h}\cdot\frac{M_2h}{2}}=\sqrt{2M_0M_2}.$$ □

例 7 设 $f(x)$ 满足条件 $f(0)=0$ 和 $f''(0)$ 存在, 证明

$$g(x)=\begin{cases}\dfrac{f(x)}{x}, & x\neq0,\\ f'(0), & x=0\end{cases}$$

的导函数在 $x=0$ 处连续, 且 $g'(0)=\dfrac{1}{2}f''(0)$.

分析 先求出导函数 $g'(x)$, 然后利用题设条件、L'Hospital 法则和连续的定义进行证明.

证明　由于 $f''(0)$ 存在, 所以存在 $\delta > 0$, 使 $f(x)$ 在 $U(0;\delta)$ 内可导, 因此当 $x \in U^\circ(0;\delta)$ 时

$$g'(x) = \left(\frac{f(x)}{x}\right)' = \frac{xf'(x) - f(x)}{x^2}.$$

当 $x = 0$ 时. 根据导数的定义和 L'Hospital 法则得

$$\begin{aligned} g'(0) &= \lim_{x\to 0} \frac{g(x) - g(0)}{x - 0} = \lim_{x\to 0} \frac{\dfrac{f(x)}{x} - f'(0)}{x} \\ &= \lim_{x\to 0} \frac{f(x) - xf'(0)}{x^2} \\ &= \lim_{x\to 0} \frac{f'(x) - f'(0)}{2x} = \frac{1}{2}f''(0), \end{aligned}$$

故

$$g'(x) = \begin{cases} \dfrac{xf'(x) - f(x)}{x^2}, & x \in U^\circ(0;\delta), \\ \dfrac{1}{2}f''(0), & x = 0. \end{cases}$$

下面证明 $g'(x)$ 在 $x = 0$ 处连续. 事实上, 由于

$$\begin{aligned} \lim_{x\to 0} g'(x) &= \lim_{x\to 0} \frac{xf'(x) - f(x)}{x^2} \\ &= \lim_{x\to 0} \frac{xf'(x) - xf'(0) + xf'(0) - f(x)}{x^2} \\ &= \lim_{x\to 0} \frac{f'(x) - f'(0)}{x - 0} + \lim_{x\to 0} \frac{xf'(0) - f(x)}{x^2} \\ &= f''(0) + \lim_{x\to 0} \frac{f'(0) - f'(x)}{2x} \\ &= f''(0) - \frac{1}{2}f''(0) = \frac{1}{2}f''(0) = g'(0), \end{aligned}$$

所以 $g'(x)$ 在 $x = 0$ 处连续. □

例 8　若 $f(x)$ 是区间 (a,b) 内的下凸函数, 且有界, 试证 $\lim\limits_{x\to a^+} f(x)$, $\lim\limits_{x\to b^-} f(x)$ 存在.

证明　由于 $f(x)$ 在 (a,b) 内有界, 所以存在 $M > 0$, 使 $|f(x)| \leqslant M, \forall x \in (a,b)$.

任取 (a,b) 内三点 $x_0<x_1<x$, 由于 $f(x)$ 是区间 (a,b) 内的下凸函数, 所以函数 $\dfrac{f(x)-f(x_0)}{x-x_0}$ 关于 x 在 (x_1,b) 内单调递增.

又因为 $\dfrac{f(x)-f(x_0)}{x-x_0}\leqslant\dfrac{M-f(x_0)}{x_1-x_0}$, 所以根据函数极限的单调有界定理得, $\lim\limits_{x\to b^-}\dfrac{f(x)-f(x_0)}{x-x_0}$ 存在. 设 $A=\lim\limits_{x\to b^-}\dfrac{f(x)-f(x_0)}{x-x_0}$, 则

$$\lim_{x\to b^-}f(x)=\lim_{x\to b^-}\left[(x-x_0)\frac{f(x)-f(x_0)}{x-x_0}+f(x_0)\right]=A(b-x_0)+f(x_0).$$

即 $\lim\limits_{x\to b^-}f(x)$ 存在. 同理可证, $\lim\limits_{x\to a^+}f(x)$ 也存在. □

例 9 证明: (1) 设 $f(x)$ 在 $(a,+\infty)$ 内可导, $\lim\limits_{x\to+\infty}f(x)$, $\lim\limits_{x\to+\infty}f'(x)$ 都存在, 则

$$\lim_{x\to+\infty}f'(x)=0.$$

(2) 设 $f(x)$ 在 $(a,+\infty)$ 内 n 阶可导, $\lim\limits_{x\to+\infty}f(x)$, $\lim\limits_{x\to+\infty}f^{(n)}(x)$ 都存在, 则

$$\lim_{x\to+\infty}f^{(k)}(x)=0,\quad k=1,2,\cdots,n.$$

分析 (1) 可以利用 Lagrange 中值定理和归结原则证明. (2) 要用 Taylor 公式及 (1) 的结论证明.

证明 (1) 令 $x_n=a+n$, $n=1,2,\cdots$, 设 $\lim\limits_{x\to+\infty}f(x)=A$. 由于 $f(x)$ 在 $(a,+\infty)$ 内可导, 所以根据 Lagrange 中值定理, 存在 $\xi_n\in(x_n,x_{n+1})$, 使得

$$f(x_{n+1})-f(x_n)=f'(\xi_n)(x_{n+1}-x_n)=f'(\xi_n),\quad n=1,2,\cdots.$$

注意到当 $n\to\infty$ 时, $x_n\to+\infty$, 因此 $\xi_n\to+\infty$, 由归结原则得

$$\lim_{n\to\infty}f'(\xi_n)=\lim_{n\to\infty}[f(x_{n+1})-f(x_n)]=A-A=0.$$

故由 $\lim\limits_{x\to+\infty}f'(x)$ 存在, 根据归结原则得

$$\lim_{x\to+\infty}f'(x)=\lim_{n\to\infty}f'(\xi_n)=0.$$

(2) 任意取定 $x\in(a,+\infty)$, 由于 $f(x)$ 在 $(a,+\infty)$ 内 n 阶可导, 所以根据 Taylor 中值定理得, 存在 $\xi_j\in(x,x+j)$, 使得 $f(x+j)\,(j=1,2,\cdots,n-1)$ 在 x

处带 Lagrange 型余项的 Taylor 公式为

$$f(x+j)=f(x)+f'(x)j+\cdots+\frac{f^{(n-1)}(x)}{(n-1)!}j^{n-1}+\frac{f^{(n)}(\xi_j)}{n!}j^n,\quad j=1,2,\cdots,n-1.$$

由上述方程组成的方程组, 可以解出 $f'(x),f''(x),\cdots,f^{(n-1)}(x)$ 都是 $f(x+j)-f(x),f^{(n)}(\xi_j),j=1,2,\cdots,n-1$ 的线性组合. 又因为 $\lim\limits_{x\to+\infty}f(x)$, $\lim\limits_{x\to+\infty}f^{(n)}(x)$ 都存在及 $\lim\limits_{n\to\infty}\xi_j=+\infty$, 所以 $\lim\limits_{x\to+\infty}[f(x+j)-f(x)]=0$, $\lim\limits_{x\to+\infty}f^{(n)}(\xi_j)$ 存在, $j=1,2,\cdots,n-1$, 因此 $\lim\limits_{x\to+\infty}f^{(j)}(x)$, $j=1,2,\cdots,n-1$ 都存在, 故由 (1) 的结论得

$$\lim_{x\to+\infty}f^{(k)}(x)=0,\quad k=1,2,\cdots,n.$$

□

例 10 证明: 设 $f(x)$ 是 $(-\infty,+\infty)$ 内二阶可导函数, 且 $f(x)$ 在 $(-\infty,+\infty)$ 内有界, 则存在 $\xi\in(-\infty,+\infty)$, 使得 $f''(\xi)=0$.

分析 直接证明不容易, 可以用反证法. 假定结论不成立, 则由 Darboux 定理可得, $\forall x\in(-\infty,+\infty)$, 都有 $f''(x)>0$, 或者 $\forall x\in(-\infty,+\infty)$, 都有 $f''(x)<0$. 再利用下凸函数或上凸函数的性质证明 $f(x)$ 在 $(-\infty,+\infty)$ 内无界, 导出矛盾.

证明 用反证法. 假定对任意 $x\in(-\infty,+\infty)$, 都有 $f''(x)\neq0$. 则由 Darboux 定理知, $\forall x\in(-\infty,+\infty)$, 都有 $f''(x)>0$, 或者 $\forall x\in(-\infty,+\infty)$, 都有 $f''(x)<0$. 于是 $f(x)$ 是 $(-\infty,+\infty)$ 内下凸函数或者上凸函数. 若 $f'(x)$ 恒为常数, 结论显然成立. 下面假定 $f'(x)$ 不恒为常数, 则存在 x_0, 使 $f'(x_0)\neq0$.

当 $f(x)$ 是 $(-\infty,+\infty)$ 内下凸函数时, 由下凸函数的性质得, $\forall x\in(-\infty,+\infty)$, 有

$$f(x)\geqslant f(x_0)+f'(x_0)(x-x_0),$$

所以当 $f'(x_0)>0$ 时, 令 $x\to+\infty$; 当 $f'(x_0)<0$ 时, 令 $x\to-\infty$, 都有 $f(x)\to+\infty$, 这与 $f(x)$ 在 $(-\infty,+\infty)$ 内有界相矛盾.

当 $f(x)$ 是 $(-\infty,+\infty)$ 内上凸函数时, 类似可以导出矛盾. 故存在 $\xi\in(-\infty,+\infty)$, 使得 $f''(\xi)=0$. □

例 11 设 $f(x)$ 在 $[0,1]$ 上连续, 在 $(0,1)$ 内可导, 并且 $f(0)=0,f(1)=1,k_i>0,\sum\limits_{i=1}^{n}k_i=1$, 试证明在 $(0,1)$ 内存在 n 个不同的数 $t_1,t_2,\cdots,t_n$, 使得

$$\frac{k_1}{f'(t_1)}+\frac{k_2}{f'(t_2)}+\cdots+\frac{k_n}{f'(t_n)}=1.$$

分析 所证的问题是寻找在 $(0,1)$ 上存在 n 个不同的数 $t_1,t_2,\cdots,t_n$, 使相应的导数 $f'(t_i)\,(i=1,2,\cdots,n)$ 满足上述方程. 根据 Lagrange 中值定理, 这相当于要找 n 个不同的弦, 使相应的斜率 $\tan\alpha_i\,(i=1,2,\cdots,n)$ 满足

$$\sum_{i=1}^{n}\frac{k_i}{\tan\alpha_i}=1.$$

若将 k_i 看成弦在 y 轴上的投影, 则 $\dfrac{k_i}{\tan\alpha_i}$ 等于该弦在 x 轴上的投影. 这样我们只要找 n 个不同的弦, 使它们在 y 轴上的投影分别为 $k_1,k_2,\cdots,k_n$, 在 x 轴上的投影之和为 1.

证明 因为 $f(0)=0$, $f(1)=1$, 且 $f(x)$ 在 $[0,1]$ 上连续, 所以由介值定理得, 存在 $a_1\in(0,1)$ 使得 $f(a_1)=k_1$. 又由于 $f(a_1)=k_1<k_1+k_2<1=f(1)$, 所以由介值定理得, 存在 $a_2\in(a_1,1)$ 使得 $f(a_2)=k_1+k_2$. 如此继续下去, 依次可得点

$$0=a_0<a_1<a_2<\cdots<a_n=1,$$

使得 $f(a_j)=\sum\limits_{i=1}^{j}k_i,\ j=1,2,\cdots,n.$(图 2.2)

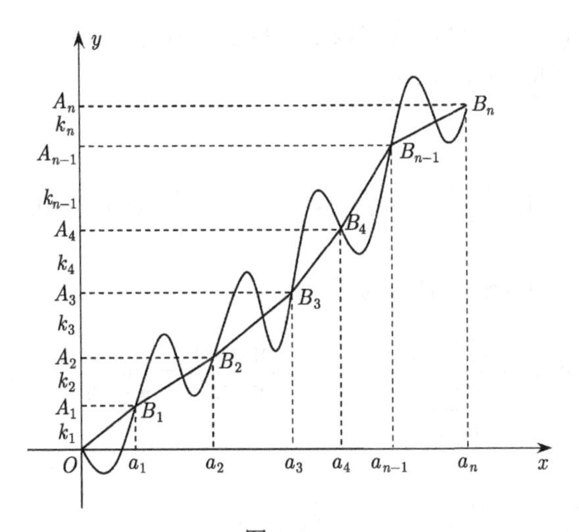

图 2.2

由于 $f(x)$ 在 $[0,1]$ 上连续, 在 $(0,1)$ 内可导, 所以根据 Lagrange 中值定理得, 存在 $t_i\in(a_{i-1},a_i)$, $i=1,2,\cdots,n$, 使得

$$f'(t_i)=\frac{f(a_i)-f(a_{i-1})}{a_i-a_{i-1}}=\frac{k_i}{a_i-a_{i-1}},$$

即 $\dfrac{k_i}{f'(t_i)}=a_i-a_{i-1},\ i=1,2,\cdots,n$. 因此

$$\sum_{i=1}^{n}\frac{k_i}{f'(t_i)}=\sum_{i=1}^{n}(a_i-a_{i-1})=a_n-a_0=1.$$ □

例 12　设 $u(x)$, $v(x)$ 都在 x_0 的某去心邻域 $U^\circ(x_0;\delta)$ 内有定义, 满足:

(1) $\lim\limits_{x\to x_0}u(x)=\lim\limits_{x\to x_0}v(x)=0$, 且在 $U^\circ(x_0,\delta)$ 内有 $u(x)>0$, $v(x)\neq 0$;

(2) 存在 $c>0$, 使 $\dfrac{v(x)}{u^c(x)}$ 在 $U^\circ(x_0;\delta)$ 内有界,

试证明: $\lim\limits_{x\to x_0}u(x)^{v(x)}=1$.

分析　所证等式等价于 $\lim\limits_{x\to x_0}v(x)\ln u(x)=0$. 由条件 (2), 根据无穷小的性质, 只需证明

$$\lim_{x\to x_0}\frac{v(x)\ln u(x)}{\dfrac{v(x)}{u^c(x)}}=\lim_{x\to x_0}\frac{\ln u(x)}{u^{-c}(x)}=0.$$

这可以利用条件 (1) 和复合函数的极限运算法则进行证明.

证明　因为 $\lim\limits_{x\to x_0}u(x)=0$ 及

$$\lim_{u\to 0}\frac{\ln u}{u^{-c}}=\lim_{u\to 0}\frac{\dfrac{1}{u}}{-cu^{-c-1}}=-\frac{1}{c}\lim_{u\to 0}u^c=0,$$

所以根据复合函数的极限运算法则得

$$\lim_{x\to x_0}\frac{v(x)\ln u(x)}{\dfrac{v(x)}{u^c(x)}}=\lim_{x\to x_0}\frac{\ln u(x)}{u^{-c}(x)}=\lim_{u\to 0}\frac{\ln u}{u^{-c}}=0.$$

又因为 $\dfrac{v(x)}{u^c(x)}$ 在 $U^\circ(x_0;\delta)$ 内有界, 所以

$$\lim_{x\to x_0}v(x)\ln u(x)=\lim_{x\to x_0}\left[\frac{v(x)\ln u(x)}{\dfrac{v(x)}{u^c(x)}}\cdot\frac{v(x)}{u^c(x)}\right]=0,$$

因此

$$\lim_{x\to x_0} u(x)^{v(x)} = \lim_{x\to x_0} \mathrm{e}^{v(x)\ln u(x)} = \mathrm{e}^{\lim\limits_{x\to x_0} v(x)\ln u(x)} = \mathrm{e}^0 = 1. \qquad \square$$

2.3 进阶练习题

1. 设 $f(x)$ 在 $[0,1]$ 上连续, 在 $(0,1)$ 内可导, 且 $f(0)=0$, 对任意 $x\in(0,1)$ 有 $f(x)\neq 0$. 试证明对任意正整数 m, n, 存在 $\xi\in(0,1)$, 使

$$m\frac{f'(\xi)}{f(\xi)} = n\frac{f'(1-\xi)}{f(1-\xi)}.$$

2. 设 $a_1, a_2, \cdots, a_n$ 是满足 $a_1 - \dfrac{a_2}{3} + \cdots + (-1)^{n-1}\dfrac{a_n}{2n-1} = 0$ 的实数, 试证明方程

$$a_1\cos x + a_2\cos 3x + \cdots + a_n\cos(2n-1)x = 0$$

在 $\left(0, \dfrac{\pi}{2}\right)$ 内至少有一个实根.

3. 设 $f(x)$ 在 $[a,b]$ 上连续, 在 (a,b) 内可导, 且 $f(a)\cdot f(b) > 0$. 若存在 $c\in(a,b)$ 使 $f(a)\cdot f(c) < 0$. 试证明至少存在一点 $\xi\in(a,b)$, 使 $f'(\xi)=0$.

4. 若函数 $f(x)$ 在 $[a,b]$ 上连续, 在 (a,b) 内二阶可导, $f(a)=f(b)=0$, 且存在 $c\in(a,b)$, 使 $f(c)<0$, 则存在 $\xi\in(a,b)$, 使 $f''(\xi)>0$.

5. 设 $f(x)$ 在 $[a,b]$ 上有三阶导数, 且 $f'(a) = -f'(b)$, $f''(a) = f''(b)$, 则存在 $\xi\in(a,b)$, 使

$$|f'''(\xi)| \geqslant \frac{24}{(b-a)^3}|f(b)-f(a)|.$$

6. 求下列不定式的极限:

(1) $\lim\limits_{x\to 0}\dfrac{x\tan x}{1-\cos x}$; (2) $\lim\limits_{x\to 0^+}\dfrac{\ln\sin x}{\ln x}$;

(3) $\lim\limits_{x\to 0}\left(\dfrac{1}{x^2} - \cot^2 x\right)$; (4) $\lim\limits_{x\to\infty} x^2\left(\cos\dfrac{2}{x} - 1\right)$;

(5) $\lim\limits_{x\to 0}(1-\cos x)^x$; (6) $\lim\limits_{x\to\infty}(1+x^2)^{\frac{1}{x}}$;

(7) $\lim\limits_{x\to 0}\left(\dfrac{\tan x}{x}\right)^{\frac{1}{x^2}}$; (8) $\lim\limits_{x\to 0}\dfrac{x-\arctan x}{\sin x^3}$.

7. 设 $f(x)$ 在 $[a,b]$ 上具有三阶导数, 且 $f'\left(\dfrac{a+b}{2}\right) = 0$, 试证明: 在 (a,b) 内至少存在一点 ξ, 使得

$$|f'''(\xi)| \geqslant \frac{24}{(b-a)^3}|f(b)-f(a)|.$$

8. 设 $\lim\limits_{x\to 0}\dfrac{f(x)}{x} = 1$, 且 $f''(x) > 0$. 试证明: 当 $x\neq 0$ 时, 有 $f(x) > x$.

9. 不计算数值, 试比较 π^{e} 与 e^{π} 的大小.

10. 设 $a,b\in\mathbb{R}$, 则

$$\frac{|a+b|}{1+|a+b|}\leqslant\frac{|a|}{1+|a|}+\frac{|b|}{1+|b|}.$$

11. 证明: 当 $b>a>1$ 时, 有 $\dfrac{b}{a}>\dfrac{b^a}{a^b}$.

12. 证明: 当 $x>0$ 时, 有 $\dfrac{x}{1+x^2}<\arctan x<x$.

13. 证明: 当 $0<x<\dfrac{\pi}{2}$ 时, 有 $(\sin x)^{1-\cos 2x}+(\cos x)^{1+\cos 2x}\geqslant\sqrt{2}$.

14. 证明: 当 $0<x<\dfrac{\pi}{2}$ 时, 有 $\dfrac{x^3}{3\pi}\leqslant x-\sin x\leqslant\dfrac{x^3}{6}$.

15. 证明: 当 $-1<x<0$ 时, 有 $\dfrac{x}{1+x}<\ln(1+x)<\dfrac{2x}{2+x}$.

16. 证明: 当 $x>0$ 时, 有 $\mathrm{e}^x>1+x+\left(\dfrac{1}{6}+\dfrac{\sqrt{3}}{6}\right)x^3$.

17. 设 $f(x)$ 在 $(0,1]$ 上可导, 且 $\lim\limits_{x\to0^+}\sqrt[4]{x}f'(x)$ 存在, 试证明 $f(x)$ 在 $(0,1]$ 上一致连续.

18. 证明：当 $x>0$ 时, 有 $\mathrm{e}^x>1+\dfrac{\mathrm{e}}{2}x^2$, 其中 e 是无理数.

19. 设 $f(x)$ 在 $[0,+\infty)$ 上可导, 且 $0\leqslant f(x)\leqslant\dfrac{x}{1+x^2}$, 试证明存在 $\xi>0$, 使 $f'(\xi)=\dfrac{1-\xi^2}{(1+\xi^2)^2}$.

20. 作出下列函数的图形：

(1) $y=x^4\mathrm{e}^{-x}$; (2) $y=\dfrac{x^2}{(x-1)^3}$.

21. 设 $f(x)$ 在 $[a,b]$ 上连续, 在 (a,b) 内可导, 试证明: 存在 $\xi\in(a,b)$, 使得

$$f'(\xi)=\frac{2}{a-\xi}(f(\xi)-f(b)).$$

22. 设 $f(x)$ 在 $[a,b]$ 上连续, 在 (a,b) 内可导, 试证明: 对任意给定的正整数 n, 存在 $\xi\in(a,b)$, 使得

$$f'(\xi)=\frac{n}{b-\xi}(f(\xi)-f(a)).$$

23. 设 $f(x)$ 在 $[a,b]$ 上连续, 在 (a,b) 内可导, 且 $a>0$, $f(a)=0$, 试证明: 存在 $\xi\in(a,b)$, 使得

$$(b-\xi)f'(\xi)=af(\xi).$$

24. 设 $0<x<y<1$ 或 $1<x<y$, 试证明: $yx^y>xy^x$.

25. 设 $f(x)$ 在 $[0,1]$ 上连续, 在 $(0,1)$ 内可导, 且 $f(0)=0$, $f'(x)=\sin^2\left(\dfrac{1}{x}+\dfrac{\pi}{4}\right)$, 求极限 $\lim\limits_{x\to0^+}\dfrac{f(x)}{x}$.

26. 设函数 $f(x)$ 在 $[a,+\infty)$ 上连续, 极限 $\lim\limits_{x\to+\infty} f(x)=A$ 存在, 且 $A<f(a)$, 试证明:

(1) $f(x)$ 在 $[a,+\infty)$ 上取得最大值;

(2) 存在 $\xi\in(a,b)$, 使得 $f(\xi)=(A+f(a))/2$.

27. 设函数 $f(x)=\ln x+ax^2+bx$ 在 $x_1=1$ 与 $x_2=3$ 都取得极值, 求常数 a, b 的值, 进一步确定 $f(x)$ 在 $x_1=1$ 与 $x_2=3$ 分别取得什么极值, 并求出极值.

第 3 章　一元函数积分学

3.1　疑 难 解 析

1. 哪些函数类存在原函数?

答：区间上的连续函数必存在原函数；在区间上存在第一类间断点的函数没有原函数；区间上存在间断点且均为第二类间断点的函数可能存在原函数, 也可能不存在原函数. 例如, 函数 $f_1(x)=\begin{cases}2x\sin\dfrac{1}{x}-\cos\dfrac{1}{x}, & x\neq 0,\\ 0, & x=0\end{cases}$ 在 $[-1,1]$ 上存在第二类间断点 $x=0$, 且 $F_1(x)=\begin{cases}x^2\sin\dfrac{1}{x}, & x\neq 0,\\ 0, & x=0\end{cases}$ 为 $f_1(x)$ 在 $[-1,1]$上的一个原函数. 又如, 函数 $f_2(x)=\begin{cases}2x\sin\dfrac{1}{x}-\cos\dfrac{1}{x}, & x\neq 0,\\ 1, & x=0\end{cases}$ 在 $[-1,1]$ 上有第二类间断点 $x=0$, $f_2(x)$ 在 $[-1,1]$ 上不存在原函数.

2. 怎样理解化归思想方法在求不定积分中的作用?

答：所谓化归思想方法就是把一些复杂的问题进行变换、转化, 直至化为简单的、熟悉的、已经解决或者容易解决的问题的思想方法. 面对庞大的函数群体, 首先需要确定可以作为模式的积分公式或者类型, 从而使积分表达式的转化变换有明确的目标. 在一般教材中, 都是先建立基本初等函数的积分公式作为基本化归目标. 第二是建立积分公式的化归方法, 包括换元法、分部积分法、递推法等. 第三是运用化归方法进一步提炼更多有效的化归目标, 如 $\displaystyle\int\sqrt{1-x^2}\mathrm{d}x$, $\displaystyle\int\frac{\mathrm{d}x}{\sqrt{1-x^2}}$ 等. 最后是针对某些函数类型提出化归策略, 如有理函数积分式的化归策略、三角函数有理式的化归策略、特殊类型无理函数积分的化归策略等.

3. 怎样理解不定积分中的“积不出”问题?

答：所谓函数 f“积不出”是指虽然 f 有原函数, 但是它的原函数不是初等函数, 即 $\displaystyle\int f(x)\mathrm{d}x$ 并不对应初等函数集合, 此时也称 $\displaystyle\int f(x)\mathrm{d}x$ 是非初等的.

研究“积不出”问题的基础之一是刘维尔 (Liouville) 在 19 世纪 30 年代对于“初等函数的不定积分在什么条件下是初等函数”问题的研究结果, 其中有一个结论如下：

定理 1[10] 设 f, g 为有理函数, g 不是常值函数. 如果 $\int f(x)\mathrm{e}^{g(x)}\mathrm{d}x$ 是初等函数, 则存在有理函数 $h(x)$, 使得 $\int f(x)\mathrm{e}^{g(x)}\mathrm{d}x = h(x)\mathrm{e}^{g(x)} + C$.

用上述定理不难证明 $\int \mathrm{e}^{-x^2}\mathrm{d}x$ 和 $\int \frac{\mathrm{e}^x}{x}\mathrm{d}x$ 都是非初等的.

例如, 证明不定积分 $\int \mathrm{e}^{-x^2}\mathrm{d}x$ 是非初等的.

证明 用反证法, 假设不定积分 $\int \mathrm{e}^{-x^2}\mathrm{d}x$ 是初等的, 则根据定理 1 知, 存在互质的多项式函数 $P(x), Q(x)$, 使

$$\left(\frac{P(x)}{Q(x)}\mathrm{e}^{-x^2}\right)' = \mathrm{e}^{-x^2}.$$

整理上式得

$$Q(x)[Q(x) - P'(x) + 2xP(x)] = -P(x)Q'(x). \tag{3.1.1}$$

若 $Q(x)$ 为次数大于等于 1 的多项式, 则在复数域中 $Q(x)$ 必有零点. 设 $x = a$ 为 $Q(x)$ 的一个零点, 其重数为 $r > 0$. 由于 $P(x)$ 与 $Q(x)$ 互质, 所以 $P(a) \neq 0$, 而 $x = a$ 为 $Q'(x)$ 的 $r-1$ 重零点, 因此式 (3.1.1) 两端出现不同重数的同一零点, 矛盾! 故 $Q(x)$ 只能是非零常数, 记 $Q(x) \equiv A \in \mathbb{R}$, 则式 (3.1.1) 变为

$$A(A - P'(x) + 2xP(x)) = 0,$$

即 $P'(x) - A = 2xP(x)$. 由于 $P(x)$ 是多项式函数, 所以上式右端的次数一定比左端的高, 矛盾! 综上所述, 可得不定积分 $\int \mathrm{e}^{-x^2}\mathrm{d}x$ 是非初等的. □

近年有一些学者利用刘维尔的相关定理作关于不定积分“积不出”的验证工作. 如文献 [11] 验证了 $\int \mathrm{e}^{-x^2}\mathrm{d}x, \int \frac{1}{\ln x}\mathrm{d}x, \int nx^{n-1}\mathrm{e}^{-x^{2n}}\mathrm{d}x$ 及 $\int \ln(\ln x)\mathrm{d}x$ 的非初等性. 设 $P_n(x) = a_0 + a_1x + \cdots + a_nx^n (a_n \neq 0)$ 是 n 次非零多项式函数, 文献 [12] 验证了如下结论.

结论 1：当且仅当 $\sum_{k=1}^{n} \frac{a_k}{(k-1)!} = 0$ 时, 不定积分 $\int \mathrm{e}^x P_n\left(\frac{1}{x}\right)\mathrm{d}x$ 是初等函数.

结论 2：当且仅当 $\sum\limits_{k=1}^{[\frac{n}{2}]} a_{2k}(-1)^k \dfrac{(2k-1)!!}{2^k} = 0$ 时，不定积分 $\int \mathrm{e}^{x^2} P_n(x)\mathrm{d}x$ 是初等函数.

结论 3：对任何非零多项式函数 $P_n(x)$，不定积分 $\int \dfrac{1}{\ln x} P_n(x)\mathrm{d}x$ 是非初等的.

在文献 [1] 中收编了如下结论：刘维尔证明了第一类椭圆积分

$$\int \frac{\mathrm{d}z}{\sqrt{(1-z^2)(1-k^2z^2)}} \quad (0<k<1),$$

第二类椭圆积分

$$\int \frac{z^2\mathrm{d}z}{\sqrt{(1-z^2)(1-k^2z^2)}} \quad (0<k<1),$$

及第三类椭圆积分

$$\int \frac{\mathrm{d}z}{(1+hz^2)\sqrt{(1-z^2)(1-k^2z^2)}} \quad (0<k<1)$$

均是非初等的. 作为勒让德形式下的第一、第二与第三类椭圆积分：$\int \dfrac{\mathrm{d}\varphi}{\sqrt{1-k^2\sin^2\varphi}}$ $(0<k<1)$，$\int \sqrt{1-k^2\sin^2\varphi}\mathrm{d}\varphi\,(0<k<1)$，$\int \dfrac{\mathrm{d}\varphi}{(1+h\sin^2\varphi)\sqrt{1-k^2\sin^2\varphi}}$ 同样是非初等的. 值得注意的是形如 $\int R(x,\sqrt{a_3x^3+a_2x^2+a_1x+a_0})\mathrm{d}x$ 及

$$\int R(x,\sqrt{a_4x^4+a_3x^3+a_2x^2+a_1x+a_0})\mathrm{d}x$$

的两类积分在 $a_i\,(i=0,1,2,3,4)$ 的某些条件下对应上述第一、二、三类椭圆积分，这里 $R(x,y)$ 表示关于 x,y 的有理函数.

在文献 [13] 中收录了如下的切比雪夫定理：

定理 2　不定积分 $\int x^p(a+bx^r)^q\mathrm{d}x$(其中 $a,b\neq 0,p,q,r$ 是有理数) 是初等函数的充要条件是 q，$\dfrac{p+1}{r}$，$\dfrac{p+1}{r}+q$ 三个数中至少有一个是整数.

应用上述定理不难得到如下推论：

推论 设 p,q 是有理数, 则不定积分 $\int x^p(a+bx)^q\mathrm{d}x$ 是初等函数的充要条件是 p, q, $p+q$ 三个数中至少有一个是整数.

4. 以下几个积分运算是否正确? 为什么?

(1) 求 $\int |x|\mathrm{d}x$.

设 $x=t^2$, $\mathrm{d}x=2t\mathrm{d}t$, 则有

$$\int |x|\mathrm{d}x=\int |t^2|2t\mathrm{d}t=2\int t^3\mathrm{d}t=\frac{1}{2}t^4+C=\frac{1}{2}x^2+C.$$

(2) 求 $\int \frac{\cos x}{\sin x}\mathrm{d}x$.

因为 $\int \frac{\cos x}{\sin x}\mathrm{d}x=\int \frac{1}{\sin x}\mathrm{d}\sin x=1-\int \sin x\mathrm{d}\frac{1}{\sin x}=1+\int \frac{\cos x}{\sin x}\mathrm{d}x$, 所以 $0=1$.

(3) 求 $I=\int \frac{x\sin x}{\cos^3 x}\mathrm{d}x$.

因为 $I=\int \frac{x\sin x}{\cos^3 x}\mathrm{d}x=\int \frac{(\pi-t)\sin t}{\cos^3 t}\mathrm{d}t=\pi\int \frac{\sin t}{\cos^3 t}\mathrm{d}t-\int \frac{t\sin t}{\cos^3 t}\mathrm{d}t=\pi\int \tan t\mathrm{d}\tan t-I=\frac{\pi}{2}\tan^2 t-I=\frac{\pi}{2}\tan^2 x-I$, 所以 $I=\frac{\pi}{4}\tan^2 x+C$.

答: (1) 对 $(0,+\infty)$ 上的不定积分是正确的, 但是对 $(-\infty,+\infty)$ 上的不定积分而言, 变换 $x=t^2$ 是错误的, 此时 (1) 不正确. 正确解法:

$$\int |x|\mathrm{d}x=\int \mathrm{sgn}(x)\,x\mathrm{d}x=\mathrm{sgn}(x)\int x\mathrm{d}x=\mathrm{sgn}(x)\cdot\frac{x^2}{2}+C=\frac{x|x|}{2}+C.$$

(2) 不正确, 因为所作运算在分部积分运算下出现了循环, 式子

$$\int \frac{\cos x}{\sin x}\mathrm{d}x=1+\int \frac{\cos x}{\sin x}\mathrm{d}x$$

仅有集合相等的意义, 故不可能得出 $0=1$ 的结论.

(3) 不正确, 因为在变换 $x=\pi-t$ 下, $\int \frac{x\sin x\mathrm{d}x}{\cos^3 x}$ 与 $\int \frac{t\sin t\mathrm{d}t}{\cos^3 t}$ 不是同一函数集.

5. 下列不定积分的解法是否正确?

(1) $\int \frac{\mathrm{d}x}{1+x^2+x^4}$; (2) $\int \frac{x^2}{1+x^2+x^4}\mathrm{d}x$.

解　令 $M(x)=\int \frac{\mathrm{d}x}{1+x^2+x^4}$, $N(x)=\int \frac{x^2}{1+x^2+x^4}\mathrm{d}x$, 则由于

$$\begin{aligned}
M(x)+N(x)&=\int \frac{1+x^2}{1+x^2+x^4}\mathrm{d}x\\
&=\int \frac{1+\frac{1}{x^2}}{\frac{1}{x^2}+1+x^2}\mathrm{d}x\\
&=\int \frac{\mathrm{d}\left(x-\frac{1}{x}\right)}{\left(x-\frac{1}{x}\right)^2+3}\\
&=\frac{1}{\sqrt{3}}\arctan\frac{x^2-1}{\sqrt{3}x}+C,
\end{aligned}$$

$$\begin{aligned}
-M(x)+N(x)&=\int \frac{x^2-1}{1+x^2+x^4}\mathrm{d}x\\
&=\int \frac{1-\frac{1}{x^2}}{\frac{1}{x^2}+1+x^2}\mathrm{d}x\\
&=\int \frac{\mathrm{d}\left(x+\frac{1}{x}\right)}{\left(x+\frac{1}{x}\right)^2-1}\\
&=\frac{1}{2}\ln\left|\frac{x+\frac{1}{x}-1}{x+\frac{1}{x}+1}\right|+C,
\end{aligned}$$

所以

$$\int \frac{\mathrm{d}x}{1+x^2+x^4}=M(x)=\frac{1}{2\sqrt{3}}\arctan\frac{x^2-1}{\sqrt{3}x}-\frac{1}{4}\ln\left|\frac{x+\frac{1}{x}-1}{x+\frac{1}{x}+1}\right|+C,$$

$$\int \frac{x^2}{1+x^2+x^4}\mathrm{d}x=N(x)=\frac{1}{2\sqrt{3}}\arctan\frac{x^2-1}{\sqrt{3}x}+\frac{1}{4}\ln\left|\frac{x+\frac{1}{x}-1}{x+\frac{1}{x}+1}\right|+C.\quad\square$$

答：上述解法当 $x \neq 0$ 时是正确的, 但是当 $x = 0$ 时是不对的. 正确解法是

$$
\begin{aligned}
\int \frac{\mathrm{d}x}{1+x^2+x^4} &= \frac{1}{2}\int \frac{1+x}{1+x+x^2}\mathrm{d}x + \frac{1}{2}\int \frac{1-x}{1-x+x^2}\mathrm{d}x \\
&= \frac{1}{4}\int \frac{1+2x}{1+x+x^2}\mathrm{d}x + \frac{1}{4}\int \frac{\mathrm{d}x}{(x+1/2)^2+(\sqrt{3}/2)^2} \\
&\quad -\frac{1}{4}\int \frac{2x-1}{1-x+x^2}\mathrm{d}x + \frac{1}{4}\int \frac{\mathrm{d}x}{(x-1/2)^2+(\sqrt{3}/2)^2} \\
&= \frac{1}{4}\ln\left|\frac{x^2+x+1}{x^2-x+1}\right| + \frac{1}{2\sqrt{3}}\arctan\frac{2x+1}{\sqrt{3}} \\
&\quad +\frac{1}{2\sqrt{3}}\arctan\frac{2x-1}{\sqrt{3}} + C,
\end{aligned}
$$

$$
\begin{aligned}
\int \frac{x^2}{1+x^2+x^4}\mathrm{d}x &= -\frac{1}{2}\int \frac{x}{1+x+x^2}\mathrm{d}x + \frac{1}{2}\int \frac{x}{1-x+x^2}\mathrm{d}x \\
&= -\frac{1}{4}\int \frac{1+2x}{1+x+x^2}\mathrm{d}x + \frac{1}{4}\int \frac{\mathrm{d}x}{(x+1/2)^2+(\sqrt{3}/2)^2} \\
&\quad +\frac{1}{4}\int \frac{2x-1}{1-x+x^2}\mathrm{d}x + \frac{1}{4}\int \frac{\mathrm{d}x}{(x-1/2)^2+(\sqrt{3}/2)^2} \\
&= \frac{1}{4}\ln\left|\frac{x^2-x+1}{x^2+x+1}\right| + \frac{1}{2\sqrt{3}}\arctan\frac{2x+1}{\sqrt{3}} \\
&\quad +\frac{1}{2\sqrt{3}}\arctan\frac{2x-1}{\sqrt{3}} + C.
\end{aligned}
$$

6. 简述定积分概念与可积条件的基本内容.

可积充分条件	(1) $f(x)$ 在 $[a,b]$ 上连续. (2) $f(x)$ 在 $[a,b]$ 上有界且至多只有有限个间断点. (3) $f(x)$ 在 $[a,b]$ 上单调. (4) 其他某些特殊类型的函数.

$\Downarrow$

$f(x)$ 在 $[a,b]$ 上可积 $\left(J=\int_a^b f(x)\mathrm{d}x\text{存在}\right)$. $\Longrightarrow$

可积必要条件	$f(x)$ 在闭区间 $[a,b]$ 上有界.

$\Updownarrow$

定积分的定义	存在 $J \in \mathbb{R}, \forall \varepsilon > 0, \exists \delta > 0$, 对任何分割 T, 只要 $\|T\| < \delta$, 无论 $\{\xi_i\}$ 如何取法, 都有 $\left\|\sum_{i=1}^{n} f(\xi_i)\Delta x_i - J\right\| < \varepsilon$.

$\Updownarrow$

可积准则 I	$S = s$, 这里 S 为上积分, s 为下积分.

$\Updownarrow$

可积准则 II	$\forall \varepsilon > 0, \exists T$, 使 $S(T) - s(T) < \varepsilon$ $\left(\text{或} \sum_{i=1}^{n} \omega_i \Delta x_i < \varepsilon\right)$.

$\Updownarrow$

可积准则 III	$\forall \varepsilon > 0, \eta > 0, \exists T$, 使属于 T 的满足 $\omega_{k'} \geqslant \eta$ 的小区间总长 $\sum \Delta_{k'} < \varepsilon$.

7. 如何理解积分和的极限?

答：设函数 f 定义在区间 $[a,b]$ 上, T 为 $[a,b]$ 上的一个分割, 记

$$T: a = x_0 < x_1 < \cdots < x_i < \cdots < x_n = b,$$

取 $\xi_i \in [x_{i-1}, x_i]\,(i = 1, 2, \cdots, n)$, 则有 f 属于 T 的一个积分和 $\sum_f (T, \xi_i) = \sum_{i=1}^{n} f(\xi_i)\Delta x_i$, 因此使积分和发生变化的因素很多. 一方面, 对应相同模的分割 T 有无穷多个; 另一方面, 对应同一分割 T 的介点集有无穷多个, 故对应同一分割的积分和也有无穷多个. 积分和结构的复杂性造成研究积分和的变化趋势的难度. 要注意 $\sum_f (T, \xi_i)$ 并不是 $\|T\|$ 的函数, 所以积分和的极限与函数极限有很大区别. 但是当函数可积时, 只要 $\|T\|$ 充分小, 任一 $\sum_f (T, \xi_i)$ 与同一定数 J 能充分接近.

8. 上和与下和对讨论函数的可积性起了什么作用?

答：影响 f 在 $[a,b]$ 上的积分和的因素很多，属于同一分割 T 的积分和有无穷多个. 下和 $s(T)=\inf\limits_{\{\xi_i\}}\sum\limits_f(T,\xi_i)$, 上和 $S(T)=\sup\limits_{\{\xi_i\}}\sum\limits_f(T,\xi_i)$, 这样通过 $S(T)$ 与 $s(T)$ 就把同一分割 T 下所有积分和 $\sum\limits_f(T,\xi_i)$ 做了有效的夹逼,

$$s(T)\leqslant\sum_f(T,\xi_i)\leqslant S(T),$$

从而能够更好地借助两边夹的思想讨论积分和极限的存在性.

9. 何谓有界函数 f 在 $[a,b]$ 上的上积分与下积分? 它们与 f 在 $[a,b]$ 上的定积分有什么关系?

答：f 在 $[a,b]$ 上的上积分为所有上和所成集合的下确界，即上积分 $S=\inf\limits_T\{S(T)\}$. 下积分为所有下和所成集合的上确界，即下积分 $s=\sup\limits_T\{s(T)\}$. Darboux 定理进一步指出 $S=\lim\limits_{\|T\|\to0}S(T)$, $s=\lim\limits_{\|T\|\to0}s(T)$. 因此上积分与下积分仅依赖于函数 f 及区间 $[a,b]$, 与具体的分割及介点集无关. 在 $\|T\|\to0$ 过程中, 对所有积分和 $\sum\limits_f(T,\xi_i)$ 的考虑最终归结到 S 与 s. 可积准则 I 表明: 有界函数 f 在 $[a,b]$ 上可积的充要条件是 $S=s$ 且可积时有 $\displaystyle\int_a^b f(x)\mathrm{d}x=S=s$.

10. $[a,b]$ 上的可积函数与连续函数有什么关系?

答：f 在 $[a,b]$ 上可积, 并不保证 f 在 $[a,b]$ 上连续, 且可积函数可以出现第一类间断点, 也可以出现第二类间断点. 例如, $f(x)=\operatorname{sgn}x$ 在 $[-1,1]$上有第一类间断点, $g(x)=\begin{cases}2x\sin\dfrac{1}{x}-\cos\dfrac{1}{x}, & x\neq0,\\ 0, & x=0\end{cases}$ 在 $[-1,1]$ 上有第二类间断点, 且 $f(x),g(x)$ 均在 $[-1,1]$ 上可积. 进一步，具有无限个间断点的函数也可能是可积函数, 如黎曼函数. 关于可积与连续的关系, 有如下两个命题.

命题 1 若 f 在 $[a,b]$ 上可积, 则 f 在 $[a,b]$ 上必定有无限多个处处稠密的连续点.

证明 (用区间套定理证明) 因为 f 在 $[a,b]$ 上可积, 所以对 $\varepsilon_1=1$, 存在 $[a,b]$ 的分割 T_1, 使 $\sum\limits_{T_1}\omega_i\Delta x_i<1\cdot(b-a)$. 由此易知: 在 T_1 的某个小区间 $\Delta_{k'}=[x_{k'-1},x_{k'}]$ 上, f 的振幅 $\omega_{k'}=\omega^f[x_{k'-1},x_{k'}]<\varepsilon_1=1$(若不然, 将有 $\sum\limits_{T_1}\omega_i\Delta x_i\geqslant1\cdot\sum\limits_{T_1}\Delta x_i=b-a$, 矛盾!). 现取 $[a_1,b_1]\subset(x_{k'-1},x_{k'})$, 满

足 $a < a_1 < b_1 < b$, 且 $b_1 - a_1 \leqslant \frac{1}{2}(b-a)$, 此时 $\omega^f[a_1, b_1] \leqslant \omega^f[x_{k'-1}, x_{k'}] < \varepsilon_1 = 1$. 以 $[a_1, b_1]$ 代替 $[a, b]$, 注意到 $f(x)$ 在 $[a_1, b_1]$ 上可积, 于是对 $\varepsilon_2 = \frac{1}{2}$, 同样存在 $[a_1, b_1]$ 的分割 T_2, 及属于 T_2 的某一个小区间 $[a_2, b_2]$, 满足 $a_1 < a_2 < b_2 < b_1, b_2 - a_2 \leqslant \frac{1}{2}(b_1 - a_1)$ 且 $\omega^f[a_2, b_2] < \varepsilon_2 = \frac{1}{2}$. 依次做下去, 得一区间套 $\{[a_n, b_n]\}$: $a < a_1 < a_2 < \cdots < a_n < \cdots < b_n < \cdots < b_2 < b_1 < b$, $b_n - a_n \leqslant \frac{1}{2^n}(b-a) \to 0(n \to \infty)$, 且 $\omega^f[a_n, b_n] < \varepsilon_n = \frac{1}{n}$. 故根据区间套定理得: 存在 $x_0 \in (a_n, b_n) \subset (a, b)$, $n = 1, 2, \cdots$.

下证 x_0 为 $f(x)$ 的一个连续点. 事实上, $\forall \varepsilon > 0, \exists n$, 使 $\frac{1}{n} < \varepsilon$. 令 $\delta = \min\{x_0 - a_n, b_n - x_0\}$, 则 $U(x_0; \delta) \subset [a_n, b_n]$, 于是当 $x \in U(x_0; \delta)$ 时, $|f(x) - f(x_0)| \leqslant \omega^f[a_n, b_n] < \frac{1}{n} < \varepsilon$. 即 x_0 为 $f(x)$ 的一个连续点.

现在任给 $(\alpha, \beta) \subset [a, b]$, 有 $[\alpha, \beta] \subset [a, b]$ 且 f 在 $[\alpha, \beta]$ 上可积. 由上面的证明可知, f 在 (α, β) 内存在连续点. 故 f 的连续点在 $[a, b]$ 上处处稠密.

命题 2 (Lebesgue 定理)[14] 若函数 f 在 $[a, b]$ 上有界, 则 f 在 $[a, b]$ 上可积的充要条件是 f 在 $[a, b]$ 上几乎处处连续.

11. 叙述积分 (第一) 中值定理的几何意义, 这里 "中值" 指的是什么? 与微分中值定理有联系吗?

答: 积分第一中值定理为: 若 f 在 $[a, b]$ 上连续, 则至少存在一点 $\xi \in (a, b)$, 使 $\int_a^b f(x)\mathrm{d}x = f(\xi)(b-a)$, 这里 ξ 为中值点, $f(\xi) = \frac{1}{b-a}\int_a^b f(x)\mathrm{d}x$ 为积分中值. 该中值定理的几何意义是: 当 $f(x) \geqslant 0$ 时, 以 $y = f(x)$ 为曲边, $[a, b]$ 对应线段为底的曲边梯形的面积等于以 $f(\xi)$ 为高, 以 $[a, b]$ 对应线段为底的矩形的面积. 令 $F(x) = \int_a^x f(t)\mathrm{d}t$, 则积分中值定理等价于 $F(b) - F(a) = F'(\xi)(b-a)$, 故积分 (第一) 中值定理与 Lagrange 中值定理仅是形式上不同, 本质上是一致的.

12. 微积分基本定理有什么意义? 它有什么推广?

答: 微积分基本定理一般表述为: 设 f 在 $[a, b]$ 上连续, $F(x)$ 是 f 在 $[a, b]$ 上的任一原函数, 即 $F'(x) = f(x), x \in [a, b]$, 则 $\int_a^b f(x)\mathrm{d}x = F(b) - F(a)$ (这一公式称为牛顿-莱布尼茨 (Newton-Leibniz) 公式).

导数是平均变化率的极限, 原函数及不定积分的概念是基于导数及微分的逆运算考虑建立的概念. 定积分是通过分割、近似求和、取极限建立的积分和极限. 因此从概念背景本身是不能直接看出导数与定积分、原函数 (不定积分) 与定积分之间的关系. 微积分基本定理是沟通原函数 (不定积分) 与定积分的桥梁, 且从另一种形式表述了函数与它的原函数的关系, 因此这个定理也是沟通微分学与积分学的桥梁, "微积分基本定理" 的名称也就是源于此.

牛顿-莱布尼茨公式有以下常见推广: 若 f 在 $[a,b]$ 上可积, $F(x)$ 在 $[a,b]$ 上连续, 且除有限个点外有 $F'(x)=f(x)$, 则 $\int_a^b f(x)\mathrm{d}x=F(b)-F(a)$. 证明如下:

对 $[a,b]$ 作分割 $T: a=x_0<x_1<\cdots<x_n=b$, 使其包含 $F'(x)=f(x)$ 不成立的有限个点为部分分点, 在每个小区间 $[x_{i-1},x_i]$ 上对 $F(x)$ 使用 Lagrange 中值定理, 则分别存在 $\eta_i\in(x_{i-1},x_i)$, $i=1,2,\cdots,n$, 使得

$$F(b)-F(a)=\sum_{i=1}^n[F(x_i)-F(x_{i-1})]=\sum_{i=1}^n F'(\eta_i)\Delta x_i=\sum_{i=1}^n f(\eta_i)\Delta x_i.$$

在上式中令 $\|T\|\to 0$, 由 f 在 $[a,b]$ 上可积, 得

$$F(b)-F(a)=\lim_{\|T\|\to 0}\sum_{i=1}^n f(\eta_i)\Delta x_i=\int_a^b f(x)\mathrm{d}x,$$

故 $\int_a^b f(x)\mathrm{d}x=F(b)-F(a)$.

13. "函数 f 在 $[a,b]$ 上可积" 与 " f 在 $[a,b]$ 上存在原函数", 两者间有什么关系?

答: f 在 $[a,b]$ 上可积并不能保证 f 在 $[a,b]$ 上存在原函数. 例如, 函数 $f(x)=\mathrm{sgn}x$ 在 $[-1,1]$ 上可积, 但是 f 在 $[-1,1]$ 上没有原函数. 另一方面, f 在 $[a,b]$ 上存在原函数也不能保证 f 在 $[a,b]$ 上可积. 例如, 函数 $f(x)=\begin{cases}2x\sin\dfrac{1}{x^2}-\dfrac{2}{x}\cos\dfrac{1}{x^2}, & x\neq 0,\\ 0, & x=0\end{cases}$ 在 $[0,1]$ 上不可积, 但 $F(x)=\begin{cases}x^2\sin\dfrac{1}{x^2}, & x\neq 0,\\ 0, & x=0\end{cases}$ 是 f 在 $[0,1]$ 上的一个原函数. 因此可积与原函数存在本身没有必然联系.

14. "若曲线 $y=f(x)$, $x\in[a,b]$ 可求长, 则弧长 $L=\sup\limits_T\{L_T\}$ (这里 T 为对曲线的分割, L_T 为与分割 T 对应的内折线长)", 这一命题是否成立? 举例说明连续曲线不一定可求长.

答: 命题成立. 事实上, 曲线 $y=f(x)$, $x\in[a,b]$ 可求长, 即存在常数 L, 无论分割 $T: P_0=(a,f(a)), P_1=(x_1,f(x_1)),\cdots,P_n=(b,f(b))$ (这里 $a=x_0<x_1<$

$\cdots < x_n = b)$ 如何取法, 都有 $\lim\limits_{\|T\|\to 0} L_T = L$. 记 $S = \sup\limits_T\{L_T\}$, 则 $\forall\varepsilon > 0, \exists\delta > 0$, 使当 $\|T\| < \delta$ 时, 无论 T 如何取法, 都有 $|L_T - L| < \dfrac{\varepsilon}{2}$, 且存在 T', 使 $S - L_{T'} < \dfrac{\varepsilon}{2}$.

若 $\|T'\| < \delta$, 则 $|L-S| \leqslant |L - L_{T'}| + |L_{T'} - S| < \varepsilon$; 若 $\|T'\| \geqslant \delta$, 则对 T' 增加分点, 得 T'', 使满足 $\|T''\| < \delta$. 不妨设新增分点为 $\overline{x} \in (x_{i-1}, x_i)$, 则

$$\sqrt{(x_i - x_{i-1})^2 + (f(x_i) - f(x_{i-1}))^2} \leqslant \sqrt{(x_i - \overline{x})^2 + (f(x_i) - f(\overline{x}))^2} + \sqrt{(x_{i-1} - \overline{x})^2 + (f(x_{i-1}) - f(\overline{x}))^2},$$

于是 $L_{T''} \geqslant L_{T'}$, 所以 $S - L_{T''} < \dfrac{\varepsilon}{2}$, 因此仍有

$$|L - S| \leqslant |L - L_{T''}| + |L_{T''} - S| < \varepsilon,$$

综上所述有, $L = S$.

设 $f(x) = \begin{cases} x\cos\dfrac{\pi}{2x}, & 0 < x \leqslant 1, \\ 0, & x = 0, \end{cases}$ 则 $f(x)$ 的图形是一条简单弧. 在 $[0,1]$ 中取分法 $T: 0 < \dfrac{1}{2n} < \dfrac{1}{2n-1} < \cdots < \dfrac{1}{3} < \dfrac{1}{2} < 1$, 则

$$\begin{aligned} L_T = & \sqrt{\left(1-\frac{1}{2}\right)^2 + \left(\cos\frac{\pi}{2} - \frac{1}{2}\cos\pi\right)^2} \\ & + \sqrt{\left(\frac{1}{2}-\frac{1}{3}\right)^2 + \left(\frac{1}{2}\cos\pi - \frac{1}{3}\cos\frac{3\pi}{2}\right)^2} + \cdots \\ & + \sqrt{\left(\frac{1}{2n}-0\right)^2 + \left(\frac{1}{2n}\cos n\pi - 0\cos 0\right)^2} \\ \geqslant & \frac{1}{\sqrt{2}} \cdot \left(1 + \frac{1}{2} + \frac{1}{3} + \cdots + \frac{1}{n}\right), \end{aligned}$$

于是 $L = \sup\limits_T\{L_T\} = +\infty$, 所以由前面的结论知, 这一段曲线是不可求长的.

15. 如何作出参数方程所表示函数的图像?

答：对于一个参数方程 $x = \varphi(t)$, $y = \psi(t), t \in I$, 若能消去参数 t 得到 $y = f(x), x \in \varphi(I)$ 的形式, 则可如一般教材所示函数作图方法处理作图. 但是有大量的参数方程是不能消去参数变为 $y = f(x)$ 的形式, 有些方程虽能消去参数, 但 $y = f(x)$ 形式较复杂, 作图并不容易, 所以一般仍需根据参数方程的性质作图. 主要步骤如下：

1) 确定函数 $x=\varphi(t)$ 与 $y=\psi(t)$ 的公共定义域 D.

2) 若函数 $x=\varphi(t)$ 与 $y=\psi(t)$ 的公共周期为 T, 则只需要在区间 $[0,T]$ 或者 $\left[-\frac{T}{2},\frac{T}{2}\right]$ 上讨论即可.

3) 讨论函数 $x=\varphi(t)$ 与 $y=\psi(t)$ 的奇偶性, 确定曲线的对称性. 设对任意的 $t\in D$, 有 $-t\in D$, 则

(1) 若 $\varphi(-t)=-\varphi(t),\psi(-t)=-\psi(t)$, 则曲线关于原点对称;

(2) 若 $\varphi(-t)=\varphi(t),\psi(-t)=-\psi(t)$, 则曲线关于 x 轴对称;

(3) 若 $\varphi(-t)=-\varphi(t),\psi(-t)=\psi(t)$, 则曲线关于 y 轴对称.

4) 讨论曲线的上升、下降及凸性, 此时要注意

$$\frac{\mathrm{d}y}{\mathrm{d}x}=\frac{\psi'(t)}{\varphi'(t)},\quad \frac{\mathrm{d}^2y}{\mathrm{d}x^2}=\frac{\psi''\varphi'-\psi'\varphi''}{\varphi'^3}.$$

t 的范围	$\varphi'(t)$	$\psi'(t)$	x	y	$\frac{\mathrm{d}y}{\mathrm{d}x}$	$\frac{\mathrm{d}^2y}{\mathrm{d}x^2}$	曲线性态
(t_1,t_2)	+	+	↗	↗	+	+	曲线从左到右上升且下凸
(t_1,t_2)	+	+	↗	↗	+	−	曲线从左到右上升且上凸
(t_3,t_4)	+	−	↗	↘	−	+	曲线从左到右下降且下凸
(t_3,t_4)	+	−	↗	↘	−	−	曲线从左到右下降且上凸
(t_5,t_6)	−	+	↘	↗	−	+	曲线从右到左上升且下凸
(t_5,t_6)	−	+	↘	↗	−	−	曲线从右到左下降且上凸
(t_7,t_8)	−	−	↘	↘	+	+	曲线从右到左下降且下凸
(t_7,t_8)	−	−	↘	↘	+	−	曲线从右到左下降且上凸

5) 简单讨论渐近线.

(1) 若 $t\to t_0$ 时, 有 $\begin{cases}x\to c,\\ y\to\infty,\end{cases}$ 则 $x=c$ 是一条铅直渐近线;

(2) 若 $t\to t_0$ 时, 有 $\begin{cases}x\to\infty,\\ y\to d,\end{cases}$ 则 $y=d$ 是一条水平渐近线.

例：描绘 $\begin{cases}x=t-t^3,\\ y=1-t^4\end{cases}$ 的图形.

解：(1) $x=\varphi(t)=t-t^3$, $y=\psi(t)=1-t^4$ 均在 $\mathbb{R}$ 上有定义.

(2) $\varphi(t)$ 为 $\mathbb{R}$ 上奇函数, $\psi(t)$ 为 $\mathbb{R}$ 上偶函数, 所以此图形关于 y 轴对称.

(3) 令 $x'(t)=1-3t^2=0$, 得 $t=\pm\frac{\sqrt{3}}{3}$; 令 $x''(t)=-6t=0$, 得 $t=0$.

t	$\left(-\infty,-\frac{\sqrt{3}}{3}\right)$	$-\frac{\sqrt{3}}{3}$	$\left(-\frac{\sqrt{3}}{3},\frac{\sqrt{3}}{3}\right)$	$\frac{\sqrt{3}}{3}$	$\left(\frac{\sqrt{3}}{3},+\infty\right)$
$x'(t)$	$-$	0	$+$	0	$-$
x	$\searrow$	极小值, $-\frac{2}{9}\sqrt{3}$	$\nearrow$	极大值, $\frac{2}{9}\sqrt{3}$	$\searrow$

令 $y'(t)=-4t^3=0$, 得 $t=0$; 令 $y''(t)=-12t^2=0$, 得 $t=0$.

t	$(-\infty,0)$	0	$(0,+\infty)$
$y'(t)$	$+$	0	$-$
y	$\nearrow$	极大值, 1	$\searrow$

因为 $\frac{\mathrm{d}y}{\mathrm{d}x}=\frac{-4t^3}{1-3t^2}$, 所以

$$\frac{\mathrm{d}^2y}{\mathrm{d}x^2}=\frac{-12t^2(1-3t^2)+4t^3(-6t)}{(1-3t^2)^2}\cdot\frac{1}{1-3t^2}=\frac{12t^2(t^2-1)}{(1-3t^2)^3}.$$

令 $\frac{\mathrm{d}^2y}{\mathrm{d}x^2}=0$ 得, $t=0,\pm1$.

t	$(-\infty,-1)$	$\left(-1,-\frac{\sqrt{3}}{3}\right)$	$\left(\frac{-\sqrt{3}}{3},\frac{\sqrt{3}}{3}\right)$	$\left(\frac{\sqrt{3}}{3},1\right)$	$(1,+\infty)$
$\frac{\mathrm{d}^2y}{\mathrm{d}x^2}$	$-$	$+$	$-$	$+$	$-$

(4) 综上所述得

t 的范围	$x'(t)$	$y'(t)$	x	y	$\frac{\mathrm{d}^2y}{\mathrm{d}x^2}$	曲线性态
$(-\infty,-1)$	$-$	$+$	从 $+\infty$ 下降到 0	从 $-\infty$ 上升到 0	$-$	从右到左上升且上凸
$\left(-1,-\frac{\sqrt{3}}{3}\right)$	$-$	$+$	从 0 下降到 $-\frac{2\sqrt{3}}{9}$	从 0 上升到 $\frac{8}{9}$	$+$	从右到左上升且下凸
$\left(-\frac{\sqrt{3}}{3},0\right)$	$+$	$+$	从 $-\frac{2\sqrt{3}}{9}$ 上升到 0	从 $\frac{8}{9}$ 上升到 1	$-$	从左到右上升且上凸

根据上表作图如图 3.1 所示, 根据图形关于 y 轴对称可完成图形如图 3.2 所示.

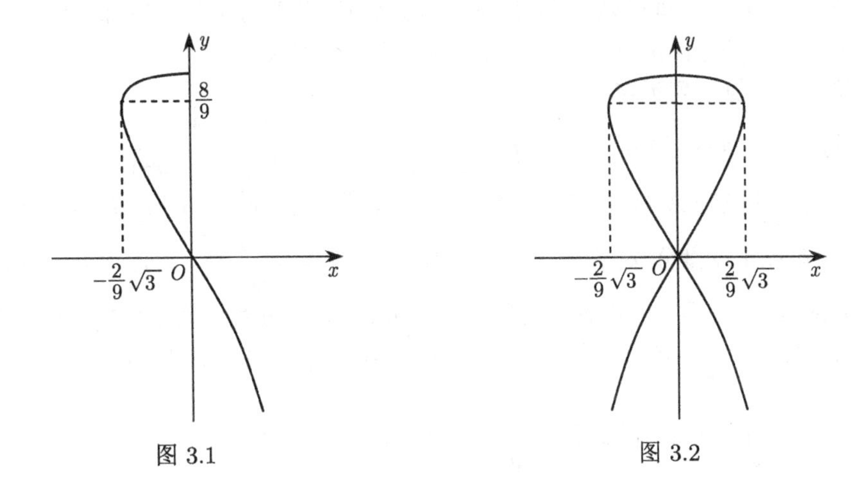

图 3.1 图 3.2

16. 黎曼积分有什么缺陷?

答: 黎曼积分有以下几方面的缺陷.

(1) 黎曼积分的可积函数可以有不连续点, 但是"不连续点不能太多"(见题 9). 这在一定程度上限制了黎曼可积函数的范围.

(2) 黎曼可积函数的积分运算不完全是微分 (求导) 运算的逆运算, 即存在这样的黎曼可积函数 $f(x)$, 对 $\int_a^x f(t)\mathrm{d}t$ 进行微分运算 $\frac{\mathrm{d}}{\mathrm{d}x}\int_a^x f(t)\mathrm{d}t$ 并不能还原为函数 $f(x)$. 例如, $f(x)=\operatorname{sgn} x, x\in[-1,1]$.

(3) 在 $[a,b]$ 上黎曼可积的函数列 $\{f_n(x)\}$, 它的极限函数 $f(x)$ 在 $[a,b]$ 上不一定黎曼可积, 这使得积分运算与极限运算的可交换性一般需附加很严格的条件才有保证 (见《数学分析学习辅导 I——收敛与发散 (第二版)》).

1902 年, 勒贝格 (Lebesgue) 在黎曼积分 (1854 年由黎曼首创) 的基础上做了重要推广, 创立了勒贝格积分, 有效弥补了黎曼积分的缺陷.

3.2 典型例题

3.2.1 不定积分

不定积分的计算主要利用积分公式

$$\int f'(x)\mathrm{d}x=f(x)+C$$

和如下基本积分方法:

(1) 基本积分公式; (2) 凑微分法; (3) 变量代换法; (4) 分部积分法.

特别地, 对于有理函数, 要先用部分分式分解, 将其分解为一些部分分式的和, 然后使用上面的方法进行积分. 下面举例说明各个方法.

例 1 计算下列不定积分

(1) $\int \sin^2 x \cos^5 x \,\mathrm{d}x$; (2) $\int \frac{\mathrm{d}x}{\sin x \cos^2 x}$; (3) $\int \frac{\mathrm{d}x}{x^3(1+x^2)}$.

分析 注意到第 (1) 小题中, 被积函数 $\sin^2 x \cos^5 x = \sin^2 x \cdot (1-\sin^2 x)^2 \cdot (\sin x)'$, 可以用凑微分法; 在第 (2) 小题中, 注意到 $\frac{\mathrm{d}x}{\sin x \cos^2 x} = \csc x \cdot \mathrm{d}\tan x$, 可以用分部积分法; 第 (3) 小题要用部分分式分解, 将其分解为简单分式, 然后积分.

解 (1) 由于 $\sin^2 x \cos^5 x = \sin^2 x \cdot (1-\sin^2 x)^2 \cdot (\sin x)'$, 所以

$$\begin{aligned}
\int \sin^2 x \cos^5 x \,\mathrm{d}x &= \int \sin^2 x \cdot (1-\sin^2 x)^2 \,\mathrm{d}\sin x \\
&= \int (\sin^2 x - 2\sin^4 x + \sin^6 x)\,\mathrm{d}\sin x \\
&= \frac{1}{3}\sin^3 x - \frac{2}{5}\sin^5 x + \frac{1}{7}\sin^7 x + C.
\end{aligned}$$

(2) 由于 $\frac{\mathrm{d}x}{\sin x \cos^2 x} = \csc x \,\mathrm{d}\tan x$, 所以

$$\begin{aligned}
\int \frac{\mathrm{d}x}{\sin x \cos^2 x} &= \int \csc x \,\mathrm{d}\tan x \\
&= \csc x \tan x - \int \tan x \,\mathrm{d}\csc x \\
&= \frac{1}{\cos x} - \int \tan x(-\csc x \cot x)\,\mathrm{d}x \\
&= \sec x - \ln|\csc x + \cot x| + C.
\end{aligned}$$

(3) 直接计算可得

$$\begin{aligned}
\int \frac{\mathrm{d}x}{x^3(1+x^2)} &= \int \frac{(1+x^2)-(x^2+x^4)+x^4}{x^3(1+x^2)}\mathrm{d}x \\
&= \int x^{-3}\mathrm{d}x - \int \frac{\mathrm{d}x}{x} + \int \frac{x\,\mathrm{d}x}{1+x^2} \\
&= -\frac{1}{2x^2} - \ln|x| + \frac{1}{2}\ln(1+x^2) + C.
\end{aligned}$$

□

例 2 求下列不定积分:

(1) $\int(1+\sqrt{x})^5\mathrm{d}x$; (2) $\int\frac{\mathrm{d}x}{1+\cos x}$; (3) $\int\frac{\arctan\sqrt{x}}{\sqrt{x}+\sqrt{x^3}}\mathrm{d}x$; (4) $\int\frac{\mathrm{d}x}{x\sqrt{4-x^2}}$.

(1) **解法 1** 由于 $(1+\sqrt{x})^5=1+5x^{\frac{1}{5}}+10x+10x^{\frac{3}{2}}+5x^2+x^{\frac{5}{2}}$, 所以

$$\begin{aligned}\int(1+\sqrt{x})^5\mathrm{d}x&=\int(1+5x^{\frac{1}{2}}+10x+10x^{\frac{3}{2}}+5x^2+x^{\frac{5}{2}})\mathrm{d}x\\&=x+\frac{10}{3}x^{\frac{3}{2}}+5x^2+4x^{\frac{5}{2}}+\frac{5}{3}x^3+\frac{2}{7}x^{\frac{7}{2}}+C.\end{aligned}$$

解法 2 令 $t=1+\sqrt{x}$, 则 $x=(t-1)^2$, $\mathrm{d}x=2(t-1)\mathrm{d}t$, 所以

$$\begin{aligned}\int(1+\sqrt{x})^5\mathrm{d}x&=2\int t^5(t-1)\mathrm{d}t\\&=\frac{2}{7}t^7-\frac{1}{3}t^6+C\\&=\frac{2}{7}(1+\sqrt{x})^7-\frac{1}{3}(1+\sqrt{x})^6+C.\end{aligned}$$

注 解法 2 的优点在于当二项式的指数较大时, 二项式展开较为烦琐, 但是用换元法则显得比较简便.

(2) **解法 1** 由于 $\frac{1}{1+\cos x}=\frac{1-\cos x}{1-\cos^2 x}=\frac{1-\cos x}{\sin^2 x}=\csc^2 x-\csc x\cot x$, 所以

$$\begin{aligned}\int\frac{\mathrm{d}x}{1+\cos x}&=\int(\csc^2 x-\csc x\cot x)\mathrm{d}x\\&=-\cot x+\csc x+C.\end{aligned}$$

解法 2 由于 $\frac{1}{1+\cos x}=\frac{1}{2\cos^2\frac{x}{2}}=\frac{1}{2}\sec^2\frac{x}{2}$, 所以

$$\int\frac{\mathrm{d}x}{1+\cos x}=\int\frac{1}{2}\sec^2\frac{x}{2}\mathrm{d}x=\tan\frac{x}{2}+C.$$

注 三角公式的运用方法灵活多样, 往往也是不少读者感到困难处, 但这是积分运算的重要技巧, 需要努力掌握. 值得注意的是解法 1 的结果必须在 $1-\cos x\neq 0$ 时才能成立, 而在解法 2 中没有这一限制, 因此从在被积函数的定义域上求原函数的要求看, $\tan\frac{x}{2}+C$ 才是真正的原函数. 一般的教材不强调解法 1 与

解法 2 的细微区别, 包括本书后面的某些例题及习题的计算, 但读者在应用时应注意题意对求原函数范围的要求.

(3) **解法 1**

$$\begin{aligned}\int \frac{\arctan\sqrt{x}}{\sqrt{x}+\sqrt{x^3}}\mathrm{d}x &= \int \frac{\arctan\sqrt{x}}{\sqrt{x}(1+x)}\mathrm{d}x \\ &= 2\int \arctan\sqrt{x}\mathrm{d}\arctan\sqrt{x} \\ &= (\arctan\sqrt{x})^2 + C.\end{aligned}$$

解法 2 令 $t=\sqrt{x}$, 则 $x=t^2$, $\mathrm{d}x=2t\mathrm{d}t$, 于是

$$\begin{aligned}\int \frac{\arctan\sqrt{x}}{\sqrt{x}+\sqrt{x^3}}\mathrm{d}x &= \int \frac{\arctan t\cdot 2t}{t+t^3}\mathrm{d}t \\ &= 2\int \frac{\arctan t\cdot \mathrm{d}t}{1+t^2} \\ &= 2\int \arctan t\mathrm{d}\arctan t = (\arctan t)^2 + C \\ &= (\arctan\sqrt{x})^2 + C.\end{aligned}$$

注 无论解法 1 还是解法 2, 凑微分是主要部分. 在本例中, 由于 $\sqrt{x}$ 的“干扰”, 要如解法 1 能直接观察出凑微分的方法, 对部分读者而言可能有难处. 解法 2 通过换元法除去 $\sqrt{x}$ 的干扰后, 使可凑微分的部分更清楚. 第二换元法在应用上往往带着“换元以除去干扰”的思路进行操作.

(4) **解法 1** 令 $x=2\sin t$, $|t|<\dfrac{\pi}{2}$, 则 $\mathrm{d}x=2\cos t\mathrm{d}t$, 所以

$$\begin{aligned}\int \frac{\mathrm{d}x}{x\sqrt{4-x^2}} &= \int \frac{2\cos t}{4\sin t\cos t}\mathrm{d}t \\ &= \frac{1}{2}\int \frac{\mathrm{d}t}{\sin t} \\ &= \frac{1}{2}\ln|\csc t-\cot t| + C \\ &= \frac{1}{2}\ln\left|\frac{2-\sqrt{4-x^2}}{x}\right| + C.\end{aligned}$$

解法 2 令 $x=\dfrac{1}{t}$, $|t|>\dfrac{1}{2}$, 则 $\mathrm{d}x=-\dfrac{1}{t^2}\mathrm{d}t$, 所以

$$\begin{aligned}\int\frac{\mathrm{d}x}{x\sqrt{4-x^2}}&=-\int\frac{t|t|}{t^2\sqrt{(2t)^2-1}}\mathrm{d}t\\&=-\int\frac{\mathrm{sgn}t}{\sqrt{(2t)^2-1}}\mathrm{d}t\\&=-\frac{\mathrm{sgn}t}{2}\ln|2t+\sqrt{4t^2-1}|+C\\&=\frac{1}{2}\ln\left|\frac{2-\sqrt{4-x^2}}{x}\right|+C.\end{aligned}$$

解法 3 令 $t=\dfrac{1}{x^2}$, $|x|<2$, 则 $\dfrac{2}{x}\mathrm{d}x=-\dfrac{1}{t}\mathrm{d}t$, 所以

$$\begin{aligned}\int\frac{\mathrm{d}x}{x\sqrt{4-x^2}}&=-\frac{1}{2}\int\frac{1}{\sqrt{4t^2-t}}\mathrm{d}t\\&=-\frac{1}{4}\int\frac{\mathrm{d}\left(t-\frac{1}{8}\right)}{\sqrt{\left(t-\frac{1}{8}\right)^2-\left(\frac{1}{8}\right)^2}}\\&=-\frac{1}{4}\ln\left|t-\frac{1}{8}+\sqrt{t^2-\frac{1}{4}t}\right|+C\\&=-\frac{1}{4}\ln\left|\frac{1}{x^2}-\frac{1}{8}+\frac{\sqrt{4-x^2}}{2x^2}\right|+C.\end{aligned}$$

解法 4 令 $t=\sqrt{4-x^2}$, $t\in(0,2)$, 则 $x\mathrm{d}x=-t\mathrm{d}t$, 所以

$$\begin{aligned}\int\frac{\mathrm{d}x}{x\sqrt{4-x^2}}&=\int\frac{x\mathrm{d}x}{x^2\sqrt{4-x^2}}=\int\frac{-t\mathrm{d}t}{t(4-t^2)}\\&=\frac{1}{4}\ln\left|\frac{t-2}{t+2}\right|+C\\&=\frac{1}{4}\ln\left|\frac{\sqrt{4-x^2}-2}{\sqrt{4-x^2}+2}\right|+C.\end{aligned}$$

解法 5　令 $t=\sqrt{\dfrac{2+x}{2-x}}$, 则 $x=\dfrac{2(t^2-1)}{t^2+1}$, $\mathrm{d}x=\dfrac{8t\mathrm{d}t}{(t^2+1)^2}$, 所以

$$\begin{aligned}\int\frac{\mathrm{d}x}{x\sqrt{4-x^2}}&=\int\frac{\mathrm{d}x}{x(2-x)\sqrt{\dfrac{2+x}{2-x}}}\\&=\int\frac{\mathrm{d}t}{t^2-1}\\&=\frac{1}{2}\ln\left|\frac{t-1}{t+1}\right|+C\\&=\frac{1}{2}\ln\left|\frac{\sqrt{2+x}-\sqrt{2-x}}{\sqrt{2+x}+\sqrt{2-x}}\right|+C.\end{aligned}$$

□

注　本例用了 5 种不同的换元法进行求解. 选择怎样的换元方法, 需要根据被积函数的特点. 在本例的求解中直接应用了三个常用的积分结果, 包括

$$\int\csc t\mathrm{d}t=\frac{1}{2}\ln|\csc t-\cot t|+C,$$

$$\int\frac{\mathrm{d}t}{\sqrt{t^2-1}}=\ln|t+\sqrt{t^2-1}|+C,$$

$$\int\frac{\mathrm{d}t}{t^2-1}=\frac{1}{2}\ln\left|\frac{t-1}{t+1}\right|+C.$$

适当扩充常用积分表, 对提高运算速度是有帮助的.

例 3　试建立以下三组不定积分的关系:

(1) $\displaystyle\int\sqrt{1+x^2}\mathrm{d}x$ 与 $\displaystyle\int\frac{1}{\sqrt{1+x^2}}\mathrm{d}x$;　(2) $\displaystyle\int\sqrt{1-x^2}\mathrm{d}x$ 与 $\displaystyle\int\frac{1}{\sqrt{1-x^2}}\mathrm{d}x$;

(3) $\displaystyle\int\sqrt{x^2-1}\mathrm{d}x$ 与 $\displaystyle\int\frac{1}{\sqrt{x^2-1}}\mathrm{d}x$.

解　(1) 由于

$$\begin{aligned}\int\sqrt{1+x^2}\mathrm{d}x&=x\sqrt{1+x^2}-\int x\cdot\frac{x}{\sqrt{1+x^2}}\mathrm{d}x\\&=x\sqrt{1+x^2}-\int\frac{x^2+1-1}{\sqrt{1+x^2}}\mathrm{d}x\\&=x\sqrt{1+x^2}-\int\sqrt{1+x^2}\mathrm{d}x+\int\frac{1}{\sqrt{1+x^2}}\mathrm{d}x,\end{aligned}$$

所以 $\int \sqrt{1+x^2}\mathrm{d}x = \frac{1}{2}\left(x\sqrt{1+x^2} + \int \frac{1}{\sqrt{1+x^2}}\mathrm{d}x\right)$.

(2) 由于

$$\begin{aligned}\int \sqrt{1-x^2}\mathrm{d}x &= x\sqrt{1-x^2} - \int x \cdot \frac{-x}{\sqrt{1-x^2}}\mathrm{d}x \\ &= x\sqrt{1-x^2} - \int \frac{1-x^2-1}{\sqrt{1-x^2}}\mathrm{d}x \\ &= x\sqrt{1-x^2} - \int \sqrt{1-x^2}\mathrm{d}x + \int \frac{1}{\sqrt{1-x^2}}\mathrm{d}x,\end{aligned}$$

所以 $\int \sqrt{1-x^2}\mathrm{d}x = \frac{1}{2}\left(x\sqrt{1-x^2} + \int \frac{1}{\sqrt{1-x^2}}\mathrm{d}x\right)$.

(3) 与上述同理可得

$$\int \sqrt{x^2-1}\mathrm{d}x = \frac{1}{2}\left(x\sqrt{x^2-1} + \int \frac{1}{\sqrt{x^2-1}}\mathrm{d}x\right). \qquad \square$$

注 由于微分、积分运算有降幂、升幂的作用, 使得 $\int f(x)\mathrm{d}x = \frac{1}{2}\left(xf(x) + \int \frac{1}{f(x)}\mathrm{d}x\right)$ 成立, 其中 $f(x)=\sqrt{x^2\pm 1}$ 或者 $f(x)=\sqrt{1\pm x^2}$. 利用这种降幂、升幂的特性也可建立更多适用的递推公式, 如例 3.

例 4 试建立如下不定积分的递推公式:

(1) $I(k,m) = \int x^k \ln^m x\mathrm{d}x \quad (k \neq -1, m = 1, 2, \cdots)$;

(2) $I_n = \int x^n \mathrm{e}^{ax} \sin bx\mathrm{d}x$, $J_n = \int x^n \mathrm{e}^{ax} \cos bx\mathrm{d}x$.

解 (1) 由于

$$\begin{aligned}I(k,m) &= \int \ln^m x\mathrm{d}\frac{x^{k+1}}{k+1} \\ &= \frac{x^{k+1}}{k+1}\ln^m x - \int \frac{x^{k+1}}{k+1}\mathrm{d}\ln^m x \\ &= \frac{x^{k+1}}{k+1}\ln^m x - \frac{m}{k+1}\int x^k \ln^{m-1} x\mathrm{d}x \\ &= \frac{x^{k+1}}{k+1}\ln^m x - \frac{m}{k+1}I(k,m-1),\end{aligned}$$

所以 $I(k,m)=\dfrac{x^{k+1}}{k+1}\ln^m x-\dfrac{m}{k+1}I(k,m-1)$.

(2) 由于

$$\begin{aligned}
I_n=&\int x^n\sin bx\mathrm{d}\frac{\mathrm{e}^{ax}}{a}\\
=&\frac{1}{a}x^n\mathrm{e}^{ax}\sin bx-\frac{1}{a}\int\mathrm{e}^{ax}\mathrm{d}(x^n\sin bx)\\
=&\frac{1}{a}x^n\mathrm{e}^{ax}\sin bx-\frac{1}{a}\int\mathrm{e}^{ax}(nx^{n-1}\sin bx+bx^n\cos bx)\mathrm{d}x\\
=&\frac{1}{a}x^n\mathrm{e}^{ax}\sin bx-\frac{n}{a}\int x^{n-1}\mathrm{e}^{ax}\sin bx\mathrm{d}x-\frac{b}{a}\int x^n\mathrm{e}^{ax}\cos bx\mathrm{d}x\\
=&\frac{1}{a}x^n\mathrm{e}^{ax}\sin bx-\frac{n}{a}I_{n-1}-\frac{b}{a^2}\int x^n\cos bx\mathrm{d}\mathrm{e}^{ax}\\
=&\frac{1}{a}x^n\mathrm{e}^{ax}\sin bx-\frac{n}{a}I_{n-1}\\
&-\frac{b}{a^2}\left(x^n\mathrm{e}^{ax}\cos bx-\int\mathrm{e}^{ax}(nx^{n-1}\cos bx-bx^n\sin bx)\mathrm{d}x\right)\\
=&\frac{1}{a}x^n\mathrm{e}^{ax}\sin bx-\frac{n}{a}I_{n-1}-\frac{b}{a^2}x^n\mathrm{e}^{ax}\cos bx+\frac{nb}{a^2}J_{n-1}-\frac{b^2}{a^2}I_n,
\end{aligned}$$

所以 $I_n=\dfrac{x^n\mathrm{e}^{ax}}{a^2+b^2}(a\sin bx-b\cos bx)+\dfrac{nb}{a^2+b^2}J_{n-1}-\dfrac{na}{a^2+b^2}I_{n-1}$. □

例 5　求下列不定积分：

(1) $\displaystyle\int\frac{x\ln(x+\sqrt{x^2+1})}{\sqrt{x^2+1}}\mathrm{d}x$;　(2) $\displaystyle\int\frac{\tan^3 x}{\sqrt{\cos x}}\mathrm{d}x$.

分析　在题 (1) 中注意如下结果:

$$(\ln(x+\sqrt{x^2+1}))'=\frac{1}{\sqrt{x^2+1}},\qquad(\sqrt{x^2+1})'=\frac{x}{\sqrt{x^2+1}},$$

易见可以用分部积分法. 在题 (2) 中注意如下结果:

$$\frac{\tan^3 x}{\sqrt{\cos x}}\mathrm{d}x=\frac{\sin^2 x}{\cos^{7/2}x}\cdot\sin x\,\mathrm{d}x,$$

易见可作变换 $t=\cos x$, 或者直接用凑微分法.

解 (1) 用分部积分法可得

$$\begin{aligned}&\int \frac{x\ln(x+\sqrt{x^2+1})}{\sqrt{x^2+1}}\mathrm{d}x\\=&\int \ln(x+\sqrt{x^2+1})\mathrm{d}(\sqrt{x^2+1})\\=&\sqrt{x^2+1}\ln(x+\sqrt{x^2+1})-\int\sqrt{x^2+1}\cdot\frac{1}{\sqrt{x^2+1}}\mathrm{d}x\\=&\sqrt{x^2+1}\ln(x+\sqrt{x^2+1})-x+C.\end{aligned}$$

(2) 用凑微分法可得

$$\begin{aligned}\int\frac{\tan^3 x}{\sqrt{\cos x}}\mathrm{d}x&=\int\frac{\sin^2 x}{\cos^{7/2}x}\cdot\sin x\,\mathrm{d}x\\&=-\int\frac{1-\cos^2 x}{\cos^{7/2}x}\mathrm{d}\cos x\\&=\int(\cos^{-3/2}x-\cos^{-7/2}x)\mathrm{d}\cos x\\&=-2\cos^{-1/2}x+\frac{2}{5}\cos^{-5/2}x+C.\end{aligned}$$

□

例 6 下列不定积分是否为初等的?

(1) $\int\sqrt{1+\frac{1}{x}}\mathrm{d}x$; (2) $\int\frac{\mathrm{d}x}{\sqrt{1+\sin^2 x}}$.

解 (1) $\int\sqrt{1+\frac{1}{x}}\mathrm{d}x=\int x^{-\frac{1}{2}}(1+x^2)^{\frac{1}{2}}\mathrm{d}x$, 这里 $p=-\frac{1}{2}, r=2, q=\frac{1}{2}$. 由于 $\frac{p+1}{r}=\frac{1}{4}, \frac{p+1}{r}+q=\frac{3}{8}$, 即 $q, \frac{p+1}{r}, \frac{p+1}{r}+q$三个数均非整数, 所以根据切比雪夫定理得, $\int\sqrt{1+\frac{1}{x}}\mathrm{d}x$ 是非初等的.

(2) 令 $t=\sin x$, 则

$$\int\frac{\mathrm{d}x}{\sqrt{1+\sin^2 x}}=\int\frac{\mathrm{d}\sin x}{\sqrt{1-\sin^4 x}}=\int(1-t^4)^{-\frac{1}{2}}\mathrm{d}t,$$

这里 $p=0, r=4, q=-\frac{1}{2}$. 由于 $\frac{p+1}{r}=\frac{1}{4}, \frac{p+1}{r}+q=-\frac{1}{4}$, 即 $q, \frac{p+1}{r}, \frac{p+1}{r}+$

q 三个数均非整数, 所以根据切比雪夫定理得, $\int \frac{\mathrm{d}x}{\sqrt{1+\sin^2 x}}$ 是非初等的. □

例 7　求不定积分 $\int f(x)\mathrm{d}x$, 其中 $f(x)=\begin{cases} 2, & -\infty<x<0, \\ x+2, & 0\leqslant x\leqslant 1, \\ 3x, & 1<x<+\infty. \end{cases}$

分析　注意一个不定积分只能有一个积分常数，利用连续分段函数的原函数的连续性，可以确定不同段函数不定积分的积分常数的关系.

解法 1　设 $f(x)$ 的一个原函数为 $F(x)=\begin{cases} 2x+C_1, & -\infty<x<0, \\ \frac{1}{2}x^2+2x+C_2, & 0\leqslant x\leqslant 1, \\ \frac{3}{2}x^2+C_3, & 1<x<+\infty, \end{cases}$

则由 $F(x)$ 在 $(-\infty,+\infty)$ 上连续得

$$C_1=C_2,\quad \frac{1}{2}+2+C_2=\frac{3}{2}+C_3,$$

即 $C_1=C_2=C, C_3=C+1$. 故

$$F(x)=\begin{cases} 2x+C, & -\infty<x<0, \\ \frac{1}{2}x^2+2x+C, & 0\leqslant x\leqslant 1, \\ \frac{3}{2}x^2+1+C, & 1<x<+\infty, \end{cases}$$

这里 C 为任意常数.

解法 2　由于 $f(x)$ 在 $(-\infty,+\infty)$ 上连续, 所以 $F(x)=\int_0^x f(t)\mathrm{d}t$ 是 f 的一个原函数, 这里

$$F(x)=\int_0^x f(t)\mathrm{d}t=\begin{cases} \int_0^x 2\mathrm{d}t=2x, & -\infty<x<0, \\ \int_0^x (t+2)\mathrm{d}t=\frac{1}{2}x^2+2x, & 0\leqslant x\leqslant 1, \\ \int_0^1 (t+2)\mathrm{d}t+\int_1^x 3t\mathrm{d}t=\frac{3}{2}x^2+1, & 1<x<+\infty, \end{cases}$$

因此

$$\int f(x)\mathrm{d}x = F(x) + C = \begin{cases} 2x + C, & -\infty < x < 0, \\ \dfrac{1}{2}x^2 + 2x + C, & 0 \leqslant x \leqslant 1, \\ \dfrac{3}{2}x^2 + 1 + C, & 1 < x < +\infty. \end{cases}$$ □

3.2.2 定积分的概念与性质

例 1 利用可积的充分条件和定积分的定义计算 $\int_1^2 \mathrm{e}^x \mathrm{d}x$.

分析 根据可积的充分条件知, 定积分 $\int_1^2 \mathrm{e}^x \mathrm{d}x$ 存在, 所以可以利用定积分的定义, 选取特殊分割 (如 n 等分分割) 及特殊的介点 (如区间的端点), 这样可以将定积分的计算转化为求数列的极限.

解 由于被积函数 $f(x) = \mathrm{e}^x$ 在区间 $[1,2]$ 上连续, 所以根据可积的充分条件知, 定积分 $\int_1^2 \mathrm{e}^x \mathrm{d}x$ 存在.

取 n 等分分割 $T = \{x_0, x_1, \cdots, x_n\}$, 其中 $x_i = 1 + \frac{i}{n}$, $i = 0, 1, \cdots, n$, 并选择介点 $\xi_i = x_i = 1 + \frac{i}{n}$, 则 $\Delta x_i = x_i - x_{i-1} = \frac{1}{n}$, 于是由定积分的定义及 $\mathrm{e}^{\frac{1}{n}} - 1 \sim \frac{1}{n}\,(n \to \infty)$, 可得

$$\begin{aligned} \int_1^2 \mathrm{e}^x \mathrm{d}x &= \lim_{n\to\infty} \sum_{i=1}^{n} \mathrm{e}^{1+\frac{i}{n}} \cdot \frac{1}{n} \\ &= \lim_{n\to\infty} \frac{\mathrm{e}}{n} \cdot \frac{\mathrm{e}^{\frac{1}{n}}(\mathrm{e}-1)}{\mathrm{e}^{\frac{1}{n}} - 1} \\ &= \lim_{n\to\infty} \frac{\mathrm{e}(\mathrm{e}-1)}{n} \cdot \frac{\mathrm{e}^{\frac{1}{n}}}{\frac{1}{n}} \\ &= \mathrm{e}^2 - \mathrm{e}. \end{aligned}$$ □

例 2 设 $f(x)$ 在 $[0,1]$ 上可积, 且满足 $f(x) = x^3 + \frac{1}{2}\int_0^1 f(t)\mathrm{d}t$, $x \in [0,1]$, 试求函数 $f(x)$.

分析　注意定积分是常数, 所以可以记 $\alpha=\int_0^1 f(t)\mathrm{d}t$, 这样 $f(x)=x^3+\frac{\alpha}{2}$, 再求出 α, 便得函数 $f(x)$.

解　由于 $f(x)$ 在 $[0,1]$ 上可积, 记 $\alpha=\int_0^1 f(t)\mathrm{d}t$, 则 $f(x)=x^3+\frac{\alpha}{2}$, 于是

$$\alpha=\int_0^1 f(t)\mathrm{d}t=\int_0^1\left(t^3+\frac{\alpha}{2}\right)\mathrm{d}t=\frac{1}{4}+\frac{\alpha}{2},$$

所以 $\alpha=\frac{1}{2}$, 因此 $f(x)=x^3+\frac{1}{4}$.　□

例 3　证明不等式：$1<\int_0^{\frac{\pi}{2}}\frac{\sin x}{x}\mathrm{d}x<\frac{\pi}{2}$.

分析　先利用单调性建立关于被积函数的不等式 $\frac{2}{\pi}<\frac{\sin x}{x}<1, x\in\left(0,\frac{\pi}{2}\right)$, 再利用被积函数的连续性及积分的严格单调性建立积分不等式.

证明　先证不等式 $\frac{2}{\pi}<\frac{\sin x}{x}<1, x\in\left(0,\frac{\pi}{2}\right)$.

为此令 $f(x)=\frac{\sin x}{x}, x\in\left(0,\frac{\pi}{2}\right]$, 则

$$f'(x)=\frac{x\cos x-\sin x}{x^2}.$$

令 $g(x)=x\cos x-\sin x$, 则

$$g'(x)=\cos x-x\sin x-\cos x=-x\sin x<0,\quad x\in\left(0,\frac{\pi}{2}\right].$$

因为 $g(x)$ 在 $x=0$ 处连续, 所以 $g(x)$ 在 $\left[0,\frac{\pi}{2}\right]$ 上严格单调递减, 因此

$$g(x)<g(0)=0,\quad x\in\left(0,\frac{\pi}{2}\right],$$

这样有 $f'(x)<0, x\in\left(0,\frac{\pi}{2}\right]$, 故 $f\left(\frac{\pi}{2}\right)<f(x)<f(0-0)$, 即 $\frac{2}{\pi}<\frac{\sin x}{x}<1, x\in\left(0,\frac{\pi}{2}\right)$.

又因为 $\frac{\sin x}{x}$ 在 $\left[0,\frac{\pi}{2}\right]$ 上连续 $\left(这里\left.\frac{\sin x}{x}\right|_{x=0}=1\right)$, 所以

$$1<\int_0^{\frac{\pi}{2}}\frac{\sin x}{x}\mathrm{d}x<\frac{\pi}{2}.$$

□

3.2.3 微积分基本定理及定积分的计算

例 1 设 f 是连续函数, F 是 f 的原函数.

(1) 证明: 当 f 是 $[-a,a]$ 上的奇函数时, F 必是 $[-a,a]$ 上的偶函数.

(2) 当 f 是 $[-a,a]$ 上的偶函数时, F 是否是 $[-a,a]$ 上的奇函数?

(3) 当 f 是周期函数时, F 是否是周期函数?

(4) 当 f 是单调递增函数时, F 是否一定是单调递增函数?

分析 本例要充分利用原函数存在定理及原函数的结构.

(1) **证明** 记 $\varphi(x)=\int_0^x f(t)\mathrm{d}t,\ x\in[-a,a]$, 由于 f 是 $[-a,a]$ 上的奇函数, 所以

$$\varphi(-x)=\int_0^{-x} f(t)\mathrm{d}t=-\int_0^x f(-u)\mathrm{d}u=\int_0^x f(u)\mathrm{d}u=\varphi(x),$$

因此 $\varphi(x)$ 为 $[-a,a]$ 上的偶函数. 而 $F(x)=\varphi(x)+C$, 这里 C 为常数, 故 F 必是 $[-a,a]$ 上的偶函数.

(2) **解** 当 f 是 $[-a,a]$ 上的偶函数时, F 不一定是 $[-a,a]$ 上的奇函数. 例如, $f(x)=\cos x$ 是 $[-\pi,\pi]$ 上的偶函数, $F(x)=\sin x+1$ 是 f 的一个原函数, 但是 $F(x)=\sin x+1$ 非奇非偶.

(3) **解** 当 f 是周期函数时, F 不一定是周期函数. 例如, $f(x)=\cos x+1$ 是周期函数, $F(x)=\sin x+x$ 是 f 的一个原函数, 但是 $F(x)$ 不是周期函数.

(4) **解** 当 f 是单调递增函数时, F 不一定是单调递增函数. 例如, $f(x)=\sin x+\frac{1}{2}$ 是 $\left[-\frac{\pi}{2},\frac{\pi}{2}\right]$上单调递增函数, $F(x)=-\cos x+\frac{x}{2}$ 是 f 的一个原函数, 但是 $F(x)$ 不是单调递增函数. □

注 本例说明函数与其原函数不一定具有同样的函数性质.

例 2 设 $f(x)$ 在 $[a,b]$ 上连续, $F(x)=\int_a^x f(t)(x-t)\mathrm{d}t$. 试证明:

$$F''(x)=f(x),\quad x\in[a,b].$$

分析 本题的关键是分清函数的自变量与变上限积分的积分变量, 它是处理好所有变限积分问题的关键.

证明 由于

$$F(x)=\int_a^x xf(t)\mathrm{d}t-\int_a^x tf(t)\mathrm{d}t=x\int_a^x f(t)\mathrm{d}t-\int_a^x tf(t)\mathrm{d}t,\quad x\in[a,b],$$

所以

$$F'(x)=\int_a^x f(t)\mathrm{d}t+xf(x)-xf(x)=\int_a^x f(t)\mathrm{d}t,\quad x\in[a,b],$$

因此

$$F''(x)=f(x),\quad x\in[a,b].$$ □

例 3　设 $f(x)$ 在 (A,B) 内连续，$[a,b]\subset(A,B)$，证明：

$$\lim_{h\to0}\int_a^b\frac{f(x+h)-f(x)}{h}\mathrm{d}x=f(b)-f(a).$$

证明　由于 $f(x)$ 在 (A,B) 内连续，所以 $F(x)=\int_a^x f(t)\mathrm{d}t$ 在 (A,B) 内处处可导，且 $F'(x)=f(x)$，于是

$$\int_a^b f(x)\mathrm{d}x=F(b)-F(a),\quad \int_a^b f(x+h)\mathrm{d}x=F(b+h)-F(a+h).$$

所以

$$\begin{aligned}\lim_{h\to0}\int_a^b\frac{f(x+h)-f(x)}{h}\mathrm{d}x&=\lim_{h\to0}\frac{1}{h}\left(\int_a^b f(x+h)\mathrm{d}x-\int_a^b f(x)\mathrm{d}x\right)\\&=\lim_{h\to0}\frac{1}{h}(F(b+h)-F(a+h)-F(b)+F(a))\\&=\lim_{h\to0}\left[\frac{F(b+h)-F(b)}{h}-\frac{F(a+h)-F(a)}{h}\right]\\&=F'(b)-F'(a),\end{aligned}$$

因此

$$\lim_{h\to0}\int_a^b\frac{f(x+h)-f(x)}{h}\mathrm{d}x=f(b)-f(a).$$ □

注　这里借助连续函数变上限积分为该函数原函数的特性，把积分号下极限问题转化为非积分号下问题处理.

例 4　计算以下定积分：

(1) $\int_0^a\arctan\sqrt{\frac{a-x}{a+x}}\mathrm{d}x\ (a>0)$；　(2) $\int_0^\pi\frac{x\sin x}{1+|\cos x|}\mathrm{d}x$；　(3) $\int_0^1\frac{\ln(1+x)}{1+x^2}\mathrm{d}x$.

(1) **解法 1** 记 $w(x)=\sqrt{\dfrac{a-x}{a+x}}$, 则

$$
\begin{aligned}
\text{原式}&=x\arctan\sqrt{\frac{a-x}{a+x}}\Bigg|_0^a-\int_0^a\frac{x}{1+w^2}\cdot\frac{1}{2w}\cdot\frac{-2a}{(a+x)^2}\mathrm{d}x\\
&=\int_0^a\frac{x}{2\sqrt{a^2-x^2}}\mathrm{d}x\\
&=-\frac14\int_0^a\frac{\mathrm{d}(a^2-x^2)}{\sqrt{a^2-x^2}}\\
&=-\frac12\sqrt{a^2-x^2}\Big|_0^a=\frac{a}{2}.
\end{aligned}
$$

解法 2 令 $x=a\cos t,\ t\in\left[0,\dfrac{\pi}{2}\right]$, 则

$$
\text{原式}=a\int_{\frac{\pi}{2}}^0\frac{t}{2}\mathrm{d}\cos t=a\cdot\frac{t}{2}\cos t\Big|_{\frac{\pi}{2}}^0-\int_{\frac{\pi}{2}}^0\frac{a}{2}\cos t\mathrm{d}t=-\frac{a}{2}\sin t\Big|_{\frac{\pi}{2}}^0=\frac{a}{2}.
$$

解法 3 令 $t=\arctan\sqrt{\dfrac{a-x}{a+x}}$, 则 $\cos 2t=\dfrac{1-\tan^2 t}{1+\tan^2 t}=\dfrac{x}{a}$, 于是

$$
\text{原式}=\int_{\frac{\pi}{4}}^0 t\mathrm{d}(a\cos 2t)=at\cos 2t\Big|_{\frac{\pi}{4}}^0+a\int_0^{\frac{\pi}{4}}\cos 2t\mathrm{d}t=\frac{a}{2}\sin 2t\Big|_0^{\frac{\pi}{4}}=\frac{a}{2}. \qquad \square
$$

注 本小题有分部积分法常规应用的解法, 但是易见若能巧妙借助三角变换, 算法会更简单.

(2) **解** 记 $I=\displaystyle\int_0^{\pi}\frac{x\sin x}{1+|\cos x|}\mathrm{d}x$, 作变换 $t=\pi-x$, 则有

$$
\begin{aligned}
I&=\int_{\pi}^0\frac{-(\pi-t)\sin t}{1+|\cos t|}\mathrm{d}t\\
&=\int_0^{\pi}\frac{\pi\sin t}{1+|\cos t|}\mathrm{d}t-\int_0^{\pi}\frac{t\sin t}{1+|\cos t|}\mathrm{d}t\\
&=\int_0^{\pi}\frac{\pi\sin t}{1+|\cos t|}-I,
\end{aligned}
$$

于是

$$
I=\frac{\pi}{2}\int_0^{\pi}\frac{\sin t}{1+|\cos t|}\mathrm{d}t
$$

$$
\begin{aligned}
&= \frac{\pi}{2}\left(\int_0^{\pi/2} \frac{\sin t}{1+\cos t}\mathrm{d}t + \int_{\pi/2}^{\pi} \frac{\sin t}{1-\cos t}\mathrm{d}t\right) \\
&= \pi \int_0^{\pi/2} \frac{\sin t}{1+\cos t}\mathrm{d}t \\
&= -\pi \ln(1+\cos t)\Big|_0^{\pi/2} = \pi \ln 2.
\end{aligned}
$$

注　利用 $\sin x$ 与 $\cos x$ 的对偶关系, 一般地可归纳出以下公式:
设 $f(x)$ 是 $[0,1]$ 上的连续函数, 则

$$
\int_0^{\pi} x f(\sin x)\mathrm{d}x = \pi \int_0^{\frac{\pi}{2}} f(\sin x)\mathrm{d}x = \frac{\pi}{2}\int_0^{\pi} f(\sin x)\mathrm{d}x.
$$

归纳经验公式是解决定积分计算的重要路径.

(3) **解**　记 $J = \int_0^1 \frac{\ln(1+x)}{1+x^2}\mathrm{d}x$, 令 $x = \tan t$, 则 $\mathrm{d}x = \sec^2 t\mathrm{d}t$, 于是

$$
\begin{aligned}
J &= \int_0^{\frac{\pi}{4}} \ln(1+\tan t)\mathrm{d}t \\
&= \int_0^{\frac{\pi}{4}} \ln\left(1+\tan\left(\frac{\pi}{4}-u\right)\right)\mathrm{d}u \quad \left(t = \frac{\pi}{4}-u\right) \\
&= \int_0^{\frac{\pi}{4}} \ln\left(1+\frac{1-\tan u}{1+\tan u}\right)\mathrm{d}u \\
&= \int_0^{\frac{\pi}{4}} \ln\left(\frac{2}{1+\tan u}\right)\mathrm{d}u = \frac{\pi}{4}\ln 2 - J,
\end{aligned}
$$

所以 $J = \frac{\pi}{8}\ln 2$. □

注　检查以下计算过程:

$$
\begin{aligned}
\int \frac{\ln(1+x)}{1+x^2}\mathrm{d}x &= \int \ln(1+\tan t)\mathrm{d}t \quad (x = \tan t) \\
&= \int \ln\left(1+\tan\left(\frac{\pi}{4}-u\right)\right)\mathrm{d}u \quad \left(t = \frac{\pi}{4}-u\right) \\
&= \int \ln\left(1+\frac{1-\tan u}{1+\tan u}\right)\mathrm{d}u = \int \ln\left(\frac{2}{1+\tan u}\right)\mathrm{d}u \\
&= u\ln 2 - \int \frac{\ln(1+u)}{1+u^2}\mathrm{d}u,
\end{aligned}
$$

注意这里 $u=\frac{\pi}{4}-t=\frac{\pi}{4}-\arctan x$, 故 $\int\frac{\ln(1+x)}{1+x^2}\mathrm{d}x$ 与 $\int\frac{\ln(1+u)}{1+u^2}\mathrm{d}u$ 不是相同的函数族, 不能合并. 由这里也可以清楚看到不定积分换元法与定积分换元法的区别.

例 5 利用定积分可以计算某些数列的极限, 例如, $\lim\limits_{n\to\infty}\sum\limits_{i=1}^{n}\frac{1}{n+i}=\int_0^1 f(x)\mathrm{d}x$, 或 $\int_1^2 f(x)\mathrm{d}x$, 或 $\int_9^{10} f(x)\mathrm{d}x$, 试问 $f(x)$ 可分别取什么函数?

解 因为

$$\sum_{i=1}^{n}\frac{1}{n+i}=\sum_{i=1}^{n}\frac{1}{1+\frac{i}{n}}\cdot\frac{1}{n},$$

所以若 $\lim\limits_{n\to\infty}\sum\limits_{i=1}^{n}\frac{1}{n+i}=\int_0^1 f(x)\mathrm{d}x$, 可取 $f(x)=\frac{1}{1+x}, x\in[0,1]$. 若 $\lim\limits_{n\to\infty}\sum\limits_{i=1}^{n}\frac{1}{n+i}=\int_1^2 f(x)\mathrm{d}x$, 可取 $f(x)=\frac{1}{x}, x\in[1,2]$.

若 $\lim\limits_{n\to\infty}\sum\limits_{i=1}^{n}\frac{1}{n+i}=\int_9^{10} f(x)\mathrm{d}x$, 由于 $\sum\limits_{i=1}^{n}\frac{1}{n+i}=\sum\limits_{i=1}^{n}\frac{1}{\left(9+\frac{i}{n}\right)-8}\cdot\frac{1}{n}$, 可取 $f(x)=\frac{1}{x-8}, x\in[9,10]$. □

3.2.4 定积分的可积性判别

定积分的可积性主要利用可积准则 Ⅱ 和可积准则 Ⅲ 进行证明, 下面举例说明.

例 1 设 $f(x)$ 在 $[-l,l]$ 上可积, $F(t)=f\left(\frac{l}{\pi}t\right), t\in[-\pi,\pi]$, 则 $F(t)$ 在 $[-\pi,\pi]$ 上可积.

分析 这可用可积准则 Ⅱ 证明.

证明 由于 $f(x)$ 在 $[-l,l]$ 上可积, 所以根据可积准则 Ⅱ 得, $\forall\varepsilon>0$, 存在分割 $T:-l=x_0<x_1<\cdots<x_n=l$, 使

$$\sum_{i=1}^{n}\omega_i(f)\Delta x_i<\varepsilon.$$

记 $t_j = \frac{\pi}{l}x_j, j = 0, 1, \cdots, n$, 则 $\Delta t_i = t_i - t_{i-1} = \frac{\pi}{l}\Delta x_i$, 且

$$-\pi = t_0 < t_1 < \cdots < t_n = \pi$$

构成 $[-\pi, \pi]$ 的一个分割, 记为 T', 于是对于 $i = 1, 2, \cdots, n$, 有

$$\begin{aligned}\omega_i(F) &= \sup_{t', t'' \in [t_{i-1}, t_i]} |F(t') - F(t'')| \\ &= \sup_{t', t'' \in [t_{i-1}, t_i]} \left| f\left(\frac{l}{\pi}t'\right) - f\left(\frac{l}{\pi}t''\right) \right| \\ &= \sup_{x', x'' \in [x_{i-1}, x_i]} \Big| f(x') - f(x'') \Big| = \omega_i(f),\end{aligned}$$

因此

$$\sum_{i=1}^{n} \omega_i(F)\Delta t_i = \sum_{i=1}^{n} \omega_i(f) \cdot \frac{\pi}{l}\Delta x_i < \frac{\pi}{l} \cdot \varepsilon,$$

故根据可积准则 Ⅱ 得, $F(t)$ 在 $[-\pi, \pi]$ 上可积. □

例 2　设函数 $f(x)$ 在 $[a, b]$ 上可积, 用可积准则 Ⅱ 证明 $\mathrm{e}^{f(x)}$ 在 $[a, b]$ 上可积.

分析　本例的关键是建立函数 $\mathrm{e}^{f(x)}$ 的振幅与 $f(x)$ 的振幅的关系, 这可以利用微分中值定理得到, 再利用可积准则 Ⅱ 便可.

证明　任取 $[a, b]$ 的分割 $T: a = x_0 < x_1 < \cdots < x_n = b$, 设 $x', x'' \in [x_{i-1}, x_i]$, 则存在 ξ 介于 $f(x')$ 与 $f(x'')$ 之间, 使得 $|\mathrm{e}^{f(x')} - \mathrm{e}^{f(x'')}| = \mathrm{e}^{\xi}|f(x') - f(x'')|$. 由于 f 在 $[a, b]$ 上可积, 所以 f 在 $[a, b]$ 上有界, 即存在 $M > 0$, 使 $|f(x)| \leqslant M$, $x \in [a, b]$, 因此 $\omega_i(\mathrm{e}^f) \leqslant \mathrm{e}^M \omega_i(f)$.

由于 $f(x)$ 在 $[a, b]$ 上可积, 所以根据可积准则 Ⅱ 得, $\forall \varepsilon > 0, \exists T$, 使 $\sum\limits_{i=1}^{n} \omega_i(f)$ $\Delta x_i < \varepsilon$, 因此 $\sum\limits_{i=1}^{n} \omega_i(\mathrm{e}^f)\Delta x_i \leqslant \mathrm{e}^M \varepsilon$, 故 $\mathrm{e}^{f(x)}$ 在 $[a, b]$ 上可积. □

例 3　设函数 $f(x)$ 在 $[a, b]$ 上连续, $\varphi(u)$ 在 $[\alpha, \beta]$ 上可积且 $a \leqslant \varphi(u) \leqslant b\,(u \in [\alpha, \beta])$. 证明 $f(\varphi(u))$ 在 $[\alpha, \beta]$ 上可积.

分析　本例是例 2 的一般化, 由于外函数 $f(x)$ 只是在 $[a, b]$ 上连续, 所以不能用例 2 的方法证明, 即不能利用微分中值定理得出不同函数振幅的关系. 可以利用可积准则 Ⅲ 和可积准则 Ⅱ 证明.

证明　由 $f(x)$ 在 $[a, b]$ 上连续得, $f(x)$ 在 $[a, b]$ 上一致连续, 所以 $\forall \varepsilon > 0, \exists \delta > 0\,(\delta < \varepsilon)$, 使当 $x', x'' \in [a, b]$ 且 $|x' - x''| < \delta$ 时, 有 $|f(x') - f(x'')| < \varepsilon$.

由于 $\varphi(u)$ 在 $[\alpha,\beta]$ 上可积, 根据可积准则 Ⅲ 得, 对上述 $\delta>0$ 及 $\varepsilon>0$, 存在 $[\alpha,\beta]$ 的分割 T, 使属于 T 的满足 $\omega_i'(\varphi)\geqslant\delta$ 的小区间 Δ_i'' 的总长 $\sum\limits_{i''}\Delta_{i''}<\varepsilon$, 于是

$$\begin{aligned}\sum_T\omega_i(f\circ\varphi)\Delta x_i &= \sum_{\omega_i'(\varphi)<\delta}\omega_i(f\circ\varphi)\Delta x_i+\sum_{\omega_i'(\varphi)\geqslant\delta}\omega_i(f\circ\varphi)\Delta x_i\\ &\leqslant \delta\cdot(b-a)+2M\cdot\varepsilon=(b-a+2M)\varepsilon,\end{aligned}$$

这里 $|f(x)|\leqslant M, x\in[a,b]$. 故根据可积准则 Ⅱ 得, $f(\varphi(u))$ 在 $[\alpha,\beta]$ 上可积. □

例 4 证明: 若函数 $f(x)$ 与 $\varphi(x)$ 在 $[a,b]$ 上可积, 则

$$\lim_{\|T\|\to0}\sum_{i=1}^n f(\xi_i)\varphi(\theta_i)\Delta x_i=\int_a^b f(x)\varphi(x)\mathrm{d}x,$$

其中 $x_{i-1}\leqslant\xi_i\leqslant x_i$, $x_{i-1}\leqslant\theta_i\leqslant x_i, i=1,2,\cdots,n, \Delta x_i=x_i-x_{i-1}, x_0=a, x_n=b$.

证明 由于函数 $f(x)$ 与 $\varphi(x)$ 在 $[a,b]$ 上可积, 所以 $f(x)\varphi(x)$ 在 $[a,b]$ 上可积, 且 $f(x)$ 在 $[a,b]$ 上有界, 即存在 $M>0$, $\forall x\in[a,b]$, 有 $|f(x)|\leqslant M$.

简单运算可得

$$\begin{aligned}\sum_{i=1}^n f(\xi_i)\varphi(\theta_i)\Delta x_i&=\sum_{i=1}^n f(\xi_i)\varphi(\xi_i)\Delta x_i+\sum_{i=1}^n f(\xi_i)\varphi(\theta_i)\Delta x_i-\sum_{i=1}^n f(\xi_i)\varphi(\xi_i)\Delta x_i\\ &=\sum_{i=1}^n f(\xi_i)\varphi(\xi_i)\Delta x_i+\sum_{i=1}^n f(\xi_i)(\varphi(\theta_i)-\varphi(\xi_i))\Delta x_i,\end{aligned}$$

和

$$\begin{aligned}\left|\sum_{i=1}^n f(\xi_i)(\varphi(\theta_i)-\varphi(\xi_i))\Delta x_i\right|&\leqslant\sum_{i=1}^n|f(\xi_i)||\varphi(\theta_i)-\varphi(\xi_i)|\Delta x_i\\ &\leqslant M\sum_{i=1}^n|\varphi(\theta_i)-\varphi(\xi_i)|\Delta x_i\\ &\leqslant M\sum_{i=1}^n\omega_i(\varphi)\Delta x_i.\end{aligned}$$

由于 $\varphi(x)$ 在 $[a,b]$ 上可积, 所以若记 φ 的上和为 $S(T)$, 下和为 $s(T)$, 则

$\lim\limits_{\|T\|\to 0}[S(T)-s(T)]=0$, 即 $\lim\limits_{\|T\|\to 0}\sum\limits_{i=1}^{n}\omega_i(\varphi)\Delta x_i=0$. 于是

$$\lim_{\|T\|\to 0}\sum_{i=1}^{n}f(\xi_i)(\varphi(\theta_i)-\varphi(\xi_i))\Delta x_i=0.$$

又因为

$$\lim_{\|T\|\to 0}\sum_{i=1}^{n}f(\xi_i)\varphi(\xi_i)\Delta x_i=\int_a^b f(x)\varphi(x)\mathrm{d}x,$$

所以

$$\lim_{\|T\|\to 0}\sum_{i=1}^{n}f(\xi_i)\varphi(\theta_i)\Delta x_i=\int_a^b f(x)\varphi(x)\mathrm{d}x.$$ □

3.2.5 积分中值定理

本小节中, 积分运算性质、积分不等式及积分号下极限运算是重点关注的问题.

例 1　设 $\varphi(t)$ 在 $[0,a]$ 上连续, $f(x)$ 为 $[\alpha,\beta]$ 上的可微下凸函数, $\varphi([0,a])\subset[\alpha,\beta]$. 证明

$$\frac{1}{a}\int_0^a f(\varphi(t))\mathrm{d}t\geqslant f\left(\frac{1}{a}\int_0^a\varphi(t)\mathrm{d}t\right).$$

分析　本例的关键是利用函数的可微下凸性得到不等式

$$f(x)\geqslant f(c)+f'(c)(x-c),\quad c\in[\alpha,\beta],$$

再利用定积分的单调性得到积分不等式

$$\int_0^a f(\varphi(t))\mathrm{d}t\geqslant\int_0^a[f(c)+f'(c)(\varphi(t)-c)]\mathrm{d}t=af(c)+f'(c)\left(\int_0^a\varphi(t)\mathrm{d}t-ac\right),$$

由此取 $c=\dfrac{1}{a}\displaystyle\int_0^a\varphi(t)\mathrm{d}t$ 便得所证的不等式, 这里利用 $\varphi(t)$ 在 $[0,a]$ 上的积分中值导出 $c\in\varphi([0,a])\subset[\alpha,\beta]$.

证明　设 $c=\dfrac{1}{a}\displaystyle\int_0^a\varphi(t)\mathrm{d}t\in\varphi([0,a])\subset[\alpha,\beta]$, 由 f 的下凸性有 $f(x)\geqslant f(c)+f'(c)(x-c)$, 则

$$f(\varphi(t))\geqslant f(c)+f'(c)(\varphi(t)-c),\quad t\in[0,a].$$

于是有

$$\int_0^a f(\varphi(t))\mathrm{d}t \geqslant \int_0^a [f(c)+f'(c)(\varphi(t)-c)]\mathrm{d}t = af(c)+f'(c)(ac-ac)=af(c),$$

即

$$\frac{1}{a}\int_0^a f(\varphi(t))\mathrm{d}t \geqslant f(c) = f\left(\frac{1}{a}\int_0^a \varphi(t)\mathrm{d}t\right). \qquad \square$$

例 2 证明 Schwarz 不等式: 若 $f(x)$ 和 $g(x)$ 在 $[a,b]$ 上可积, 则

$$\left(\int_a^b f(x)g(x)\mathrm{d}x\right)^2 \leqslant \left(\int_a^b f^2(x)\mathrm{d}x\right)\left(\int_a^b g^2(x)\mathrm{d}x\right),$$

并由此证明 Minkowski 不等式:

$$\left(\int_a^b (f(x)+g(x))^2\mathrm{d}x\right)^{\frac{1}{2}} \leqslant \left(\int_a^b f^2(x)\mathrm{d}x\right)^{\frac{1}{2}} + \left(\int_a^b g^2(x)\mathrm{d}x\right)^{\frac{1}{2}}.$$

证明 由于对一切实数 t, 恒有 $(tf(x)-g(x))^2 \geqslant 0$, 及 $(tf(x)-g(x))^2$ 在 $[a,b]$ 上可积, 所以

$$\int_a^b (tf(x)-g(x))^2\mathrm{d}x = t^2\int_a^b f^2\mathrm{d}x - 2t\int_a^b fg\mathrm{d}x + \int_a^b g^2\mathrm{d}x \geqslant 0,$$

因此判别式 $\Delta = \left(2\int_a^b f(x)g(x)\mathrm{d}x\right)^2 - 4\left(\int_a^b f^2(x)\mathrm{d}x\right)\left(\int_a^b g^2(x)\mathrm{d}x\right) \leqslant 0$, 即

$$\left(\int_a^b f(x)g(x)\mathrm{d}x\right)^2 \leqslant \left(\int_a^b f^2(x)\mathrm{d}x\right)\left(\int_a^b g^2(x)\mathrm{d}x\right).$$

又因为

$$\begin{aligned}
&\left(\int_a^b (f(x)+g(x))^2\mathrm{d}x\right)^{\frac{1}{2}} \leqslant \left(\int_a^b f^2(x)\mathrm{d}x\right)^{\frac{1}{2}} + \left(\int_a^b g^2(x)\mathrm{d}x\right)^{\frac{1}{2}} \\
\Leftrightarrow &\int_a^b (f^2(x)+2f(x)g(x)+g^2(x))\mathrm{d}x \\
&\leqslant \int_a^b f^2(x)\mathrm{d}x + \int_a^b g^2(x)\mathrm{d}x + 2\left(\int_a^b f^2(x)\mathrm{d}x \cdot \int_a^b g^2(x)\mathrm{d}x\right)^{\frac{1}{2}}
\end{aligned}$$

$$\Leftrightarrow \int_a^b f(x)g(x)\mathrm{d}x \leqslant \left(\int_a^b f^2(x)\mathrm{d}x \cdot \int_a^b g^2(x)\mathrm{d}x\right)^{\frac{1}{2}}$$

$$\Leftrightarrow \left(\int_a^b f(x)g(x)\mathrm{d}x\right)^2 \leqslant \int_a^b f^2(x)\mathrm{d}x \cdot \int_a^b g^2(x)\mathrm{d}x,$$

所以 Minkowski 不等式成立. □

注 本题引入参数 t, 充分利用二次不等式特性得到证明. 若把 $f(x)$ 和 $g(x)$ 取作 $[0,1]$ 上的阶梯函数:

$$f(x) = \begin{cases} x_i, & \dfrac{i-1}{n} \leqslant x < \dfrac{i}{n}, i = 1, 2, \cdots, n, \\ 0, & x = 1; \end{cases}$$

$$g(x) = \begin{cases} y_i, & \dfrac{i-1}{n} \leqslant x < \dfrac{i}{n}, i = 1, 2, \cdots, n, \\ 0, & x = 1. \end{cases}$$

此时有

$$\int_0^1 f(x)g(x)\mathrm{d}x = \frac{1}{n}\sum_{i=1}^n x_i y_i, \quad \int_0^1 f^2(x)\mathrm{d}x = \frac{1}{n}\sum_{i=1}^n x_i^2, \quad \int_a^b g^2(x)\mathrm{d}x = \frac{1}{n}\sum_{i=1}^n y_i^2,$$

因此有

$$\left(\sum_{i=1}^n x_i y_i\right)^2 \leqslant \left(\sum_{i=1}^n x_i^2\right)\left(\sum_{i=1}^n y_i^2\right),$$

上式即通常的 Schwarz 不等式.

例 3 设 f 在 $[a,b]$ 上可积, 证明:

(1) 若 $\displaystyle\int_a^b f(x)\mathrm{d}x > 0$, 则有子区间 $[c,d] \subset [a,b]$ 和 $M > 0$, 使在区间 $[c,d]$ 上成立 $f(x) \geqslant M$.

(2) 若 $f(x) > 0, x \in [a,b]$, 则 $\displaystyle\int_a^b f(x)\mathrm{d}x > 0$.

证明 (1) 用反证法. 假定结论不成立, 则 $\forall M > 0$ 和任意 $[c,d] \subset [a,b]$, 存在 $\xi \in [c,d]$, 使 $f(\xi) < M$, 于是对 $[a,b]$ 的任意分割 $T: a = x_0 < x_1 < \cdots < x_n = b$, 可取到 $\xi_i \in [x_{i-1}, x_i]$, 使 $f(\xi_i) < M$, 所以

$$\int_a^b f(x)\mathrm{d}x = \lim_{\|T\| \to 0} \sum_{i=1}^n f(\xi_i)\Delta x_i \leqslant M(b-a).$$

由 M 的任意性得, $\int_a^b f(x)\mathrm{d}x \leqslant 0$, 这与条件 $\int_a^b f(x)\mathrm{d}x > 0$ 矛盾, 故存在子区间 $[c,d]\subset[a,b]$ 和 $M>0$, 使在区间 $[c,d]$ 上成立 $f(x)\geqslant M$.

(2) 用反证法. 设 $\int_a^b f(x)\mathrm{d}x = 0$. 任取 $\varepsilon>0$, 令 $F(x)=\varepsilon-f(x)$, $x\in[a,b]$, 则 $\int_a^b F(x)\mathrm{d}x \geqslant \varepsilon(b-a)>0$, 于是由 (1) 得, 存在 $[c,d]\subset[a,b]$, 使 $F(x)>0, x\in[c,d]$. 此时有 $0<f(x)<\varepsilon, x\in[c,d]$, 还可以使 $d-c\leqslant\frac{1}{2}(b-a)$(如果需要, 可以缩小 $[c,d]$). 注意由反证假设仍有 $\int_c^d f(x)\mathrm{d}x=0$. 按上述原理, 记 $[a_0,b_0]=[a,b]$, 对 $\varepsilon_n=\frac{1}{n}, n\in\mathbb{N}_+$, 存在 $[a_n,b_n]\subset[a_{n-1},b_{n-1}]$, 且 $b_n-a_n\leqslant\frac{1}{2}(b_{n-1}-a_{n-1})$, 在 $[a_n,b_n]$ 上成立 $0<f(x)<\frac{1}{n}$. 于是由区间套定理, 存在唯一的 $\xi\in[a_n,b_n]$, $n=1,2,\cdots$. 此时有 $\xi\in[a,b]$, $0\leqslant f(\xi)\leqslant\frac{1}{n}, n=1,2,\cdots$, 所以 $f(\xi)=0$, 这与条件矛盾, 因此 $\int_a^b f(x)\mathrm{d}x>0$. □

例 4 证明: $\lim\limits_{n\to\infty}\int_0^{\frac{\pi}{2}}\sin^n x\mathrm{d}x=0$.

证明 对任意的 $\varepsilon\in(0,\pi)$, 有

$$0\leqslant\int_0^{\frac{\pi}{2}}\sin^n x\mathrm{d}x=\int_0^{\frac{\pi-\varepsilon}{2}}\sin^n x\mathrm{d}x+\int_{\frac{\pi-\varepsilon}{2}}^{\frac{\pi}{2}}\sin^n x\mathrm{d}x\leqslant\frac{\pi}{2}\sin^n\frac{\pi-\varepsilon}{2}+\frac{\varepsilon}{2}.$$

由于 $0<\sin\frac{\pi-\varepsilon}{2}<1$, 所以 $\lim\limits_{n\to\infty}\sin^n\frac{\pi-\varepsilon}{2}=0$, 因此对上述 $\varepsilon>0$, 存在 $N>0$, 使当 $n>N$ 时, 有 $0<\frac{\pi}{2}\sin^n\frac{\pi-\varepsilon}{2}<\frac{\varepsilon}{2}$, 故当 $n>N$ 时, 有

$$0\leqslant\int_0^{\frac{\pi}{2}}\sin^n x\mathrm{d}x<\varepsilon,$$

即 $\lim\limits_{n\to\infty}\int_0^{\frac{\pi}{2}}\sin^n x\mathrm{d}x=0$. □

注 这里利用对区间的“任意小”分段除去了 $\sin\frac{\pi}{2}=1$ 对整个估值的影响. 本题的常见错误如下:

由积分第一中值定理, 存在 $\xi \in \left(0, \frac{\pi}{2}\right)$, 使得 $\int_0^{\frac{\pi}{2}} \sin^n x \mathrm{d}x = \sin^n \xi \int_0^{\frac{\pi}{2}} \mathrm{d}x = \frac{\pi}{2} \sin^n \xi$. 注意到 $0 < \sin\xi < 1$, 于是 $\lim\limits_{n\to\infty} \int_0^{\frac{\pi}{2}} \sin^n x \mathrm{d}x = \lim\limits_{n\to\infty} \frac{\pi}{2} \sin^n \xi = 0$.

错误分析：错误在于 ξ 不是确定值, 而是随 n 的变化而变化的, 应该记为 ξ_n. 当 $n\to\infty$ 时, 不难证明有 $\xi_n \to \frac{\pi}{2}$, 因此 $\lim\limits_{n\to\infty} \sin^n \xi_n$ 是 1^∞ 型的不定式极限.

例 5 设 $f(x)$ 在 $[a,b]$ 上连续, 且 $f(x)>0$, 证明

$$\lim_{n\to\infty}\left\{\int_a^b (f(x))^n \mathrm{d}x\right\}^{\frac{1}{n}} = \max_{x\in[a,b]} f(x).$$

证明 设 $M = \max\limits_{x\in[a,b]} f(x)$ (若 $M=0$, 则 $f(x)\equiv 0$, 所证等式显然成立).

$\forall \varepsilon > 0\,(\varepsilon < M)$, $\exists[\alpha,\beta]\subset[a,b]$, 使 $0 < M-\varepsilon \leqslant f(x) \leqslant M$, $x\in[\alpha,\beta]$, 于是

$$(M-\varepsilon)^n \leqslant (f(x))^n \leqslant M^n, \quad x\in[\alpha,\beta].$$

注意到 $f(x)>0$, 所以

$$\begin{aligned} M^n(b-a) = \int_a^b M^n \mathrm{d}x \geqslant \int_a^b (f(x))^n \mathrm{d}x \geqslant \int_\alpha^\beta (f(x))^n \mathrm{d}x \\ \geqslant \int_\alpha^\beta (M-\varepsilon)^n \mathrm{d}x \\ = (M-\varepsilon)^n(\beta-\alpha), \end{aligned}$$

即

$$M(b-a)^{\frac{1}{n}} \geqslant \left\{\int_a^b (f(x))^n \mathrm{d}x\right\}^{\frac{1}{n}} \geqslant (M-\varepsilon)(\beta-\alpha)^{\frac{1}{n}},$$

因此

$$M-\varepsilon \leqslant \lim_{n\to\infty}\left\{\int_a^b (f(x))^n \mathrm{d}x\right\}^{\frac{1}{n}} \leqslant M,$$

故由 ε 的任意性得, $\lim\limits_{n\to\infty}\left\{\int_a^b (f(x))^n \mathrm{d}x\right\}^{\frac{1}{n}} = M = \max\limits_{x\in[a,b]} f(x)$. □

注 本例与上例不同点在于上例通过积分区间分段除去被积函数最大值的干扰, 而本例则利用一致连续性截取区间, 保留了被积函数最大值的作用.

例 6 设函数 $f(x)$ 在 $[0,2\pi]$ 上连续, 证明:

$$\lim_{n\to\infty}\int_0^{2\pi} f(x)|\sin nx|\mathrm{d}x=\frac{2}{\pi}\int_0^{2\pi} f(x)\mathrm{d}x.$$

证明 将 $[0,2\pi]$ 等分为 n 个小区间, $\left[(k-1)\dfrac{2\pi}{n},k\dfrac{2\pi}{n}\right],1\leqslant k\leqslant n$. 由于

$$\begin{aligned}\int_0^{2\pi} f(x)|\sin nx|\mathrm{d}x&=\sum_{k=1}^{n}\int_{(k-1)\frac{2\pi}{n}}^{k\frac{2\pi}{n}} f(x)|\sin nx|\mathrm{d}x\\&=\sum_{k=1}^{n} f(\xi_k)\int_{(k-1)\frac{2\pi}{n}}^{k\frac{2\pi}{n}}|\sin nx|\mathrm{d}x\\&=\sum_{k=1}^{n} f(\xi_k)\frac{1}{n}\int_{2(k-1)\pi}^{2k\pi}|\sin t|\mathrm{d}t\\&=\sum_{k=1}^{n} f(\xi_k)\cdot\frac{4}{n}\\&=\frac{2}{\pi}\sum_{k=1}^{n} f(\xi_k)\cdot\frac{2\pi}{n},\end{aligned}$$

这里 $\xi_k\in\left[(k-1)\dfrac{2\pi}{n},k\dfrac{2\pi}{n}\right]$, 所以

$$\lim_{n\to\infty}\int_0^{2\pi} f(x)|\sin nx|\mathrm{d}x=\lim_{n\to\infty}\frac{2}{\pi}\sum_{k=1}^{n} f(\xi_k)\cdot\frac{2\pi}{n}=\frac{2}{\pi}\int_0^{2\pi} f(x)\mathrm{d}x.\qquad\square$$

注 本例利用积分第一中值定理的推广形式构造了 $\displaystyle\int_0^{2\pi} f(x)\mathrm{d}x$ 的一个积分和.

例 7 设 $f(x)$ 在 $[-1,1]$ 上连续, 证明: $\displaystyle\lim_{h\to 0}\int_{-1}^{1}\frac{h}{h^2+x^2}f(x)\mathrm{d}x=\pi f(0)$.

证明 由于 $f(x)$ 在 $x=0$ 处连续, 所以 $\forall\varepsilon>0$, $\exists\delta_1\in(0,1)$, 使当 $|x|<\delta_1$ 时, 有 $|f(x)-f(0)|<\varepsilon$.

又由已知得 $f(x)$ 在 $[-1,1]$ 上有界, 即存在 $M>0$, $\forall x\in[-1,1]$, 有 $|f(x)|\leqslant M$. 不妨设 $h>0$ ($h<0$ 的证法相同). 将 $[-1,1]$ 分成三个区间 $[-1,-\delta_1],[-\delta_1,\delta_1],[\delta_1,1]$, 则有

$$\left|\int_{-1}^{-\delta_1}\frac{h}{h^2+x^2}f(x)\mathrm{d}x\right|\leqslant M\int_{-1}^{-\delta_1}\frac{h}{h^2+x^2}\mathrm{d}x=M\left(\arctan\frac{1}{h}-\arctan\frac{\delta_1}{h}\right).$$

同理有

$$\left|\int_{\delta_1}^{1}\frac{h}{h^2+x^2}f(x)\mathrm{d}x\right|\leqslant M\left(\arctan\frac{1}{h}-\arctan\frac{\delta_1}{h}\right).$$

又

$$\int_{-\delta_1}^{\delta_1}\frac{h}{h^2+x^2}f(x)\mathrm{d}x=\int_{-\delta_1}^{\delta_1}\frac{h}{h^2+x^2}f(0)\mathrm{d}x+\int_{-\delta_1}^{\delta_1}\frac{h}{h^2+x^2}(f(x)-f(0))\mathrm{d}x,$$

其中

$$\left|\int_{-\delta_1}^{\delta_1}\frac{h}{h^2+x^2}(f(x)-f(0))\mathrm{d}x\right|\leqslant\varepsilon\left|\int_{-\delta_1}^{\delta_1}\frac{h}{h^2+x^2}\mathrm{d}x\right|=2\varepsilon\arctan\frac{\delta_1}{h}\leqslant\pi\varepsilon.$$

由 $\lim\limits_{x\to+\infty}\arctan x=\dfrac{\pi}{2}$ 得, 对上述 $\varepsilon>0$, $\exists\delta(\varepsilon)>0$, 当 $0<h<\delta$ 时,

$$\left|\arctan\frac{1}{h}-\frac{\pi}{2}\right|<\frac{\varepsilon}{2},\quad\left|\arctan\frac{\delta_1}{h}-\frac{\pi}{2}\right|<\frac{\varepsilon}{2},$$

且

$$\left|\int_{-1}^{-\delta_1}\frac{h}{h^2+x^2}f(x)\mathrm{d}x\right|\leqslant M\varepsilon,\quad\left|\int_{\delta_1}^{1}\frac{h}{h^2+x^2}f(x)\mathrm{d}x\right|\leqslant M\varepsilon.$$

因此当 $0<h<\delta$ 时, 有

$$\begin{aligned}
&\left|\int_{-1}^{1}\frac{h}{h^2+x^2}f(x)\mathrm{d}x-\pi f(0)\right|\\
=&\left|\int_{-1}^{-\delta_1}\frac{h}{h^2+x^2}f(x)\mathrm{d}x+\int_{-\delta_1}^{\delta_1}\frac{h}{h^2+x^2}f(x)\mathrm{d}x\right.\\
&\left.+\int_{\delta_1}^{1}\frac{h}{h^2+x^2}f(x)\mathrm{d}x-\pi f(0)\right|\\
\leqslant&2M\varepsilon+\left|\int_{-\delta_1}^{\delta_1}\frac{h}{h^2+x^2}f(0)\mathrm{d}x-\pi f(0)\right|+\pi\varepsilon\\
=&(2M+\pi)\varepsilon+2|f(0)|\left|\arctan\frac{\delta_1}{h}-\frac{\pi}{2}\right|\\
\leqslant&(2M+\pi+2|f(0)|)\varepsilon,
\end{aligned}$$

故

$$\lim_{h\to0^+}\int_{-1}^{1}\frac{h}{h^2+x^2}f(x)\mathrm{d}x=\pi f(0).$$

综上所述, 有 $\lim\limits_{h\to0}\displaystyle\int_{-1}^{1}\frac{h}{h^2+x^2}f(x)\mathrm{d}x=\pi f(0)$. □

3.2.6 定积分在几何上的应用

例 1 (1) 求心脏线 $r=a(1+\cos\theta)\,(a>0)$ 所围图形的面积;

(2) 求由心脏线 $r=a(1+\cos\theta)\,(a>0)$ 绕极轴旋转一周所围立体的体积;

(3) 求心脏线 $r=a(1+\cos\theta)\,(a>0)$ 的周长;

(4) 求由心脏线 $r=a(1+\cos\theta)\,(a>0)$ 绕极轴旋转一周所得旋转曲面的面积.

解 (1) 所求面积为

$$
\begin{aligned}
A&=2\cdot\frac{1}{2}\int_0^{\pi}a^2(1+\cos\theta)^2\mathrm{d}\theta\\
&=a^2\int_0^{\pi}(1+2\cos\theta+\cos^2\theta)\mathrm{d}\theta\\
&=a^2\int_0^{\pi}\left(1+2\cos\theta+\frac{1+\cos 2\theta}{2}\right)\mathrm{d}\theta\\
&=a^2\left(\frac{3}{2}\theta+2\sin\theta+\frac{1}{4}\sin 4\theta\right)\Big|_0^{\pi}\\
&=\frac{3\pi}{2}a^2.
\end{aligned}
$$

(2) 心脏线上半部分的参数方程为 $\begin{cases}x=a(1+\cos\theta)\cos\theta,\\ y=a(1+\cos\theta)\sin\theta,\end{cases}\quad 0\leqslant\theta\leqslant\pi.$

令 $x'(\theta)=-a\sin\theta(1+2\cos\theta)=0$ 得, $\sin\theta=0$ 或 $\cos\theta=-\frac{1}{2}$. 于是 $\theta=0,\pi$ 或 $\frac{2\pi}{3}$. 如图 3.3 所示.

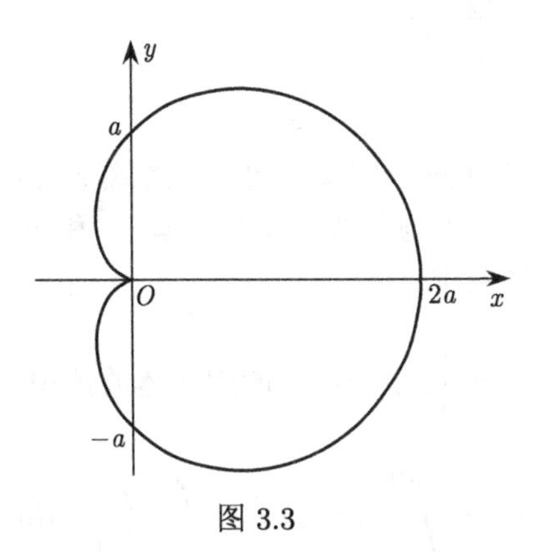

图 3.3

当 $\theta \in \left(0, \dfrac{2\pi}{3}\right)$ 时, $x'(\theta) < 0$; 当 $\theta \in \left(\dfrac{2\pi}{3}, \pi\right)$ 时, $x'(\theta) > 0$. 所以 $\theta = \dfrac{2\pi}{3}$ 为 $x(\theta)$ 的极小值点, 也是最小值点. 因此所求体积为

$$
\begin{aligned}
V &= \int_{-\frac{a}{4}}^{2a} \pi y^2 \mathrm{d}x - \int_{-\frac{a}{4}}^{0} \pi y^2 \mathrm{d}x \\
&= \int_{\frac{2\pi}{3}}^{0} \pi y(\theta)^2 x'(\theta) \mathrm{d}\theta - \int_{\frac{2\pi}{3}}^{\pi} \pi y(\theta)^2 x'(\theta) \mathrm{d}\theta \\
&= \pi a^3 \int_0^{\pi} (1+\cos\theta)^2 (1+2\cos\theta) \sin^3\theta \mathrm{d}\theta \\
&= \frac{8\pi}{3} a^3.
\end{aligned}
$$

(3) 所求的周长为

$$
s = \int_0^{2\pi} \sqrt{r^2 + r'^2} \mathrm{d}\theta = 2\int_0^{\pi} \sqrt{2a^2(1+\cos\theta)} \mathrm{d}\theta = 4a \int_0^{\pi} \cos\frac{\theta}{2} \mathrm{d}\theta = 8a.
$$

(4) 由图形的对称性得所求曲面的面积为

$$
\begin{aligned}
S &= 2\pi \int_0^{\pi} y(\theta) \sqrt{x'^2(\theta) + y'^2(\theta)} \mathrm{d}\theta \\
&= 2\pi \int_0^{\pi} a(1+\cos\theta)\sin\theta \cdot 2a\cos\frac{\theta}{2} \mathrm{d}\theta \\
&= 16\pi a^2 \int_0^{\pi} \cos^4\frac{\theta}{2} \cdot \sin\frac{\theta}{2} \mathrm{d}\theta \\
&= \frac{32\pi}{5} a^2.
\end{aligned}
$$

□

注　需要注意公式与图形对应及不同方程形式下公式的变式.

例 2　求由曲线 $xy = 4$ 与直线 $y = 2$, $y = 16$ 和 y 轴所围成的图形绕 y 轴旋转一周所得旋转体的体积 V_y.

解　由 $xy = 4$ 得, $x = \dfrac{4}{y}$, 于是所求的旋转体的体积 V_y 为

$$
V_y = \int_2^{16} \pi x^2 \mathrm{d}y = \pi \int_2^{16} \left(\frac{4}{y}\right)^2 \mathrm{d}y
$$

$$=-\frac{16\pi}{y}\Big|_2^{16}=7\pi.$$

□

例 3 设悬链线方程为 $y=\frac{1}{2}(\mathrm{e}^x+\mathrm{e}^{-x})$, 它在 $[0,u]$ 上的一段弧 L 的长度和曲边梯形 A 的面积分别记为 $L(u)$ 与 $A(u)$(图 3.4); 该曲边梯形绕 x 轴旋转所得旋转体的体积, 侧面积和 $x=u$ 处的端面积分别记为 $V(u),S(u)$ 与 $F(u)$. 试证明:

(1) $L(u)=A(u),\forall u>0$;

(2) $S(u)=2V(u),\forall u>0$;

(3) $\lim\limits_{u\to+\infty}\frac{S(u)}{F(u)}=1$.

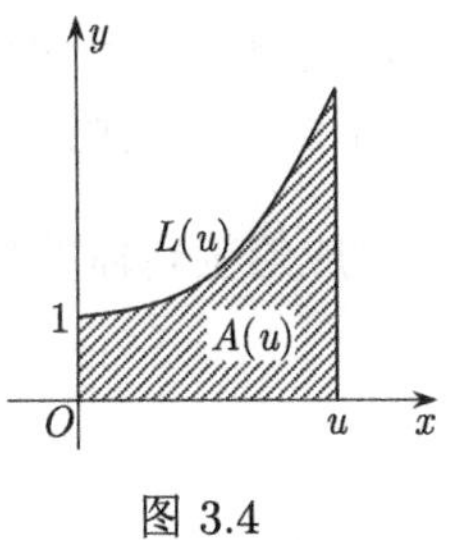

图 3.4

证明 (1) 由于 $\sqrt{1+y'^2}=\sqrt{1+\frac{1}{4}(\mathrm{e}^x-\mathrm{e}^{-x})^2}=\frac{\mathrm{e}^x+\mathrm{e}^{-x}}{2}=y$, 所以

$$L(u)=\int_0^u\sqrt{1+y'^2}\mathrm{d}x=\int_0^u y\mathrm{d}x=A(u).$$

(2) $S(u)=2\pi\int_0^u y\sqrt{1+y'^2}\mathrm{d}x=2\pi\int_0^u y^2\mathrm{d}x=2V(u),\forall u>0.$

(3) 由于

$$\begin{aligned}S(u)&=2\pi\int_0^u\frac{1}{4}(\mathrm{e}^x+\mathrm{e}^{-x})^2\mathrm{d}x\\&=\frac{\pi}{2}\int_0^u(\mathrm{e}^{2x}+\mathrm{e}^{-2x}+2)\mathrm{d}x\\&=\frac{\pi}{4}(\mathrm{e}^{2u}-\mathrm{e}^{-2u}+2u),\\F(u)&=\pi y^2(u)=\frac{\pi}{4}(\mathrm{e}^u+\mathrm{e}^{-u})^2,\end{aligned}$$

所以

$$\lim_{u\to+\infty}\frac{S(u)}{F(u)}=\lim_{u\to+\infty}\frac{\mathrm{e}^{2u}-\mathrm{e}^{-2u}+2u}{(\mathrm{e}^u+\mathrm{e}^{-u})^2}=1.$$

□

例 4 求由曲线 $x=t-t^3,y=1-t^4$ 所围图形的面积.

解 曲线的图形是 3.1 节疑难解析第 15 题的图形 (图 3.2). 所求面积为

$$
\begin{aligned}
A &= 2\left(\int_0^{\frac{2\sqrt{3}}{9}} y_2 \mathrm{d}x - \int_0^{\frac{2\sqrt{3}}{9}} y_1 \mathrm{d}x\right)\\
&= 2\left(\int_0^{\frac{\sqrt{3}}{3}} (1-t^4)\mathrm{d}(t-t^3) - \int_1^{\frac{\sqrt{3}}{3}} (1-t^4)\mathrm{d}(t-t^3)\right)\\
&= 2\int_0^1 (1-3t^2-t^4+3t^6)\mathrm{d}t = \frac{16}{35}.
\end{aligned}
$$
□

注 把握图形仍然是用定积分计算几何量的关键.

例 5 证明由平面图形 $0 \leqslant a \leqslant x \leqslant b, 0 \leqslant y \leqslant f(x)$ (图 3.5) 绕 y 轴旋转一周所成的旋转体的体积公式为 $V = 2\pi \int_a^b xf(x)\mathrm{d}x$, 其中 $f(x)$ 在 $[a,b]$ 连续.

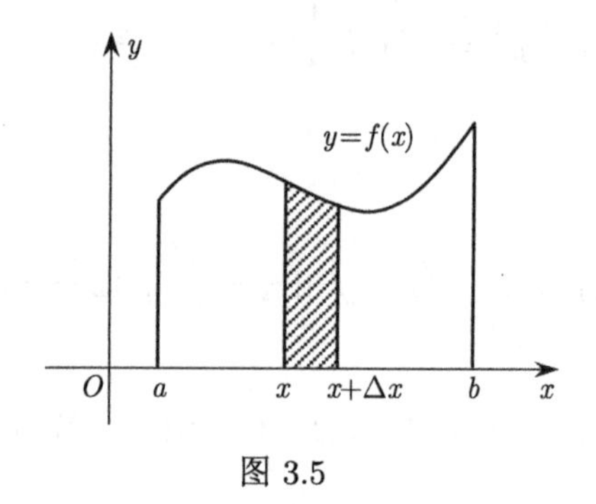

图 3.5

证明 用“微元法”证明. 任取 $[x, x+\Delta x] \subset [a,b]$, 则

$$
\begin{aligned}
\Delta V &\approx \pi(x+\Delta x)^2 f(x) - \pi x^2 f(x)\\
&= 2\pi x f(x)\Delta x + \pi(\Delta x)^2 f(x)\\
&\approx 2\pi x f(x)\Delta x,
\end{aligned}
$$

$$
\begin{aligned}
\frac{|\Delta V - 2\pi x f(x)\Delta x|}{\Delta x} &\leqslant \frac{1}{\Delta x}\Big\{[\pi(x+\Delta x)^2 M - \pi x^2 M]\\
&\quad -[\pi(x+\Delta x)^2 m - \pi x^2 m]\Big\}\\
&= 2\pi x(M-m) + \pi(M-m)\Delta x \to 0 \quad (\Delta x \to 0),
\end{aligned}
$$

这里 $M = \max\limits_{t\in[x,x+\Delta x]} f(t)$, $m = \min\limits_{t\in[x,x+\Delta x]} f(t)$, 于是 $\Delta V = 2\pi x f(x)\Delta x + o(\Delta x)$, 即 $\mathrm{d}V = 2\pi x f(x)\mathrm{d}x$, 故所求体积为 $V = 2\pi \int_a^b xf(x)\mathrm{d}x$. □

3.3 进阶练习题

1. 计算下列不定积分：

(1) $\int \frac{\mathrm{d}x}{\sin x+\tan x}$; (2) $\int \sin^4 x\mathrm{d}x$; (3) $\int \frac{\mathrm{d}x}{\sin^3 x}$; (4) $\int \frac{\sin^2 x\mathrm{d}x}{1+\sin^2 x}$.

2. 用两种方法计算如下一组积分：

$$I_1=\int x\sin^2 x\mathrm{d}x,\quad I_2=\int x\cos^2 x\mathrm{d}x.$$

3. 求下列不定积分：

(1) $\int \frac{\mathrm{d}x}{\sqrt[3]{(x+1)^2(x-1)^4}}$; (2) $\int \frac{\mathrm{d}x}{x+\sqrt{x^2+x+1}}$;

(3) $\int \frac{x\ln(x+\sqrt{x^2-1})}{\sqrt{x^2-1}}\mathrm{d}x$; (4) $\int \frac{\cot^3 x}{\sqrt{\sin x}}\mathrm{d}x$.

4. 证明函数 $f(x)=\begin{cases}\frac{1}{x}-\left[\frac{1}{x}\right], & x\neq 0,\\ 0, & x=0\end{cases}$ 在 $[0,1]$ 上可积.

5. 证明: $\frac{2}{\sqrt[4]{\mathrm{e}}}\leqslant \int_0^2 \mathrm{e}^{x^2-x}\mathrm{d}x\leqslant 2\mathrm{e}^2$.

6. 设函数 f 在 $[a,b]$ 上存在一阶连续导数, 且 $f(a)=f(b)=0$, $M=\max\limits_{a\leqslant x\leqslant b}|f'(x)|$. 试证明：

$$\int_a^b |f(x)|\mathrm{d}x\leqslant \frac{M(b-a)^2}{4}.$$

7. 计算定积分 $I=\int_0^{\frac{\pi}{2}}\frac{\cos x\mathrm{d}x}{a^2\sin^2 x+b^2\cos^2 x}\ (a,b>0)$.

8. 求极限 $I=\lim\limits_{h\to 0}\frac{1}{h^2}\int_0^h\left(\frac{1}{\theta}-\cot\theta\right)\mathrm{d}\theta$.

9. 已知 $f(\pi)=1$, 且 $\int_0^{\pi}[f(x)+f''(x)]\sin x\mathrm{d}x=3$, 求 $f(0)$.

10. 设函数 f 可导, 且满足方程 $f(x)=x+\int_0^x tf'(x-t)\mathrm{d}t$, 求函数 f.

11. 若函数 f 是 $[a,b]$ 上的下凸函数, 试证明：

$$f\left(\frac{a+b}{2}\right)\leqslant \frac{1}{b-a}\int_a^b f(x)\mathrm{d}x\leqslant \frac{f(a)+f(b)}{2}.$$

12. 计算下列不定积分:

(1) $\int x^2\sin(2x^3)\mathrm{e}^{\sin^2(x^3)}\,\mathrm{d}x$,

(2) $\displaystyle\int x\ln(x^2+\sqrt{x^4-1})\,\mathrm{d}x$,

(3) $\displaystyle\int \frac{\mathrm{d}x}{x^8(1+x^2)}$,

(4) $\displaystyle\int_0^x [t]\,\mathrm{d}t$, 其中 $x\in[0,3]$.

13. 试举例说明：函数 $f(x)$ 在 $[a,b]$ 上可积与 $f(x)$ 在 $[a,b]$ 上存在原函数无关.

14. 设 $f(x)=\begin{cases}1, & x\in[0,1],\\ 2, & x\in(1,2],\end{cases}$ $F(x)=\displaystyle\int_0^x f(t)\mathrm{d}t$, $x\in[0,2]$. 试讨论 $F(x)$ 在 $[0,2]$ 上的连续性与可导性, 并确定 $F(x)$ 是否 $f(x)$ 在 $[0,2]$ 上的原函数?

15. 设 $f(x)$ 在 $[a,b]$ 上可积, 则存在 $\xi\in[a,b]$, 使得 $\displaystyle\int_a^\xi f(x)\,\mathrm{d}x=\int_\xi^b f(x)\,\mathrm{d}x$.

第 4 章　多元函数微分学

4.1　疑难解析

1. 在什么情况下, 多元函数的全增量等于它的全微分?

答: 当多元函数是线性函数时, 函数的全增量等于它的全微分. 例如, 设 $z=f(x,y)=ax+by+c$ 为二元线性函数, 则

$$\Delta z=f(x+\Delta x,y+\Delta y)-f(x,y)=a\Delta x+b\Delta y=\mathrm{d}z.$$

如果多元函数不是线性函数, 那么它的全增量一般不等于其全微分. 例如, 设 $z=g(x,y)=ax+by^2+c$ 为一个二元非线性函数, 其中 $b\neq 0$, 则

$$\Delta z=g(x+\Delta x,y+\Delta y)-g(x,y)=a\Delta x+2by\Delta y+b\Delta y^2\neq a\Delta x+2by\Delta y=\mathrm{d}z.$$

2. 二元函数的偏导数与一元函数的导数有什么区别与联系?

答: 二元函数 $z=f(x,y)$ 有两个一阶偏导数 f_x, f_y; 两个一阶偏导数 $f_x(x_0,y_0)$, $f_y(x_0,y_0)$ 存在不能推出 $z=f(x,y)$ 在对应点 (x_0,y_0) 的可微性; 而一元函数 $y=g(x)$ 的一阶导数只有一个 $g'(x)$, 其导数存在与函数在这点可微等价, 这是二元函数的偏导数与一元函数的导数的区别. 它们的联系是: 二元函数的偏导数的定义与一元函数的导数类似, 且二元函数的偏导数可以转化为一元函数的导数来求. 例如, 对于二元函数 $z=f(x,y)$, 它在点 (x_0,y_0) 的偏导数 $f_x(x_0,y_0)$, $f_y(x_0,y_0)$, 有公式

$$f_x(x_0,y_0)=\left.\frac{\mathrm{d}f(x,y_0)}{\mathrm{d}x}\right|_{x=x_0},\quad f_y(x_0,y_0)=\left.\frac{\mathrm{d}f(x_0,y)}{\mathrm{d}y}\right|_{y=y_0}.$$

3. 如何判定二元函数 $z=f(x,y)$ 在某点 (x_0,y_0) 的可微性?

答: 有三种方法可以判定二元函数 $z=f(x,y)$ 在某点 (x_0,y_0) 的可微性. 第一种方法是利用可微的充分条件 (若偏导数 f_x, f_y 在点 (x_0,y_0) 连续, 则二元函数 $z=f(x,y)$ 在点 (x_0,y_0) 可微), 即验证偏导数 f_x, f_y 在点 (x_0,y_0) 的连续性. 第二种方法是利用可微的定义, 即证明存在常数 A,B, 使得

$$\Delta z=A\Delta x+B\Delta y+o(\rho),$$

其中 $\rho=\sqrt{(\Delta x)^2+(\Delta y)^2}$. 这等价于先求偏导数 $f_x(x_0,y_0)$, $f_y(x_0,y_0)$, 然后证明

$$\lim_{\rho\to 0}\frac{\Delta z-f_x(x_0,y_0)\Delta x-f_y(x_0,y_0)\Delta y}{\rho}=0.$$

第三种方法是证明存在常数 A,B, 使得

$$\Delta z=A\Delta x+B\Delta y+\alpha\Delta x+\beta\Delta y,$$

其中 α,β 是当 $(\Delta x,\Delta y)\to(0,0)$ 时的无穷小量.

4. 设二元函数 $z=f(x,y)$ 在点 $P_0(x_0,y_0)$ 的某邻域 $U(P_0)$ 内有定义, 讨论下列性质之间的联系:

(1) f 在点 P_0 连续;

(2) f 在点 P_0 可微;

(3) f 在点 P_0 的所有一阶偏导数存在;

(4) f 的所有一阶偏导数在点 P_0 连续.

答: 这些性质之间的联系如下:

(4) $\Rightarrow$ (2) $\Rightarrow$ (1); (4) $\Rightarrow$ (3); (2) $\Rightarrow$ (3).

另一方面, 直接证明可得: 函数

$$f(x,y)=\begin{cases}(x^2+y^2)\sin\dfrac{1}{x^2+y^2}, & (x,y)\neq(0,0),\\ 0, & (x,y)=(0,0)\end{cases}$$

在点 $(0,0)$ 连续, 偏导数存在但不连续, 而函数在点 $(0,0)$ 可微. 由此可得, (2) $\not\Rightarrow$ (4); (1) $\not\Rightarrow$ (4); (3) $\not\Rightarrow$ (4).

又函数

$$g(x,y)=\begin{cases}\dfrac{x^2y}{x^2+y^2}, & (x,y)\neq(0,0),\\ 0, & (x,y)=(0,0)\end{cases}$$

在点 $(0,0)$ 连续且偏导数存在, 但不可微, 由此可得,(1) $\not\Rightarrow$ (2); (3) $\not\Rightarrow$ (2).

而函数 $h(x,y)=\sqrt{x^2+y^2}$ 在点 $(0,0)$ 连续, 但是偏导数不存在; 函数

$$k(x,y)=\begin{cases}\dfrac{xy}{x^2+y^2}, & (x,y)\neq(0,0),\\ 0, & (x,y)=(0,0)\end{cases}$$

在点 $(0,0)$ 偏导数存在, 但是不连续, 由此可得, (1) $\not\Rightarrow$ (3); (3) $\not\Rightarrow$ (1).

5. 函数 $f(x)$ 在 P_0 可微可保证 f 在 P_0 点连续, 还有什么条件可以保证 f 在 P_0 连续?

答: f 在 P_0 的某个邻域内存在偏导数, 且偏导数有界可以保证 f 在 P_0 连续.

6. 举出分别满足如下要求的函数的例子:

(1) 只在一点不可微的二元连续函数;

(2) 只在一点不可微, 但存在偏导数的二元连续函数;

(3) 只在一点可微的二元函数.

答: (1) 函数 $h(x,y)=\sqrt{x^2+y^2}$ 是只在点 $(0,0)$ 不可微的二元连续函数.

(2) 函数

$$g(x,y)=\begin{cases}\dfrac{x^2y}{x^2+y^2}, & (x,y)\neq(0,0),\\ 0, & (x,y)=(0,0)\end{cases}$$

是仅在点 $(0,0)$ 不可微, 但存在偏导数的二元连续函数.

(3) 函数

$$i(x,y)=\begin{cases}x^2+y^2, & (x,y)\text{ 为有理点},\\ 0, & \text{其余点}\end{cases}$$

是仅在点 $(0,0)$ 可微的二元函数.

7. 将链式法则用向量的形式写出.

答: (1) 设函数 $z=f(x,y)$ 可微, $x=\varphi(t)$ 和 $y=\psi(t)$ 可导, 则复合函数 $z=f(\varphi(t),\psi(t))$ 的导数的链式法则可以用向量的形式写出如下:

$$\frac{\mathrm{d}z}{\mathrm{d}t}=\frac{\partial z}{\partial x}\frac{\mathrm{d}x}{\mathrm{d}t}+\frac{\partial z}{\partial y}\frac{\mathrm{d}y}{\mathrm{d}t}=\left(\frac{\partial z}{\partial x},\frac{\partial z}{\partial y}\right)\cdot\left(\frac{\mathrm{d}x}{\mathrm{d}t},\frac{\mathrm{d}y}{\mathrm{d}t}\right).$$

(2) 设函数 $z=f(u,v)$ 可微, $u=\varphi(x,y)$ 和 $v=\psi(x,y)$ 都存在偏导数, 则复合函数 $z=f(\varphi(x,y),\psi(x,y))$ 的导数的链式法则可以用向量的形式写出如下:

$$\frac{\partial z}{\partial x}=\frac{\partial z}{\partial u}\frac{\partial u}{\partial x}+\frac{\partial z}{\partial v}\frac{\partial v}{\partial x}=\left(\frac{\partial z}{\partial u},\frac{\partial z}{\partial v}\right)\cdot\left(\frac{\partial u}{\partial x},\frac{\partial v}{\partial x}\right),$$

$$\frac{\partial z}{\partial y}=\frac{\partial z}{\partial u}\frac{\partial u}{\partial y}+\frac{\partial z}{\partial v}\frac{\partial v}{\partial y}=\left(\frac{\partial z}{\partial u},\frac{\partial z}{\partial v}\right)\cdot\left(\frac{\partial u}{\partial y},\frac{\partial v}{\partial y}\right).$$

8. 设 $f(x_1,x_2,\cdots,x_n)$ 二阶连续可导, f 最多有多少个不同的二阶混合偏导数?

答: 由于 $f(x_1, x_2, \cdots, x_n)$ 二阶连续可导, 所以

$$\frac{\partial^2 f}{\partial x_i \partial x_j} = \frac{\partial^2 f}{\partial x_j \partial x_i}, \quad 1 \leqslant i, j \leqslant n,$$

因此 f 最多有 $\mathrm{C}_n^2 = \dfrac{n^2 - n}{2}$ 个不同的二阶混合偏导数. 例如, 当 $n = 3$ 时, f 的不同的二阶混合偏导数有 $3 = \dfrac{3^2 - 3}{2}$ 个, 即

$$\frac{\partial^2 f}{\partial x_1 \partial x_2}, \quad \frac{\partial^2 f}{\partial x_1 \partial x_3}, \quad \frac{\partial^2 f}{\partial x_2 \partial x_3}.$$

9. 混合偏导数不连续是否一定不相等?

答: 不一定. 例如, 函数

$$f(x, y) = \begin{cases} (x^2 + y^2) \sin(x^2 + y^2)^{-1/2}, & x^2 + y^2 \neq 0, \\ 0, & x^2 + y^2 = 0 \end{cases}$$

的两个混合偏导数 $f_{xy}(x, y), f_{yx}(x, y)$ 都在 $x = 0$ 处不连续, 但是

$$f_{xy}(0, 0) = f_{yx}(0, 0) = 0.$$

10. 设有复合函数 $z = z(x, y, t)$, $x = x(t, s)$, $y = y(t, s)$. 求 z 对自变量 t, s 的偏导数公式为

$$\begin{aligned} \frac{\partial z}{\partial t} &= \frac{\partial z}{\partial x} \frac{\partial x}{\partial t} + \frac{\partial z}{\partial y} \frac{\partial y}{\partial t} + \frac{\partial z}{\partial t}, \\ \frac{\partial z}{\partial s} &= \frac{\partial z}{\partial x} \frac{\partial x}{\partial s} + \frac{\partial z}{\partial y} \frac{\partial y}{\partial s}. \end{aligned}$$

试问: 在上面第一式中, 等号左边的 $\dfrac{\partial z}{\partial t}$ 与等号右边的 $\dfrac{\partial z}{\partial t}$ 意义有什么不同? 如何避免这种符号上的混乱?

答: 等号左边的 $\dfrac{\partial z}{\partial t}$ 是指对 t 的"全"偏导数, 即 $\dfrac{\partial}{\partial t} z(x(t, s), y(t, s), t)$, 等号右边的 $\dfrac{\partial z}{\partial t}$ 是指对只是作为第三个中间变量 t 的偏导数, 即 z_3'. 要避免这种符号上的混乱, 可以将复合函数的外函数 $z = z(x, y, t)$ 对中间变量 x, y, t 的偏导数分别记作 z_1', z_2', z_3', 这样上面第一式写成如下的形式

$$\frac{\partial z}{\partial t} = z_1' \frac{\partial x}{\partial t} + z_2' \frac{\partial y}{\partial t} + z_3',$$

就再不会出现符号上的混乱.

4.2 典型例题

4.2.1 偏导数与全微分的概念

例 1 求函数

$$f(x,y)=\begin{cases}\dfrac{\sqrt{|x|}}{x^2+y^2}\sin(x^2+y^2), & (x,y)\neq(0,0),\\ 0, & (x,y)=(0,0)\end{cases}$$

在点 $(0,0)$ 的偏导数.

分析 求函数 $f(x,y)$ 在分段点 $(0,0)$ 处的偏导数, 要利用偏导数定义求解.

解 由于

$$\begin{aligned}\lim_{\Delta x\to0}\frac{f(0+\Delta x,0)-f(0,0)}{\Delta x}&=\lim_{\Delta x\to0}\frac{\dfrac{\sqrt{|\Delta x|}}{(\Delta x)^2}\sin(\Delta x)^2}{\Delta x}\\&=\lim_{\Delta x\to0}\frac{\sqrt{|\Delta x|}}{\Delta x}\frac{\sin(\Delta x)^2}{(\Delta x)^2}\text{不存在,}\end{aligned}$$

$$\lim_{\Delta y\to0}\frac{f(0,0+\Delta y)-f(0,0)}{\Delta y}=\lim_{\Delta y\to0}\frac{0}{\Delta y}=0.$$

所以, 根据偏导数定义知 $f(x,y)$ 在点 $(0,0)$ 处关于 x 的偏导数不存在; 关于 y 的偏导数 $f_y(0,0)=0$. □

例 2 设函数

$$f(x,y)=\begin{cases}xy\sin\dfrac{1}{\sqrt{x^2+y^2}}, & (x,y)\neq(0,0),\\ 0, & (x,y)=(0,0),\end{cases}$$

求 $f(x,y)$ 在 $(0,0)$ 处的全微分.

分析 先求函数 $f(x,y)$ 在 $(0,0)$ 处的偏导数 $f_x(0,0)$ 和 $f_y(0,0)$, 再考察极限

$$\lim_{(x,y)\to(0,0)}\frac{f(x,y)-f(0,0)-f_x(0,0)x-f_y(0,0)y}{\sqrt{x^2+y^2}}$$

是否等于 0.

解 由于 $f(x,0)=f(0,y)=0$, 所以

$$f_x(0,0)=\left.\frac{\mathrm{d}f(x,0)}{\mathrm{d}x}\right|_{x=0}=0,\quad f_y(0,0)=\left.\frac{\mathrm{d}f(0,y)}{\mathrm{d}y}\right|_{y=0}=0.$$

注意到

$$\left|\frac{y}{\sqrt{x^2+y^2}}\sin\frac{1}{\sqrt{x^2+y^2}}\right|\leqslant 1,$$

及当 $x^2+y^2\to 0$ 时, x 是无穷小量. 于是

$$\lim_{(x,y)\to(0,0)}\frac{f(x,y)-f(0,0)-f_x(0,0)x-f_y(0,0)y}{\sqrt{x^2+y^2}}$$

$$=\lim_{(x,y)\to(0,0)}x\cdot\frac{y}{\sqrt{x^2+y^2}}\sin\frac{1}{\sqrt{x^2+y^2}}=0.$$

所以根据可微的定义得, 函数 $f(x,y)$ 在 $(0,0)$ 处可微, 且

$$\mathrm{d}f(0,0)=f_x(0,0)\mathrm{d}x+f_y(0,0)\mathrm{d}y=0\mathrm{d}x+0\mathrm{d}y=0.$$ □

例 3 证明: 函数 $f(x,y)=\sqrt[3]{xy}$ 在 $(0,0)$ 处不可微.

分析 先考察函数 $f(x,y)$ 在 $(0,0)$ 处的偏导数 $f_x(0,0)$ 和 $f_y(0,0)$ 是否存在, 若不存在, 则不可微. 若存在, 再证明极限

$$\lim_{(x,y)\to(0,0)}\frac{f(x,y)-f(0,0)-f_x(0,0)x-f_y(0,0)y}{\sqrt{x^2+y^2}}\tag{4.2.1}$$

不等于 0 或不存在.

解 根据偏导数定义, 容易求得 $f_x(0,0)=f_y(0,0)=0$, 于是

$$\lim_{(x,y)\to(0,0)}\frac{f(x,y)-f(0,0)-f_x(0,0)x-f_y(0,0)y}{\sqrt{x^2+y^2}}=\lim_{(x,y)\to(0,0)}\frac{\sqrt[3]{xy}}{\sqrt{x^2+y^2}}.$$

取 $x_n=y_n=\dfrac{1}{n}$, 则

$$\lim_{(x_n,y_n)\to(0,0)}\frac{\sqrt[3]{x_ny_n}}{\sqrt{x_n^2+y_n^2}}=\lim_{n\to\infty}\frac{\sqrt[3]{n}}{\sqrt{2}}=+\infty.$$

所以根据归结原则得, 极限 (4.2.1) 不存在, 故 $f(x,y)$ 在 $(0,0)$ 处不可微. □

4.2.2 利用偏导数运算法则求偏导数

例 1 解答下列问题:

(1) 设 $f(x,y)=\arctan\dfrac{x+y}{1-xy}$, 求 $f_x(0,0)$, $f_y(0,0)$;

(2) 设 $f(x,y)=x+(y-1)\arcsin\sqrt{\dfrac{x}{y}}$, 求 $f_x(x,1)$;

(3) 设 $f(x,y)=x\mathrm{e}^y+y\mathrm{e}^x$, 求 $f_x(x,y)$, $f_y(x,y)$.

(1) **解法 1** 根据定义可得

$$f_x(0,0)=\lim_{x\to 0}\frac{f(0+x,0)-f(0,0)}{x}=\lim_{x\to 0}\frac{\arctan x}{x}=1.$$

同理可得, $f_y(0,0)=1$.

解法 2 先求出函数 $f(x,0)$ 和 $f(0,y)$, 再求 $f_x(0,0)$ 和 $f_y(0,0)$.

由于

$$f(x,0)=\arctan x,$$

$$f(0,y)=\arctan y,$$

所以

$$f_x(0,0)=\left.\frac{\mathrm{d}f(x,0)}{\mathrm{d}x}\right|_{x=0}=\left.\frac{1}{1+x^2}\right|_{x=0}=1,$$

$$f_y(0,0)=\left.\frac{\mathrm{d}f(0,y)}{\mathrm{d}y}\right|_{y=0}=\left.\frac{1}{1+y^2}\right|_{y=0}=1.$$

解法 3 先求出偏导函数 $f_x(x,y)$ 和 $f_y(x,y)$, 再求其在 $(0,0)$ 的值 $f_x(0,0)$ 与 $f_y(0,0)$.

利用复合函数求导法则, 可得

$$\begin{aligned}f_x(x,y)&=\frac{1}{1+\left(\dfrac{x+y}{1-xy}\right)^2}\left(\frac{x+y}{1-xy}\right)'_x\\&=\frac{(1-xy)^2}{(x+y)^2+(1-xy)^2}\frac{1-xy+(x+y)y}{(1-xy)^2}=\frac{1}{1+x^2},\end{aligned}$$

于是 $f_x(0,0)=1$.

同理可得, $f_y(0,0)=1$.

(2) **解法 1**　根据定义可得

$$f_x(x,1)=\lim_{\Delta x\to 0}\frac{f(x+\Delta x,1)-f(x,1)}{\Delta x}=\lim\frac{x+\Delta x-x}{\Delta x}=1.$$

解法 2　先求出偏导函数 $f(x,1)$, 再求 $f_x(x,1)$.

因为 $f(x,1)=x$, 所以 $f_x(x,1)=\dfrac{\mathrm{d}f(x,1)}{\mathrm{d}x}=1$.

解法 3　先求出偏导函数 $f_x(x,y)$, 再求其在 $(x,1)$ 的值 $f_x(x,1)$. 利用复合函数求导法则, 可得

$$\begin{aligned}f_x(x,y)&=1+\frac{y-1}{\sqrt{1-\dfrac{x}{y}}}\left(\sqrt{\frac{x}{y}}\right)'_x\\&=1+(y-1)\sqrt{\frac{y}{y-x}}\cdot\frac{1}{2}\left(\frac{x}{y}\right)^{-\frac{1}{2}}\frac{1}{y}=1+\frac{y-1}{2\sqrt{x(y-x)}}.\end{aligned}$$

于是 $f_x(x,1)=1$.

(3) **解**　利用可导法则, 有

$$f_x(x,y)=\mathrm{e}^y+y\mathrm{e}^x,\quad f_y(x,y)=x\mathrm{e}^y+\mathrm{e}^x.$$ □

4.2.3 高阶偏导数的计算

例 1　设函数

$$f(x,y)=\begin{cases}x^2y\sin\dfrac{1}{x}, & x\neq 0,\\ 0, & x=0,\end{cases}$$

求 $f_{xx}(0,0)$, $f_{xy}(0,0)$ 和 $f_{yy}(0,0)$.

分析　注意到 $(0,0)$ 是分段点. 先求出一阶偏导函数 $f_x(x,y)$ 和 $f_y(x,y)$, 再按定义求 $f_{xx}(0,0)$, $f_{xy}(0,0)$ 和 $f_{yy}(0,0)$.

解　(i) 当 $x\neq 0$ 时, $f(x,y)=x^2y\sin\dfrac{1}{x}$. 利用求导法则, 得

$$f_x(x,y)=2xy\sin\frac{1}{x}-y\cos\frac{1}{x},\quad f_y(x,y)=x^2\sin\frac{1}{x}.$$

(ii) 当 $x=0$ 时, 由定义, 得

$$f_x(0,y)=\lim_{x\to 0}\frac{f(x,y)-f(0,y)}{x}=\lim_{x\to 0}xy\sin\frac{1}{x}=y\lim_{x\to 0}x\sin\frac{1}{x}=0,$$

又由 $f(0,y)=0$ 得, $f_y(0,y)=\dfrac{\mathrm{d}f(0,y)}{\mathrm{d}y}=0.$

综上所述

$$f_x(x,y)=\begin{cases}2xy\sin\dfrac{1}{x}-y\cos\dfrac{1}{x}, & x\neq 0,\\ 0, & x=0;\end{cases}\qquad f_y(x,y)=\begin{cases}x^2\sin\dfrac{1}{x}, & x\neq 0,\\ 0, & x=0.\end{cases}$$

于是由 $f_x(x,0)=f_x(0,y)=f_y(0,y)=0$ 得

$$f_{xx}(0,0)=\left.\frac{\mathrm{d}f_x(x,0)}{\mathrm{d}x}\right|_{x=0}=0,$$

$$f_{xy}(0,0)=\left.\frac{\mathrm{d}f_x(0,y)}{\mathrm{d}y}\right|_{y=0}=0,$$

$$f_{yy}(0,0)=\left.\frac{\mathrm{d}f_y(0,y)}{\mathrm{d}y}\right|_{y=0}=0.$$

□

例 2 设函数 $z=\mathrm{e}^{ay}\cos(a\ln x)$, $a\in\mathbb{R}$, $x>0$. 证明:

$$z_{xx}+\frac{1}{x^2}z_{yy}+\frac{1}{x}z_x=0.$$

分析 先求出偏导函数 z_x, z_{xx} 和 z_{yy}, 再验证等式成立.

证明 由求导法则, 得

$$z_x=\mathrm{e}^{ay}(-\sin(a\ln x))(a\ln x)_x=-\frac{a}{x}\mathrm{e}^{ay}\sin(a\ln x),$$

$$z_y=\mathrm{e}^{ay}(ay)_y\cos(a\ln x)=a\mathrm{e}^{ay}\cos(a\ln x).$$

进而

$$z_{xx}=-a\mathrm{e}^{ay}\left(\frac{\sin(a\ln x)}{x}\right)_x=-\frac{a}{x^2}\mathrm{e}^{ay}\left[a\cos(a\ln x)-\sin(a\ln x)\right],$$

同理, $z_{yy}=a^2\mathrm{e}^{ay}\cos(a\ln x)$. 于是,

$$\begin{aligned}z_{xx}+\frac{1}{x^2}z_{yy}+\frac{1}{x}z_x=&-\frac{a}{x^2}\mathrm{e}^{ay}\left[a\cos(a\ln x)-\sin(a\ln x)\right]\\&+\frac{a^2}{x^2}\mathrm{e}^{ay}\cos(a\ln x)-\frac{a}{x^2}\mathrm{e}^{ay}\sin(a\ln x)=0.\end{aligned}$$

□

例 3　设函数 $f(u)$, $g(u)$ 可微, $z=x^2f\left(\frac{y}{x}\right)+\frac{1}{y^2}g\left(\frac{y}{x}\right)$. 证明:

$$x^2z_{xx}+2xyz_{xy}+y^2z_{yy}+xz_x+yz_y=4z.$$

分析　注意到 $f(u)$ 和 $g(u)$ 是中间变量为 u, 自变量为 (x,y) 的二元复合函数. 计算出 z_x, z_y, z_{xx}, z_{xy}, z_{yy}, 再验证等式成立.

证明　先求一阶偏导数. 设 $u=\frac{y}{x}$, 则

$$z_x=2xf(u)-yf'(u)-\frac{1}{x^2y}g'(u),\quad z_y=xf'(u)-\frac{2}{y^3}g(u)+\frac{1}{xy^2}g'(u).$$

再求二阶偏导数,

$$\begin{aligned}
z_{xx}&=2f(u)-2\frac{y}{x}f'(u)+\frac{y^2}{x^2}f''(u)+\frac{1}{x^4}g''(u)+\frac{2}{x^3y}g'(u),\\
z_{xy}&=2f'(u)-uf''(u)-f'(u)-\frac{1}{x^3y}g''(u)+\frac{1}{x^2y^2}g'(u),\\
z_{yy}&=f''(u)+\frac{6}{y^4}g(u)-\frac{4}{xy^3}g'(u)+\frac{1}{(xy)^2}g''(u).
\end{aligned}$$

把上式代入所证等式左端, 直接计算可得

$$x^2z_{xx}+2xyz_{xy}+y^2z_{yy}+xz_x+yz_y=4z. \qquad \square$$

例 4　求函数 $u=f\left(xy,\frac{y}{x}\right)$ 的二阶偏导数, 其中 f 有二阶连续偏导数.

分析　这里函数 f 是中间变量是二元, 自变量也是二元的复合函数, 注意在求其二阶偏导数时, f_x 和 f_y 的复合结构并没有改变.

证明　先出一阶偏导数

$$u_x=yf_1'-\frac{y}{x^2}f_2',\quad u_y=xf_1'+\frac{1}{x}f_2'.$$

再求二阶偏导数. 由于 f 有二阶连续偏导数, 所以 $f_{21}''=f_{12}''$, 因此

$$\begin{aligned}
u_{xx}&=\frac{\partial(yf_1')}{\partial x}-\frac{\partial\left(\frac{y}{x^2}f_2'\right)}{\partial x}\\
&=y^2f_{11}''-\left(\frac{y}{x}\right)^2f_{12}''+\frac{2y}{x^3}f_2'-\left(\frac{y}{x}\right)^2f_{21}''+\frac{y^2}{x^4}f_{22}''\\
&=y^2f_{11}''-2\left(\frac{y}{x}\right)^2f_{12}''+\frac{y^2}{x^4}f_{22}''+\frac{2y}{x^3}f_2'.
\end{aligned}$$

$$
\begin{aligned}
u_{xy} &= \frac{\partial(yf_1')}{\partial y} - \frac{\partial\left(\dfrac{y}{x^2}f_2'\right)}{\partial y} \\
&= f_1' + xyf_{11}'' + y\cdot\frac{1}{x}f_{12}'' - \frac{1}{x^2}f_2' - \frac{y}{x^2}\cdot xf_{21}'' - \frac{y}{x^3}f_{22}'' \\
&= xyf_{11}'' - \frac{y}{x^3}f_{22}'' + f_1' - \frac{1}{x^2}f_2'.
\end{aligned}
$$

$$
\begin{aligned}
u_{yy} &= \frac{\partial(xf_1')}{\partial y} + \frac{\partial\left(\dfrac{1}{x}f_2'\right)}{\partial y} \\
&= x^2f_{11}'' + f_{12}'' + f_{21}'' + \frac{1}{x^2}f_{22}'' \\
&= x^2f_{11}'' + 2f_{12}'' + \frac{1}{x^2}f_{22}''.
\end{aligned}
$$

□

4.2.4 综合举例

例 1 讨论函数

$$
f(x,y) = \begin{cases} \dfrac{1-\mathrm{e}^{x(x^2+y^2)}}{x^2+y^2}, & x^2+y^2 \neq 0, \\ 0, & x^2+y^2 = 0 \end{cases}
$$

在点 $(0,0)$ 处的连续性, 偏导数的存在性, 可微性.

分析 利用定义讨论 $f(x,y)$ 在点 $(0,0)$ 处连续性; 求出偏导函数; 再利用定义讨论 $f(x,y)$ 的可微性.

解 (1) 首先证明 $f(x,y)$ 在 $(0,0)$ 处的连续性.

设 $g(x,y)=1-\mathrm{e}^{x(x^2+y^2)}$, 则由 $g(x,y)$ 的二阶 Taylor 展开式知

$$
\begin{aligned}
1-\mathrm{e}^{x(x^2+y^2)} &= g(x,y) = g(0,0) + (xg_x(0,0) + yg_y(0,0)) \\
&\quad + \frac{1}{2}\left(x^2g_{xx}(0,0) + 2xyg_{xy}(0,0) + y^2g_{yy}(0,0)\right) + o(x^2+y^2) \\
&= o(x^2+y^2).
\end{aligned}
$$

于是

$$
\begin{aligned}
\lim_{(x,y)\to(0,0)} f(x,y) &= \lim_{(x,y)\to(0,0)} \frac{1-\mathrm{e}^{x(x^2+y^2)}}{x^2+y^2} \\
&= \lim_{(x,y)\to(0,0)} \frac{o(x^2+y^2)}{x^2+y^2} = 0 = f(0,0).
\end{aligned}
$$

故 $f(x,y)$ 在点 $(0,0)$ 处连续.

(2) 其次计算 $f(x,y)$ 的偏导函数.

(i) 当 $x^2+y^2\neq 0$ 时, 由求导法则, 得

$$f_x(x,y)=-\frac{(3x^2+y^2)(x^2+y^2)-2x}{(x^2+y^2)^2}\mathrm{e}^{x(x^2+y^2)}-\frac{2x}{(x^2+y^2)^2},$$

$$f_y(x,y)=-\frac{2xy(x^2+y^2)-2y}{(x^2+y^2)^2}\mathrm{e}^{x(x^2+y^2)}-\frac{2y}{(x^2+y^2)^2}.$$

(ii) 当 $x^2+y^2=0$ 时, 由定义可得

$$f_x(0,0)=\lim_{x\to 0}\frac{f(x,0)-f(0,0)}{x}=\lim_{x\to 0}\frac{1-\mathrm{e}^{x^3}}{x^3}=-1$$

$$f_y(0,0)=\lim_{y\to 0}\frac{f(0,y)-f(0,0)}{y}=\lim_{y\to 0}\frac{0}{y}=0.$$

由此可知,

$$f_x(x,y)=\begin{cases}-\dfrac{(3x^2+y^2)(x^2+y^2)-2x}{(x^2+y^2)^2}\mathrm{e}^{x(x^2+y^2)}-\dfrac{2x}{(x^2+y^2)^2}, & x^2+y^2\neq 0,\\ -1, & x^2+y^2=0,\end{cases}$$

$$f_y(x,y)=\begin{cases}-\dfrac{2xy(x^2+y^2)-2y}{(x^2+y^2)^2}\mathrm{e}^{x(x^2+y^2)}-\dfrac{2y}{(x^2+y^2)^2}, & x^2+y^2\neq 0,\\ 0, & x^2+y^2=0.\end{cases}$$

(3) 最后证明 $f(x,y)$ 在 $(0,0)$ 处的可微性.

设 $h(x,y)=\mathrm{e}^{x(x^2+y^2)}$, 则由 $h(x,y)$ 的三阶 Taylor 展开式知

$$\begin{aligned}\mathrm{e}^{x(x^2+y^2)}=&h(x,y)=h(0,0)+(xh_x(0,0)+yh_y(0,0))\\&+\frac{1}{2}\left(x^2h_{xx}(0,0)+2xyh_{xy}(0,0)+y^2h_{yy}(0,0)\right)\\&+\frac{1}{3!}\left(x^3h_{xxx}(0,0)+3x^2yh_{xxy}(0,0)+3xy^2h_{xyy}(0,0)+y^3h_{yyy}(0,0)\right)\\&+o((x^2+y^2)^{3/2})\\=&1+x(x^2+y^2)+o((x^2+y^2)^{3/2}).\end{aligned}$$

于是

$$\lim_{(x,y)\to(0,0)}\frac{f(x,y)-f(0,0)-f_x(0,0)x-f_y(0,0)y}{\sqrt{x^2+y^2}}$$

$$= \lim_{(x,y)\to(0,0)} \frac{1+x(x^2+y^2)-\mathrm{e}^{x(x^2+y^2)}}{(x^2+y^2)^{3/2}}$$

$$= \lim_{(x,y)\to(0,0)} \frac{1+x(x^2+y^2)-[1+x(x^2+y^2)+o((x^2+y^2)^{3/2})]}{(x^2+y^2)^{3/2}}$$

$$= \lim_{(x,y)\to(0,0)} \frac{o(x^2+y^2)^{3/2}}{(x^2+y^2)^{3/2}} = 0.$$

所以, $f(x,y)$ 在 $(0,0)$ 处可微. □

例 2 设 $f_x(x_0,y_0)$ 存在, $f_y(x,y)$ 在 (x_0,y_0) 处连续. 证明: $f(x,y)$ 在点 (x_0,y_0) 处可微.

分析 本题可归结于证明

$$\lim_{(\Delta x,\Delta y)\to(0,0)} \frac{f(x_0+\Delta x,y_0+\Delta y)-f(x_0,y_0)-f_x(x_0,y_0)\Delta x-f_y(x_0,y_0)\Delta y}{\sqrt{\Delta x^2+\Delta y^2}} = 0.$$

为方便使用已知条件, 可先将极限的分子改写成

$$\begin{aligned}&f(x_0+\Delta x,y_0+\Delta y)-f(x_0,y_0)-f_x(x_0,y_0)\Delta x-f_y(x_0,y_0)\Delta y\\=&[f(x_0+\Delta x,y_0+\Delta y)-f(x_0+\Delta x,y_0)]\\&+[f(x_0+\Delta x,y_0)-f(x_0,y_0)]-f_x(x_0,y_0)\Delta x-f_y(x_0,y_0)\Delta y.\end{aligned}$$

对 $f(x_0+\Delta x,y)$ 在 $[y_0,y_0+\Delta y]$ 上使用 Lagrange 中值定理, 得

$$f(x_0+\Delta x,y_0+\Delta y)-f(x_0+\Delta x,y_0)=f_y(x_0+\Delta x,y_0+\theta\Delta y)\Delta y,\quad \theta\in(0,1).$$

再注意到 $f_x(x_0,y_0)$ 存在, 因此有

$$\lim_{\Delta x\to 0}\frac{f(x_0+\Delta x,y_0)-f(x_0,y_0)}{\Delta x}=f_x(x_0,y_0).$$

再进行适当的计算, 便可证得.

证明 对任意 $(x_0+\Delta x,y_0+\Delta y)\in U(x_0,y_0)$, 使用 Lagrange 中值定理, 得

$$f(x_0+\Delta x,y_0+\Delta y)-f(x_0+\Delta x,y_0)=f_y(x_0+\Delta x,y_0+\theta\,\Delta y)\Delta y,\quad \theta\in(0,1).$$

由于 $f_y(x,y)$ 在 (x_0,y_0) 处连续, 所以

$$\lim_{(\Delta x,\Delta y)\to(0,0)}[f_y(x_0+\Delta x,y_0+\theta\Delta y)-f_y(x_0,y_0)]=0.$$

又由于 $f_x(x_0,y_0)$ 存在, 所以,

$$\lim_{\Delta x\to 0}\left[\frac{f(x_0+\Delta x,y_0)-f(x_0,y_0)}{\Delta x}-f_x(x_0,y_0)\right]=0.$$

因为

$$\left|\frac{\Delta x}{\sqrt{\Delta x^2+\Delta y^2}}\right|\leqslant 1,\quad \left|\frac{\Delta y}{\sqrt{\Delta x^2+\Delta y^2}}\right|\leqslant 1,$$

所以

$$\begin{aligned}
&\lim_{(\Delta x,\Delta y)\to(0,0)}\frac{f(x_0+\Delta x,y_0+\Delta y)-f(x_0,y_0)-f_x(x_0,y_0)\Delta x-f_y(x_0,y_0)\Delta y}{\sqrt{(\Delta x)^2+(\Delta y)^2}}\\
=&\lim_{(\Delta x,\Delta y)\to(0,0)}\left[\frac{[f(x_0+\Delta x,y_0+\Delta y)-f(x_0+\Delta x,y_0)]-f_y(x_0,y_0)\Delta y}{\sqrt{(\Delta x)^2+(\Delta y)^2}}\right.\\
&\left.+\frac{[f(x_0+\Delta x,y_0)-f(x_0,y_0)]-f_x(x_0,y_0)\Delta x}{\sqrt{(\Delta x)^2+(\Delta y)^2}}\right]\\
=&\lim_{(\Delta x,\Delta y)\to(0,0)}\frac{\Delta y}{\sqrt{(\Delta x)^2+(\Delta y)^2}}\left[f_y(x_0+\Delta x,y_0+\theta\Delta y)-f_y(x_0,y_0)\right]\\
&+\lim_{(\Delta x,\Delta y)\to(0,0)}\frac{\Delta x}{\sqrt{\Delta x^2+\Delta y^2}}\left[\frac{f(x_0+\Delta x,y_0)-f(x_0,y_0)}{\Delta x}-f_x(x_0,y_0)\right]=0.
\end{aligned}$$

这就证明函数 $f(x,y)$ 在 (x_0,y_0) 的可微性. □

例 3　若 $f(x,y)$ 对任意 $t>0$, 满足

$$f(tx,ty)=t^kf(x,y),$$

则称 f 为 k 次齐次函数. 设 f 可微, 证明: f 为 k 次齐次函数的充要条件是

$$xf_x(x,y)+yf_y(x,y)=kf(x,y).$$

分析　由已知与结论的关系, 关键要把 $\dfrac{1}{t^k}f(tx,ty)$ 看成关于 (t,x,y) 的三元函数. 再利用全导数公式求证.

证明　充分性. 令 $\phi(t,x,y)=\dfrac{1}{t^k}f(tx,ty),\ u=tx,\ v=ty$. 由偏导数公式

$$\frac{\partial\phi}{\partial t}=\frac{1}{t^{k+1}}\left[uf_u(u,v)+vf_v(u,v)-kf(u,v)\right]=0.$$

故 $\phi(t,x,y)$ 与 t 无关, 于是, $\phi(t,x,y)=\varphi(x,y)$. 即

$$f(tx,ty)=t^k\varphi(x,y).$$

特别地, $t=1$ 时, $f(x,y)=\varphi(x,y)$. 即有

$$f(tx,ty)=t^k f(x,y).$$

必要性. 由 k 次齐次函数定义, 可知

$$\phi(t,x,y)=\frac{1}{t^k}f(tx,ty)=f(x,y).$$

这说明 $\phi(t,x,y)$ 与 t 无关. 即 $\dfrac{\partial\phi}{\partial t}=0$. 由充分性的证明可知

$$uf'_u+vf'_v=kf(u,v),\quad u=tx,\quad v=ty.$$

从而, $xf_x(x,y)+yf_y(x,y)=kf(x,y)$. □

例 4 设 $f_x(x,y)$ 和 $f_y(x,y)$ 在点 (x_0,y_0) 的某邻域内存在, 且 f_{xy} 在 (x_0,y_0) 连续. 证明: $f_{yx}(x_0,y_0)$ 存在, 且 $f_{yx}(x_0,y_0)=f_{xy}(x_0,y_0)$.

分析 证明 f_{yx} 存在, 就是要证明

$$\lim_{\Delta x\to 0}\frac{f_y(x+\Delta x,y_0)-f_y(x_0,y_0)}{\Delta x}$$

存在且等于 $f_{xy}(x_0,y_0)$. 而

$$f_y(x_0+\Delta x,y_0)=\lim_{\Delta y\to 0}\frac{f(x_0+\Delta x,y_0+\Delta y)-f(x_0+\Delta x,y_0)}{\Delta y},$$

$$f_y(x_0,y_0)=\lim_{\Delta y\to 0}\frac{f(x_0,y_0+\Delta y)-f(x_0,y_0)}{\Delta y},$$

因此, 试图考察

$$f(x_0+\Delta x,y_0+\Delta y)-f(x_0+\Delta x,y_0)-[f(x_0,y_0+\Delta y)-f(x_0,y_0)]$$

的值.

证明 定义 $h(x)=f(x,y_0+\Delta y)-f(x,y_0)$. 由于 f 关于 x 的偏导数存在, 所以 $h(x)$ 可导. 运用 Lagrange 中值定理, 得

$$\begin{aligned}&f(x_0+\Delta x,y_0+\Delta y)-f(x_0+\Delta x,y_0)-[f(x_0,y_0+\Delta y)-f(x_0,y_0)]\\&=h(x_0+\Delta x)-h(x_0)=h'(x_0+\theta_1\Delta x)\Delta x\quad(0<\theta_1<1)\\&=[f_x(x_0+\theta_1\Delta x,y_0+\Delta y)-f_x(x_0+\theta_1\Delta x,y_0)]\Delta x.\end{aligned}$$

又由于 f_x 关于 y 的偏导数存在, 再利用 Lagrange 中值定理得, 存在 $\theta_2 \in (0,1)$, 使得

$$f_x(x_0+\theta_1\Delta x, y_0+\Delta y) - f_x(x_0+\theta_1\Delta x, y_0) = f_{xy}(x_0+\theta_1\Delta x, y_0+\theta_2\Delta y)\Delta y.$$

于是

$$\begin{aligned} & f(x_0+\Delta x, y_0+\Delta y) - f(x_0+\Delta x, y_0) - [f(x_0, y_0+\Delta y) - f(x_0,y_0)] \\ = & f_{xy}(x_0+\theta_1\Delta x, y_0+\theta_2\Delta y)\Delta x\Delta y. \end{aligned}$$

又由于 f 关于 y 的偏导数存在, 对 $\psi(y) = f(x_0+\Delta x, y) - f(x_0, y)$ 关于 y 在 $[y_0, y_0+\Delta y]$ 上应用 Lagrange 中值定理得, 存在 $\theta_3 \in (0,1)$, 使

$$\begin{aligned} \psi(y_0+\Delta y) - \psi(y_0) &= \psi_y(y_0+\theta_3\Delta y)\Delta y \\ &= [f_y(x_0+\Delta x, y_0+\theta_3\Delta y) - f_y(x_0, y_0+\theta_3\Delta y)]\Delta y, \end{aligned}$$

即

$$\begin{aligned} & f(x_0+\Delta x, y_0+\Delta y) - f(x_0+\Delta x, y_0) - [f(x_0, y_0+\Delta y) - f(x_0,y_0)] \\ = & \psi(y_0+\Delta y) - \psi(y_0) \\ = & [f_y(x_0+\Delta x, y_0+\theta_3\Delta y) - f_y(x_0, y_0+\theta_3\Delta y)]\Delta y \\ = & f_{xy}(x_0+\theta_1\Delta x, y_0+\theta_2\Delta y)\Delta x\Delta y. \end{aligned}$$

对上式两边同除以 $\Delta y(\Delta y \neq 0)$, 就有

$$f_y(x_0+\Delta x, y_0+\theta_3\Delta y) - f_y(x_0, y_0+\theta_3\Delta y) = f_{xy}(x_0+\theta_1\Delta x, y_0+\theta_2\Delta y)\Delta x,$$

再在上式中令 $\Delta y = 0$, 得

$$f_y(x_0+\Delta x, y_0) - f_y(x_0, y_0) = f_{xy}(x_0+\theta_1\Delta x, y_0)\Delta x.$$

再对上式两边同除以 $\Delta x(\Delta x \neq 0)$, 并令 $\Delta x \to 0$. 由 f_{xy} 在 (x_0, y_0) 处的连续性, 得 $f_{yx}(x_0, y_0)$ 存在, 且

$$f_{yx}(x_0,y_0) = f_{xy}(x_0,y_0).$$ □

例 5　证明: 函数 $u(x,t) = \dfrac{1}{2a\sqrt{\pi t}}\mathrm{e}^{-\frac{x^2}{4a^2t}}$ 在上半平面 $\mathbb{R}^2_+ = \{(x,t)\in\mathbb{R}^2 | t > 0\}$ 上满足热传导方程

$$\frac{\partial u}{\partial t} = a^2\frac{\partial^2 u}{\partial x^2}, \quad a > 0.$$

证明 对任意 $(x,t)\in\mathbb{R}^2$, 由于

$$\frac{\partial u}{\partial t}(x,t)=\frac{1}{2a\sqrt{\pi}}\Big(-\frac{1}{2}\frac{1}{t^{3/2}}\mathrm{e}^{-\frac{x^2}{4a^2t}}+\frac{1}{t^{1/2}}\mathrm{e}^{-\frac{x^2}{4a^2t}}\frac{x^2}{4a^2t^2}\Big)$$
$$=\frac{1}{4a\sqrt{\pi}t^{3/2}}\mathrm{e}^{-\frac{x^2}{4a^2t}}\Big(-1+\frac{x^2}{2a^2t}\Big),$$

及

$$\frac{\partial u}{\partial x}(x,t)=\frac{1}{2a\sqrt{\pi t}}\mathrm{e}^{-\frac{x^2}{4a^2t}}\Big(-\frac{x}{2a^2t}\Big),$$

所以

$$\frac{\partial^2 u}{\partial x^2}(x,t)=\frac{1}{2a\sqrt{\pi t}}\Big(\mathrm{e}^{-\frac{x^2}{4a^2t}}\frac{x^2}{4a^2t^2}-\frac{1}{2a^2t}\mathrm{e}^{-\frac{x^2}{4a^2t}}\Big)$$
$$=\frac{1}{4a^3\sqrt{\pi}t^{3/2}}\mathrm{e}^{-\frac{x^2}{4a^2t}}\Big(\frac{x^2}{2a^2t}-1\Big).$$

因此

$$\frac{\partial u}{\partial t}=a^2\frac{\partial^2 u}{\partial x^2}.$$

□

例 6 设 $f(x,y)$ 在 $\mathbb{R}^2$ 上有连续偏导数, 且 $f(x,x^2)=1$.

(1) 若 $f_x(x,x^2)=x$, 求 $f_y(x,x^2)$.

(2) 若 $f_y(x,x^2)=x^2+2y$, 求 $f(x,y)$.

分析 (1) 直接对 $f(x,x^2)=1$ 两边求 x 的偏导数, 求出所要结果.

(2) 将 $f_y(x,y)=x^2+2y$ 两边对 y 积分, 求出 $f(x,y)$ 的表达式. 注意到 $f(x,y)$ 表达式中含有关于 x 的任意函数 $\phi(x)$, 再利用 $f(x,x^2)=1$, 求出 $\phi(x)$, 进而求解.

解 (1) 直接对 $f(x,x^2)=1$ 两边求 x 的偏导数, 得

$$f_x(x,x^2)+2xf_y(x,x^2)=0.$$

于是, 当 $x\neq 0$ 时, 有

$$f_y(x,y^2)=-\frac{1}{2x}f_x(x,x^2)=-\frac{1}{2},$$

由 f_y 的连续性知, 当 $x=0$ 时, 也有 $f_y(x,x^2)=-\dfrac{1}{2}$.

(2) 将 $f_y(x,y)=x^2+2y$ 两边对 y 积分, 得

$$f(x,y)=\int f_y(x,y)\mathrm{d}y=\int(x^2+2y)\mathrm{d}y=x^2y+y^2+\phi(x),$$

这里, $\phi(x)$ 是关于 x 的任意函数. 再由

$$1=f(x,x^2)=x^4+x^4+\phi(x)=2x^4+\phi(x),$$

知 $\phi(x)=1-2x^4$. 从而, $f(x,y)=x^2y+y^2+1-2x^4$. □

例 7 设 $f(x,y)$ 在开域 D 内对 x 连续, $f_y(x,y)$ 存在且有界. 证明: $f(x,y)$ 连续.

分析 根据定义法证明 $f(x,y)$ 连续. 利用所给条件, 关键在于利用下面的不等式变形

$$|f(x,y)-f(x_0,y_0)|\leqslant|f(x,y)-f(x,y_0)|+|f(x,y_0)-f(x_0,y_0)|.$$

证明 任意取定 $P_0(x_0,y_0)\in D$, 由 D 为开域知, 存在 $\delta_0>0$, 使得 $U(P_0;\delta_0)\subset D$. 因为 $f(x,y_0)$ 在 x_0 处连续, 所以 $\forall\varepsilon>0$, $\exists\delta_1\in(0,\delta_0)$, 使得 $\forall x:|x-x_0|<\delta_1$ 时,

$$|f(x,y_0)-f(x_0,y_0)|<\frac{\varepsilon}{2}.$$

由 Lagrange 中值定理, $\forall P(x,y)\in U(P_0;\delta_0)$, 有

$$|f(x,y)-f(x,y_0)|=|f_y(x,y_0+\theta(y-y_0))(y-y_0)|\leqslant M|y-y_0|,$$

这里 $0<\theta_1<1$, $M>0$ 为 $f_y(x,y)$ 在 D 的上界. 于是, 取 $\delta=\min\left\{\frac{\varepsilon}{2M},\delta_1\right\}$, 则当 $|x-x_0|<\delta$, $|y-y_0|<\delta$ 时, 对任意 $P(x,y)\in U(P_0;\delta)$, 有

$$\begin{aligned}|f(x,y)-f(x_0,y_0)|&\leqslant|f(x,y)-f(x,y_0)|+|f(x,y_0)-f(x_0,y_0)|\\&\leqslant M|y-y_0|+\frac{\varepsilon}{2}\leqslant\frac{\varepsilon}{2}+\frac{\varepsilon}{2}=\varepsilon.\end{aligned}$$

于是, $f(x,y)$ 在 P_0 处连续. 再由 P_0 的任意性, 得 $f(x,y)$ 在 D 上连续. □

例 8 对非负整数 $i,j,k=0,1,2,\cdots$ 和正整数 $m=1,2,\cdots$, 定义

$$z=f(x,y)=(x-x_0)^i(y-y_0)^j,$$

求偏导数 $\left.\frac{\partial^m z}{\partial x^k\partial y^{m-k}}\right|_{(x_0,y_0)}$, $k\leqslant m$.

证明 (i) 当 $m=i+j$ 时, 有

$$\left.\frac{\partial^m z}{\partial x^k \partial y^{m-k}}\right|_{(x_0,y_0)}=\left.\frac{\partial^m}{\partial x^k \partial y^{m-k}}(x-x_0)^i(y-y_0)^j\right|_{(x_0,y_0)}$$
$$=\left.\frac{\partial^k}{\partial x^k}(x-x_0)^i\right|_{x=x_0}\left.\frac{\partial^{m-k}}{\partial y^{m-k}}(y-y_0)^j\right|_{y=y_0}$$
$$=\begin{cases} i!j!, & k=i,\\ 0, & k\neq i.\end{cases}$$

(ii) 当 $m<i+j$, 且 $k<i$ 和 $m-k<j$ 至少有一个成立时, 有

$$\left.\frac{\partial^m z}{\partial x^k \partial y^{m-k}}\right|_{(x_0,y_0)}=0.$$

(iii) 当 $m>i+j$, 且 $k>i$ 和 $m-k>j$ 至少有一个成立时, 同样有

$$\left.\frac{\partial^m z}{\partial x^k \partial^{m-k}}\right|_{(x_0,y_0)}=0. \qquad \square$$

例 9 设函数 $u=f(r)$, $r=\sqrt{x^2+y^2+z^2}$. 若 u 满足调和方程

$$\nabla^2 u=\frac{\partial^2 u}{\partial x^2}+\frac{\partial^2 u}{\partial y^2}+\frac{\partial^2 u}{\partial z^2}=0,$$

试求函数 u.

分析 依次求函数 u 的三个二阶偏导数 $\frac{\partial^2 u}{\partial x^2}, \frac{\partial^2 u}{\partial y^2}, \frac{\partial^2 u}{\partial z^2}$, 将调和方程转化为关于 $f(r)$ 的微分方程, 再解该微分方程.

解 由复合函数求偏导法则知 $\frac{\partial u}{\partial x}=f'(r)\frac{x}{r}$, 所以

$$\frac{\partial^2 u}{\partial x^2}=f''(r)\frac{x^2}{r^2}+f'(r)\frac{r-x^2/r}{r^2}$$
$$=f''(r)\frac{x^2}{r^2}+f'(r)\frac{y^2+z^2}{r^3}.$$

同理可得

$$\frac{\partial^2 u}{\partial y^2}=f''(r)\frac{y^2}{r^2}+f'(r)\frac{z^2+x^2}{r^3},\quad \frac{\partial^2 u}{\partial z^2}=f''(r)\frac{z^2}{r^2}+f'(r)\frac{x^2+y^2}{r^3},$$

由条件得

$$\nabla^2 u=\frac{\partial^2 u}{\partial x^2}+\frac{\partial^2 u}{\partial y^2}+\frac{\partial^2 u}{\partial z^2}=f''(r)+\frac{2}{r}f'(r)=0,$$

即

$$r^2 f''(r)+2rf'(r)=0,$$

于是有 $(r^2f'(r))'=0$, 推知 $f'(r)=\dfrac{C}{r^2}$, 解得

$$f(r)=-\frac{C}{r}+C_1,$$

其中 C, C_1 为任意常数. □

例 10　设函数 $f(x,y,z)$ 有连续二阶偏导数, 且是 n 次齐次函数. 证明:

$$\left(x\frac{\partial}{\partial x}+y\frac{\partial}{\partial y}+z\frac{\partial}{\partial z}\right)^2 f(x,y,z)=n(n-1)f(x,y,z).$$

证明　依题设有

$$xf_x(x,y,z)+yf_y(x,y,z)+zf_z(x,y,z)=nf(x,y,z). \tag{4.2.2}$$

以 tx_0, ty_0, tz_0 分别代替 x, y, z, 并对 t 求导, 得

$$x_0f_x+y_0f_y+z_0f_z+tx_0^2f_{xx}+ty_0^2f_{yy}+tz_0^2f_{zz}+2t(x_0y_0f_{xy}+x_0z_0f_{xz}+y_0z_0f_{yz})$$
$$=n(x_0f_x+y_0f_y+z_0f_z).$$

令 $t=1$, 于是有

$$\begin{aligned}&x_0^2f_{xx}+y_0^2f_{yy}+z_0^2f_{zz}+2(x_0y_0f_{xy}+x_0z_0f_{xz}+y_0z_0f_{yz})\\&=(n-1)(x_0f_x+y_0f_y+z_0f_z).\end{aligned} \tag{4.2.3}$$

于是, 由式 (4.2.2) 和式 (4.2.3), 得

$$\left(x\frac{\partial}{\partial x}+y\frac{\partial}{\partial y}+z\frac{\partial}{\partial z}\right)^2 f(x,y,z)=n(n-1)f(x,y,z).$$ □

例 11　设函数 $f(x,y)=\phi(|xy|)$, 其中 $\phi(0)=0$, 在 $u=0$ 附近满足 $|\phi(u)|\leqslant u^2$. 试证: $f(x,y)$ 在 $(0,0)$ 处可微.

分析　先求出 $f_y(0,0)$ 和 $f_y(0,0)$. 再证明

$$\lim_{(\Delta x,\Delta y)\to(0,0)}\frac{f(\Delta x,\Delta y)-f(0,0)-f_x(0,0)\Delta x-f_y(0,0)\Delta y}{\sqrt{(\Delta x)^2+(\Delta y)^2}}=0.$$

证明 由于

$$f_x(0,0)=\lim_{\Delta x\to 0}\frac{f(\Delta x,0)-f(0,0)}{\Delta x}=\lim_{\Delta x\to 0}\frac{\phi(0)-\phi(0)}{\Delta x}=0.$$

同理, $f_y(0,0)=0$. 而

$$\begin{aligned}L=&\lim_{(\Delta x,\Delta y)\to(0,0)}\frac{f(\Delta x,\Delta y)-f(0,0)-f_x(0,0)\Delta x-f_y(0,0)\Delta y}{\sqrt{(\Delta x)^2+(\Delta y)^2}}\\=&\lim_{(\Delta x,\Delta y)\to(0,0)}\frac{\phi(|\Delta x\Delta y|)}{\sqrt{(\Delta x)^2+(\Delta y)^2}}.\end{aligned}$$

而

$$\frac{|\phi(|\Delta x\Delta y|)|}{\sqrt{(\Delta x)^2+\Delta y)^2}}\leqslant\frac{(\Delta x\Delta y)^2}{\sqrt{(\Delta x)^2+(\Delta y)^2}}\leqslant|\Delta x|(\Delta y)^2\to 0,\quad(\Delta x,\Delta y)\to(0,0).$$

所以, $L=0$. 因此, $f(x,y)$ 在 $(0,0)$ 处可微. □

4.3 进阶练习题

1. 对于函数

$$f(x,y)=\begin{cases}\dfrac{x^2y}{x^2+y^2}, & (x,y)\neq(0,0),\\ 0, & (x,y)=(0,0),\end{cases}$$

试讨论: (1) $f(x,y)$ 在原点 $(0,0)$ 是否连续?

(2) 是否存在偏导数 $f_x(0,0)$, $f_y(0,0)$?

(3) $f_x(x,y)$ 与 $f_y(x,y)$ 在原点 $(0,0)$ 是否连续?

(4) $f(x,y)$ 在原点 $(0,0)$ 是否可微?

(5) 当 $(x,y)\neq(0,0)$ 时, 若把 $f(x,y)$ 改为

$$f(x,y)=\frac{x^\alpha y}{x^2+y^2},$$

则当 α 取怎样的值时能使 $f(x,y)$ 在原点 $(0,0)$ 可微?

2. 解答下列问题:

(1) 设 $f(x,y)=\dfrac{x-y}{x+y}\ln\dfrac{y}{x}$, 求 $f_x(1,1)$, $f_y(1,1)$;

(2) 设 $f(x,y,z)=\left(\dfrac{x}{y}\right)^{z/y}$, 求 $f_x(x,1,1)$, $f_y(1,y,1)$, $f_y(1,1,z)$;

(3) 设 $f(x,y)=xy\sin\dfrac{1}{\sqrt{x^2+y^2}}$, 求 $f_x(x,y)$, $f_y(x,y)$.

3. 求下列函数的全微分:

(1) $u=a^{xyz}$;　(2) $u=x^y y^z z^x$;　(3) $u=f(x,y,z),\ x=t,\ y=t^2,\ z=t^3$.

4. 解答下列问题:

(1) 设 $z=\arccos\sqrt{\dfrac{x}{y}}$, 求 z_{xy}, z_{yx};

(2) 设 $f(x,y)=\dfrac{x^5y-x^3y^2}{x^4+x^2y+y^2}$, $(x,y)\neq(0,0)$, $f(0,0)=0$, 求 $f_{xy}(0,0)$, $f_{yx}(0,0)$;

(3) 设 $\varphi(t)$ 在 $\mathbb{R}$ 上二次可导, $\psi(t)$ 在 $\mathbb{R}$ 上可微. 令

$$f(x,y)=\varphi(x+y)+\varphi(x-y)+\int_{x-y}^{x+y}\psi(t)\mathrm{d}t,$$

求 $f_{xx}(x,y)$, $f_{xy}(x,y)$.

5. 设 $z=f(x,y)$ 在 $\mathbb{R}^2$ 上可微. 若有 $b\dfrac{\partial z}{\partial x}=a\dfrac{\partial z}{\partial y}$, $ab\neq0$. 证明: z 是 $ax+by$ 的函数.

6. 设函数 $f(x,y)$ 满足

$$\frac{\partial^2 f}{\partial x^2}=y,\quad \frac{\partial^2 f}{\partial x\partial y}=x+y,\quad \frac{\partial^2 f}{\partial y^2}=x.$$

试求函数 $f(x,y)$.

7. 设 Ω 为含原点的凸域, $u=f(x,y)$ 在 Ω 上可微, 且满足

$$x\frac{\partial f}{\partial x}+y\frac{\partial f}{\partial y}=0.$$

试证明: 在 $f(x,y)$ 在 Ω 恒为常数. 若 Ω 不含原点, 问 $f(x,y)$ 是否为常数?

8. 设 $\varphi(x)$, $\psi(x)$ 都有连续的二阶导数. 证明: 函数 $u=\varphi\left(\dfrac{y}{x}\right)+x\psi\left(\dfrac{y}{x}\right)$ 满足方程

$$x^2\frac{\partial^2 u}{\partial x^2}+2xy\frac{\partial^2 u}{\partial x\partial y}+y^2\frac{\partial^2 u}{\partial y^2}=0.$$

9. 设 $u=f(r)$ 二阶可微, $r=\sqrt{x_1^2+x_2^2+\cdots+x_n^2}$. 证明:

$$\frac{\partial^2 u}{\partial x_1^2}+\frac{\partial^2 u}{\partial x_2^2}+\cdots+\frac{\partial^2 u}{\partial x_n^2}=\frac{d^2u}{dr^2}+\frac{n-1}{r}\frac{\mathrm{d}u}{\mathrm{d}r}.$$

10. 设 $f_x(x,y)$ 和 $f_y(x,y)$ 在点 (x_0,y_0) 的某个邻域内存在, 且在 (x_0,y_0) 处可微. 证明:

$$f_{xy}(x_0,y_0)=f_{yx}(x_0,y_0).$$

11. 设 $f(x,y)=\begin{cases}(x^5+y^3)\cos\dfrac{1}{x^2+y^2}, & (x,y)\neq(0,0),\\ 0, & (x,y)=(0,0).\end{cases}$

(1) 求偏导数 $\dfrac{\partial f}{\partial x}$, $\dfrac{\partial f}{\partial y}$;　(2) 证明: 函数 $f(x,y)$ 在 $O(0,0)$ 处可微.

12. 设 $f(x,y)=\begin{cases}(x^2+y^2)\sin(x^2+y^2)^{-1/2}, & x^2+y^2\neq 0,\\ 0, & x^2+y^2=0,\end{cases}$ 试证明:

(1) $f(x,y)$ 的偏导数在原点不连续; (2) $f(x,y)$ 在 $\mathbb{R}^2$ 上可微.

第 5 章 多元函数微分法的应用

5.1 疑难解析

1. 一元函数的方向导数与单侧导数有什么联系?

答: 设一元函数 $y=f(x)$ 在点 x_0 的某邻域 $U(x_0)\subset\mathbb{R}$ 内有定义, $\boldsymbol{l}$ 为从 x_0 点出发的射线. 如果极限

$$\lim_{x\to x_0,x\in\boldsymbol{l}}\frac{f(x)-f(x_0)}{|x-x_0|}$$

存在, 其中 $x\in\boldsymbol{l}$ 表示动点 x 位于射线 $\boldsymbol{l}$ 上, 则称此极限为函数 f 在点 x_0 沿方向 $\boldsymbol{l}$ 的**方向导数**, 记为

$$\left.\frac{\mathrm{d}f}{\mathrm{d}\boldsymbol{l}}\right|_{x_0},\quad \left.\frac{\mathrm{d}y}{\mathrm{d}\boldsymbol{l}}\right|_{x_0},\quad 或\quad f_{\boldsymbol{l}}(x_0).$$

记 $\boldsymbol{l}^{\pm}$ 是由 x_0 点出发分别指向 x 轴正向和负向的射线, 则一元函数 $y=f(x)$ 在 x_0 沿方向 $\boldsymbol{l}^{\pm}$ 的方向导数与单侧导数 $f'_+(x_0),f'_-(x_0)$ 有如下联系:

$$\left.\frac{\mathrm{d}f}{\mathrm{d}\boldsymbol{l}^+}\right|_{x_0}=f'_+(x_0),\qquad \left.\frac{\mathrm{d}f}{\mathrm{d}\boldsymbol{l}^-}\right|_{x_0}=-f'_-(x_0).$$

2. 若二元函数在某一区域中的任何点沿任何方向的方向导数均为零, 则该函数具有什么性质?

答: 若二元函数 $z=f(x,y)$ 在区域 D 中的任何点沿任何方向的方向导数均为零, 则 $f(x,y)$ 在区域 D 中恒等于常数. 事实上, 可以证明在 D 中, $f_x=f_y\equiv 0$. 为此, 设 P_0 为 D 内任意一点, 记 $\boldsymbol{l}^{\pm}$ 是由 P_0 点出发分别指向 x 轴正向和负向的射线, 则由方向导数与偏导数的定义可得

$$\left.\frac{\partial f}{\partial x}\right|_{P_0}=\left.\frac{\partial f}{\partial \boldsymbol{l}^+}\right|_{P_0}=0,\qquad \left.\frac{\partial f}{\partial x}\right|_{P_0}=-\left.\frac{\partial f}{\partial \boldsymbol{l}^-}\right|_{P_0}=0.$$

即 $\left.\dfrac{\partial f}{\partial x}\right|_{P_0}=0$.

同理可得, $\left.\dfrac{\partial f}{\partial y}\right|_{P_0}=0$. 所以由 P_0 的任意性得, 在 D 中 $f_x=f_y\equiv 0$. 因此 $f(x,y)$ 在区域 D 中恒等于常数.

3. 设 $f(x,y)$ 在点 (x_0,y_0) 连续, 且沿任意方向的方向导数都存在并相等. 问 $f(x,y)$ 在 (x_0,y_0) 是否一定可微?

答: 不一定. 例如, 函数 $f(x,y)=\sqrt{x^2+y^2}$ 在 $(0,0)$ 处沿任意方向的方向导数都等于 1, 但是它在 $(0,0)$ 处不可微.

4. 多元函数是否有类似于一元函数的 Lagrange 中值定理的结论?

答: 有. (1) 如果二元函数 $f(x,y)$ 在水平线段 $\overline{AB}$ 上连续且在线段上处处存在偏导数 $\dfrac{\partial f}{\partial x}$(线段端点除外), 其中 $A=A(x_1,y),B=B(x_2,y)$, 则存在线段上一点 $C(\xi,y)\,(x_1<\xi<x_2)$, 使得

$$f(A)-f(B)=\frac{\partial f}{\partial x}(\xi,y)(x_1-x_2).$$

对变量 y 有类似结论. 这实际上就是一元函数的 Lagrange 中值定理.

(2) 多元函数也有中值定理, 例如, 对二元函数, 有如下中值公式:

若二元函数 $z=f(x,y)$ 在凸开域 $D\subset\mathbb{R}^2$ 上可微, $P(a,b),Q(a+h,b+k)$ 是 D 中任意的两点, 则存在 $\theta\in(0,1)$, 使得

$$f(a+h,b+k)-f(a,b)=f_x(a+\theta h,b+\theta k)h+f_y(a+\theta h,b+\theta k)k.$$

(3) 二元函数还有两点中值定理: 设函数 $f(x,y)$ 在点 $P_0(x_0,y_0)$ 的某个邻域 $U(P_0)$ 内存在偏导数. 则对于任何 $(x,y)\in U(P_0)$, 总存在 $\theta_1,\theta_2\in(0,1)$ 使得

$$f(x,y)-f(x_0,y_0)=f_x(\xi,y)(x-x_0)+f_y(x_0,\eta)(y-y_0),$$

其中 $\xi=x_0+\theta_1(x-x_0),\eta=y_0+\theta_2(y-y_0)$.

注 凸闭区域就是凸开域并上其所有边界所成的区域.

5. 对于一元函数 $f(x)$, 如果在区间 $[a,b]$ 上, $f'(x)\equiv 0$, 那么 $f(x)$ 在区间 $[a,b]$ 上恒为常数. 对多元函数, 是否有类似结论?

答: 有. 应用上面的二元函数中值公式和区域的连通性, 可以证明如下结论:

若函数 $z=f(x,y)$ 在开域 D 上存在偏导数, 且 $f_x(x,y)=f_y(x,y)\equiv 0$, $(x,y)\in D$, 则 $f(x,y)$ 在区域 D 上恒为常数.

6. 设 $S=\{(x,y)|-1<x<1,-1<y<1\}$, $E=\{(x,y)|y\geqslant 0,x=0\}$, $D=S\backslash E$, $D_1=\{(x,y)|x>0,y>0\}$, 且定义

$$f(x,y)=\begin{cases} y^2, & (x,y)\in D\cap D_1,\\ 0, & (x,y)\in D\backslash D_1.\end{cases}$$

试回答如下问题:

(1) 求 f_x, f_y;

(2) 问 $f(x,y)$ 在 D 上的取值是否与 x 无关?

答: (1) 利用偏导数的定义, 直接计算可得, $f_x\equiv 0$ 于 D,

$$f_y(x,y)=\begin{cases} 2y, & (x,y)\in D\cap D_1,\\ 0, & (x,y)\in D\backslash D_1. \end{cases}$$

(2) $f(x,y)$ 在 D 上的取值与 x 有关, 因为 $f\left(\frac{1}{2},\frac{1}{2}\right)=\left(\frac{1}{2}\right)^2=\frac{1}{4}$, $f\left(-\frac{1}{2},\frac{1}{2}\right)=0$.

7. 三元或多元函数的 Taylor 公式应该具有什么形式?

答: 带 Peano 型余项的多元函数的 Taylor 公式具有如下形式：设函数 $f(x_1,\cdots,x_n)$ 在点 $P_0(x_1^{(0)},\cdots,x_n^{(0)})$ 的某邻域 $U(P_0)$ 内直到 k 阶连续可微. 则当 $\rho=\sqrt{h_1^2+\cdots+h_n^2}\to 0$ 时, 有

$$\begin{aligned} f(x_1^{(0)}+h_1,\cdots,x_n^{(0)}+h_n)=&f(P_0)+\left(h_1\frac{\partial}{\partial x_1}+\cdots+h_n\frac{\partial}{\partial x_n}\right)f(P_0)\\ &+\frac{1}{2!}\left(h_1\frac{\partial}{\partial x_1}+\cdots+h_n\frac{\partial}{\partial x_n}\right)^2 f(P_0)+\cdots\\ &+\frac{1}{k!}\left(h_1\frac{\partial}{\partial x_1}+\cdots+h_n\frac{\partial}{\partial x_n}\right)^k f(P_0)+o(\rho^k). \end{aligned}$$

8. 为什么一元连续函数的性质“若开区间内只有唯一的极值点则其必是最值点”不能推广到二元函数的情形?

答: 因为一元连续函数是定义在区间上的, 它的图形是在一个平面上的一条曲线, 图形上每一点只有左右两个方向与曲线的其他点连接在一起; 而二元连续函数是定义在平面区域上的, 它的图形是一个空间曲面, 图形上的每一点有无穷多个方向与曲面的其他点连接在一起, 二元连续函数的极值点的要求更强, 只要有一个方向不满足极值点的定义, 这个点就不是极值点, 所以一元连续函数的性质“若开区间内只有唯一的极值点则其必是最值点”不能推广到二元函数的情形.

9. 由方程 $F(x,y)=0$ 确定的隐函数存在性的几何意义是什么?

答: 若由方程 $F(x,y)=0$ 确定的隐函数存在, 其几何意义是: 曲面 $z=F(x,y)$ 与平面 $z=0$ 有交线.

10. 一元函数的反函数微分法 $\dfrac{\mathrm{d}x}{\mathrm{d}y}=\left(\dfrac{\mathrm{d}y}{\mathrm{d}x}\right)^{-1}$, 在多元函数的类似结论是什么?

答: 多元函数的类似结论是反函数组的存在唯一性定理.

设函数 $u=u(x,y)$, $v=v(x,y)$, $(x,y)\in D$ 都在 D 上有连续的一阶偏导数, 点 $P_0(x_0,y_0)$ 是 D 的内点, 且

$$u_0 = u(x_0, y_0), \quad v_0 = v(x_0, y_0), \quad \left.\frac{\partial(u,v)}{\partial(x,y)}\right|_{P_0} \neq 0.$$

则在点 $P_0'(u_0, v_0)$ 的某邻域 $U(P_0')$ 内存在唯一的一组反函数 $x = x(u,v), y = y(u,v)$, 使得

$$x_0 = x(u_0, v_0), \quad y_0 = y(u_0, v_0), \quad \{(x(u,v), y(u,v)) | (u,v) \in U(P_0')\} \subset U(P_0).$$

进而, $x = x(u,v), y = y(u,v)$ 在 $U(P_0')$ 内存在连续的一阶偏导数, 且函数组和反函数组分别对应的 Jacobi 行列式互为倒数:

$$\frac{\partial(u,v)}{\partial(x,y)} \cdot \frac{\partial(x,y)}{\partial(u,v)} = 1.$$

11. 若曲面在某一点的法向量有一个或两个分量为零, 其法线方程应该怎样写出?

答: 若曲面 $\Sigma : F(x,y,z) = 0$ 在某一点 $P_0(x_0, y_0, z_0)$ 的法向量有一个分量为零, 例如, $-\dfrac{F_y(P_0)}{F_z(P_0)} = 0$, 则 $-\dfrac{F_x(P_0)}{F_z(P_0)} \neq 0$, 于是其法线方程为

$$\begin{cases} \dfrac{z - z_0}{-1} = \dfrac{x - x_0}{-\dfrac{F_x(P_0)}{F_z(P_0)}}, \\ y = y_0. \end{cases}$$

若曲面 $\Sigma : F(x,y,z) = 0$ 在某一点 $P_0(x_0, y_0, z_0)$ 的法向量有两个分量为零, 则 $-\dfrac{F_y(P_0)}{F_z(P_0)} = -\dfrac{F_x(P_0)}{F_z(P_0)} = 0$, 于是其法线方程为

$$\begin{cases} x = x_0, \\ y = y_0. \end{cases}$$

12. 由方程 $F(x,y) = 0$ 所确定的平面曲线过某一点的切线与法线应该怎样求?

答: 由方程 $F(x,y) = 0$ 所确定的平面曲线过某一点 $P_0(x_0, y_0)$ 的切线与法线方程分别是

$$F_x(P_0)(x - x_0) + F_y(P_0)(y - y_0) = 0$$

与

$$\frac{x - x_0}{F_x(P_0)} = \frac{y - y_0}{F_y(P_0)}.$$

13. 条件极值的稳定点是否是目标函数的稳定点?

答: 条件极值的稳定点一般不是目标函数的稳定点. 关于条件极值的稳定点有如下定理.

设函数 $z=f(x,y)$ 与 $\varphi(x,y)$ 在区域 D 中连续可微, $P_0(x_0,y_0)$ 是 $\varphi(x,y)$ 的定义域的内点, 且

$$\varphi(x_0,y_0)=0, \quad \mathbf{grad}\ \varphi(x_0,y_0)\neq \mathbf{0}.$$

则 P_0 是目标函数 $z=f(x,y)$ 在约束条件 $\varphi(x,y)=0$ 下的稳定点的充分必要条件是存在数 λ_0, 使得

$$\mathbf{grad}\ \ f(x_0,y_0)=-\lambda_0\ \mathbf{grad}\ \ \varphi(x_0,y_0).$$

从上述定理知, 只有当 $\lambda_0=0$ 时, 才有 $\mathbf{grad}\ f(x_0,y_0)=\mathbf{0}$, 此时 P_0 才是目标函数 $z=f(x,y)$ 的稳定点.

5.2 典型例题

5.2.1 方向导数与多元函数 Taylor 公式

例 1　求函数 $f(x,y,z)=xy^2+z^3-xyz$ 在点 $P_0(1,1,2)$ 处沿着指向点 $P_1(2,-2,1)$ 的方向导数.

分析　根据方向导数公式, 应先验证函数 $f(x,y,z)$ 在 P_0 处的可微性, 若可微, 再求出函数的 $f(x,y,z)$ 的三个偏导数 f_x, f_y, f_z 和向量 $\overrightarrow{P_0P_1}$ 的方向余弦, 然后用公式 (见例 1). 若不可微, 则要用方向导数的定义求 (见例 2).

解　函数 $u=f(x,y,z)$ 的三个偏导数分别是

$$u_x=y^2-yz, \quad u_y=2xy-xz, \quad u_z=3z^2-xy,$$

很明显, 它们是连续的, 于是 $f(x,y,z)$ 在 P_0 处可微. 向量 $\overrightarrow{P_0P_1}$ 的长度

$$|\overrightarrow{P_0P_1}|=\sqrt{(2-1)^2+(-2-1)^2+(1-2)^2}=\sqrt{11},$$

方向余弦为

$$\cos\alpha=\frac{1}{\sqrt{11}}, \quad \cos\beta=\frac{-3}{\sqrt{11}}, \quad \cos\gamma=\frac{-1}{\sqrt{11}}.$$

因此, 所求方向导数为

$$\begin{aligned} f_{\overrightarrow{P_0P_1}}(P_0)&=u_x(P_0)\cos\alpha+u_y(P_0)\cos\beta+u_z(P_0)\cos\gamma \\ &=-1\times\frac{1}{\sqrt{11}}+0\times\frac{-3}{\sqrt{11}}+11\times\frac{-1}{\sqrt{11}}=-\frac{12}{\sqrt{11}}. \end{aligned}$$ □

例 2　设

$$f(x,y)=\begin{cases} \dfrac{x^3}{x^2+y^2}, & (x,y)\neq(0,0), \\ 0, & (x,y)=(0,0). \end{cases}$$

试证明: 函数 $f(x,y)$ 在 $P_0(0,0)$ 处沿任何方向 $\boldsymbol{l}=(\cos\alpha,\sin\alpha)$ $\left(0<\alpha<\frac{\pi}{2}\right)$ 的方向导数均存在, 但方向导数公式

$$f_l(P_0)=f_x(P_0)\cos\alpha+f_y(P_0)\sin\alpha \tag{5.2.1}$$

不成立.

证明 设 $P(x,y)\in\boldsymbol{l}=(\cos\alpha,\sin\alpha)$, $t>0$ 为 P_0 到 P 的距离. 于是

$$\begin{aligned}f_l(P_0)&=\lim_{P\to P_0}\frac{f(P)-f(P_0)}{||P-P_0||}\\&=\lim_{P\to P_0}\frac{f(t\cos\alpha,t\sin\alpha)-f(0,0)}{t}\\&=\lim_{t\to 0}\frac{t\cos^3\alpha}{t}=\cos^3\alpha.\end{aligned}$$

因此 $f(x,y)$ 在 $P_0(0,0)$ 处沿任何方向 $\boldsymbol{l}$ 的方向导数均存在.

另一方面, 由于

$$f_x(0,0)=\lim_{x\to 0}\frac{f(x,0)-f(0,0)}{x}=\lim_{x\to 0}\frac{x-0}{x}=1.$$

同理, $f_y(0,0)=0$. 于是

$$f_x(P_0)\cos\alpha+f_y(P_0)\sin\alpha=\cos\alpha\neq\cos^3\alpha=f_l(P_0),$$

因此公式 (5.2.1) 不成立. □

注 可以证明 $f(x,y)$ 在 $(0,0)$ 处不可微, 所以公式 (5.2.1) 可能不成立.

例 3 设 $f(x,y)=x^2-xy+y^2$, $P_0(1,1)$.

(1) 若 $\boldsymbol{l}$ 的方向角是 $\frac{\pi}{3},\frac{\pi}{6}$, 试求 $f(x,y)$ 在 P_0 处沿方向 $\boldsymbol{l}$ 的方向导数;

(2) 求出使 $f(x,y)$ 在 P_0 处方向导数取最大值, 最小值或者为 0 值的方向.

解 (1) 函数 $f(x,y)$ 的两个偏导数分别为

$$f_x(x,y)=2x-y,\quad f_y(x,y)=-x+2y.$$

很明显, 它们是连续的, 于是 $f(x,y)$ 可微, 所以方向导数 $f_l(P_0)$ 存在, 且

$$f_l(P_0)=f_x(P_0)\cos\frac{\pi}{3}+f_y(P_0)\cos\frac{\pi}{6}=\frac{1}{2}(1+\sqrt{3}).$$

(2) 设 $\boldsymbol{l}=(\cos\alpha,\sin\alpha)$, 则

$$f_l(P_0)=\cos\alpha+\sin\alpha=\sqrt{2}\sin\left(\frac{\pi}{4}+\alpha\right),$$

于是当方向导数取最大值时, $\alpha=\dfrac{\pi}{4}$; 当方向导数取最小值时, $\alpha=\dfrac{5\pi}{4}$; 当方向导数取 0 值时, $\alpha=\dfrac{\pi}{4}\pm\dfrac{\pi}{2}$. □

例 4 试求函数 $f(x,y)=e^x\sin y$ 在 $(0,0)$ 处的二阶带 Peano 型余项的 Taylor 展式.

分析 二元函数 $f(x,y)$ 在 $(0,0)$ 处的 Taylor 展式, 关键是展式各项系数的计算, 就其本质在于计算 $\left(x\dfrac{\partial}{\partial x}+y\dfrac{\partial}{\partial y}\right)^n f(0,0)$ 的值.

解 注意到 $f(0,0)=0$, 可知

$$\begin{aligned}f(x,y)&=\sum_{n=0}^{2}\frac{1}{n!}\left(x\frac{\partial}{\partial x}+y\frac{\partial}{\partial y}\right)^n f(0,0)+o(\rho^2)\\&=x\frac{\partial f}{\partial x}(0,0)+y\frac{\partial f}{\partial y}(0,0)+\frac{1}{2!}\left(x\frac{\partial}{\partial x}+y\frac{\partial}{\partial y}\right)^2 f(0,0)+o(\rho^2).\end{aligned}$$

直接计算易得

$$\frac{\partial^{m+k}f(x,y)}{\partial x^m\partial y^k}=e^x\sin\left(y+\frac{k\pi}{2}\right),$$

于是

$$\frac{\partial^{m+k}f(0,0)}{\partial x^m\partial y^k}=\sin\frac{k\pi}{2}=\begin{cases}(-1)^n, & k=2n+1,\\0, & k=2n.\end{cases}$$

所以

$$e^x\sin y=y+xy+o(\rho^2).$$ □

例 5 设 $f(x,y)$ 可微, $\boldsymbol{l}_1$ 与 $\boldsymbol{l}_2$ 为一组线性无关向量, 且 $\dfrac{\partial f}{\partial l_i}(x,y)=0$, $i=1,2$. 证明: $f(x,y)$ 为常数.

分析 题设为给定 $f(x,y)$ 的方向导数, 证明 $f(x,y)$ 为常数. 即证明 $f(x,y)$ 在任意两点函数值相等. 因此, 设法证明 $f(x,y)$ 沿任意方向的方向导数为零.

证明 不妨设 $\boldsymbol{l}_1$ 与 $\boldsymbol{l}_2$ 为单位向量. 依条件 $\dfrac{\partial f}{\partial \boldsymbol{l}_i}(x,y)=\nabla f\cdot\boldsymbol{l}_i=0$, $i=1,2$. 注意到 $\boldsymbol{l}_1$ 与 $\boldsymbol{l}_2$ 线性无关, 则对任意单位向量 $\boldsymbol{l}$, 存在不全为零的常数 k_1 和 k_2, 使得 $\boldsymbol{l}=k_1\boldsymbol{l}_1+k_2\boldsymbol{l}_2$. 进而

$$\begin{aligned}\frac{\partial f}{\partial \boldsymbol{l}}(x,y)&=\nabla f(x,y)\cdot\boldsymbol{l}=\nabla f(x,y)\cdot(k_1\boldsymbol{l}_1+k_2\boldsymbol{l}_2)\\&=k_1\nabla f(x,y)\cdot\boldsymbol{l}_1+k_2\nabla f(x,y)\cdot\boldsymbol{l}_2=0.\end{aligned}$$

于是由方向导数与偏导数的关系得 $f_x = f_y = 0$, 所以, $f(x,y)$ 为常数. □

例 6 设 $D \subset \mathbb{R}^2$ 为凸的有界闭区域, $f(x,y)$ 在 D 上有连续的一阶偏导数. 试证: $f(x,y)$ 在 D 上满足 Lipschitz 条件, 即 $\exists L > 0, \forall P_1, P_2 \in D$, 有

$$|f(P_2) - f(P_1)| \leqslant L\|P_1 - P_2\|.$$

分析 所证不等式左端是函数 $f(x,y)$ 在两点 P_1, P_2 的函数值之差, 又 $f(x,y)$ 在 D 上有连续的一阶偏导数. 因此, 尝试使用二元函数中值定理求证.

证明 依题设, f 在 D 上可微, 且存在 $M > 0$, 使得 $|f_x(P)| \leqslant M$, $|f_y(P)| \leqslant M$, $\forall P \in D$.

因为 D 是凸的有界闭区域, 所以根据二元函数中值定理知, 对任意的 $P_1(x_1, y_1)$, $P_2(x_2, y_2) \in D$, $\exists P^* \in D$, 使得

$$\begin{aligned}|f(P_2) - f(P_1)| &= |f_x(P^*)(x_2 - x_1) + f_y(P^*)(y_2 - y_1)| \\ &\leqslant M[|x_2 - x_1| + |y_2 - y_1|] \leqslant 2M\|P_1 - P_2\|,\end{aligned}$$

故所证不等式成立. □

5.2.2 一般极值和条件极值

例 1 求函数 $z = 3axy - x^3 - y^3 (a > 0)$ 的极值点.

解 令

$$\begin{cases} z_x = 3ay - 3x^2 = 0, \\ z_y = 3ax - 3y^2 = 0, \end{cases}$$

解得稳定点 $(0,0)$ 和 (a,a), 又函数 z 在 $P(x,y)$ 的 Hessian 矩阵为

$$H_f(P) = \begin{pmatrix} z_{xx} & z_{xy} \\ z_{yx} & z_{yy} \end{pmatrix} = \begin{pmatrix} -6x & 3a \\ 3a & -6y \end{pmatrix}.$$

(1) 当 $x = y = 0$ 时, $H_f(0,0) = \begin{pmatrix} 0 & 3a \\ 3a & 0 \end{pmatrix}$, $H = \det H_f(0,0) = -9a^2 < 0$, 所以 $(0,0)$ 不是极值点.

(2) 当 $x = y = a$ 时, $H_f(0,0) = \begin{pmatrix} -6a & 3a \\ 3a & -6a \end{pmatrix}$, $H = \det H_f(0,0) = 27a^2 > 0$, 所以 (a,a) 是极大值点. □

例 2 求函数 $f(x,y) = \sin x + \sin y - \sin(x+y)$ 在有界闭区域 $D = \{(x,y) | x \geqslant 0, y \geqslant 0, x + y \leqslant 2\pi\}$ 上的最大值与最小值.

分析 注意到 $f(x,y)$ 在有界闭区域 D 上连续, 则 $f(x,y)$ 在 D 上必有最大值与最小值. 先求出 f 在 D 内部的所有稳定点和偏导数不存在的点, 并计算其函数值; 再求出 f 在 D 边界上的最值, 其中最大 (小) 者就是 f 的最大 (小) 值.

解 先求出 $f(x,y)$ 在 D 内部的所有稳定点和偏导数不存在的点. 令

$$\begin{cases} f_x = \cos x - \cos(x+y) = 0, \\ f_y = \cos y - \cos(x+y) = 0, \end{cases}$$

解得唯一稳定点 $\left(\dfrac{2\pi}{3}, \dfrac{2\pi}{3}\right)$, 相应的函数值 $f\left(\dfrac{2\pi}{3}, \dfrac{2\pi}{3}\right) = \dfrac{3}{2}\sqrt{3}$, 而 $f(x,y)$ 在 D 内部所有点的偏导数均存在.

另一方面, 易知 $f(x,y)$ 在 D 边界上的函数值为 0. 注意到 $f(x,y)$ 在有界闭区域 D 上连续, 则 $f(x,y)$ 在 D 上必有最大值与最小值. 故 $f(x,y)$ 在 D 上的最大值为 $\dfrac{3}{2}\sqrt{3}$, 最小值是 0. □.

例 3 在周长为 $2p$ 的一切三角形中, 求出面积最大的三角形.

分析 设三角形的三边长分别是 x, y, z, 则面积 $S=\sqrt{p(p-x)(p-y)(p-z)}$, 其中 $x+y+z=2p$. 问题转化为求 S 在区域 $D=\{(x,y)|0<x,y<p;0<x+y<2p\}$ 上的最大值.

解 设三角形的三边长分别是 x,y,z, 则面积 $S=\sqrt{p(p-x)(p-y)(p-z)}$, 其中 $x+y+z=2p$. 问题转化为 (为计算简便) 求

$$f(x,y) = S^2 = p(p-x)(p-y)(p-z)$$

在区域 $D=\{(x,y)|0<x,y<p;p<x+y<2p\}$ 上的最大值.

因为 D 是开区域, D 的边界连同 D 构成有界闭区域 $\overline{D}$, 于是 $f(x,y)$ 在 $\overline{D}$ 上必有最大值. 易知 $f(x,y)$ 在 D 边界上的值是 0, 在 D 内部的值皆大于 0. 从而, $f(x,y)$ 在 D 内一定取得最大值. 令

$$\begin{cases} f_x = p(p-y)(2p-2x-y) = 0, \\ f_y = p(p-x)(2p-2y-x) = 0, \end{cases}$$

解得 $(x,y)=\left(\dfrac{2}{3}p, \dfrac{2}{3}p\right)$. 于是 $f(x,y)$ 在 $\left(\dfrac{2}{3}p, \dfrac{2}{3}p\right)$ 取得最大值, 即面积最大的三角形为边长为 $\dfrac{2}{3}p$ 的等边三角形, 其面积是 $S=\dfrac{\sqrt{3}}{9}p^2$. □

注 当 $f(x,y)$ 在 D 内部仅有一个稳定点时, 注意此时不能如一元函数那样, 不管 $f(x,y)$ 在边界上的值, 就断言稳定点必是最大值. 如

$$f(x,y) = -x^2 - 2xy + y^2, \quad (x,y) \in [-5,5]\times[-1,1].$$

易知 $f(x,y)$ 在 D 内部仅有一个稳定点 $(0,0)$, 但它不是 $f(x,y)$ 的极值点.

应当指出, 对应用问题, 若根据问题的实际背景知 $f(x,y)$ 在 D 内一定达到最大 (小) 值, 而在 D 内的可疑极值点是唯一的, 此时, 就无需判别, 可直接下结论: 该点的函数值即为 $f(x,y)$ 在 D 内的最大 (小) 值.

例 4 求函数 $f(x,y,z)=xyz$ 在条件

$$x^2+y^2+z^2=1, \quad x+y+z=0$$

约束下的极值.

解 构造 Lagrange 函数

$$L(x,y,z,\lambda,\mu)=xyz+\lambda(x^2+y^2+z^2-1)+\mu(x+y+z),$$

并令

$$\begin{cases} L_x=yz+2\lambda x+\mu=0, \\ L_y=zx+2\lambda y+\mu=0, \\ L_z=xy+2\lambda z+\mu=0, \\ L_\lambda=x^2+y^2+z^2-1=0, \\ L_\mu=x+y+z=0. \end{cases}$$

由前三式消去 μ, 得

$$\begin{cases} z(y-x)+2\lambda(x-y)=0, \\ x(y-z)+2\lambda(z-y)=0. \end{cases}$$

再消去 λ, 又得

$$(x-y)(y-z)(z-x)=0,$$

于是求得 $x=y$, 或 $x=z$, 或 $y=z$.

当 $x=y$ 时, 代入条件函数得

$$\begin{cases} 2x^2+z^2=1, \\ 2x+z=0, \end{cases}$$

解得

$$(x_0,y_0,z_0)=\pm\left(\frac{1}{\sqrt{6}},\frac{1}{\sqrt{6}},-\frac{2}{\sqrt{6}}\right),$$

由此得到 $f(x_0,y_0,z_0)=\pm\dfrac{\sqrt{6}}{18}$. 同样, 当 $x=z$ 或 $y=z$ 时, 也可得上述结果.

由于连续函数 $f(x,y,z)$ 在有界闭集

$$D=\{(x,y,z)|x^2+y^2+z^2=1,x+y+z=0\}$$

上必有最大值和最小值, 所以 $f(x,y,z)$ 的最大值为 $\dfrac{\sqrt{6}}{18}$, 最小值为 $-\dfrac{\sqrt{6}}{18}$. □

例 5　试求椭球面: $\dfrac{x^2}{a^2}+\dfrac{y^2}{b^2}+\dfrac{z^2}{c^2}=1$ 的内接最大长方体的体积.

分析　对这类应用题, 关键是求出目标函数 (长方体的体积) 和对应的约束条件. 再利用 Lagrange 乘数法求解.

解　易知此内接长方体的六个面必分别平行于坐标平面. 则设此内接长方体的顶点坐标为 (x,y,z). 由于对称性可知长方形之体积为 $8xyz(x,\ y,\ z>0)$. 因此, 问题可归结为求目标函数 $f(x,y,z)=8xyz\,(x,\ y,\ z>0)$, 在约束条件 $\dfrac{x^2}{a^2}+\dfrac{y^2}{b^2}+\dfrac{z^2}{c^2}=1$ 下的最大值.

为此构造 Lagrange 函数

$$L(x,y,z)=8xyz+\lambda\left(\frac{x^2}{a^2}+\frac{y^2}{b^2}+\frac{z^2}{c^2}-1\right)=0,\quad x,y,z>0.$$

于是联立方程组

$$\begin{cases}L_x=yz+2\lambda\dfrac{x}{a^2}=0,\\ L_y=zx+a\lambda\dfrac{y}{b^2}=0,\\ L_z=xy+2\lambda\dfrac{z}{c^2}=0,\\ L_\lambda=\dfrac{x^2}{a^2}+\dfrac{y^2}{b^2}+\dfrac{z^2}{c^2}-1=0,\end{cases}$$

解得唯一解 $x_0=\dfrac{a}{\sqrt{3}}$, $y_0=\dfrac{b}{\sqrt{3}}$, $z_0=\dfrac{c}{\sqrt{3}}$. 根据几何性质可推知, 该椭球面之内接最大长方体在第一卦限的顶点为 $\left(\dfrac{a}{\sqrt{3}},\dfrac{b}{\sqrt{3}},\dfrac{c}{\sqrt{3}}\right)$ 时, 达到最大体积 $V=\dfrac{8}{3\sqrt{3}}abc$. □

5.2.3 隐函数 (组) 定理及其应用

例 1　证明: 在原点 $(0,0)$ 的某邻域内方程

$$\cos(x+y)+\mathrm{e}^{x^2+y}+3x-x^3y^3=2$$

可唯一确定连续可微的隐函数.

分析 验证隐函数定理的所有条件成立.

证明 令 $F(x,y)=\cos(x+y)+\mathrm{e}^{x^2+y}+3x-x^3y^3-2$, 则

(1) $F(0,0)=0$;

(2) $F(x,y)$ 在 $\mathbb{R}^2$ 上连续;

(3) $F_x(x,y)=-\sin(x+y)+2x\mathrm{e}^{x^2+y}+3-3x^2y^3$, $F_y(x,y)=-\sin(x+y)+\mathrm{e}^{x^2+y}-3x^3y^2$ 在 $\mathbb{R}^2$ 上连续;

(4) $F_y(0,0)=1\neq 0$,

所以由隐函数定理可知, 存在 $\delta>0$, 使在 $(-\delta,\delta)$ 内存在唯一的连续可微的隐函数 $y=f(x)$ 满足 $F(x,f(x))=0$, $x\in(-\delta,\delta)$. □

注 讨论由方程 $F(x,y)=0$ 在点 $P_0(x_0,y_0)$ 的邻域内能否唯一确定连续可微的隐函数, 一般有下列三种情形:

(1) 由方程 $F(x,y)=0$ 可容易解出 $y=f(x)$ 或 $x=g(y)$;

(2) 若不能或较难由方程 $F(x,y)=0$ 解出 $y=f(x)$ 或 $x=g(y)$, 则可运用隐函数定理. 注意: 只有当隐函数定理的所有条件满足时, 方能由定理得出存在隐函数 $y=f(x)$ 或 $x=g(y)$ 的结论;

(3) 不满足隐函数定理的某个条件, 则不能简单地说不存在隐函数. 在这种情形下, 要对具体问题进行具体分析, 才能得出正确的结论.

例 2 证明: 方程 $x^2+y=\sin(xy)$ 在原点 $(0,0)$ 的某邻域内可唯一确定隐函数 $y=f(x)$, 但在原点 $(0,0)$ 的任意小邻域内不能确定隐函数 $x=g(y)$.

证明 令 $F(x,y)=x^2+y-\sin(xy)$, 则

(1) $F(0,0)=0$;

(2) $F(x,y)$ 在 $\mathbb{R}^2$ 上连续;

(3) $F_x(x,y)=2x-y\cos(xy)$, $F_y(x,y)=1-x\cos(xy)$ 在 $\mathbb{R}^2$ 上连续;

(4) $F_x(0,0)=0$, $F_y(0,0)=1$.

由于 $F_y(0,0)\neq 0$, 所以根据隐函数定理知, 在原点 $(0,0)$ 的某邻域内存在唯一的连续可微的隐函数 $y=f(x)$, 使 $f(0)=0$, 且在某区间 $(-\delta,\delta)$, $\delta>0$ 内有连续的导函数

$$y'=-\frac{F_x(x,y)}{F_y(x,y)}=-\frac{2x-y\cos(xy)}{1-x\cos(xy)}. \tag{5.2.2}$$

另一方面, 因 $F_x(0,0)=0$, 故不满足存在隐函数 $x=g(y)$ 的定理条件. 但不能由此断言: "在原点附近不存在隐函数 $x=g(y)$". 下面用分析方法来进行讨论.

考虑到 $F_y(0,0)>0$, F_y 连续, 故由局部保号性知, 在原点附近都有 $F_y(x,y)>0$, 于是 $y'=-F_x/F_y$ 的符号恒与 F_x 的符号相反. 另一方面由式 (5.2.2) 可知

$$\lim_{x\to 0}\frac{y}{x}=\lim_{x\to 0}\frac{f(x)}{x}=f'(0)=0,$$

即 $y = o(x)$, $x \to 0$, 从而

$$F_x(x,y) = 2x - y\cos(xy) = 2x - o(x), \quad x \to 0,$$

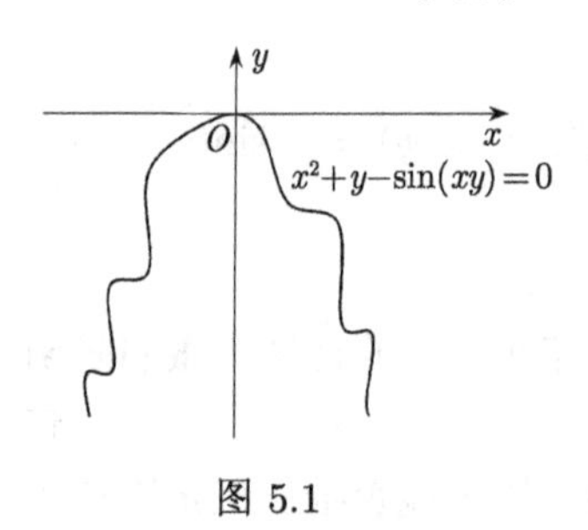

图 5.1

于是, F_x 在原点附近的符号由 $2x$ 所确定. 由此可知, 当 $x < 0$ 时, $F_x < 0$ $(y' > 0)$, 当 $x > 0$ 时, $F_x > 0$ $(y' < 0)$, 所以隐函数 $y = f(x)$ 在 $x = 0$ 左右有不同的单调性. 这样, 在原点附近, 对每一个 y 有两个 x 与之相对应, 如图 5.1 所示.

这就说明在原点附近, 无论多么小的邻域内都不能由方程 $x^2 + y = \sin(xy)$ 确定隐函数 $x = g(y)$. □

例 3　设 $z = z(x,y)$ 是由方程 $x + y + z = \mathrm{e}^z$ 所确定的隐函数, 试求 z_x, z_{xx}, z_{xy}.

解法 1　设 $F(x,y,z) = x + y + z - \mathrm{e}^z$, 则

$$F_x = 1, \quad F_y = 1, \quad F_z = 1 - \mathrm{e}^z.$$

于是

$$z_x = -\frac{F_x}{F_z} = \frac{1}{\mathrm{e}^z - 1}, \quad z_y = -\frac{F_y}{F_z} = \frac{1}{\mathrm{e}^z - 1},$$

进而

$$z_{xx} = \frac{\partial}{\partial x}(z_x) = -\frac{\mathrm{e}^z \cdot z_x}{(\mathrm{e}^z - 1)^2} = -\frac{\mathrm{e}^z}{(\mathrm{e}^z - 1)^3},$$

$$z_{xy} = \frac{\partial}{\partial y}(z_x) = -\frac{\mathrm{e}^z \cdot z_y}{(\mathrm{e}^z - 1)^2} = -\frac{\mathrm{e}^z}{(\mathrm{e}^z - 1)^3}.$$

解法 2　方程 $x + y + z = \mathrm{e}^z$ 两边分别对 x 与 y 求偏导数 (注意, 此时 x 与 y 是独立变量, 而 z 是 x, y 的函数), 得

$$1 + \frac{\partial z}{\partial x} = \mathrm{e}^z\frac{\partial z}{\partial x}, \quad 1 + \frac{\partial z}{\partial y} = \mathrm{e}^z\frac{\partial z}{\partial y},$$

解得

$$\frac{\partial z}{\partial x} = \frac{\partial z}{\partial y} = \frac{1}{\mathrm{e}^z - 1}.$$

进而, 可知

$$\frac{\partial^2 z}{\partial x^2} = \frac{\partial}{\partial x}\left(\frac{1}{\mathrm{e}^z - 1}\right) = -\frac{\mathrm{e}^z}{(\mathrm{e}^z - 1)^2} \cdot \frac{\partial z}{\partial x} = -\frac{\mathrm{e}^z}{(\mathrm{e}^z - 1)^3};$$

$$\frac{\partial^2 z}{\partial x \partial y} = \frac{\partial}{\partial y}\left(\frac{1}{\mathrm{e}^z - 1}\right) = -\frac{\mathrm{e}^z}{(\mathrm{e}^z - 1)^2} \cdot \frac{\partial z}{\partial y} = -\frac{\mathrm{e}^z}{(\mathrm{e}^z - 1)^3}.$$ □

例 4 证明: 由方程 $x - az = \varphi(y - bz)$ $\left(a, b \neq 0 \text{ 常数}, \varphi \text{ 是连续可微函数}, \varphi'(u) \neq \frac{a}{b}\right)$ 所确定的隐函数 $z = z(x, y)$ 满足如下的微分方程

$$a\frac{\partial z}{\partial x} + b\frac{\partial z}{\partial y} = 1.$$

证明 令 $F(x, y, z) = x - az - \varphi(u)$, $u = y - bz$. 于是

$$F_x = 1, \quad F_y = -\varphi'(u), \quad F_z = -a + b\varphi'(u).$$

由隐函数定理可知

$$\frac{\partial z}{\partial x} = -\frac{F_x}{F_z} = -\frac{1}{-a + \varphi'(u)b} = \frac{1}{a - b\varphi'(u)},$$

$$\frac{\partial z}{\partial y} = -\frac{F_y}{F_z} = -\frac{-\varphi'(u)}{-a + \varphi'(u)b} = -\frac{\varphi'(z)}{a - b\varphi'(u)},$$

于是

$$a\frac{\partial z}{\partial x} + b\frac{\partial z}{\partial y} = \frac{a}{a - b\varphi'(u)} - \frac{b\varphi'(u)}{a - b\varphi'(u)} = 1.$$ □

例 5 设函数 $x = x(z)$, $y = y(z)$ 由方程组

$$\begin{cases} x + y + z = 1, \\ x^2 + y^2 + z^2 = 1 \end{cases}$$

所确定, 试求 $\frac{\mathrm{d}x}{\mathrm{d}z}, \frac{\mathrm{d}y}{\mathrm{d}z}$.

解法 1 设 $F(x, y, z) = x + y + z - 1$, $G(x, y, z) = x^2 + y^2 + z^2 - 1$, 则

$$\frac{\mathrm{d}x}{\mathrm{d}z} = -\frac{\dfrac{\partial(F, G)}{\partial(z, y)}}{\dfrac{\partial(F, G)}{\partial(x, y)}} = -\frac{\begin{vmatrix} 1 & 1 \\ 2z & 2y \end{vmatrix}}{\begin{vmatrix} 1 & 1 \\ 2x & 2y \end{vmatrix}} = \frac{y - z}{x - y} \ (x \neq y),$$

$$\frac{\mathrm{d}y}{\mathrm{d}z} = -\frac{\dfrac{\partial(F, G)}{\partial(x, z)}}{\dfrac{\partial(F, G)}{\partial(x, y)}} = -\frac{\begin{vmatrix} 1 & 1 \\ 2x & 2z \end{vmatrix}}{\begin{vmatrix} 1 & 1 \\ 2x & 2y \end{vmatrix}} = \frac{z - x}{x - y} \ (x \neq y).$$

解法 2　方程组两边分别对 z 求导 (将 x, y 看成 z 的函数), 得

$$\begin{cases} \dfrac{\mathrm{d}x}{\mathrm{d}z}+\dfrac{\mathrm{d}y}{\mathrm{d}z}+1=0, \\ 2x\dfrac{\mathrm{d}x}{\mathrm{d}z}+2y\dfrac{\mathrm{d}y}{\mathrm{d}x}+2z=0, \end{cases}$$

解得

$$\frac{\mathrm{d}x}{\mathrm{d}z}=\frac{y-z}{x-y},\quad \frac{\mathrm{d}y}{\mathrm{d}z}=\frac{z-x}{x-y}\ (x\neq y).$$ □

例 6　验证方程组

$$\begin{cases} u+v=x+y, \\ \dfrac{\sin u}{\sin v}=\dfrac{x}{y} \end{cases}$$

在点 $P_0\left(\dfrac{\pi}{3},\dfrac{\pi}{3},\dfrac{\pi}{3},\dfrac{\pi}{3}\right)$ 邻域内存在隐函数组. 并求 $\mathrm{d}u$ 和 $\mathrm{d}v$.

证明　设

$$\begin{cases} F_1(x,y,u,v)=x+y-u-v, \\ F_2(x,y,u,v)=\dfrac{x}{y}-\dfrac{\sin u}{\sin v}, \end{cases}$$

则

(1) $F_1(x,y,u,v)$ 与 $F_2(x,y,u,v)$ 的所有偏导函数在点 $P_0\left(\dfrac{\pi}{3},\dfrac{\pi}{3},\dfrac{\pi}{3},\dfrac{\pi}{3}\right)$ 的邻域都连续;

(2) $\begin{cases} F_1\left(\dfrac{\pi}{3},\dfrac{\pi}{3},\dfrac{\pi}{3},\dfrac{\pi}{3}\right)=0, \\ F_2\left(\dfrac{\pi}{3},\dfrac{\pi}{3},\dfrac{\pi}{3},\dfrac{\pi}{3}\right)=0; \end{cases}$

(3) $$J=\left|\begin{matrix} \dfrac{\partial F_1}{\partial u} & \dfrac{\partial F_1}{\partial v} \\ \dfrac{\partial F_2}{\partial u} & \dfrac{\partial F_2}{\partial v} \end{matrix}\right|_{P_0}=\left|\begin{matrix} -1 & -1 \\ -\dfrac{\cos u}{\sin v} & \dfrac{\sin u\cos v}{\sin^2 v} \end{matrix}\right|_{P_0}$$
$$=-\left.\frac{\sin u\cos v+\sin v\cos u}{\sin^2 v}\right|_{P_0}=-\frac{2}{\sqrt{3}}\neq 0.$$

根据隐函数组定理, 在 $\left(\dfrac{\pi}{3},\dfrac{\pi}{3}\right)$ 邻域内存在有连续偏导数的隐函数组

$$u=u(x,y),\quad v=v(x,y).$$

下面求 $\mathrm{d}u$ 和 $\mathrm{d}v$, 为此将原方程组改写为

$$\begin{cases} x+y=u+v, \\ y\sin u = x\sin v, \end{cases}$$

求全微分, 有 (u 与 v 都是 x 与 y 的函数)

$$\begin{cases} \mathrm{d}x+\mathrm{d}y=\mathrm{d}u+\mathrm{d}v, \\ y\cos u\mathrm{d}u+\sin u\mathrm{d}y = x\cos v\mathrm{d}v+\sin v\mathrm{d}x. \end{cases}$$

解得

$$\mathrm{d}u=\frac{(x\cos v+\sin v)\mathrm{d}x-(\sin u-x\cos v)\mathrm{d}y}{x\cos v+y\cos u},$$

$$\mathrm{d}v=\frac{(y\cos u-\sin v)\mathrm{d}x+(\sin u+y\cos u)\mathrm{d}y}{x\cos v+y\cos u}.$$

□

5.2.4 几何应用

例 1 求曲线 $x=a\sin^2 t, y=b\sin t\cos t, z=c\cos^2 t$ 在 $t=\dfrac{\pi}{4}$ 处的切线方程和法平面方程.

解 当 $t=\dfrac{\pi}{4}$ 时, $x_0=\dfrac{a}{2}, y_0=\dfrac{b}{2}, z_0=\dfrac{c}{2}$. 再注意到

$$x'(t)|_{t=\frac{\pi}{4}}=a\sin 2t\,|_{t=\frac{\pi}{4}}=a,\quad y'(t)|_{t=\frac{\pi}{4}}=b\cos 2t\,|_{t=\frac{\pi}{4}}=0,$$

$$z'(t)|_{t=\frac{\pi}{4}}=-c\sin 2t|_{t=\frac{\pi}{4}}=-c,$$

故, 切线方程为

$$\begin{cases} \dfrac{x-\dfrac{a}{2}}{a}=\dfrac{z-\frac{c}{2}}{-c}, \\ y=\dfrac{b}{2}, \end{cases}$$

法平面方程为

$$a\left(x-\frac{a}{2}\right)+(-c)\left(z-\frac{c}{2}\right)=0,\quad \text{或}\quad ax-cz=\frac{1}{2}(a^2-c^2).$$

□

例 2 求曲面 $x^2+2y^2+3z^2=21$ 平行于平面 $x+4y+6z=0$ 的切平面方程.

解 设曲面 $x^2+2y^2+3z^2=21$ 在点 (x_0,y_0,z_0) 的切平面平行于平面 $x+4y+6z=0$, 注意到曲面在点 (x_0,y_0,z_0) 的法向量是 $(x_0,2y_0,3z_0)$, 根据题设知

$$\frac{x_0}{1}=\frac{2y_0}{4}=\frac{3z_0}{6}=\lambda,\quad \text{或}\quad x_0=\lambda,\ y_0=2\lambda,\ z_0=2\lambda,$$

代入曲面方程可得 $\lambda=\pm 1$, 从而, 曲面上的两个切点应为 $(\pm 1,\pm 2,\pm 2)$, 于是, 两个切平面方程就是

$$(x\mp 1)+4(y\mp 2)+6(z\mp 2)=0,$$

即

$$x+4y+6z=21,\quad x+4y+6z=-21.$$

□

5.2.5 综合举例

例 1 设 $f(x,y)$ 在点 $P_0(x_0,y_0)$ 可微. 证明:

$$\sum_{k=1}^{n}\left.\frac{\partial f}{\partial \boldsymbol{l}_k}\right|_{P_0}=0,$$

其中 $\boldsymbol{l}_1,\boldsymbol{l}_2,\cdots,\boldsymbol{l}_n$ 是 n 个向量, 其相邻两个向量夹角为 $\dfrac{2\pi}{n}$.

证明 不失一般性, 设 $\boldsymbol{l}_1$ 与 x 轴正向夹角为 0. 于是

$$\sum_{k=1}^{n}\left.\frac{\partial f}{\partial \boldsymbol{l}_k}\right|_{P_0}=f_x(P_0)\sum_{k=1}^{n}\cos\frac{2\pi}{n}k+f_y(P_0)\sum_{k=1}^{n}\sin\frac{2\pi}{n}k.$$

注意到

$$\sum_{k=1}^{n}\cos\frac{2\pi}{n}k=\frac{\sin 2\left(n+\dfrac{1}{2}\right)\dfrac{\pi}{n}}{2\sin\dfrac{\pi}{n}}-\frac{1}{2}=0,$$

$$\sum_{k=1}^{n}\sin\frac{2\pi}{n}k=\frac{\cos\dfrac{\pi}{n}-\cos 2\left(n+\dfrac{1}{2}\right)\dfrac{\pi}{n}}{2\sin\dfrac{\pi}{n}}=0.$$

故 $\displaystyle\sum_{k=1}^{n}\left.\frac{\partial f}{\partial \boldsymbol{l}_k}\right|_{P_0}=0.$ □

例 2 设 $u=F(x,y,z)$ 是 n 次齐次函数且可微. 如果在点 $P_0(x_0,y_0,z_0)$ 处 **grad** F 不为零. 证明: 曲面 $F(x,y,z)=1$ 在 P_0 处的切平面方程为

$$F_x(P_0)x+F_y(P_0)y+F_z(P_0)z=n.$$

分析 写出曲面 $F(x,y,z)=1$ 在点 P_0 处的切平面方程. 并注意到 n 次函数的一个重要性质:

$$xF_x(x,y,z)+yF_y(x,y,z)+zF_z(x,y,z)=nF(x,y,z).$$

证明 依公式, 曲面 $F(x,y,z)=1$ 在 P_0 处的切平面方程为

$$(x-x_0)F_x(P_0)+(y-y_0)F_y(P_0)+(z-z_0)F_z(P_0)=0. \tag{5.2.3}$$

由于 $u=F(x,y,z)$ 是 n 次齐次函数, 于是

$$x_0F_x(P_0)+y_0F_y(P_0)+z_0F_z(P_0)=nF(P_0)=n.$$

把上式代入式 (5.2.3), 即得所证成立. □

例 3 证明: 在点 $P(1,1)$ 的某邻域内存在唯一的连续函数 $y=f(x)$, 满足 $f(1)=1$, 且

$$xf(x)+2\ln x+3\ln f(x)-1=0.$$

并求 $f'(x)$.

分析 问题转化为：求 $xy+2\ln x+3\ln y-1=0$ 在 $P(1,1)$ 的某邻域内存在隐函数 $y=f(x)$ 满足 $f(1)=1$. 因此利用隐函数定理求解.

证明 令 $F(x,y)=xy+2\ln x+3\ln y-1$, 则

(1) $F(x,y)$ 在点 $P(1,1)$ 的邻域内有关于 x, y 的连续偏导数;

(2) $F(1,1)=0$;

(3) $F_y(1,1)=\left.\left(x+\dfrac{3}{y}\right)\right|_{(1,1)}=4\neq 0$.

根据隐函数存在定理得, 在 $P(1,1)$ 的某邻域内存在隐函数 $y=f(x)$ 满足 $f(1)=1$, 且

$$f'(x)=-\frac{F_x(x,y)}{F_y(x,y)}=-\frac{y+\dfrac{2}{x}}{x+\dfrac{3}{y}}=-\frac{y(xy+2)}{x(xy+3)}.$$ □

例 4 设 $z=z(x,y)$ 在 $\mathbb{R}^2$ 上有连续的一阶偏导数, $w=w(u,v)$ 是由方程组

$$u=x^2+y^2,\quad v=\frac{1}{x}+\frac{1}{y},\quad z=\mathrm{e}^{w+x+y}$$

所确定的隐函数. 试将方程

$$y\frac{\partial z}{\partial x}-x\frac{\partial z}{\partial y}=(y-x)z,\quad x\neq y$$

化为 $\dfrac{\partial w}{\partial u}$, $\dfrac{\partial w}{\partial v}$ 所满足的一个关系式.

证明 将 $z=z(x,y)$ 看成由函数

$$z=z(x,y,w)=\mathrm{e}^{w+x+y},\quad w=w(u,v),$$

$$u=u(x,y)=x^2+y^2,\quad v=v(x,y)=\frac{1}{x}+\frac{1}{y}$$

复合而成的函数, 则有

$$\begin{aligned}\frac{\partial z}{\partial x}&=z_1'+z_3'\left(\frac{\partial w}{\partial u}\cdot\frac{\partial u}{\partial x}+\frac{\partial w}{\partial v}\cdot\frac{\partial v}{\partial x}\right)\\&=z\left(1+2x\frac{\partial w}{\partial u}-\frac{1}{x^2}\frac{\partial w}{\partial v}\right),\end{aligned}$$

$$\begin{aligned}\frac{\partial z}{\partial y}&=z_2'+z_3'\left(\frac{\partial w}{\partial u}\cdot\frac{\partial u}{\partial y}+\frac{\partial w}{\partial v}\cdot\frac{\partial v}{\partial y}\right)\\&=z\left(1+2y\frac{\partial w}{\partial u}-\frac{1}{y^2}\frac{\partial w}{\partial v}\right).\end{aligned}$$

把它们代入原方程, 并化简, 得到

$$z\left(\frac{x}{y^2}-\frac{y}{x^2}\right)\frac{\partial w}{\partial v}=0.$$

由题设知

$$z\left(\frac{x}{y^2}-\frac{y}{x^2}\right)=\frac{z(x^3-y^3)}{x^2y^2}\neq 0.$$

由此得

$$\frac{\partial w}{\partial v}=0.$$

□

例 5 求函数 $f(x,y)=x^3+2x^2-2xy+y^2$ 在 $D=[-2,2]\times[-2,2]$ 上的最大值与最小值.

解 (1) 求稳定点. 令

$$\begin{cases}f_x(x,y)=3x^2+4x-2y=0,\\ f_y(x,y)=-2x+2y=0,\end{cases}$$

解得 $(0,0)$, $\left(-\frac{2}{3},-\frac{2}{3}\right)$ 是函数 $f(x,y)$ 在 D 中的两个稳定点. 易得 $f(0,0)=0$, $f\left(-\frac{2}{3},-\frac{2}{3}\right)=\frac{4}{27}$.

(2) 为确定函数 $f(x,y)$ 在 D 上的最大值与最小值, 还要讨论 $f(x,y)$ 在 D 的边界上的情形.

(i) 当 $x=2$ 时,

$$f(2,y)=16-4y+y^2=(y-2)^2+12,$$

其最小值为 $f(2,2)=12$, 最大值为 $f(2,-2)=28$.

(ii) 当 $x=-2$ 时,

$$f(-2,y)=y^2+4y=(y+2)^2-4,$$

其最小值为 $f(-2,-2)=-4$, 最大值为 $f(-2,2)=12$.

(iii) 当 $y=2$ 时,

$$f(x,2)=x^3+2x^2-4x+4.$$

由 $\dfrac{\mathrm{d}}{\mathrm{d}x}f(x,2)=3x^2+4x-4=0$, 得稳定点 $x=\dfrac{2}{3}$, 及边界点 $x=\pm 2$,

$$f\left(\frac{2}{3},2\right)=\frac{68}{27},\quad f(\pm 2,2)=12.$$

(iv) 当 $y=-2$ 时,

$$f(x,-2)=x^3+2x^2+4x+4.$$

由 $\dfrac{\mathrm{d}}{\mathrm{d}x}f(x,-2)=3x^2+4x+4=0$ 的判别式 $\varDelta=-32<0$ 可知, $f(x,-2)$ 关于 x 为单调函数, 故其最大, 最小值分别为 $f(2,-2)=28, f(-2,-2)=-4$.

比较 $f(x,y)$ 在上述各点 $(0,0)$, $\left(-\dfrac{2}{3},-\dfrac{2}{3}\right)$, $(2,2)$, $(-2,2)$, $(2,-2)$, $(-2,-2)$, $\left(\dfrac{2}{3},2\right)$ 的值, 得到函数 $f(x,y)$ 在 D 上的最大值, 最小值分别为

$$\max_{(x,y)\in D}f(x,y)=f(2,-2)=28,\quad \min_{(x,y)\in D}f(x,y)=f(-2,-2)=-4. \qquad \square$$

注 由此例可知, 函数 $f(x,y)=x^3+2x^2-2xy+y^2$ 在 D 上虽然有唯一极小值点 $(0,0)$, 但函数 $f(x,y)$ 在 D 上的最小值为 $f(-2,-2)=-4$, 却不是 $f(0,0)=0$.

例 6 设 $f(x,y)$ 在点 $P_0(x_0,y_0)$ 的邻域 $U(P_0)$ 内有连续的二阶偏导数, 且 $f(x,y)$ 在点 P_0 取得极大值. 证明:

$$f_{xx}(P_0)+f_{yy}(P_0)\leqslant 0.$$

分析　由题意, $f_x(P_0)=f_y(P_0)=0$, 考察 $f(x,y)$ 在 P_0 处的一阶 Taylor 展开式

$$\begin{aligned}f(x_0+h,y_0+k)&=f(x_0,y_0)+f_x(x_0,y_0)h+f_y(x_0,y_0)k+R_1\\&=f(x_0,y_0)+R_1,\end{aligned}$$

其中

$$\begin{aligned}R_1=&\frac{1}{2}\big[f_{xx}(x_0+\theta h,y_0+\theta k)h^2+2f_{xy}(x_0+\theta h,y_0+\theta k)hk\\&+f_{yy}(x_0+\theta h,y_0+\theta k)k^2\big].\end{aligned}$$

由于 $f(x_0,y_0)$ 为极大值, 故当 h, k 充分小时, 应有 $R_1\leqslant 0$. 特别地, 当 $k=0$ 时, 有

$$f_{xx}(x_0+\theta h,y_0)h^2\leqslant 0,$$

由此得

$$f_{xx}(x_0+\theta h,y_0)\leqslant 0,$$

再令 $h\to 0$, 即得 $f_{xx}(x_0,y_0)\leqslant 0$. 这就启发我们要分别考虑 $f(x_0+h,y_0)$ 与 $f(x_0,y_0+k)$ 在 (x_0,y_0) 点 P_0 处的 Taylor 展开式.

证明　当 h 充分小时, $(x_0+h,y)\in U(P_0)$, 此时有

$$\begin{aligned}f(x_0+h,y_0)-f(x_0,y_0)&=f_x(x_0,y_0)h+\frac{1}{2}f_{xx}(x_0+\theta h,y_0)h^2\\&=\frac{1}{2}f_{xx}(x_0+\theta h,y_0)h^2,\quad 0<\theta<1.\end{aligned}$$

由于 $f(x_0,y_0)$ 为极大值, 故当 h 充分小时, 有

$$f(x_0+h,y_0)-f(x_0,y_0)\leqslant 0,$$

于是

$$f_{xx}(x_0+\theta h,y_0)\leqslant 0.$$

令 $h\to 0$, 由 f_{xx} 的连续性, 得 $f_{xx}(x_0,y_0)\leqslant 0$. 同理可证 $f_{yy}(x_0,y_0)\leqslant 0$. 由此得到

$$f_{xx}(P_0)+f_{yy}(P_0)\leqslant 0.$$ □

例 7　设

$$f(x,y)=\begin{cases}\dfrac{1-\mathrm{e}^{x(x^2+y^2)}}{x^2+y^2}, & (x,y)\neq(0,0),\\ 0, & (x,y)=(0,0).\end{cases}$$

求 $f(x,y)$ 在 $(0,0)$ 的四阶 Taylor 展开式, 并求出 $\dfrac{\partial^2 f}{\partial x\partial y}(0,0)$ 和 $\dfrac{\partial^4 f}{\partial x^4}(0,0)$.

解 由于

$$\mathrm{e}^{x(x^2+y^2)}=1+x(x^2+y^2)+\frac{1}{2}x^2(x^2+y^2)^2+o([x(x^2+y^2)]^2),$$

于是

$$\frac{1-\mathrm{e}^{x(x^2+y^2)}}{x^2+y^2}=-x-\frac{1}{2}x^2(x^2+y^2)+o(x^2(x^2+y^2)).$$

由 Taylor 展开式的唯一性知 $f(x,y)$ 的四阶 Taylor 展开式为

$$-x-\frac{1}{2}x^4-\frac{1}{2}x^2y^2.$$

由此得

$$\frac{\partial^2 f}{\partial x\partial y}(0,0)=0,\quad \frac{\partial^4 f}{\partial x^4}(0,0)=4!\left(-\frac{1}{2}\right)=-12.$$ □

例 8 证明不等式:

$$yx^y(1-x)<\frac{1}{\mathrm{e}},\quad (x,y)\in D=\{(x,y)|0<x<1,y>0\}.$$

分析 设 $f(x,y)=yx^y(1-x)$, $(x,y)\in D$. 若能证明

$$\max_{(x,y)\in D}f(x,y)<\frac{1}{\mathrm{e}},\quad 或\quad \sup_{(x,y)\in D}f(x,y)<\frac{1}{\mathrm{e}},$$

则结论自然成立.

证明 设 $f(x,y)=yx^y(1-x)$, $(x,y)\in D$. 由下面的证明过程可见 $f(x,y)$ 在 D 上不存在最大值. 因此问题转化成: 求 $f(x,y)$ 在 D 上的一个上界或上确界.

为此, $\forall y_0>0$, $f(x,y_0)=y_0(1-x)x^{y_0}$ 是定义在 $(0,1)$ 上的一元连续函数 (恒正). 注意到

$$\lim_{x\to 0^+}f(x,y_0)=\lim_{x\to 1^-}f(x,y_0)=0,$$

则 $f(x,y_0)$ 在 $(0,1)$ 内必有最大值. 令

$$f_x(x,y_0)=y_0x^{y_0-1}[y_0-x(1+y_0)]=0,$$

$f(x,y_0)$ 必在唯一的稳定点 $x=\dfrac{y_0}{1+y_0}$ 处取得最大值

$$\varphi(y_0)=f\left(\frac{y_0}{1+y_0},y_0\right)=\left(\frac{y_0}{1+y_0}\right)^{y_0+1}.$$

由于当 $y_0 \to +\infty$ $(x \to 1-0)$ 时, $\varphi(y_0)$ 递增地趋于 $\frac{1}{\mathrm{e}}$. 因此, $\frac{1}{\mathrm{e}}$ 是 $f(x,y)$ 的不能达到的上确界. 从而结论成立. □

例 9　证明: 由方程 $z = y + x\varphi(z)$ 所确定的隐函数 $z = z(x,y)$ 满足

$$\frac{\partial^2 z}{\partial x^2} = \frac{\partial}{\partial y}\left[\varphi^2(z)\frac{\partial z}{\partial y}\right],$$

其中 $\varphi(z)$ 二阶可导.

证明　由题设知

$$z(x,y) \equiv y + x\varphi(z(x,y)).$$

两边对 x, y 求偏导数, 得

$$z_x = \varphi(z) + x\varphi'(z)z'_x, \quad z_y = 1 + x\varphi'(z)z_y.$$

解得

$$z_x = \frac{\varphi(z)}{1 - x\varphi'(z)}, \quad z_y = \frac{1}{1 - x\varphi'(z)}.$$

进而, 代入 z_x 并整理得到

$$\begin{aligned}
z_{xx} &= \frac{\partial}{\partial x}\left(\frac{\partial z}{\partial x}\right) = \frac{1}{(1-x\varphi'(z))^2}[\varphi'(z)z_x(1 - x\varphi'(z)) + \varphi(z)[\varphi'(z) + x\varphi''(z)z_x]\\
&= \frac{1}{(1-x\varphi'(z))^2}\left[2\varphi(z)\varphi'(z)(1 - x\varphi'(z)) + x\varphi^2(z)\varphi''(z)\right].
\end{aligned}$$

再计算

$$\begin{aligned}
&\frac{\partial}{\partial y}\left[\varphi^2(z)z_y\right] = \frac{\partial}{\partial y}\left[\frac{\varphi^2(z)}{1 - x\varphi'(z)}\right]\\
&= \frac{1}{(1-x\varphi'(z))^2}\left[2\varphi(z)\varphi'(z)z_y(1 - x\varphi'(z)) + x\varphi^2(z)\varphi''(z)z_y\right]\\
&= \frac{1}{(1-x\varphi'(z))^2}\left[2\varphi(z)\varphi'(z)(1 - x\varphi'(z)) + x\varphi^2(z)\varphi''(z)\right].
\end{aligned}$$

比较上两式, 则所证成立. □

例 10　给定函数 $f(x,y) = 2(y - x^2)^2 - \frac{1}{7}x^7 - y^2$.

(1) 求 $f(x,y)$ 的极值;

(2) 证明: 沿过点 $(0,0)$ 的每条直线, 点 $(0,0)$ 都是定义在该直线上的函数 $f(x,y)$ 的极小值点.

解 (1) 由

$$\begin{cases} f_x = -8x(y-x^2) - x^6 = 0, \\ f_y = 4(y-x^2) - 2y = 0 \end{cases}$$

解得

$$\begin{cases} x_1 = 0, \\ y_1 = 0, \end{cases} \quad 或 \quad \begin{cases} x_2 = -2, \\ y_1 = 8. \end{cases}$$

又由

$$f_{xx} = -8y + 24x^2 - 6x^5, \quad f_{xy} = -8x, \quad f_{yy} = 2,$$

得

$$H_f(-2,8) = \begin{pmatrix} 224 & 16 \\ 16 & 2 \end{pmatrix}.$$

直接计算

$$\Delta_1 = 224 > 0, \quad \Delta_2 = 224 \times 2 - 16 \times 16 = 192 > 0.$$

所以, $(-2,8)$ 为函数 $f(x,y)$ 的极小值点, 极小值是 $f(-2,8) = -\dfrac{352}{7}$.

对临界点 $(0,0)$, 函数的 Hessian 矩阵不满足极值的充分条件. 但令 $x=0$, $f(0,y) = y^2$, 这说明原点邻域中 y 轴上的函数值比原点函数值大. 又令 $y = x^2$, $f(x,x^2) = -\dfrac{1}{7}x^7 - x^4$, 这说明原点邻域中, 抛物线 $y = x^2$ 上的函数值比原点函数值小, 所以, $f(x,y)$ 在原点无极值.

(2) 考虑直线 $y = kx$,

$$\begin{aligned} f(x,kx) &= 2k^2x^2 - 4kx^3 + 2x^4 - \frac{1}{7}x^7 - k^2x^2 \\ &= x^2\left(k^2 - 4kx + 2x^2 - \frac{1}{7}x^5\right). \end{aligned}$$

(i) $k \neq 0$ 时, 可以看出只要 x 充分小, 有 $f(x,kx) \geqslant 0$.

(ii) $k = 0$ 时,

$$f(x,0) = 2x^4 - \frac{1}{7}x^7 = x^4(2 - \frac{1}{7}x^3),$$

只要 x 充分小, 同样有 $f(x,0) \geqslant 0$, 这说明限于直线 $y = kx$ 上考虑时, 函数在 $(0,0)$ 点有极小值. □

5.3　进阶练习题

1. 讨论函数

$$f(x,y)=\begin{cases}\dfrac{xy}{x^2+y^2}, & x^2+y^2\neq 0,\\ 0, & x^2+y^2=0\end{cases}$$

在点 $(0,0)$ 处是否存在方向导数.

2. 求曲线 $x^2+y^2+z^2=6,\ x+y+z=0$ 在 $(1,-2,1)$ 处的切线方程.

3. 试求函数 $z=1-(x^2+y^2)$ 在圆 $x^2+y^2=1$ 上一点 $P_0\left(\dfrac{1}{\sqrt{2}},\dfrac{1}{\sqrt{2}}\right)$ 处沿圆内法线方向 $\boldsymbol{l}$ 的方向导数 $\left.\dfrac{\partial z}{\partial \boldsymbol{l}}\right|_{P_0}$.

4. 对函数 $f(x,y)=\dfrac{1}{\sqrt{x^2-2xy+1}}$, 应用微分中值定理证明: 存在 $\theta\in(0,1)$, 使得

$$1-\sqrt{2}=\sqrt{2}(1-3\theta)(1-2\theta+3\theta^2)^{-3/2}.$$

5. 试求函数 $f(x,y)=\ln(1-x)\ln(1-y)$ 在点 $P(0,0)$ 处的四阶 Taylor 展开式.

6. 设 $f(x,y)$ 是 n 次齐次函数且 n 阶连续可微. 证明:

$$\left(x\frac{\partial}{\partial x}+y\frac{\partial}{\partial x}\right)^k f=n(n-1)\cdots(n-k+1)f;$$

并对函数 $f(x,y)=\sin\dfrac{y}{x}$, 计算

$$q_k=\left(x\frac{\partial}{\partial x}+y\frac{\partial}{\partial x}\right)^k f=n(n-1)\cdots(n-k+1)f,\quad k=1,2,\cdots.$$

7. 试求下列方程所确定的导数或偏导数:

(1) $\ln\sqrt{x^2+y^2}=\arctan\dfrac{y}{x}$, 求 y' 和 y''.

(2) $\dfrac{z}{x}+\dfrac{x}{y}+\dfrac{y}{z}=1$, 求 z_x 和 z_y.

(3) $x^2+u^2=f(x,u)+g(x,y,u)$, f 和 g 对所有变元的所有偏导数存在, 求 u_x 和 u_y.

(4) $u=f(x+u,yu)$, f 对所有变元的所有偏导数存在, 求 u_x 和 u_y.

8. 求由方程组

$$\begin{cases}xu^2+v=y^3,\\ 2yu-xv^3=4x\end{cases}$$

所确定的隐函数组的偏导数 $\dfrac{\partial u}{\partial x},\ \dfrac{\partial v}{\partial y}$.

9. 由方程组

$$x+y^2=u,\quad y+z^2=v,\quad z+x^2=w,$$

确定 x, y, z 为 u, v, w 的二次可微函数, 求 $\dfrac{\partial^2 x}{\partial u^2}, \dfrac{\partial^2 x}{\partial u \partial v}$.

10. 设变换: $u = x - 2y$, $v = x + ay$. 把方程

$$6\frac{\partial^2 z}{\partial x^2} + \frac{\partial^2 z}{\partial x \partial y} - \frac{\partial^2 z}{\partial y^2} = 0$$

简化为 $\dfrac{\partial^2 z}{\partial u \partial v} = 0$. 试求常数 a.

11. 证明: 函数

$$f(x, y) = (1 + \mathrm{e}^y)\cos x - y\mathrm{e}^y$$

有无穷多个极大值点, 但无极小值点.

12. 求函数 $f(x, y, z) = x^4 + y^4 + z^4$ 在条件 $xyz = 1$ 下的极值, 并指出该极值是极大值还是极小值.

13. 求函数 $f(x, y) = 4x + xy^2 + y^2$ 在圆域 $x^2 + y^2 \leqslant 1$ 上的最大值和最小值.

14. 证明：当 $x \geqslant 1$, $y \geqslant 0$ 时, 不等式 $xy \leqslant x\ln x - x + \mathrm{e}^y$ 成立.

15. 求 $x > 0$, $y > 0$, $z > 0$ 时函数

$$f(x, y, z) = \ln x + 2\ln y + 3\ln z$$

在球面 $x^2 + y^2 + z^2 = 6r^2$ 上的最大值. 并证明对任意 $a > 0$, $b > 0$, $c > 0$, 有

$$ab^2c^3 < 1 - 8\left(\frac{a+b+c}{6}\right)^6.$$

16. 将长度为 L 的铁丝分为三节, 用此三节分别作成圆, 正方形, 等边三角形. 问如何分法, 方能使这三个图形的面积和最小.

17. 试证: 曲面 $F(x - ay, z - by) = 0$ ($F(u, v)$ 是可微函数, $a \neq 0$, $b \neq 0$) 的任一切平面恒与某一直线平行.

18. 求函数 $u = x + \dfrac{y}{x} + \dfrac{z}{y} + \dfrac{2}{z}\,(x > 0, y > 0, z > 0)$ 的极值点.

第 6 章 重 积 分

6.1 疑难解析

1. 在二重积分的定义中, d_i 表示分割 T 的小区域 σ_i 的直径, $\Delta\sigma_i$ 表示小区域 σ_i 的面积, 定义 $\|T\| = \max\limits_{1\leqslant i\leqslant n} d_i$. 问: $\|T\| \to 0$ 是否与 $\max\limits_{1\leqslant i\leqslant n}\{\Delta\sigma_i\} \to 0$ 等价? 能否用 $\max\limits_{1\leqslant i\leqslant n}\{\Delta\sigma_i\} \to 0$ 代替 $\|T\| \to 0$?

答: $\|T\| \to 0$ 与 $\max\limits_{1\leqslant i\leqslant n}\{\Delta\sigma_i\} \to 0$ 不等价, $\|T\| \to 0$ 蕴涵 $\max\limits_{1\leqslant i\leqslant n}\{\Delta\sigma_i\} \to 0$, 反之不然. 例如, 小区域 σ_i 是非常窄的长条, 虽然 “$\max\limits_{1\leqslant i\leqslant n}\{\Delta\sigma_i\} \to 0$”, 但是 $\|T\| \to 0$ 却不成立.

$\max\limits_{1\leqslant i\leqslant n}\{\Delta\sigma_i\} \to 0$ 不可以代替 $\|T\| \to 0$. 设 f 是区域 D 上的连续函数, 当 $\|T\| \to 0$ 时, D 的任意子区域 σ_i 上的任意点 P_i 与该子区域的其他任意点 P 的距离都小于 $\|T\|$, 从而 $f(P_i)$ 与 $f(P)$ 就可以任意接近, 这样 $f(P_i)\Delta\sigma_i$ 与 $f(P)\Delta\sigma_i$ 就可以任意接近. 但是当 $\max\limits_{1\leqslant i\leqslant n}\{\Delta\sigma_i\} \to 0$ 时, σ_i 上的任意两点间的距离可以非常远, $f(P_i)\Delta\sigma_i$ 代替真实值误差会很大.

2. 设 $|f(x,y)|$ 在 D 上可积, $f(x,y)$ 是否可积?

答: $|f(x,y)|$ 在 D 上可积, $f(x,y)$ 不一定可积. 例如, 易证函数

$$f(x,y) = \begin{cases} 1, & x,y \in \mathbb{Q}\cap[0,1], \\ -1, & \text{其他} \end{cases}$$

在 $[0,1]\times[0,1]$ 上不可积, 但是 $|f(x,y)| \equiv 1$ 在 $[0,1]\times[0,1]$ 上可积.

3. 二重积分 $\iint\limits_D f(x,y)\mathrm{d}x\mathrm{d}y$ 的几何意义是: $\iint\limits_D f(x,y)\mathrm{d}x\mathrm{d}y$ 等于以 D 为底, 以 $y = f(x,y)$ 为曲顶的直曲顶柱体的体积. 此种说法正确吗?

答: 当 $f(x,y) \geqslant 0$ 时, 上述说法正确, 否则不正确. 当 $f(x,y) \leqslant 0$ 时, $\iint\limits_D f(x,y)\mathrm{d}x\mathrm{d}y$ 等于以 D 为底, 以 $y = f(x,y)$ 为曲顶的直曲顶柱体的体积的相

反数；当 $f(x,y)$ 在 D 的某些子区域上为正, 在另一些子区域上为负时, $\iint\limits_D f(x,y)\mathrm{d}x\mathrm{d}y$ 等于子区域上曲顶柱体体积的代数和.

4. 举例说明, 闭区域 $D=[a,b]\times[c,d]$ 上二重积分存在时, 两个累次积分可能不存在. 举出两个累次积分存在而二重积分不存在的例子.

答: 一般而言, 类似于二元函数在一点的二重极限与累次极限之间的关系, 二重积分与累次积分的存在性之间没有关系.

(1) 当 $\iint\limits_D f(x,y)\mathrm{d}x\mathrm{d}y$ 存在时, 两个累次积分可以均不存在.

例如, 设函数

$$f(x,y)=\begin{cases}\dfrac{1}{m}+\dfrac{1}{p}, & (x,y)\in D, x=\dfrac{n}{m}, y=\dfrac{q}{p}\in\mathbb{Q},\\ 0, & (x,y)\in D, x \text{ 和 } y \text{ 至少有一个为无理数},\end{cases}$$

其中 $D=[0,1]\times[0,1], m,p\in\mathbb{N}_+, n,q\in\mathbb{N}, m$ 与 n 互质, p 与 q 互质.

易证 $f(x,y)$ 在 D 内任何有理点 (x 和 y 都是有理数) 不连续, 而在 D 上其余点都连续, 且函数 $f(x,y)$ 在 D 上二重积分存在, 有

$$\iint\limits_D f(x,y)\mathrm{d}x\mathrm{d}y=0.$$

当 y 是有理数时, 设 $y=\dfrac{q}{p}$, 对于任意的无理数 x, 有 $f(x,y)=0$; 对任意的有理数 $x=\dfrac{n}{m}$, 有 $f(x,y)=\dfrac{1}{m}+\dfrac{1}{p}$. 固定 x, 对 y 积分, 由于函数 $f(x,y)$ 在任意小区间上的振幅 $\omega_i\geqslant\dfrac{1}{m}$, 即定积分 $\int_0^1 f\left(\dfrac{n}{m},y\right)\mathrm{d}y$ 不存在, 所以累次积分

$$\int_0^1\mathrm{d}x\int_0^1 f(x,y)\mathrm{d}y$$

也不存在, 同理可证累次积分

$$\int_0^1\mathrm{d}y\int_0^1 f(x,y)\mathrm{d}x$$

也不存在.

当重积分 $\iint\limits_D f(x,y)\mathrm{d}x\mathrm{d}y$ 和累次积分之一存在时, 可以证明它们必然相等, 但仍然不能证明另一个累次积分存在与否.

文献 [4] 中定理 16.2.1 和定理 16.2.2 说明了上述断言的前半部分, 至于后者, 有如下例子:

设函数

$$f(x,y)=\begin{cases}1, & (x,y)\in D, y=1, x=\dfrac{n}{m},\\ 0, & (x,y)\in D, (x,y)\text{是 } D \text{ 中其余的点},\end{cases}$$

其中 $D=[0,1]\times[0,1], m\in\mathbb{N}_+, n\in\mathbb{N}, m$ 与 n 互质.

当 $y=1$ 时, $\int_0^1 f(x,y)\mathrm{d}x$ 不存在, 所以累次积分

$$\int_0^1 \mathrm{d}y\int_0^1 f(x,y)\mathrm{d}x$$

也不存在, 但

$$\iint_D f(x,y)\mathrm{d}x\mathrm{d}y=\int_0^1\mathrm{d}x\int_0^1 f(x,y)\mathrm{d}y=0.$$

若重积分 $\iint\limits_D f(x,y)\mathrm{d}x\mathrm{d}y$ 和两个累次积分都存在, 或特别地 $f(x,y)$ 是 D 上的连续函数时, 可以证明三者必然相等.

(2) 当 $\iint\limits_D f(x,y)\mathrm{d}x\mathrm{d}y$ 不存在时, 两个累次积分可以均存在, 但不相等.

设函数

$$f(x,y)=\begin{cases}\dfrac{x-y}{(x+y)^3}, & (x,y)\in D, (x,y)\neq(0,0),\\ 0, & (x,y)\in D, (x,y)=(0,0),\end{cases}$$

其中 $D=[0,1]\times[0,1]$.

由于

$$f\left(\frac{2}{n},\frac{1}{n}\right)=\frac{\dfrac{3}{n}}{\left(\dfrac{1}{n^3}\right)^3}=\frac{n^2}{27}\to+\infty\quad(n\to\infty).$$

所以函数 $f(x,y)$ 在 D 上无界, 从而其在 D 上的二重积分不存在. 但是

$$\int_0^1\mathrm{d}y\int_0^1\frac{x-y}{(x+y)^3}\mathrm{d}x=-\int_0^1\frac{1}{(1+y)^2}\mathrm{d}y=-\frac{1}{2},$$

$$\int_0^1 \mathrm{d}x \int_0^1 \frac{x-y}{(x+y)^3}\mathrm{d}y = \int_0^1 \frac{1}{(1+x)^2}\mathrm{d}x = \frac{1}{2},$$

即两个累次积分都存在, 但不相等.

(3) 当 $\iint\limits_D f(x,y)\mathrm{d}x\mathrm{d}y$ 不存在时, 两个累次积分可以均存在且相等.

设函数

$$f(x,y) = \begin{cases} \dfrac{xy}{(x^2+y^2)^2}, & (x,y)\in D, (x,y)\neq(0,0), \\ 0, & (x,y)\in D, (x,y)=(0,0), \end{cases}$$

其中 $D=[-1,1]\times[-1,1]$.

由于

$$f\left(\frac{1}{n},\frac{1}{n}\right) = \frac{\dfrac{1}{n^2}}{\dfrac{4}{n^4}} = \frac{n^2}{4} \to +\infty \quad (n\to\infty),$$

所以函数 $f(x,y)$ 在 D 上无界, 从而其在 D 上的二重积分不存在. 但是

$$\int_{-1}^1 \mathrm{d}y \int_{-1}^1 f(x,y)\mathrm{d}x = \int_{-1}^1 \mathrm{d}x \int_{-1}^1 f(x,y)\mathrm{d}y = 0,$$

即两个累次积分都存在, 且相等.

(4) 当 $\iint\limits_D f(x,y)\mathrm{d}x\mathrm{d}y$ 不存在时, 两个累次积分可以一个存在, 另一个不存在.

例如, 函数

$$f(x,y) = \begin{cases} 1, & (x,y)\in D, x\text{ 是有理数}, y\in[0,1]\text{或 } x\text{ 是无理数}, y\in[1,2], \\ 0, & (x,y)\in D, x\text{ 是有理数}, y\in[1,2]\text{或 } x\text{ 是无理数}, y\in[0,1], \end{cases}$$

其中 $D=[0,2]\times[0,2]$. 此例也说明有界闭区域上的有界函数不一定黎曼可积.

当 x 是有理数时,

$$\int_0^2 f(x,y)\mathrm{d}y = \int_0^1 f(x,y)\mathrm{d}y + \int_1^2 f(x,y)\mathrm{d}y = \int_0^1 \mathrm{d}y = 1;$$

当 x 是无理数时,

$$\int_0^2 f(x,y)\mathrm{d}y = \int_0^1 f(x,y)\mathrm{d}y + \int_1^2 f(x,y)\mathrm{d}y = \int_1^2 \mathrm{d}y = 1.$$

所以

$$\int_0^2 \mathrm{d}x \int_0^2 f(x,y)\mathrm{d}y = 2.$$

将 D 分成两个子区域 D_1 和 D_2, 其中

$$D_1 = [0,2]\times[0,1], \quad D_2 = [0,2]\times[1,2],$$

固定 $y_0 \in [0,1]$, 对于区间 $[0,2]$ 的任意分割, 函数 $f(x,y_0)$ 在任意子区域上的振幅为 1, 从而 $\int_0^2 f(x,y_0)\mathrm{d}x$ 不存在, 进而知 $\int_0^2 \mathrm{d}y\int_0^2 f(x,y)\mathrm{d}x$ 不存在.

对于区域 D 的任意分割, $f(x,y)$ 在任意子区域上的振幅为 1, 从而 $\iint\limits_D f(x,y)\mathrm{d}x\mathrm{d}y$ 不存在.

5. 二重积分中值定理的有界闭区域 D 换为可求面积的有界闭集是否可以?

答: 不可以, 有界闭区域和可求面积的有界闭集的主要差别是连通性, 而二重积分中值定理对于不连通的有界闭集不一定成立. 例如, 函数

$$f(x,y)=\begin{cases} 1, & (x,y)\in[-2,-1]\times[-2,-1], \\ -1, & (x,y)\in[0,1]\times[0,1] \end{cases}$$

中 $D_1=[-2,-1]\times[-2,-1], D_2=[0,1]\times[0,1], D=D_1\cup D_2$.

不难知道, $f(x,y)$ 在有界集 D 上连续, 且 $\iint\limits_D f(x,y)\mathrm{d}x\mathrm{d}y = 0$, 但不存在 $(\xi,\eta)\in D$, 使得

$$\iint\limits_D f(x,y)\mathrm{d}x\mathrm{d}y = f(\xi,\eta)S_D = 2f(\xi,\eta),$$

这里 S_D 为区域 D 的面积.

6. 将二重积分 $\iint\limits_D f(x,y)\mathrm{d}x\mathrm{d}y$ 化为累次积分时, 是否与定积分类似, 可以积分上限小于积分下限?

答：不可以. 在定积分中, Δx_i 可正可负, 上限可以小于下限, 在二重积分中, $\Delta\sigma_i$ 只为正, 于是, 在将二重积分 $\iint\limits_D f(x,y)\mathrm{d}x\mathrm{d}y$ 化为累次积分时, 积分上限一定要不小于积分下限.

7. 在二重积分 $\iint\limits_D f(x,y)\mathrm{d}x\mathrm{d}y$ 计算时, 何种情况下选用极坐标计算较为简

便? 在三重积分 $\iiint\limits_V f(x,y,z)\mathrm{d}x\mathrm{d}y\mathrm{d}z$ 计算时, 何种情况下选用球坐标计算较为简便?

答: 简单地说, 当被积函数和积分区域表达式中都具有 x^2+y^2 时, 选用极坐标计算较为简便. 具体地说, 当被积函数是关于 x^2+y^2 的函数时, 首选极坐标法计算. 例如, 被积表达式 $f(x,y)\mathrm{d}x\mathrm{d}y=f(x^2+y^2)\mathrm{d}x\mathrm{d}y$ 通过极坐标变换, 可以将被积表达式变为 $rf(r^2)\mathrm{d}r\mathrm{d}\theta$; 如果积分区域表达式中也具有 x^2+y^2 时, 特别地, 积分区域 D 是圆形, 扇形, 圆环时, 选用极坐标法计算, 对应的累次积分限会很简洁, 从而达到减少计算量的目的.

类似地, 在三重积分计算中, 当被积函数是关于 $x^2+y^2+z^2$ 的函数时, 首选球坐标变换法计算. 例如, 被积表达式 $f(x,y)\mathrm{d}x\mathrm{d}y\mathrm{d}z=f(x^2+y^2+z^2)\mathrm{d}x\mathrm{d}y\mathrm{d}z$ 通过球坐标变换, 可以将被积表达式变为 $r^2\sin\varphi f(r^2)\mathrm{d}r\mathrm{d}\varphi\mathrm{d}\theta$; 如果被积区域是球体或球体的一部分时, 更加宜于选用球坐标变换法计算.

8. 写出 Riemann 积分的统一定义和性质.

答: 几何体 Ω 上的 Riemann 积分 (三类积分: 重积分、第一型曲线积分、第一型曲面积分) 的定义和性质可以统一写成如下定义.

定义 设 $f(P)$ 是定义在可度量 (也就是说它或是可求长度、或是可求面积、或是可求体积) 的几何体 Ω 上, J 是一个确定的数. 如果对于任给的正数 ε, 总存在一个正数 δ, 使得对于 Ω 的任何分割 $T=\{\Omega_1,\cdots,\Omega_n\}$, 以及任何点 $P_i\in\Omega_i$, 当细度 $\|T\|<\delta$ 时, 都有

$$\left|\sum_{i=1}^{n} f(P_i)\Delta\Omega_i - J\right| < \varepsilon,$$

则称 $f(P)$ 在 Ω 上是 **Riemann 可积**的, 简称 $f(P)$ 在 Ω 上**可积**, 数 J 称为函数 $f(P)$ 在 Ω 上的 **Riemann 积分**, 记作

$$J=\int_\Omega f(P)\mathrm{d}\Omega,$$

其中 $f(P)$ 称为**被积函数**, Ω 称为**积分区域**, $\mathrm{d}\Omega$ 称为**积分微元**. 也可以用极限来表示 Riemann 积分, 即

$$J=\lim_{\|T\|\to 0}\sum_{i=1}^{n} f(P_i)\Delta\Omega_i=\int_\Omega f(P)\mathrm{d}\Omega.$$

Riemann 积分根据几何体的不同形态有如下五种名称和表达式.

(1) 若 Ω 是数轴上的闭区间 $[a,b]$ 时, 称为定积分, 记作

$$J=\int_a^b f(x)\mathrm{d}x.$$

(2) 若 Ω 是平面图形 D, 称为二重积分, 记作

$$J=\iint\limits_D f(x,y)\mathrm{d}x\mathrm{d}y.$$

(3) 若 Ω 是空间几何体 V, 称为三重积分, 记作

$$J=\iiint\limits_V f(x,y,z)\mathrm{d}x\mathrm{d}y\mathrm{d}z.$$

(4) 若 Ω 是空间曲线 L 时, 称为第一型曲线积分, 记作

$$J=\int_L f(x,y,z)\mathrm{d}s.$$

(5) 若 Ω 是空间曲面 S 时, 称为第一型曲面积分, 记作

$$J=\int_S f(x,y,z)\mathrm{d}S.$$

可以统一给出 Riemann 积分的性质.

(1) (可积的必要条件) $f(P)$ 在 Ω 上可积的必要条件是 $f(P)$ 在 Ω 上有界.

(2) (可积的充要条件) 有界函数 $f(P)$ 在 Ω 上可积的充要条件是

$$\lim_{||T||\to 0} S(T)=\lim_{||T||\to 0} s(T).$$

(3) (可积函数类) 有界闭域 Ω 上的连续函数 $f(P)$ 必可积.

(4) (线性性质) 设 $f(P),g(P)$ 都是区域 Ω 上的可积函数, k 为常数, 则 $kf(P),f(P)\pm g(P)$ 均在 Ω 上可积, 而且有以下等式成立

$$\int_\Omega kf(P)\mathrm{d}\Omega=k\int_\Omega f(P)\mathrm{d}\Omega,$$

$$\int_\Omega [f(P)\pm g(P)]\mathrm{d}\Omega=\int_\Omega f(P)\mathrm{d}\Omega\pm\int_\Omega g(P)\mathrm{d}\Omega.$$

(5) (积分区域的可加性) 设 $f(P)$ 在区域 Ω_1 和 Ω_2 上都可积, 且 Ω_1 与 Ω_2 无公共内点, 那么, $f(P)$ 在 $\Omega_1\cup\Omega_2$ 上也可积, 且

$$\int_{\Omega_1\cup\Omega_2} f(P)\mathrm{d}x\mathrm{d}y=\int_{\Omega_1} f(P)\mathrm{d}x\mathrm{d}y+\int_{\Omega_2} f(P)\mathrm{d}x\mathrm{d}y.$$

(6) (积分不等式性) 设 $f(P)$ 与 $g(P)$ 在区域 Ω 上可积, 如果 $f(P) \leqslant g(P), \forall P \in \Omega$, 则

$$\int_{\Omega} f(P)\mathrm{d}\Omega \leqslant \int_{\Omega} g(P)\mathrm{d}\Omega.$$

(7) (绝对值性) 若 $f(P)$ 在区域 Ω 上可积, 则 $|f(P)|$ 在 Ω 上也可积, 且

$$\left|\int_{\Omega} f(P)\mathrm{d}\Omega\right| \leqslant \int_{\Omega} |f(P)|\,\mathrm{d}\Omega.$$

(8) (积分第一中值定理) 若 $f(P)$ 在有界闭区域 Ω 上可积, 则存在常数 C, 使得

$$\int_{\Omega} f(P)\mathrm{d}x\mathrm{d}y = CS_{\Omega},$$

其中 S_{Ω} 是积分区域 Ω 的度量, $\inf\{f(P)|P \in \Omega\} \leqslant C \leqslant \sup\{f(P)|P \in \Omega\}$.

推论 设 $f(P)$ 在有界闭区域 Ω 上连续, 则存在 $\xi \in \Omega$, 使得

$$\int_{\Omega} f(P)\mathrm{d}x\mathrm{d}y = f(\xi)S_{\Omega},$$

其中 S_{Ω} 是积分区域 Ω 的度量.

9. 证明二元函数在 D 上不可积, 通常可采用哪些办法?

答: (1) 用定义及可积的充要条件;

(2) 无界函数必不可积;

(3) 若其两个累次积分存在但不相等, 则此二元函数在 D 上不可积.

10. 在二重积分变量替换公式

$$\iint\limits_{D} f(x,y)\mathrm{d}x\mathrm{d}y = \iint\limits_{\Delta} f(x(u,v),y(u,v))|J(u,v)|\mathrm{d}u\mathrm{d}v$$

中右端的 Jacobi 行列式中的绝对值是否可以去掉?

答: 不可以, 因为二重积分的变量替换是面积到面积的变换, 所以在上述公式中, Jacobi 行列式要加绝对值.

也可以举出反例, 例如, 计算 $\iint\limits_{D}(x+y)\mathrm{d}x\mathrm{d}y$, 其中 D 为 $x+y=1, x+y=2, x-y=-1, x-y=1$ 所围成.

作变换 $u=x+y, v=x-y$, 则 $J(u,v)=-\dfrac{1}{2}$, 若去掉绝对值, 则

$$\iint\limits_{D}(x+y)\mathrm{d}x\mathrm{d}y = -\frac{3}{2}.$$

这显然是错误的, 因为在区域 D 上, $x+y\geqslant 1$,

$$\iint\limits_D (x+y)\mathrm{d}x\mathrm{d}y \geqslant |D| > 0.$$

11. 重积分的对称定理有哪些?

答: 二重积分的对称定理：设 $f(x,y)$ 是定义在有界闭区域 D 上的可积函数.

(1) 如果 $D=D_1\cup D_2$, D_1 与 D_2 关于 y 轴对称, 那么

当 $f(-x,y)=f(x,y)$ 时, 有 $\iint\limits_D f(x,y)\mathrm{d}x\mathrm{d}y = 2\iint\limits_{D_1} f(x,y)\mathrm{d}x\mathrm{d}y$;

当 $f(-x,y)=-f(x,y)$ 时, 有 $\iint\limits_D f(x,y)\mathrm{d}x\mathrm{d}y = 0$.

(2) 如果 $D=D_1\cup D_2$, D_1 与 D_2 关于 x 轴对称, 那么

当 $f(x,-y)=f(x,y)$ 时, 有 $\iint\limits_D f(x,y)\mathrm{d}x\mathrm{d}y = 2\iint\limits_{D_1} f(x,y)\mathrm{d}x\mathrm{d}y$;

当 $f(x,-y)=-f(x,y)$ 时, 有 $\iint\limits_D f(x,y)\mathrm{d}x\mathrm{d}y = 0$.

(3) 如果 $D=D_1\cup D_2$, D_1 与 D_2 关于原点对称, 那么

当 $f(-x,-y)=f(x,y)$ 时, 有 $\iint\limits_D f(x,y)\mathrm{d}x\mathrm{d}y = 2\iint\limits_{D_1} f(x,y)\mathrm{d}x\mathrm{d}y$;

当 $f(-x,-y)=-f(x,y)$ 时, 有 $\iint\limits_D f(x,y)\mathrm{d}x\mathrm{d}y = 0$.

(4) 如果 $D=\bigcup\limits_{i=1}^{4} D_i$ 是关于 x 轴、y 轴均对称的区域, 其中 D_i 为闭区域 D 在第 i 个象限的区域, 那么

当 $f(-x,y)=f(x,y), f(x,-y)=f(x,y)$ 时, 有

$$\iint\limits_D f(x,y)\mathrm{d}x\mathrm{d}y = 4\iint\limits_{D_i} f(x,y)\mathrm{d}x\mathrm{d}y;$$

当 $f(-x,y)=-f(x,y)$ 或 $f(x,-y)=-f(x,y)$ 时, 有 $\iint\limits_D f(x,y)\mathrm{d}x\mathrm{d}y = 0$.

(5) 如果 D 关于 $y=x$ 对称, 那么

$$\iint\limits_D f(x,y)\mathrm{d}x\mathrm{d}y = \iint\limits_D f(y,x)\mathrm{d}x\mathrm{d}y.$$

三重积分的对称定理：设 $f(x,y,z)$ 是定义在有界闭区域 Ω 上的可积函数.

(1) 如果 $\Omega=\Omega_1\cup\Omega_2$, Ω_1 与 Ω_2 关于 xOy 平面对称, 那么

当 $f(x,y,z)$ 是关于 z 的偶函数时, 有

$$\iiint_{\Omega} f(x,y,z)\mathrm{d}x\mathrm{d}y\mathrm{d}z=2\iiint_{\Omega_1} f(x,y,z)\mathrm{d}x\mathrm{d}y\mathrm{d}z;$$

当 $f(x,y,z)$ 是关于 z 的奇函数时, 有 $\iiint\limits_{\Omega} f(x,y,z)\mathrm{d}x\mathrm{d}y\mathrm{d}z=0$.

(2) 如果 $\Omega=\Omega_1\cup\Omega_2$, Ω_1 与 Ω_2 关于 z 轴对称, 那么

当 $f(x,y,z)$ 是关于 x,y 的偶函数时, 有

$$\iiint_{\Omega} f(x,y,z)\mathrm{d}x\mathrm{d}y\mathrm{d}z=2\iiint_{\Omega_1} f(x,y,z)\mathrm{d}x\mathrm{d}y\mathrm{d}z;$$

当 $f(x,y,z)$ 是关于 x,y 的奇函数时, 有 $\iiint\limits_{\Omega} f(x,y,z)\mathrm{d}x\mathrm{d}y\mathrm{d}z=0$.

(3) 如果 $\Omega=\Omega_1\cup\Omega_2$, Ω_1 与 Ω_2 关于原点对称, 那么

当 $f(x,y,z)$ 是关于 x,y,z 的偶函数时, 有

$$\iiint_{\Omega} f(x,y,z)\mathrm{d}x\mathrm{d}y\mathrm{d}z=2\iiint_{\Omega_1} f(x,y,z)\mathrm{d}x\mathrm{d}y\mathrm{d}z;$$

当 $f(x,y,z)$ 是关于 x,y,z 的奇函数时, 有 $\iiint\limits_{\Omega} f(x,y,z)\mathrm{d}x\mathrm{d}y\mathrm{d}z=0$.

(4) 如果 $\Omega=\bigcup\limits_{i=1}^{8}\Omega_i$ 是关于 xOy 平面、zOy 平面、xOz 平面均对称的区域, 其中 D_i 为闭区域 D 在第 i 个卦限的区域, 那么

当 $f(x,y,z)$ 分别是关于 x,y,z 的偶函数时, 有

$$\iiint_{\Omega} f(x,y,z)\mathrm{d}x\mathrm{d}y\mathrm{d}z=8\iiint_{\Omega_i} f(x,y,z)\mathrm{d}x\mathrm{d}y\mathrm{d}z;$$

当 $f(x,y,z)$ 至少是关于 x,y,z 某一个变量的奇函数时, 有

$$\iiint_{\Omega} f(x,y,z)\mathrm{d}x\mathrm{d}y\mathrm{d}z=0.$$

12. 在二重积分的计算中, 何时采用极坐标系下的计算法? 怎样将二重积分化为极坐标下的二次积分?

答: 在二重积分计算中, 如果积分域的边界曲线在极坐标系下有简单形式, 例如：圆域或圆环等, 而且经极坐标变换后被积函数可以积出来, 则可以用极坐标变换法来计算. 特别地, 如果经极坐标变换后, 被积函数和积分域都简洁了, 一般要用极坐标变换.

将二重积分 $\iint\limits_{D_{xy}} f(x,y)\mathrm{d}x\mathrm{d}y$ 化为极坐标下的累次积分可分为三个步骤：

(1) 将积分域 D_{xy} 的边界曲线方程在极坐标变换 $x=r\cos\theta, y=r\sin\theta$ 下化为极坐标下的曲线方程, 记变换后的积分域为 $D_{r\theta}$;

(2) 将被积函数表达式 $f(x,y)\mathrm{d}x\mathrm{d}y$ 变换为 $f(r\cos\theta,r\sin\theta)r\mathrm{d}r\mathrm{d}\theta$, 从而有

$$\iint\limits_{D_{xy}} f(x,y)\mathrm{d}x\mathrm{d}y=\iint\limits_{D_{r\theta}} f(r\cos\theta,r\sin\theta)r\mathrm{d}r\mathrm{d}\theta;$$

(3) 将上式右端的二重积分化为先对 r 后对 θ, 或先对 θ 再对 r 的累次积分.

6.2　典 型 例 题

6.2.1　二重积分的概念

1. 类似于定积分, 可以利用二重积分的概念, 通过求数列的极限来计算二重积分；也可通过二重积分来计算某些数列的极限.

例 1　用二重积分的定义计算二重积分 $\iint\limits_{D}(x+y^2)\mathrm{d}x\mathrm{d}y$, 其中 $D=[1,2]\times[1,3]$.

分析　由于积分区域 D 是可求面积的, 被积函数 $x+y^2$ 在 D 上连续, 所以 $x+y^2$ 在 D 上可积. 于是根据二重积分的概念, 可以特殊分割, 取特殊点. 要用到公式

$$\sum_{i=1}^{n} i^2=\frac{1}{6}n(n+1)(2n+1).$$

解　用直线网 $x=1+\dfrac{i}{n}, y=1+\dfrac{2i}{n}, i=0,1,\cdots,n$, 将 D 分成 $n\times n$ 个小矩形 σ_{ij}, 其面积 $\Delta\sigma_{ij}$ 为 $\dfrac{2}{n^2}$, 在每个 σ_{ij} 上取 $\xi_i=1+\dfrac{i}{n}, \eta_j=1+\dfrac{2j}{n}$, 于是有

$$\begin{aligned}&\iint\limits_{D}(x+y^2)\mathrm{d}x\mathrm{d}y\\&=\lim_{n\to\infty}\sum_{i=1}^{n}\sum_{j=1}^{n} f(\xi_i,\eta_j)\Delta\sigma_{ij}\end{aligned}$$

$$
\begin{aligned}
&= \lim_{n\to\infty}\sum_{i=1}^{n}\sum_{j=1}^{n}\frac{2}{n^2}\left[\left(1+\frac{i}{n}\right)+\left(1+\frac{2j}{n}\right)^2\right] \\
&= \lim_{n\to\infty}\frac{2}{n^2}\sum_{i=1}^{n}\sum_{j=1}^{n}\left[2+\frac{i}{n}+\frac{4j}{n}+\frac{4j^2}{n^2}\right] \\
&= \lim_{n\to\infty}\frac{2}{n^2}\left[2n^2+5n\cdot\frac{n(n+1)}{2n}+n\cdot\frac{4}{n^2}\cdot\frac{1}{6}n(n+1)(2n+1)\right] \\
&= 2\left(2+\frac{5}{2}+\frac{4}{3}\right)=\frac{35}{3}.
\end{aligned}
$$

□

例 2 求 $\lim\limits_{n\to\infty}\sum\limits_{i=1}^{n}\sum\limits_{j=1}^{n}\frac{1}{n^6}\left(5i^4+18i^2j^2+5j^4\right)$.

分析 直接通过放缩法等去求此极限有一定困难, 可以考虑用二重积分的定义来计算.

解 将 $D=[0,1]\times[0,1]$ 分成 n^2 个小区域, 每个小区域的面积都是 $\Delta\sigma=\frac{1}{n^2}$, 取 $(\xi_i,\eta_j)=\left(\frac{i}{n},\frac{j}{n}\right)$, 则

$$
\begin{aligned}
&\lim_{n\to\infty}\sum_{i=1}^{n}\sum_{j=1}^{n}\frac{1}{n^6}\left(5i^4+18i^2j^2+5j^4\right) \\
&= \lim_{n\to\infty}\sum_{i=1}^{n}\sum_{j=1}^{n}\frac{1}{n^2}\left[5\left(\frac{i}{n}\right)^4+18\left(\frac{i}{n}\right)^2\left(\frac{j}{n}\right)^2+5\left(\frac{j}{n}\right)^4\right] \\
&= \lim_{n\to\infty}\sum_{i=1}^{n}\sum_{j=1}^{n}\left(5\xi_i^4+18\xi_i^2\eta_j^2+5\eta_j^4\right)\Delta\sigma \\
&= \iint_D (5x^4+18x^2y^2+5y^4)\mathrm{d}x\mathrm{d}y \\
&= \int_0^1 [x^5+6x^3y^2+5xy^4]_{x=0}^{x=1}\mathrm{d}y \\
&= \int_0^1 (1+6y^2+5y^4)\mathrm{d}y \\
&= [y+2y^3+y^5]_0^1 = 4.
\end{aligned}
$$

□

2. 判定函数的可积性的方法有如下两种:

(1) 利用定义及可积的充要条件判定;

(2) 利用是否属于可积函数类判定.

例 3 判断下列函数在相应的定义域上的可积性:

(1) $f(x,y)=\begin{cases} x^2+\sin xy, & y>1, \\ xy, & y\leqslant 1, \end{cases}$ 在 $D=[0,2]\times[0,2]$ 上;

(2) $f(x,y)=\begin{cases} xy, & y>1, \\ 1, & (x,y)\text{为有理点且}y\leqslant 1, \\ 0, & (x,y)\text{为非有理点且}y\leqslant 1, \end{cases}$ 在 $D=[0,2]\times[0,2]$ 上.

分析 (1) 可以利用可积函数类直接判断, (2) 可以利用可积的定义或可积的判别准则来判断.

解 (1) 因为对任意的 $(x,y)\in D$, 有 $|f(x,y)|<5$, 即 f 在 D 上有界, 且 f 在 D 上的不连续点都落在 $\{(x,y)|x\in(0,2],y=1\}$ 上, 所以 f 在 D 上可积.

(2) 令 $\varepsilon_0=\dfrac{1}{2}$, 对 $[0,2]\times[0,1]$ 的任意分割 T,

$$S(T)-s(T)=2-0>\varepsilon_0,$$

于是 $f(x,y)$ 在 $[0,2]\times[0,1]$ 上不可积, 所以 $f(x,y)$ 在 D 上不可积. □

例 4 设 $f(x,y)$ 在有界闭区域 D 上连续, 且对 D 内任一子闭区域 D' 有

$$\iint\limits_{D'} f(x,y)\mathrm{d}x\mathrm{d}y=0,$$

试证明 $f(x,y)\equiv 0,(x,y)\in D$.

分析 可以利用连续函数的局部保号性及区域可加性. 一般证明恒等常用反证法.

证明 用反证法. 假设 $f(x,y)$ 在 D 上不恒为零, 则存在 $P_0(x_0,y_0)\in D$, 使得 $f(x_0,y_0)\neq 0$. 不失一般性, 可设 $P_0\in D^\circ$ 和 $f(x_0,y_0)>0$, 由连续函数的局部保号性定理得, 存在 $\delta>0$, 使得 $\overline{B_\delta}(P_0)\subset D$, 且 $\forall(x,y)\in\overline{B_\delta}(P_0)$, 有

$$f(x,y)>\frac{f(x_0,y_0)}{2}>0,$$

于是

$$\iint\limits_{\overline{B_\delta}(P_0)} f(x,y)\mathrm{d}x\mathrm{d}y\geqslant\iint\limits_{\overline{B_\delta}(P_0)}\frac{f(x_0,y_0)}{2}\mathrm{d}x\mathrm{d}y=\frac{f(x_0,y_0)}{2}\pi\delta^2>0,$$

这与题设对 D 内任一子闭区域 D' 有 $\iint\limits_{D'} f(x,y)\mathrm{d}x\mathrm{d}y=0$ 相矛盾, 所以

$$f(x,y)\equiv 0,\quad (x,y)\in D.$$ □

例 5 设 D_r 是由 $x=r, y=0, y=\dfrac{2x}{r}-1(r>0)$ 围成, 求

$$\lim_{r\to+\infty}\iint_{D_r}\mathrm{e}^{-x}\arctan\frac{y}{x}\mathrm{d}x\mathrm{d}y.$$

分析 可以考虑应用积分中值定理.

解 由于二元函数 $\mathrm{e}^{-x}\arctan\dfrac{y}{x}$ 在 D_r 上连续, 所以由积分中值定理得, 存在 $(\xi,\eta)\in D_r$, 使得

$$\iint_{D_r}\mathrm{e}^{-x}\arctan\frac{y}{x}\mathrm{d}x\mathrm{d}y=\mathrm{e}^{-\xi}\arctan\frac{\eta}{\xi}|D_r|=\frac{r}{4}\mathrm{e}^{-\xi}\arctan\frac{\eta}{\xi},$$

其中 $\xi\in\left[\dfrac{r}{2},r\right], \eta\in[0,1]$. 又因为

$$0\leqslant\left|\iint_{D_r}\mathrm{e}^{-x}\arctan\frac{y}{x}\mathrm{d}x\mathrm{d}y\right|\leqslant\frac{r}{4}\mathrm{e}^{-\frac{r}{2}}\cdot\frac{\pi}{2}=\frac{\pi}{8}r\mathrm{e}^{-\frac{r}{2}}\to 0,$$

所以根据迫敛性定理得

$$\lim_{r\to+\infty}\iint_{D_r}\mathrm{e}^{-x}\arctan\frac{y}{x}\mathrm{d}x\mathrm{d}y=0.$$ □

6.2.2 直角坐标系下二重积分的计算

在直角坐标系下计算二重积分的基本步骤如下:

(1) 画出积分区域草图;

(2) 确定积分区域是否为 x 型区域或 y 型区域, 若既不是 x 型区域也不是 y 型区域, 则要将积分区域化成几个 x 型区域和 y 型区域, 并用不等式组表示每个区域, 这一步很关键;

(3) 由第 (2) 步不等式组所表示的取值范围 (积分限) 就可以将二重积分化为累次积分;

(4) 计算累次积分的值, 即求两次定积分.

1. 按积分区域的不同, 可分为以下三种类型

(1) 积分区域是矩形

当二重积分的积分区域是矩形 $[a,b]\times[c,d]$, 被积函数在其上连续时, 二重积分值等于两个累次积分值, 与积分顺序无关, 但积分顺序不同, 积分的难度可能会有较大的差异.

例 1　设 $D=[1,2]\times[0,1]$, 求 $\iint\limits_D \frac{x^2}{1+y^2}\mathrm{d}x\mathrm{d}y$.

分析　当被积函数 $f(x,y)$ 是可分离变量型 (即被积函数可以表示为只含有 x 和只含有 y 的函数相乘, 即 $f(x,y)=\varphi(x)\psi(y)$) 二重积分可看成两个定积分相乘, 即有

$$\iint\limits_D f(x,y)\mathrm{d}x\mathrm{d}y=\int_1^2\varphi(x)\mathrm{d}x\int_0^1\psi(y)\mathrm{d}y.$$

解　由于被积函数 $f(x,y)$ 是可分离变量型, 所以

$$\iint\limits_D \frac{x^2}{1+y^2}\mathrm{d}x\mathrm{d}y=\int_1^2 x^2\mathrm{d}x\int_0^1\frac{1}{1+y^2}\mathrm{d}y=\frac{7\pi}{12}.$$ □

例 2　设 $D=[0,1]\times[0,1]$, 求 $\iint\limits_D \frac{y}{(1+x^2+y^2)^{\frac{3}{2}}}\mathrm{d}x\mathrm{d}y$.

解法 1　先对 y, 后对 x 积分, 有

$$\begin{aligned}\iint\limits_D \frac{y\mathrm{d}x\mathrm{d}y}{(1+x^2+y^2)^{\frac{3}{2}}}&=\frac{1}{2}\int_0^1\mathrm{d}x\int_0^1\frac{1}{(1+x^2+y^2)^{\frac{3}{2}}}\mathrm{d}y^2\\&=-\int_0^1\left.\frac{1}{(1+x^2+y^2)^{\frac{1}{2}}}\right|_{y=0}^{y=1}\mathrm{d}x\\&=\int_0^1\left(\frac{1}{\sqrt{1+x^2}}-\frac{1}{\sqrt{2+x^2}}\right)\mathrm{d}x\\&=\ln(x+\sqrt{1+x^2})\Big|_0^1-\ln(x+\sqrt{2+x^2})\Big|_0^1\\&=\ln\frac{2+\sqrt{2}}{1+\sqrt{3}}.\end{aligned}$$

解法 2　因为被积函数在 D 上连续, 也可以先对 x, 后对 y 积分, 有

$$\begin{aligned}\iint\limits_D \frac{y\mathrm{d}x\mathrm{d}y}{(1+x^2+y^2)^{\frac{3}{2}}}&=\iint\limits_D \frac{(1+x^2+y^2)-x^2}{(1+x^2+y^2)^{\frac{3}{2}}}\frac{y}{1+y^2}\mathrm{d}x\mathrm{d}y\\&=\iint\limits_D\left[\frac{1}{(1+x^2+y^2)^{\frac{1}{2}}}-\frac{x^2}{(1+x^2+y^2)^{\frac{3}{2}}}\right]\frac{y}{1+y^2}\mathrm{d}x\mathrm{d}y\end{aligned}$$

$$
\begin{aligned}
&=\int_0^1 \frac{x}{(1+x^2+y^2)^{\frac{1}{2}}}\Big|_{x=0}^{x=1}\frac{y}{1+y^2}\mathrm{d}y\\
&=\frac{1}{2}\int_0^1 \frac{1}{(2+y^2)^{\frac{1}{2}}}\frac{1}{1+y^2}\mathrm{d}(y^2+1)\\
&=\frac{1}{2}\int_1^2 \frac{1}{u(1+u)^{\frac{1}{2}}}\mathrm{d}u \quad (u=y^2+1)\\
&=\int_{\sqrt{2}}^{\sqrt{3}} \frac{\mathrm{d}t}{t^2-1} \quad (t=\sqrt{1+u})\\
&=\frac{1}{2}\ln\frac{t-1}{t+1}\Big|_{\sqrt{2}}^{\sqrt{3}}\\
&=\ln\frac{2+\sqrt{2}}{1+\sqrt{3}}.
\end{aligned}
$$

故 $\displaystyle\iint\limits_D \frac{y\mathrm{d}x\mathrm{d}y}{(1+x^2+y^2)^{\frac{3}{2}}}=\ln\frac{2+\sqrt{2}}{1+\sqrt{3}}$. □

显然, 上例先对 y 后对 x 积分要比先对 x 后对 y 积分容易很多. 因此对于矩形积分区域而言, 不用画积分区域, 积分上下限即可确定. 当被积函数连续时, 可选择使其计算方便的积分顺序.

(2) x 型区域或 y 型区域

如果积分区域既可以表示为 x 型区域, 又可以表示为 y 型区域, 当被积函数在积分域上连续时, 二重积分值等于两个累次积分值, 但按 x 型区域或 y 型区域进行积分, 导致积分顺序不同, 积分的难度可能会有较大的差异, 有的甚至无法积分.

例 3 计算 $\displaystyle\iint\limits_D y\sqrt{1+x^2-y^2}\mathrm{d}x\mathrm{d}y$, 其中 D 是由直线 $y=x, x=-1$ 和 $y=1$ 所围成的闭区域.

分析 若视 D 为 y 型区域, 积分就要计算 $\displaystyle\int_{-1}^{y}\sqrt{1+x^2-y^2}\mathrm{d}x$, 而此积分计算比较麻烦, 因此将积分区域看成 x 型区域进行累次积分计算.

解 积分区域视为 x 型区域, 则

$$
\iint\limits_D y\sqrt{1+x^2-y^2}\mathrm{d}x\mathrm{d}y=\int_{-1}^{1}\mathrm{d}x\int_x^1 y\sqrt{1+x^2-y^2}\mathrm{d}y
$$

$$=-\frac{1}{3}\int_{-1}^{1}(1+x^2-y^2)^{\frac{3}{2}}\Big|_{y=x}^{y=1}\mathrm{d}x$$

$$=-\frac{1}{3}\int_{-1}^{1}(|x|^3-1)\mathrm{d}x$$

$$=-\frac{2}{3}\int_{0}^{1}(x^3-1)\mathrm{d}x=\frac{1}{2}.\qquad\square$$

例 4　求由曲面 $z=xy, z=x+y, x+y=1, x=0, y=0$ 所围成立体的体积.(图 6.1)

分析　二重积分求体积首先要通过画草图, 确定被积函数和积分区域.

解　曲面所围成的立体如图 6.1 所示, 设该立体在 xOy 面上的投影为 D, 则

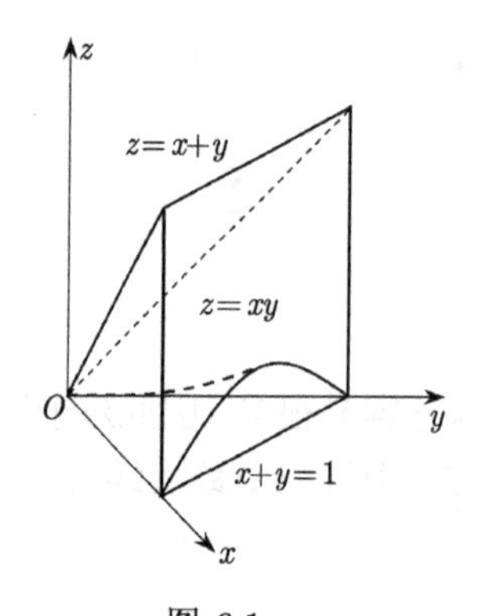

图 6.1

$$V=\iint_D(x+y-xy)\mathrm{d}x\mathrm{d}y$$

$$=\int_0^1\mathrm{d}x\int_0^{1-x}(x+y-xy)\mathrm{d}y$$

$$=\frac{1}{2}\int_0^1(1+x^2-x-x^3)\mathrm{d}x=\frac{7}{24}.$$

所以曲面所围成的立体体积为 $\frac{7}{24}$.　$\square$

例 5　设 D 是由 $y=\sqrt{x}, x=0, y=1$ 所围成的平面区域. 求 $\iint\limits_D 3\sin y^3\mathrm{d}x\mathrm{d}y$.

分析　如果先对 y 进行积分就要计算 $\int_{\sqrt{x}}^1\sin y^3\mathrm{d}y$, 而这是积出来的, 因此将积分区域看成 x 型区域进行累次积分计算.

解　积分区域既是 x 型, 又是 y 型区域. 若视为 y 型区域, 则

$$\iint_D 3\sin y^3\mathrm{d}x\mathrm{d}y=\int_0^1 3\sin y^3\mathrm{d}y\int_0^{y^2}\mathrm{d}x=\int_0^1 3y^2\sin y^3\mathrm{d}y=1-\cos 1.\qquad\square$$

(3) 混合型区域

如果积分区域既不是 x 型区域, 又不是 y 型区域, 可以将它分割成有限个除边界外无公共内点的 x 型区域或 y 型区域, 计算每个区域上的二重积分, 然后相加.

例 6 计算 $\iint\limits_D (x+y)\mathrm{d}x\mathrm{d}y$，其中 D 是由曲线 $y^2=2x, x+y=4$ 和 $x+y=12$ 所围成的闭区域.

分析 积分区域为混合型区域, 可以先画积分区域的草图, 求交点坐标, 并将积分区域分割.

解法 1 积分区域如图 6.2 所示, 抛物线 $y^2=2x$ 与直线 $x+y=4$ 的交点是 $(2,2)$ 与 $(8,-4)$, 与直线 $x+y=12$ 的交点是 $(18,-6)$ 与 $(8,4)$. 如图 6.2 所示, 将 D 分为 D_1 与 D_2, 可视这两个区域为 x 型区域, 即先对 y 后对 x 的积分顺序, 有

$$\iint\limits_D (x+y)\mathrm{d}x\mathrm{d}y=\iint\limits_{D_1}(x+y)\mathrm{d}x\mathrm{d}y+\iint\limits_{D_2}(x+y)\mathrm{d}x\mathrm{d}y$$

$$=\int_2^8\mathrm{d}x\int_{4-x}^{\sqrt{2x}}(x+y)\mathrm{d}y+\int_8^{18}\mathrm{d}x\int_{-\sqrt{2x}}^{12-x}(x+y)\mathrm{d}y$$

$$=\int_2^8\left[x^2+\sqrt{2}x^{3/2}-3x-\frac{1}{2}(4-x)^2\right]\mathrm{d}x$$

$$+\int_8^{18}\left[11x-x^2+\sqrt{2}x^{\frac{3}{2}}+\frac{1}{2}(12-x)^2\right]\mathrm{d}x$$

$$=543\frac{11}{15}.$$

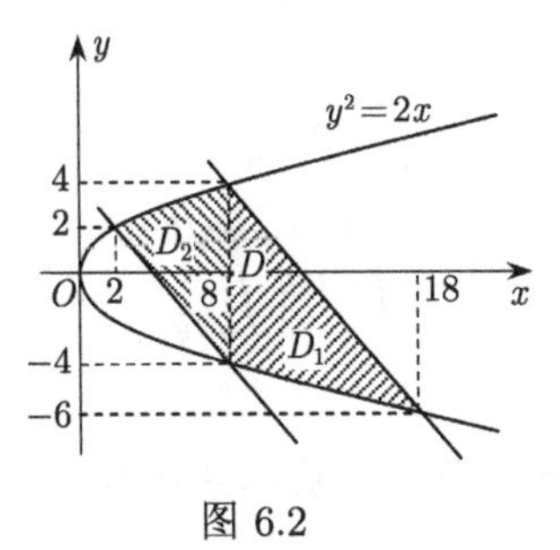

图 6.2

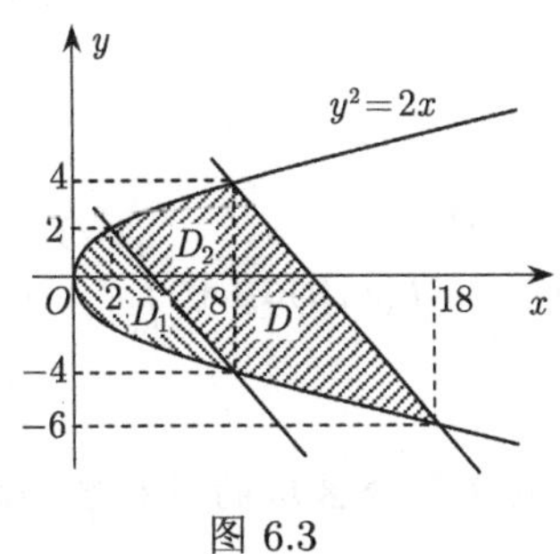

图 6.3

解法 2 积分区域如图 6.3 所示, 令 $D_1=\{(x,y)|-4<y<2,\frac{y^2}{2}<x<4-y\}$ 与 $D_2=\{(x,y)|-6<y<4,\frac{y^2}{2}<x<12-y\}$, 则 $D=D_2-D_1$. 可视 D_1 和 D_2 为 y 型区域, 即先对 x 后对 y 的积分顺序, 有

$$\iint\limits_D (x+y)\mathrm{d}x\mathrm{d}y=\iint\limits_{D_2}(x+y)\mathrm{d}x\mathrm{d}y-\iint\limits_{D_1}(x+y)\mathrm{d}x\mathrm{d}y$$

$$=\int_{-6}^{4}\mathrm{d}y\int_{\frac{y^2}{2}}^{12-y}(x+y)\mathrm{d}x-\int_{-4}^{2}\mathrm{d}y\int_{\frac{y^2}{2}}^{4-y}(x+y)\mathrm{d}x$$

$$=543\frac{11}{15}.$$

□

例 7　交换积分顺序 $\int_0^2\mathrm{d}x\int_0^{\frac{x^2}{2}}f(x,y)\mathrm{d}y+\int_2^{2\sqrt{2}}\mathrm{d}x\int_0^{\sqrt{8-x^2}}f(x,y)\mathrm{d}y$.

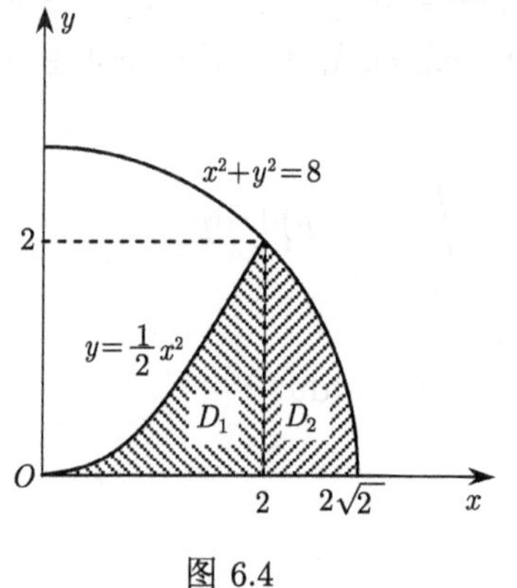

图 6.4

分析　二重积分交换积分次序的步骤是: ① 由所给累次积分确定积分区域; ②由该积分区域确定按新次序积分的积分限.

解　积分区域 D 如图 6.4 所示, 是由两个 x 型区域组成:

$$D_1=\left\{(x,y)|0<x<2,0<y<\frac{x^2}{2}\right\}$$

与

$$D_2=\{(x,y)|2<x<2\sqrt{2},0<y<\sqrt{8-x^2}\}.$$

将 D 视为 y 型区域, 则

$$D=\{(x,y)|0<y<2,\sqrt{2y}<x<\sqrt{8-y^2}\},$$

于是

$$\int_0^2\mathrm{d}x\int_0^{\frac{x^2}{2}}f(x,y)\mathrm{d}y+\int_2^{2\sqrt{2}}\mathrm{d}x\int_0^{\sqrt{8-x^2}}f(x,y)\mathrm{d}y=\int_0^2\mathrm{d}y\int_{\sqrt{2y}}^{\sqrt{8-y^2}}f(x,y)\mathrm{d}x.$$

□

2. 利用积分区域的对称性和被积函数的奇偶性简化二重积分计算

当且仅当积分区域及被积函数都具有对称性时, 才可利用对称性简化积分计算.

例 8　计算 $\iint\limits_D x\ln(y+\sqrt{1+y^2})\mathrm{d}x\mathrm{d}y$, 其中 D 是由曲线 $y=4-x^2,3x+y=0$ 和 $x=1$ 所围成的闭区域.

分析　积分区域分割后是对称区域, 被积函数关于 x 或 y 是奇函数, 所以可以考虑对称性定理计算二重积分.

解 如图 6.5 所示, 令 $D=D_1+D_2$, 其中 D_1 由曲线 $y=4-x^2$ 与直线 $y=\pm 3x$ 围成, D_2 由直线 $y=\pm 3x$ 与直线 $x=1$ 围成, $f(x,y)=x\ln(y+\sqrt{1+y^2})$. 在 D_1 上, $f(-x,y)=-f(x,y)$; 在 D_2 上, $f(x,-y)=-f(x,y)$. 所以

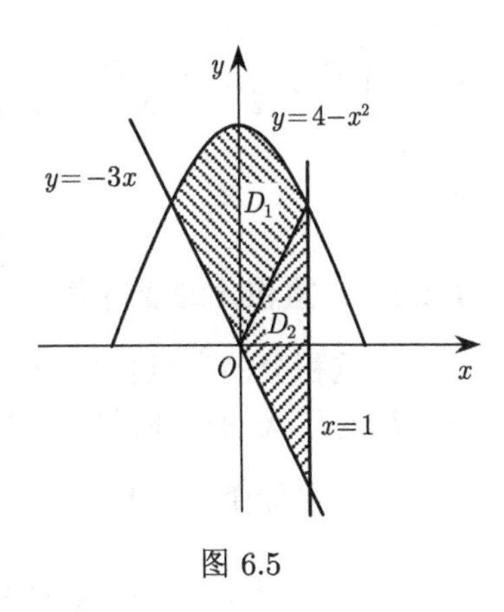

图 6.5

$$
\begin{aligned}
&\iint_D x\ln(y+\sqrt{1+y^2})\mathrm{d}x\mathrm{d}y\\
=&\iint_{D_1} x\ln(y+\sqrt{1+y^2})\mathrm{d}x\mathrm{d}y\\
&+\iint_{D_2} x\ln(y+\sqrt{1+y^2})\mathrm{d}x\mathrm{d}y=0.
\end{aligned}
$$
□

3. 分区域积分

当被积函数在积分区域的不同部分上, 具有不同的解析表达式 (初等函数) 时, 应将区域划分为不同的部分, 在每部分上解析表达式相同, 按照积分区域的可加性分别积分再相加.

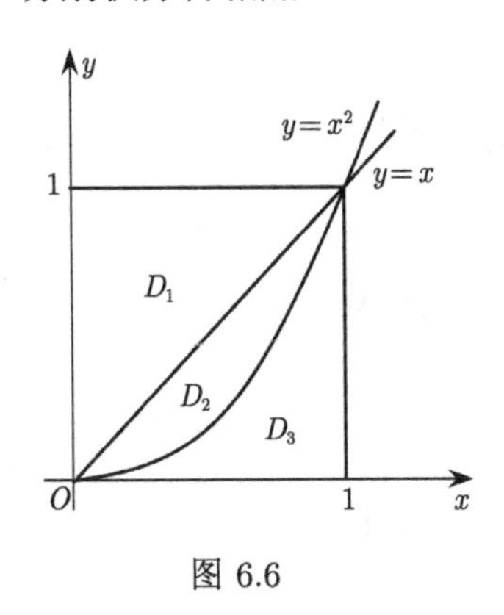

图 6.6

例 9 设 $D=[0,1]\times[0,1]$, 计算二重积分 $\iint\limits_D |y-x^2|\max\{y,x\}\mathrm{d}x\mathrm{d}y$.

分析 被积函数在积分区域 D 的不同部分解析表达式不同, 所以考虑分区域积分.

解 如图 6.6 所示, 令 $D=D_1+D_2+D_3$, $f(x,y)=|y-x^2|\max\{y,x\}$. 在 D_1 上, $f(x,y)=y(y-x^2)$; 在 D_2 上, $f(x,y)=x(y-x^2)$; 在 D_3 上, $f(x,y)=x(x^2-y)$. 所以

$$
\begin{aligned}
&\iint_D |y-x^2|\max\{y,x\}\mathrm{d}x\mathrm{d}y\\
=&\iint_{D_1} y(y-x^2)\mathrm{d}x\mathrm{d}y+\iint_{D_2} x(y-x^2)\mathrm{d}x\mathrm{d}y+\iint_{D_3} x(x^2-y)\mathrm{d}x\mathrm{d}y\\
=&\int_0^1\mathrm{d}x\int_x^1(y^2-yx^2)\mathrm{d}y+\int_0^1\mathrm{d}x\int_{x^2}^x(xy-x^3)\mathrm{d}y+\int_0^1\mathrm{d}x\int_0^{x^2}(x^3-xy)\mathrm{d}y
\end{aligned}
$$

$$= \int_0^1 \left(x^5 - \frac{1}{2}x^4 + \frac{1}{6}x^3 - \frac{1}{2}x^2 + \frac{1}{3}\right) \mathrm{d}x$$

$$= \frac{11}{40}. \qquad \square$$

6.2.3　二重积分的变量变换

二重积分的变量替换的选取, 不仅要分析被积函数的性质, 而且还要考察积分区域的形状, 有些时候, 还需要同时权衡两者.

1. 极坐标变换计算二重积分

例 1　设 $D = \{(x, y) | 1 \leqslant x^2 + y^2 \leqslant 4, 0 \leqslant y \leqslant x\}$, 求 $\iint\limits_D \arctan \frac{y}{x} \mathrm{d}x\mathrm{d}y$.

分析　xy 平面上的扇形区域经极坐标变换就变成 $r\theta$ 平面上的矩形区域 $\left\{(r, \theta) | 1 \leqslant r \leqslant 2, 0 \leqslant \theta \leqslant \frac{\pi}{4}\right\}$, 被积函数虽然不是 $x^2 + y^2$ 的表达式, 但可变成可分离变量型.

解　作极坐标变换:

$$x = r\cos\theta, \quad y = r\sin\theta,$$

则

$$\iint\limits_D \arctan \frac{y}{x} \mathrm{d}x\mathrm{d}y = \int_0^{\frac{\pi}{4}} \theta \mathrm{d}\theta \int_1^2 r\mathrm{d}r = \frac{3\pi^2}{64}. \qquad \square$$

例 2　设 $D = \{(x, y) | x^2 + 4y^2 \leqslant 1\}$, 求 $\iint\limits_D (x^2 + y^2) \mathrm{d}x\mathrm{d}y$.

分析　根据被积函数, 容易想到极坐标变换, 但

$$\iint\limits_D (x^2 + y^2) \mathrm{d}x\mathrm{d}y = \int_0^{2\pi} \mathrm{d}\theta \int_0^{\frac{1}{\sqrt{1+3\sin^2\theta}}} r^3 \mathrm{d}r$$

却比较麻烦. 如果从积分区域入手, 选择广义的极坐标变换会更好些.

解　选取变形的极坐标变换,

$$x = r\cos\theta, \quad y = \frac{r}{2}\sin\theta,$$

则 xy 平面上的椭圆形区域就变成 $r\theta$ 平面上的矩形区域 $\{(r, \theta) | 0 \leqslant r \leqslant 1, 0 \leqslant \theta \leqslant 2\pi\}$, Jacobi 行列式为 $J = \frac{r}{2}$.

$$\iint\limits_D (x^2+y^2)\mathrm{d}x\mathrm{d}y = \frac{1}{2}\int_0^{2\pi}\mathrm{d}\theta\int_0^1 r^3\left(\frac{1}{4}+\frac{3}{4}\cos^2\theta\right)\mathrm{d}r$$

$$= \frac{1}{32}\int_0^{2\pi}(1+3\cos^2\theta)\mathrm{d}\theta = \frac{5\pi}{32}. \qquad \square$$

例 3 设 $D=\{(x,y)||y|\leqslant|x|\leqslant 1\}$, $f(t)$ 在 $\mathbb{R}$ 上连续, 化 $\iint\limits_D f(\sqrt{x^2+y^2})\mathrm{d}x\mathrm{d}y$ 为定积分.

分析 被积函数虽然是 $.x^2+y^2$ 的表达式, 适合应用极坐标变换, 但积分区域 D 在 xy 平面上是两个关于 y 轴对称的等腰直角三角形, D 在第一象限的部分 D_1 经极坐标变换就变成 $r\theta$ 平面上的曲边梯形 $D_1^*=\left\{(r,\theta)|0\leqslant r\leqslant\dfrac{1}{\cos\theta}, 0\leqslant\theta\leqslant\dfrac{\pi}{4}\right\}$, 从而

$$\iint\limits_D f(\sqrt{x^2+y^2})\mathrm{d}x\mathrm{d}y = 4\int_0^{\frac{\pi}{4}}\mathrm{d}\theta\int_0^{\frac{1}{\cos\theta}} f(r)r\mathrm{d}r,$$

但这并非所需要的定积分形式. 为了得到所要的定积分, 还需要交换积分次序.

解 用极坐标变换将积分区域 D_1^* 分成 $D_{11}^*=\left\{(r,\theta)|0\leqslant r\leqslant 1, 0\leqslant\theta\leqslant\dfrac{\pi}{4}\right\}$ 和 $D_{12}^*=\left\{(r,\theta)|1\leqslant r\leqslant\sqrt{2}, \arccos\dfrac{1}{r}\leqslant\theta\leqslant\dfrac{\pi}{4}\right\}$, 从而

$$\iint\limits_D f(\sqrt{x^2+y^2})\mathrm{d}x\mathrm{d}y = 4\int_0^{\frac{\pi}{4}}\mathrm{d}\theta\int_0^1 f(r)r\mathrm{d}r + 4\int_1^{\sqrt{2}}\mathrm{d}r\int_{\arccos\frac{1}{r}}^{\frac{\pi}{4}} f(r)r\mathrm{d}\theta$$

$$= \pi\int_0^1 f(r)r\mathrm{d}r + \int_1^{\sqrt{2}}\left(\pi - 4\arccos\frac{1}{r}\right)rf(r)\mathrm{d}r. \qquad \square$$

2. 二重积分的一般变换

在二重积分的变换

$$\iint\limits_D f(x,y)\mathrm{d}x\mathrm{d}y = \iint\limits_\Delta f(x(u,v),y(u,v))|J(u,v)|\mathrm{d}u\mathrm{d}v$$

中变换 $T: x=x(u,v), y=y(u,v)$ 的选取、变换后积分区域的确定, 以及 Jacobi 行列式 $J(u,v)$ 的求法是关键.

(1) 变换 T 的选取法: 根据积分区域 D 的边界曲线的特点或被积函数的特点, 选取变换 T, 目标是变换后易于确定积分限, 易于积分. 由于矩形区域、圆域

或其他简单区域易于确定积分限, 进而易于积分, 所以使积分区域简单是首要的努力目标.

(2) Δ 的确定法——边界对应法：由于在变换 T 下, D 的内点变成 Δ 的内点, D 的边界变成 Δ 的边界, 所以只要由 D 的边界找到 Δ 的边界, 即可确定 Δ.

(3)

$$J(u,v)=\frac{\partial(x,y)}{\partial(u,v)}\neq 0,\quad (u,v)\in\Delta$$

的求法：其一, 直接计算；其二, 间接法 (倒数法), 即先求出 $\dfrac{\partial(u,v)}{\partial(x,y)}$, 再计算

$$\frac{\partial(x,y)}{\partial(u,v)}=\frac{1}{\dfrac{\partial(u,v)}{\partial(x,y)}}.$$

这适合于所取变换为：$u=u(x,y),v=v(x,y)$.

例 4　设 D 是由直线 $x+y=2$ 与 x 轴, y 轴所围成的区域, 计算 $\displaystyle\iint\limits_D \mathrm{e}^{\frac{y-x}{x+y}}\mathrm{d}x\mathrm{d}y$.

分析　如图 6.7 所示, 积分区域 D 是简单图形, 但被积函数的特点决定积分在 xy 平面上积不出来, 所以要选取适当的变换使被积函数更简单, 且容易积分.

解　作变换 $T:u=y-x,v=y+x$, 则 xy 平面中的 x 轴, y 轴, $x+y=2$ 分别对应于 uv 平面中的 $u=-v,u=v,v=2$, 新的积分区域如图 6.8 所示. Jacobi 行列式 $J(u,v)=\dfrac{1}{\dfrac{\partial(u,v)}{\partial(x,y)}}=-\dfrac{1}{2}$, 所以

$$\iint\limits_D \mathrm{e}^{\frac{y-x}{x+y}}\mathrm{d}x\mathrm{d}y=\iint\limits_{D'}\mathrm{e}^{\frac{u}{v}}\left|-\frac{1}{2}\right|\mathrm{d}u\mathrm{d}v=\frac{1}{2}\int_0^2\mathrm{d}v\int_{-v}^{v}\mathrm{e}^{\frac{u}{v}}\mathrm{d}u=\mathrm{e}-\mathrm{e}^{-1}.\qquad\square$$

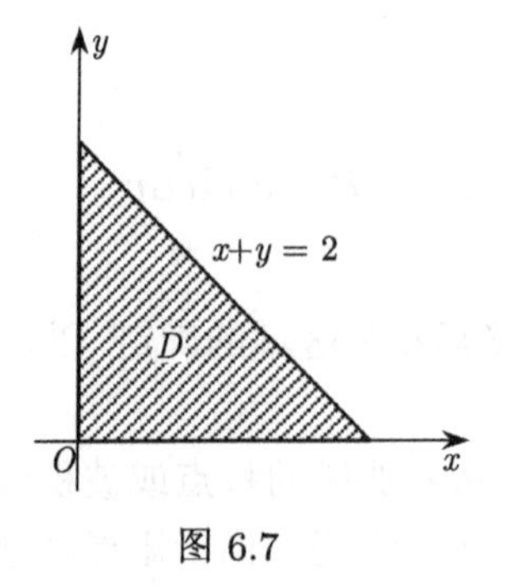

图 6.7

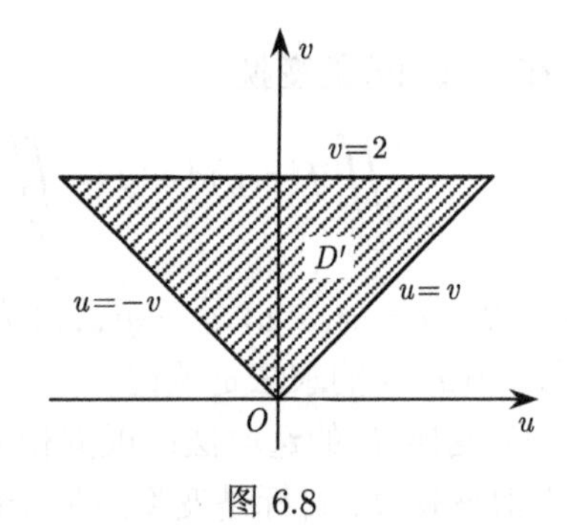

图 6.8

例 5 求由椭圆 $(ax+by+c)^2+(dx+ey+f)^2=1$ 所围的面积, 其中 $ae-db>0$.

解 作变换 $T: u=ax+by+c, v=dx+ey+f$, 则 xy 平面中椭圆 $(ax+by+c)^2+(dx+ey+f)^2=1$ 变成 uv 平面中的 $u^2+v^2=1$, 积分区域由椭圆域 D 变成圆域 Δ, Jacobi 行列式 $J(u,v)=\dfrac{1}{\dfrac{\partial(u,v)}{\partial(x,y)}}=\dfrac{1}{ae-db}$, 因此所求面积为

$$S=\iint\limits_{D}\mathrm{d}x\mathrm{d}y=\iint\limits_{\Delta}\left|\frac{1}{ae-db}\right|\mathrm{d}u\mathrm{d}v=\frac{\pi}{ae-db}.$$ □

3. 重积分的几何应用

重积分可以求平面区域的面积、空间立体的体积、空间物体的质量、空间曲面的面积、还可以在力学方面求重心、转动惯量和引力. 下面只列举几何学方面的应用.

例 6 求两个圆柱面 $x^2+y^2=R^2, x^2+z^2=R^2$ 所围立体的体积和表面积.

分析 求体积可以用二重积分或三重积分, 求表面积可以用二重积分. 所求的体积和表面积在 8 个卦限是对称的.

解 所求立体可以看成是一个曲顶柱体, 它的曲顶为 $z=\sqrt{R^2-x^2}$, 它在第一卦限的底为 $D=\{(x,y)|0\leqslant y\leqslant\sqrt{R^2-x^2}\}$, 如图 6.9 所示.

于是, 立体体积为

$$\begin{aligned}V&=8\iint\limits_{D}\sqrt{R^2-x^2}\mathrm{d}x\mathrm{d}y=8\int_0^R\mathrm{d}x\int_0^{\sqrt{R^2-x^2}}\sqrt{R^2-x^2}\mathrm{d}y\\&=8\int_0^R(R^2-x^2)\mathrm{d}x=\frac{16R^3}{3}.\end{aligned}$$

如图 6.10 所示, 令 $D_{xy}=\{(x,y)|x^2+y^2\leqslant R^2, x\geqslant 0, y\geqslant 0\}$, 在第一卦限所求表面分成 I 和 II, 由对称性, 这两块曲面的面积相等, 所以所求表面积为

$$S=16S_{\mathrm{I}}=16\iint\limits_{D_{xy}}\sqrt{1+z_x^2+z_y^2}\mathrm{d}x\mathrm{d}y=16\iint\limits_{D_{xy}}\frac{R}{\sqrt{R^2-x^2}}\mathrm{d}x\mathrm{d}y,$$

由反常积分定义知

$$S=16\lim_{u\to R}\int_0^u\mathrm{d}x\int_0^{\sqrt{R^2-x^2}}\frac{R}{\sqrt{R^2-x^2}}\mathrm{d}y=16R^2.$$ □

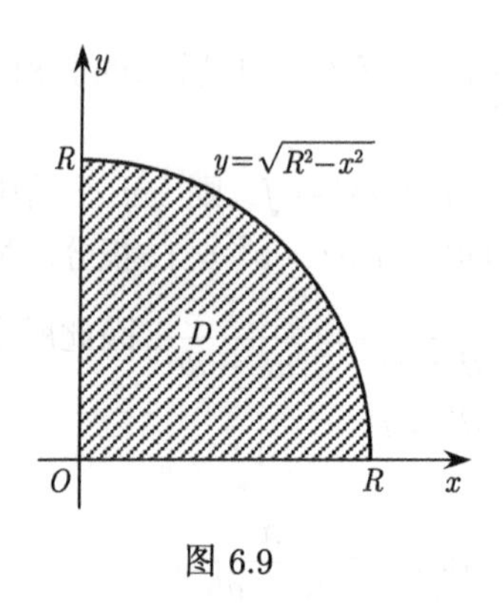

图 6.9

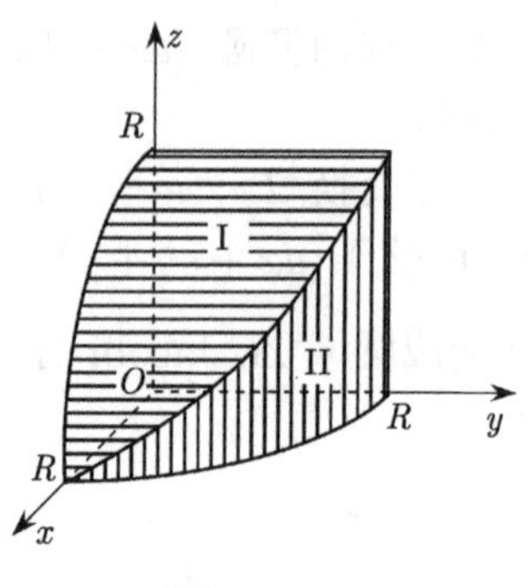

图 6.10

6.2.4 三重积分

三重积分是二重积分的推广, 因而与二重积分计算方法类似, 只是比其更复杂一些. 总体上有两种计算方法, 一是化为累次积分; 二是变量替换.

1. 三重积分化为累次积分

例 1 化三重积分 $I=\iiint\limits_V f(x,y,z)\mathrm{d}x\mathrm{d}y\mathrm{d}z$ 为先对 z, 再对 y, 然后对 x 的累次积分, 其中积分区域 V 是由曲面 $z=x^2+2y^2$ 及 $z=2-x^2$ 所围成的闭区域.

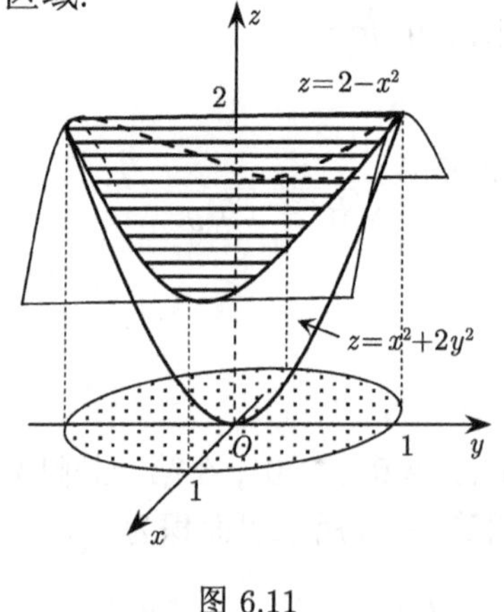

图 6.11

分析 先画积分区域的草图, 如图 6.11 所示, 可以从穿针法, 切片法和直接三次积分法中选取合适的方法确定积分限.

解法 1(穿针法) 将 V 向 xy 平面投影为 $D=\{(x,y)|x^2+y^2\leqslant 1\}$, 所以

$$I=\iint\limits_D \mathrm{d}x\mathrm{d}y\int_{x^2+2y^2}^{2-x^2} f(x,y,z)\mathrm{d}z$$

$$=\int_{-1}^{1}\mathrm{d}x\int_{-\sqrt{1-x^2}}^{\sqrt{1-x^2}}\mathrm{d}y\int_{x^2+2y^2}^{2-x^2} f(x,y,z)\mathrm{d}z.$$

解法 2(切片法) 任意在 x 轴上取定 $x_0\in[-1,1]$, 过此点作垂直于 x 轴的平面与积分区域 V 相交于区域 $D_x=\{(y,z)|-\sqrt{1-x^2}\leqslant y\leqslant\sqrt{1-x^2}, x^2+2y^2\leqslant z\leqslant 2-x^2\}$, 所以

$$I=\int_{-1}^{1}\mathrm{d}x\iint\limits_{D_x} f(x,y,z)\mathrm{d}y\mathrm{d}z=\int_{-1}^{1}\mathrm{d}x\int_{-\sqrt{1-x^2}}^{\sqrt{1-x^2}}\mathrm{d}y\int_{x^2+2y^2}^{2-x^2} f(x,y,z)\mathrm{d}z.$$

解法 3(三次积分法) 区域 $V=\{(x,y,z)|-1\leqslant x\leqslant 1,-\sqrt{1-x^2}\leqslant y\leqslant\sqrt{1-x^2},x^2+2y^2\leqslant z\leqslant 2-x^2\}$, 所以

$$I=\int_{-1}^{1}\mathrm{d}x\int_{-\sqrt{1-x^2}}^{\sqrt{1-x^2}}\mathrm{d}y\int_{x^2+2y^2}^{2-x^2}f(x,y,z)\mathrm{d}z.$$ □

例 2 计算三重积分 $I=\iiint\limits_V y\sqrt{1-x^2}\mathrm{d}x\mathrm{d}y\mathrm{d}z$, 其中积分区域 V 是由曲面 $y=-\sqrt{1-x^2-z^2},x^2+z^2=1,y=1$ 所围成的闭区域.

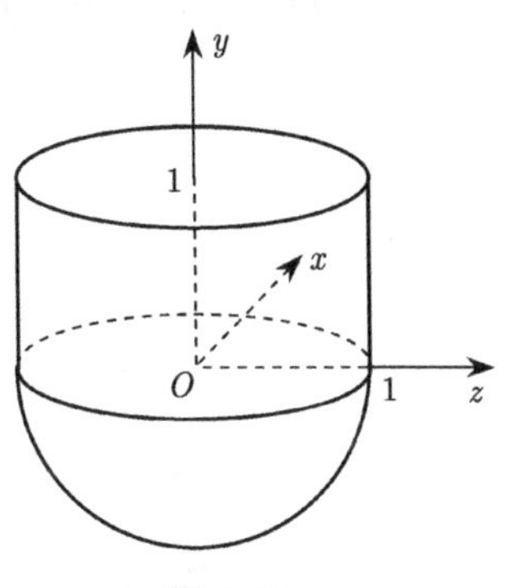

图 6.12

分析 用穿针法确定积分限. 为此, 用平行 y 轴的直线穿过积分区域 V, 与 V 的交点为: $y=-\sqrt{1-x^2-z^2},y=1$, 将 V 向 zx 平面投影为 $D_{zx}=\{(x,y)|x^2+z^2\leqslant 1\}$, 如图 6.12 所示.

解 将 V 向 zx 平面投影为 $D_{zx}=\{(x,z)|x^2+z^2\leqslant 1\}$, 所以

$$\begin{aligned}I&=\iint\limits_{D_{zx}}\mathrm{d}x\mathrm{d}z\int_{-\sqrt{1-x^2-z^2}}^{1}y\sqrt{1-x^2}\mathrm{d}y\\&=\int_{-1}^{1}\mathrm{d}x\int_{-\sqrt{1-x^2}}^{\sqrt{1-x^2}}\mathrm{d}z\int_{-\sqrt{1-x^2-z^2}}^{1}y\sqrt{1-x^2}\mathrm{d}y\\&=\int_{-1}^{1}\sqrt{1-x^2}\mathrm{d}x\int_{-\sqrt{1-x^2}}^{\sqrt{1-x^2}}\frac{x^2+z^2}{2}\mathrm{d}z\\&=\int_{-1}^{1}\sqrt{1-x^2}\left(\frac{x^2z}{2}+\frac{z^3}{6}\right)\Bigg|_{z=-\sqrt{1-x^2}}^{z=\sqrt{1-x^2}}\mathrm{d}x\\&=\frac{1}{3}\int_{-1}^{1}(1+x^2-2x^4)\mathrm{d}x=\frac{28}{45}.\end{aligned}$$ □

2. 三重积分的变量替换法：用球坐标变换计算三重积分

例 3 计算三重积分 $\iiint\limits_V(x^2+y^2+z^2)\mathrm{d}x\mathrm{d}y\mathrm{d}z$, 其中积分区域 V 是由曲面 $z=\sqrt{x^2+y^2},x^2+y^2+z^2=R^2,R>0$ 所围成的闭区域.

分析 积分区域是由锥体和球体构成, 并且被积函数表达式为 $x^2+y^2+z^2$, 用球坐标变换更适合.

解 如图 6.13 所示, 将 V 向 xy 平面投影知 $0 \leqslant \theta \leqslant 2\pi$, 任取一 $\theta \in [0, 2\pi]$, 作过 z 轴的半平面, 知 $0 \leqslant \varphi \leqslant \dfrac{\pi}{4}$; 在此半平面上任取 $\varphi \in \left[0, \dfrac{\pi}{4}\right]$, 作过原点的射线, 得 $0 \leqslant r \leqslant R$. 所以

$$\begin{aligned}\iiint\limits_V (x^2+y^2+z^2)\mathrm{d}x\mathrm{d}y\mathrm{d}z &= \int_0^{2\pi}\mathrm{d}\theta\int_0^{\frac{\pi}{4}}\mathrm{d}\varphi\int_0^R r^2 r^2\sin\varphi\mathrm{d}r\\ &= 2\pi\int_0^{\frac{\pi}{4}}\sin\varphi\mathrm{d}\varphi\int_0^R r^4\mathrm{d}r\\ &= \frac{\pi R^5}{5}(2-\sqrt{2}).\end{aligned}$$

□

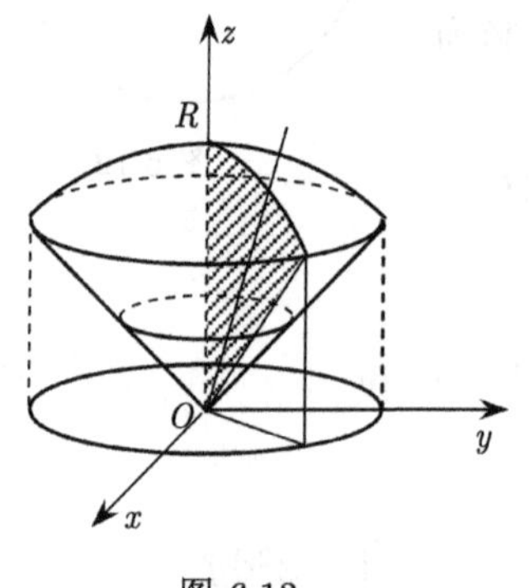

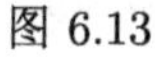
图 6.13

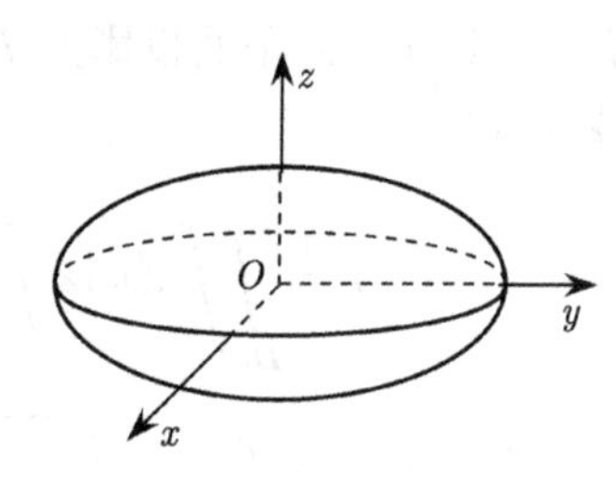

图 6.14

例 4 计算三重积分 $\iiint\limits_V (x^2+y^2+z^2)\mathrm{d}x\mathrm{d}y\mathrm{d}z$, 其中积分区域 V 是椭球体 $\dfrac{x^2}{a^2}+\dfrac{y^2}{b^2}+\dfrac{z^2}{c^2} \leqslant 1$ (图 6.14).

分析 为了使被积函数简单可以进行球坐标变换, 使积分区域确定简洁的积分限, 可以进行广义球坐标变换; 也可以选择先用穿针法, 再用广义极坐标变换, 同时应用轮转对称性使被积函数变成分离变量的形式.

解法 1(穿针法) 先来计算

$$\begin{aligned}\iiint\limits_V x^2\mathrm{d}x\mathrm{d}y\mathrm{d}z &= 2\iint\limits_{D_{xy}}\mathrm{d}x\mathrm{d}y\int_0^{c\sqrt{1-\frac{x^2}{a^2}-\frac{y^2}{b^2}}} x^2\mathrm{d}z\\ &= 2c\iint\limits_{D_{xy}} x^2\left(\sqrt{1-\frac{x^2}{a^2}-\frac{y^2}{b^2}}\right)\mathrm{d}x\mathrm{d}y,\end{aligned}$$

其中 $D_{xy}=\left\{(x,y)\middle|\dfrac{x^2}{a^2}+\dfrac{y^2}{b^2}\leqslant 1\right\}$. 如图 6.14 所示, 令

$$T:\quad x=ar\cos\theta,\quad y=br\sin\theta,$$

其中 $0\leqslant r<1, 0\leqslant\theta\leqslant 2\pi$. 于是

$$\iiint\limits_V x^2\mathrm{d}x\mathrm{d}y\mathrm{d}z=2c\int_0^{2\pi}\mathrm{d}\theta\int_0^1 a^2r^2\cos^2\theta\sqrt{1-r^2}abr\mathrm{d}r=\frac{4\pi a^3bc}{15}.$$

根据轮转对称性, 有

$$\iiint\limits_V y^2\mathrm{d}x\mathrm{d}y\mathrm{d}z=\frac{4\pi ab^3c}{15},\quad \iiint\limits_V z^2\mathrm{d}x\mathrm{d}y\mathrm{d}z=\frac{4\pi abc^3}{15},$$

所以 $\displaystyle\iiint\limits_V (x^2+y^2+z^2)\mathrm{d}x\mathrm{d}y\mathrm{d}z=\frac{4\pi abc}{15}(a^2+b^2+c^2)$.

解法 2(广义球坐标变换) 如图 6.14 所示, 令

$$T:\quad x=ar\sin\varphi\cos\theta,\quad y=br\sin\varphi\sin\theta,\quad z=cr\cos\varphi,$$

其中 $0\leqslant r<1, 0\leqslant\theta\leqslant 2\pi, 0\leqslant\varphi\leqslant\pi$.

先来计算

$$\begin{aligned}\iiint\limits_V x^2\mathrm{d}x\mathrm{d}y\mathrm{d}z&=\int_0^{2\pi}\mathrm{d}\theta\int_0^{\pi}\mathrm{d}\varphi\int_0^1 a^2r^2\sin^2\varphi\cos^2\theta abcr^2\sin\varphi\mathrm{d}r\\&=\frac{1}{5}a^3bc\int_0^{2\pi}\cos^2\theta\mathrm{d}\theta\int_0^{\pi}\sin^3\varphi\mathrm{d}\varphi\\&=\frac{4\pi a^3bc}{15}.\end{aligned}$$

同解法 1, 于是

$$\iiint\limits_V (x^2+y^2+z^2)\mathrm{d}x\mathrm{d}y\mathrm{d}z=\frac{4\pi abc}{15}(a^2+b^2+c^2).$$ □

3. 三重积分的一般变换

设变换

$$T:\quad x=x(u,v,w),\quad y=y(u,v,w),\quad z=z(u,v,w)$$

将 uvw 空间中区域 V' 一对一地变换成 xyz 空间中的区域 V, 并设 $x=x(u,v,w)$, $y=y(u,v,w), z=z(u,v,w)$ 及它们的一阶偏导数在 V' 内连续且函数行列式

$$J(u,v,w)=\begin{vmatrix} \dfrac{\partial x}{\partial u} & \dfrac{\partial x}{\partial v} & \dfrac{\partial x}{\partial w} \\ \dfrac{\partial y}{\partial u} & \dfrac{\partial y}{\partial v} & \dfrac{\partial y}{\partial w} \\ \dfrac{\partial z}{\partial u} & \dfrac{\partial z}{\partial v} & \dfrac{\partial z}{\partial w} \end{vmatrix} \neq 0, \quad (u,v,w)\in V',$$

则

$$\iiint\limits_V f(x,y,z)\mathrm{d}x\mathrm{d}y\mathrm{d}z=\iiint\limits_{V'} f(x(u,v,w),y(u,v,w),z(u,v,w))|J(u,v,w)|\mathrm{d}u\mathrm{d}v\mathrm{d}w,$$

其中 $f(x,y,z)$ 在 V 上可积.

同二重积分的变量替换法类似, 三重积分的变换中变换 T 的选取, V' 的确定, J 的求法是主要问题.

(1) 变换 T 的选取法:根据积分区域 V 的边界曲面的特点或被积函数 $f(x,y,z)$ 的特点, 选取变换 T, 目标是变换后易于确定积分限, 易于积分. 由于长方体、球体、柱体或其他简单区域易于确定积分限, 进而易于积分, 所以设法使积分区域变成上述几种立体或其部分.

(2) V' 的确定法——边界对应法:将 V 的边界曲面的函数式用 $x=x(u,v,w)$, $y=y(u,v,w), z=z(u,v,w)$ 代之, 即得新曲面 Σ, Σ 所围区域即为 V'.

(3)

$$J(u,v,w)=\frac{\partial(x,y,z)}{\partial(u,v,w)}\neq 0, \quad (u,v,w)\in V'$$

的求法：其一, 直接计算；其二, 间接法 (倒数法), 即先求出 $\dfrac{\partial(u,v,w)}{\partial(x,y,z)}$, 再计算

$$\frac{\partial(x,y,z)}{\partial(u,v,w)}=\frac{1}{\dfrac{\partial(u,v,w)}{\partial(x,y,z)}}.$$

例 5　计算三重积分 $\iiint\limits_V (y\sqrt{16-z^2})\mathrm{d}x\mathrm{d}y\mathrm{d}z$, 其中积分区域 V 是由两个曲面 $z=y^2, z=2y^2(y>0)$ 与三个平面 $z=x, z=2x, z=4$ 所围成的闭区域.

分析　为了使被积函数简单可以进行一般坐标变换.

解　作变换

$$T:\quad u=\frac{x}{z},\quad v=\frac{y^2}{z},\quad w=z,$$

经过变换 T 之后, 积分区域 V 变为 $V'=\left\{(u,v,w)\middle|\frac{1}{2}\leqslant v<1,\frac{1}{2}\leqslant u\leqslant 1,0\leqslant w\leqslant 4\right\}$. 由 T 可以求出

$$T^{-1}:\quad x=uw,\quad y=\sqrt{vw},\quad z=w,$$

进而

$$J(u,v,w)=\frac{1}{2}w\sqrt{\frac{w}{v}}.$$

所以

$$\begin{aligned}\iiint\limits_V y\sqrt{16-z^2}\mathrm{d}x\mathrm{d}y\mathrm{d}z&=\frac{1}{2}\int_{\frac{1}{2}}^1\mathrm{d}u\int_{\frac{1}{2}}^1\mathrm{d}v\int_0^4 w^2\sqrt{16-w^2}\mathrm{d}w\\&=\frac{1}{8}\int_0^4 w^2\sqrt{16-w^2}\mathrm{d}w\\&=32\int_0^{\frac{\pi}{2}}\cos^2\theta\sin^2\theta\mathrm{d}\theta\quad(w=4\sin\theta)\\&=8\int_0^{\frac{\pi}{2}}\sin^2 2\theta\mathrm{d}\theta\\&=8\int_0^{\frac{\pi}{2}}\frac{1-\cos 4\theta}{2}\mathrm{d}\theta\\&=2\pi.\end{aligned}$$

□

6.2.5 综合举例

二重积分是通过累次积分来计算的, 反之, 两个定积分的乘积就可化为矩形域上的二重积分. 利用这种转换, 可将有些定积分的不等式的证明问题化为二重积分的不等式证明.

例 1 设函数 $f(x)$ 与 $g(x)$ 都是 $[a,b]$ 上递增的连续函数, 且都不是常值函数. 证明:

$$(b-a)\int_a^b f(x)g(x)\mathrm{d}x>\int_a^b f(x)\mathrm{d}x\int_a^b g(x)\mathrm{d}x.$$

分析 此例是两个定积分乘积之间的不等式. 因为定积分与积分变量选择无关, 所以可以将要证的不等式化为二重积分之间的不等式. 应用恒等变形, 再根据给定的条件, 即可证明.

证明 令 $D=[a,b]\times[a,b]$, 则

$$\begin{aligned}S:=&(b-a)\int_a^b f(x)g(x)\mathrm{d}x-\int_a^b f(x)\mathrm{d}x\int_a^b g(x)\mathrm{d}x\\=&\int_a^b f(x)g(x)\mathrm{d}x\int_a^b \mathrm{d}y-\int_a^b f(x)\mathrm{d}x\int_a^b g(y)\mathrm{d}y\\=&\int_a^b f(x)g(x)\mathrm{d}x\int_a^b \mathrm{d}y-\int_a^b f(x)\mathrm{d}x\int_a^b g(y)\mathrm{d}y\\=&\iint_D f(x)[g(x)-g(y)]\mathrm{d}x\mathrm{d}y.\end{aligned}$$

交换 x 与 y 的位置

$$S=\iint_D f(y)[g(y)-g(x)]\mathrm{d}x\mathrm{d}y.$$

所以

$$2S=\iint_D [f(x)-f(y)][g(x)-g(y)]\mathrm{d}x\mathrm{d}y.$$

由于函数 $f(x)$ 与 $g(x)$ 都是 $[a,b]$ 上递增的连续函数, 且都不是常值函数, 所以 $S>0$. 从而

$$(b-a)\int_a^b f(x)g(x)\mathrm{d}x>\int_a^b f(x)\mathrm{d}x\int_a^b g(x)\mathrm{d}x.$$ □

注　几种特殊的可转化为一元积分的二重积分.

(1) $\displaystyle\iint_D f(x)f(y)\mathrm{d}x\mathrm{d}y=\left(\int_a^b f(x)\mathrm{d}x\right)^2$, 其中 $D=[a,b]\times[a,b]$; 特别地

$$\iint_{[0,+\infty)\times[0,+\infty)} \mathrm{e}^{-x^2-y^2}\mathrm{d}x\mathrm{d}y=\left(\int_0^{+\infty}\mathrm{e}^{-x^2}\mathrm{d}x\right)^2=\frac{\pi}{4}.$$

(2) $\displaystyle\iint_D f(ax+by)\mathrm{d}x\mathrm{d}y=2\int_{-1}^1\sqrt{1-x^2}f(\sqrt{a^2+b^2}x)\mathrm{d}x$, 其中 $a^2+b^2\neq 0, D=\{(x,y)|x^2+y^2\leqslant 1\}$.

多元函数可积时, 当积分区域的边界变化时, 多重积分就变成关于边界的函数, 可以求关于边界的极限和导数.

例 2 求极限

$$\lim_{n\to\infty}\frac{1}{n^4}\iiint\limits_{V_n}[r]\mathrm{d}x\mathrm{d}y\mathrm{d}z,$$

其中 $V_n=\{(x,y,z)|r=\sqrt{x^2+y^2+z^2}\leqslant n\}$, $[r]$ 表示不超过 r 的最大整数, $n\in\mathbb{N}$.

分析 由于被积函数在不同的空间位置的函数值可以不同, 所以要用积分区域的可加性分区域进行积分, 并利用公式 $1^3+2^3+\cdots+n^3=\dfrac{1}{4}n^2(n+1)^2$.

解 由于

$$\begin{aligned}\iiint\limits_{V_n}[r]\mathrm{d}x\mathrm{d}y\mathrm{d}z\leqslant&\iint\limits_{0\leqslant r<1}[r]\mathrm{d}x\mathrm{d}y\mathrm{d}z+\cdots+\iint\limits_{n-1\leqslant r<n}[r]\mathrm{d}x\mathrm{d}y\mathrm{d}z\\&+\iint\limits_{n\leqslant r<n+1}[r]\mathrm{d}x\mathrm{d}y\mathrm{d}z\\&=\frac{4\pi}{3}[(2^3-1^3)+2(3^3-2^3)+\cdots+n((n+1)^3-n^3)]\\&=\frac{4\pi}{3}\left[n(n+1)^3-\frac{1}{4}n^2(n+1)^2\right],\end{aligned}$$

又由于

$$\begin{aligned}\iiint\limits_{V_n}[r]\mathrm{d}x\mathrm{d}y\mathrm{d}z\geqslant&\iint\limits_{0\leqslant r<1}[r]\mathrm{d}x\mathrm{d}y\mathrm{d}z+\cdots+\iint\limits_{n-1\leqslant r<n}[r]\mathrm{d}x\mathrm{d}y\mathrm{d}z\\&=\frac{4\pi}{3}[(2^3-1^3)+2(3^3-2^3)+\cdots+(n-1)(n^3-(n-1)^3)]\\&=\frac{4\pi}{3}\left[n^3(n-1)-\frac{1}{4}n^2(n-1)^2\right].\end{aligned}$$

从而由迫敛性定理知

$$\lim_{n\to\infty}\frac{1}{n^4}\iiint\limits_{V_n}[r]\mathrm{d}x\mathrm{d}y\mathrm{d}z=\pi.$$

□

例 3 设 $F(t)=\iiint\limits_{0\leqslant x\leqslant t,0\leqslant y\leqslant t,0\leqslant z\leqslant t}f(xyz)\mathrm{d}x\mathrm{d}y\mathrm{d}z$, 其中 $f(u)$ 可微, 计算 $F'(t)$.

分析 应用变量替换, 将变量 t 由积分限变换到被积函数中, 然后应用参变量积分求导公式.

解 令 $T: x=tu, y=tv, z=tw, J(u,v,w)=t^3$, 于是

$$F(t)=t^3\int_0^1 \mathrm{d}u\int_0^1 \mathrm{d}v\int_0^1 f(t^3uvw)\mathrm{d}w,$$

进一步地

$$F'(t)=3t^2\int_0^1 \mathrm{d}u\int_0^1 \mathrm{d}v\int_0^1 f(t^3uvw)\mathrm{d}w+3t^5\int_0^1 \mathrm{d}u\int_0^1 \mathrm{d}v\int_0^1 uvwf'(t^3uvw)\mathrm{d}w.$$

再对上式进行变换 T 的反变换, 由于 $J(x,y,z)=\dfrac{1}{t^3}, t>0$, 从而

$$F'(t)=\frac{3}{t}F(t)+\frac{3}{t}\iiint\limits_{0\leqslant x\leqslant t,0\leqslant y\leqslant t,0\leqslant z\leqslant t} xyzf'(xyz)\mathrm{d}x\mathrm{d}y\mathrm{d}z. \qquad \square$$

例 4 设 $f(x,y)$ 在 $[0,\pi]\times[0,\pi]$ 上连续, 且恒取正值, 求

$$\lim_{n\to\infty}\iint\limits_{0\leqslant x\leqslant\pi,0\leqslant y\leqslant\pi}(f(x,y))^{\frac{1}{n}}\sin x\,\mathrm{d}x\mathrm{d}y.$$

分析 应用连续函数在闭区域上有最值进行放缩, 进而运用迫敛性定理求极限.

解 因为 $f(x,y)$ 在 $[0,\pi]\times[0,\pi]$ 上连续, 且恒取正值, 所以存在最小值 $m>0$ 与最大值 $M>0$, 于是

$$m^{\frac{1}{n}}\int_0^{\pi}\mathrm{d}y\int_0^{\pi}\sin x\,\mathrm{d}x\leqslant\iint\limits_{0\leqslant x\leqslant\pi,0\leqslant y\leqslant\pi}(f(x,y))^{\frac{1}{n}}\sin x\,\mathrm{d}x\mathrm{d}y\leqslant M^{\frac{1}{n}}\int_0^{\pi}\mathrm{d}y\int_0^{\pi}\sin x\,\mathrm{d}x,$$

即

$$2\pi m^{\frac{1}{n}}\leqslant\iint\limits_{0\leqslant x\leqslant\pi,0\leqslant y\leqslant\pi}(f(x,y))^{\frac{1}{n}}\sin x\,\mathrm{d}x\mathrm{d}y\leqslant 2\pi M^{\frac{1}{n}},$$

由迫敛性定理知

$$\lim_{n\to\infty}\iint\limits_{0\leqslant x\leqslant\pi,0\leqslant y\leqslant\pi}(f(x,y))^{\frac{1}{n}}\sin x\,\mathrm{d}x\mathrm{d}y=2\pi. \qquad \square$$

类似于一元函数定积分的 Newton-Leibniz 公式, 对于二元函数而言, 重积分有下列命题.

例 5 设 $F(x,y)$ 在 $[a,b]\times[c,d]$ 上连续可微, 且 $\dfrac{\partial^2 F}{\partial x\partial y}=f(x,y)$, 则

$$\iint_D f(x,y)\mathrm{d}x\mathrm{d}y=F(b,d)-F(b,c)-F(a,d)+F(a,c).$$

分析 应用多元函数一元化的方法, 即化重积分为累次积分, 进而用 Newton-Leibniz 公式.

证明 由于

$$\begin{aligned}\iint_D f(x,y)\mathrm{d}x\mathrm{d}y&=\int_a^b\mathrm{d}x\int_c^d\frac{\partial^2 F}{\partial x\partial y}\mathrm{d}y\\&=\int_a^b\frac{\partial F(x,d)}{\partial x}\mathrm{d}x-\int_a^b\frac{\partial F(x,c)}{\partial x}\mathrm{d}x,\end{aligned}$$

所以

$$\iint_D f(x,y)\mathrm{d}x\mathrm{d}y=F(b,d)-F(b,c)-F(a,d)+F(a,c).$$ □

注 这个结论的意义是明显的, 它是利用 $f(x,y)$ 的"原函数" $F(x,y)$ 在矩形的四个端点值表示了 $f(x,y)$ 在矩形 $[a,b]\times[c,d]$ 上的二重积分值.

例 6 设 $f(x,y)$ 在 $D=\{(x,y)|x^2+y^2\leqslant y,x\geqslant 0\}$ 上连续, 且 $\sqrt{1-x^2-y^2}-\dfrac{8}{\pi}\iint_D f(x,y)\mathrm{d}x\mathrm{d}y=f(x,y)$, 求 $f(x,y)$.

分析 记 $I=\iint_D f(x,y)\mathrm{d}x\mathrm{d}y$, 注意到 I 为常数, 可得

$$f(x,y)=\sqrt{1-x^2-y^2}-\frac{8}{\pi}I,$$

于是只需求出常数 I 的值, 代回去便可. 可以将上式两边同时进行区域 D 上的二重积分, 即可以解出 I 的值.

解 由题设知, f 在区域 D 上的二重积分存在, 且积分值为常数, 记 $I=\iint_D f(x,y)\mathrm{d}x\mathrm{d}y$, 则

$$f(x,y)=\sqrt{1-x^2-y^2}-\frac{8}{\pi}I,$$

下面只需求出 I 的值. 事实上, 由于

$$I=\iint_D f(x,y)\mathrm{d}x\mathrm{d}y=\iint_D\sqrt{1-x^2-y^2}\mathrm{d}x\mathrm{d}y-\frac{8}{\pi}I\iint_D\mathrm{d}x\mathrm{d}y$$

$$
\begin{aligned}
&= \int_0^{\frac{\pi}{2}} \mathrm{d}\theta \int_0^{\sin\theta} r\sqrt{1-r^2}\mathrm{d}r - \frac{8I}{\pi}\cdot\frac{1}{2}\cdot\pi\left(\frac{1}{2}\right)^2 \\
&= \int_0^{\frac{\pi}{2}} \left(-\frac{1}{3}(1-r^2)^{3/2}\right)\Big|_0^{\sin\theta} \mathrm{d}\theta - I \\
&= \frac{1}{3}\int_0^{\frac{\pi}{2}} (1-\cos^3\theta)\mathrm{d}\theta - I \\
&= \frac{1}{3}\left(\frac{\pi}{2}-\frac{2}{3}\right) - I,
\end{aligned}
$$

所以 $I=\frac{1}{6}\left(\frac{\pi}{2}-\frac{2}{3}\right)$, 因此

$$
f(x,y)=\sqrt{1-x^2-y^2}-\frac{4}{3\pi}\left(\frac{\pi}{2}-\frac{2}{3}\right).
$$
□

6.3　进阶练习题

1. 用二重积分的定义计算二重积分 $\iint\limits_D x^2y\mathrm{d}x\mathrm{d}y$, 其中 $D=[0,1]\times[0,1]$.

2. (Tchebycheff 不等式) 设 $p(x)$ 是 $[a,b]$ 上正的可积函数, $f(x)$ 与 $g(x)$ 都是 $[a,b]$ 上单调递增函数, 或者都是单调递减函数, 那么

$$
\int_a^b p(x)f(x)\mathrm{d}x\int_a^b p(x)g(x)\mathrm{d}x \leqslant \int_a^b p(x)\mathrm{d}x\int_a^b p(x)f(x)g(x)\mathrm{d}x.
$$

如果 $f(x)$ 与 $g(x)$ 中有一个单调递增, 另一个单调递减, 那么不等式反向成立.

3. 求下列重积分或累次积分:

(1) $\iint\limits_D \mathrm{e}^{x+y}\mathrm{d}x\mathrm{d}y$, 其中 $D=[0,1]\times[0,1]$;

(2) $\iint\limits_D |y-x^2|\mathrm{d}x\mathrm{d}y$, 其中 $D=\{(x,y)|-1\leqslant x\leqslant 1,\ 0\leqslant y\leqslant 1\}$;

(3) $\int_{\frac{1}{4}}^{\frac{1}{2}}\mathrm{d}y\int_{\frac{1}{2}}^{\sqrt{y}}\mathrm{e}^{\frac{y}{x}}\mathrm{d}x+\int_{\frac{1}{2}}^{1}\mathrm{d}y\int_{y}^{\sqrt{y}}\mathrm{e}^{\frac{y}{x}}\mathrm{d}x$;

(4) $\iint\limits_D x^2y^2\mathrm{d}x\mathrm{d}y$, 其中 $D=\{(x,y)||x|+|y|\leqslant 1\}$;

(5) $\iint\limits_D xy[1+x^2+y^2]\mathrm{d}x\mathrm{d}y$, 其中 $D=\{(x,y)|0\leqslant x, 0\leqslant y, x^2+y^2\leqslant\sqrt{2}\}$, $[x]$ 是取整函数;

(6) $\iiint\limits_{V}(x+y+z)^2\mathrm{d}x\mathrm{d}y\mathrm{d}z$, 其中 V 是由抛物面 $z=x^2+y^2$ 和球面 $x^2+y^2+z^2=2$ 所围成的空间闭区域;

(7) $\iiint\limits_{V}(x+z)\mathrm{d}x\mathrm{d}y\mathrm{d}z$, 其中 V 是锥面 $z=\sqrt{x^2+y^2}$ 和平面 $z=1$ 所围空间区域.

4. 求曲线 $xy=a^2, xy=2a^2, y=x, y=2x(y\geqslant 0, x\geqslant 0)$ 所围平面图形的面积.

5. 设 $f(x,y)$ 在点 $(0,0)$ 的某个邻域中连续, $F(t)=\iint\limits_{x^2+y^2\leqslant t^2}f(x,y)\mathrm{d}x\mathrm{d}y$, 求 $\lim\limits_{t\to 0^+}\dfrac{F'(t)}{t}$.

6. 求曲面 $\left(\dfrac{x}{a}\right)^{\frac{2}{5}}+\left(\dfrac{y}{b}\right)^{\frac{2}{5}}+\left(\dfrac{z}{c}\right)^{\frac{2}{5}}=1$ 所围空间区域的体积.

7. $f(x,y)$ 是 $D=\{(x,y)|x^2+y^2\leqslant 1\}$ 上二次连续可微函数, 满足 $\dfrac{\partial^2 f}{\partial x^2}+\dfrac{\partial^2 f}{\partial y^2}=x^2y^2$, 计算积分

$$\iint\limits_{D}\left(\frac{x}{\sqrt{x^2+y^2}}\frac{\partial f}{\partial x}+\frac{y}{\sqrt{x^2+y^2}}\frac{\partial f}{\partial y}\right)\mathrm{d}x\mathrm{d}y.$$

8. 设 $f(x)$ 在 $[0,1]$ 上连续, 证明不等式

$$1\leqslant\int_0^1\frac{\mathrm{d}x}{f(x)}\int_0^1 f(x)\mathrm{d}x\leqslant\frac{(m+M)^2}{4mM},$$

其中 m, M 分别是 $f(x)$ 在 $[0,1]$ 上的最小值与最大值.

9. 计算积分

$$\iint\limits_{D}\left|\frac{x+y}{\sqrt{2}}-x^2-y^2\right|\mathrm{d}x\mathrm{d}y,$$

其中 $D=\{(x,y)|x^2+y^2\leqslant 1\}$.

10. 计算积分

$$\iint\limits_{D}\sqrt{[y-x^2]}\mathrm{d}x\mathrm{d}y,$$

其中 $D=\{(x,y)|x^2\leqslant y\leqslant 4\}$, $[x]$ 表示不超过 x 的最大整数.

11. 已知函数 $f(x)$ 在 $[0,2]$ 上二次连续可微, $f(1)=0$. 证明

$$\left|\int_0^2 f(x)\mathrm{d}x\right|\leqslant\frac{M}{3},$$

其中 $M=\max\limits_{x\in[1,2]}|f''(x)|$.

12. 求 xy 平面上的抛物线 $6y=x^2$ 从 $x=0$ 到 $x=4$ 的一段绕 x 轴旋转所得旋转曲面的面积.

13. 已知二元函数 $f(x,y)$ 在区域 $D=\{(x,y)|0\leqslant x\leqslant 1, 0\leqslant y\leqslant 1\}$ 上具有连续的四阶偏导数, $f(x,y)$ 在 D 的边界上恒为零, 且 $\left|\dfrac{\partial^4 f}{\partial x^2\partial y^2}\right|\leqslant 3$, 证明

$$\left|\iint\limits_{D}f(x,y)\mathrm{d}x\mathrm{d}y\right|\leqslant\frac{1}{48}.$$

第 7 章　曲线积分与曲面积分

7.1　疑 难 解 析

1. 二元函数 $f(x,y)$ 在平面曲线 Γ 上连续如何定义?

答: 设 $P(x_0,y_0)\in\Gamma$, 若 $\forall\varepsilon>0,\exists\delta>0,\forall(x,y)\in U(P;\delta)\cap\Gamma$, 有

$$|f(x,y)-f(x_0,y_0)|<\varepsilon,$$

则称二元函数 $f(x,y)$ 在平面曲线 Γ 上点 $P(x_0,y_0)$ 连续. 如果二元函数 $f(x,y)$ 在平面曲线 Γ 上每一点都连续, 称二元函数 $f(x,y)$ 在平面曲线 Γ 上连续.

2. 在第一型曲线积分的定义中并没有要求曲线光滑, 在定理 17.1.1(文献 [4]) 中, 计算第一型曲线积分时, 为什么要求曲线光滑?

答: 在第一型曲线积分的定义中只要求平面曲线 Γ 是可求长的, 并没有要求所讨论的曲线弧为光滑曲线弧, 而在曲线积分计算的充分条件中, 由于建立公式所使用方法的限制, 要求曲线弧是光滑的. 但曲线弧光滑这一条件并不是计算第一型曲线积分的必要条件. 例如, 在简单连续曲线 $L: x=\varphi(t), y=\psi(t), t\in[\alpha,\beta]$ 上, 如果 $\varphi(t),\psi(t)$ 在 $[\alpha,\beta]$ 上可微, 不需要 $\varphi'(t),\psi'(t)$ 在区间 $[\alpha,\beta]$ 上连续, 只需要 $\varphi'(t),\psi'(t)$ 在区间 $[\alpha,\beta]$ 上可积, 则曲线积分的计算公式依然是成立的.

3. 第一型曲线积分、第二型曲面积分是否也有定积分、重积分、第一型曲线积分、第一型曲面积分的统一定义表达形式?

答: 不能. 第二型曲线积分与第二型曲面积分实际上是向量函数在曲线、曲面上的积分. 如果 $P(x,y)\in\Gamma(A,B),\Gamma(A,B)$ 是 $\mathbb{R}^2$ 上从 A 到 B 的有向线段, $F(P)=(f(P),g(P))$, $\mathrm{d}s=(\mathrm{d}x,\mathrm{d}y)$, 则第二型曲线积分为

$$\int_{\Gamma(A,B)} f(P)\mathrm{d}x+g(P)\mathrm{d}y=\int_{\Gamma(A,B)} F(P)\cdot\mathrm{d}s.$$

同理, 如果 $P(x,y,z)\in S, S$ 是 $\mathbb{R}^3$ 上的有向双侧可求面积的曲面, $F(P)=(f(P),g(P),h(P)),\mathrm{d}S=(\mathrm{d}y\mathrm{d}z,\mathrm{d}z\mathrm{d}x,\mathrm{d}x\mathrm{d}y)$, 则第二型曲面积分为

$$\int_S f(P)\mathrm{d}y\mathrm{d}z+g(P)\mathrm{d}z\mathrm{d}x+h(P)\mathrm{d}x\mathrm{d}y=\int_S F(P)\cdot\mathrm{d}S.$$

4. 怎样定义曲线 (面) 的方向 (侧)? 什么样的曲面称为双侧曲面?

答：在曲线上任取两个端点分别确定为曲线的起点和终点，规定曲线上从起点到终点的方向为**曲线的正向**，规定了方向的曲线称为**有向曲线**. 如果是封闭曲线，则曲线上任何一点都可以作为起点，同时也是终点. 并且从起点到终点的方向有两个，因此需要特别指明从起点沿着哪一个方向到终点的方向为正向. 如果是平面封闭曲线，则规定逆时针方向为正向.

设连通曲面 S 上处处都有连续变化的切平面 (或法线)，M 为曲面 S 上的一点，曲面在 M 处的法线有两个方向：当取定其中一个指向为正方向时，则另一个指向就是负方向. 设 M_0 为 S 上任一点，L 为 S 上任一经过点 M_0，且不超出 S 边界的闭曲线. 又设 M 为 L 上的动点，它在 M_0 处与 M_0 有相同的法线方向，且有如下特性：当 M 从 M_0 出发沿 L 连续移动，这时作为曲面上的点 M，它的法线方向也连续地变动. 最后当 M 沿 L 回到 M_0 时，若这时 M 的法线方向仍与 M_0 的法线方向相一致，则称曲面 S 是**双侧曲面**；若与 M_0 的法线方向相反，则称 S 是**单侧曲面**.

5. 如何正确区分两类曲线积分和曲面积分的概念？

答：由于实际需要，曲线积分与曲面积分分为两种类型，由有关质量、重心、转动惯量等数量积分问题导出第一型曲线积分与第一型曲面积分；由有关变力做功、流体流过曲面的流量等向量问题导出第二型曲线积分与第二型曲面积分. 前者被积表达式为数量函数相乘，无需考虑方向性，而后者被积表达式是向量函数点积，必须考虑方向. 因此，把积分分为两种类型，在所学过的积分中：

重积分，第一类曲线积分和第一类曲面积分的积分区域、路径、曲面无向.

定积分，第二类曲线积分和第二类曲面积分的积分区间、路径、曲面有向.

曲线的方向是由起点到终点 (定积分) 或切向量的方向来确定，曲面的方向则由曲面上点的法向量所指向的侧来确定，我们常会把两类积分相互转换，转换时必须注意符号，它体现了“有向”积分的方向. 将“无向”的积分化为“有向”的积分，如重积分化为累次积分 (定积分)，方向性体现为定积分的上、下限的确定，而将“有向”的积分化为“无向”的积分，如第二型曲面积分化为二重积分或三重积分，第二型曲线积分化为二重积分等，必须注意符号的确定问题.

6. 计算第二型曲线积分的公式与计算第一型曲线积分的公式有什么差别? 将第二型曲线积分的公式化为定积分计算时，它的上、下限是怎样确定的?

答：两类曲线积分直接计算法的共同之处是：都是通过化为关于积分曲线上的参变量的定积分来计算的. 计算时，需要将积分曲线的参数方程代入被积函数，不同之处是：

(1) 第一型曲线积分是关于弧长的曲线积分，化为定积分时，需要将被积表达式中的 $\mathrm{d}s$ 用弧微分公式 $\mathrm{d}s=\sqrt{[x'(t)]^2+[y'(t)]^2+[z'(t)]^2}\mathrm{d}t$ 来代换；第二型曲线积分是关于坐标的曲线积分，化为定积分时，需要将 $\mathrm{d}x,\mathrm{d}y,\mathrm{d}z$ 分别用它们的微

分表达式 $x'(t)\mathrm{d}t, y'(t)\mathrm{d}t, z'(t)\mathrm{d}t$ 来代换.

(2) 第一型曲线积分化为定积分时, 定积分的下限必须小于上限, 第二型曲线积分化为定积分时, 定积分的下限与上限分别是对应于有向积分曲线的起点与终点处的参数值.

7. 怎样理解两类曲面积分之间的联系? 怎样利用这些联系转换曲面积分的计算? 将第二型曲面积分化为重积分计算时, 曲面的侧起什么作用?

答: 第一型曲面积分 $\iint\limits_S f(x,y,z)\mathrm{d}S$ 也称为对面积的曲面积分, 其中 $\mathrm{d}S$ 称为曲面的面积元素, 这种对面积的积分对积分曲面而言没有有向性的要求.

第二型曲面积分也称为对坐标的曲面积分. 设 S 为有向曲面, $\boldsymbol{F}(x,y,z) = (f(x,y,z), g(x,y,z), h(x,y,z))$ 为一向量函数, S 正侧上的单位法向量 $\boldsymbol{e} = (\cos\alpha, \cos\beta, \cos\gamma)$, 则由 $\boldsymbol{F}(x,y,z)$ 在 S 上的第二型曲面积分的表达式

$$\iint\limits_S \boldsymbol{F}(x,y,z)\cdot\boldsymbol{e}\mathrm{d}S = \iint\limits_S (f(x,y,z)\cos\alpha + g(x,y,z)\cos\beta + h(x,y,z)\cos\gamma)\mathrm{d}S$$

给出了两种曲面积分的联系. 上式的左边是第二型曲面积分, 右边是第一型曲面积分, 曲面 S 的方向性体现在 $\boldsymbol{e}$ 上, 因为 $\boldsymbol{e}$ 是指向 S 正侧的单位法向量, α,β,γ 是 S 正侧向量的方向角, $\cos\alpha\mathrm{d}S, \cos\beta\mathrm{d}S, \cos\gamma\mathrm{d}S$ 分别是小块有向曲面 $\mathrm{d}S$ 在 yz, zx, xy 面上的投影. 利用上面两种面积分之间的联系可以将第二型曲面积分化为第一型曲面积分来计算.

8. 在曲线 (面) 积分中, 为什么可将积分曲线 (曲面) 的方程代入被积函数?

答: 按照定义, 曲线积分的被积函数 $f(P)$ 中的动点 P 是在积分曲线上变动的, 而曲线是有方程的, 因而被积函数中的动点的坐标满足积分曲线的方程, 因此可将积分曲线的方程代入曲线积分的被积函数中去. 对曲面积分是完全类似的. 重积分并无这样的性质. 利用这一性质简化积分计算是比较有效的, 可以参见典型例题.

9. 设 C 是 x 轴上连接 $a, b(a<b)$ 的线段, 试问如下积分

$$\int_C f(x,y)\mathrm{d}x; \quad \int_a^b f(x,0)\mathrm{d}x; \quad \int_C f(x,y)\mathrm{d}s$$

是否相等?

答: 一般不相同, $\int_C f(x,y)\mathrm{d}x$ 是第二型曲线积分, 如果曲线 C 的方向不确定, $\int_C f(x,y)\mathrm{d}x$ 是无意义的; $\int_C f(x,y)\mathrm{d}s$ 是第一型曲线积分; $\int_a^b f(x,0)\mathrm{d}x$ 是定积分. 当规定曲线 C 与 x 轴正向相同时, 三者积分值相等.

10. 判断下列曲线积分的三种解法的正确性, 并说明原因.

计算曲线积分 $\int_\Gamma xy\mathrm{d}s$, 其中 Γ 是抛物线 $x=y^2$ 上从 $(1,-1)$ 到 $(2,\sqrt{2})$ 上的一段.

将弧段 Γ 分成两段, 即 Γ_1：从 $(1,-1)$ 到 $(0,0)$ 上的一段和 Γ_2：从 $(0,0)$ 到 $(2,\sqrt{2})$ 上的一段, 于是

$$\int_\Gamma xy\mathrm{d}s=\int_{\Gamma_1} xy\mathrm{d}s+\int_{\Gamma_2} xy\mathrm{d}s.$$

解法 1

$$\begin{aligned}\int_\Gamma xy\mathrm{d}s&=\int_1^0 x(-\sqrt{x})\sqrt{1+\frac{1}{4x}}\mathrm{d}x+\int_0^2 x\sqrt{x}\sqrt{1+\frac{1}{4x}}\mathrm{d}x\\&=\int_0^1 x\sqrt{x+\frac{1}{4}}\mathrm{d}x+\int_0^2 x\sqrt{x+\frac{1}{4}}\mathrm{d}x\\&=\int_{\frac{1}{2}}^{\frac{\sqrt{5}}{2}} 2u^2\left(u^2-\frac{1}{4}\right)\mathrm{d}u+\int_{\frac{1}{2}}^{\frac{3}{2}} 2u^2\left(u^2-\frac{1}{4}\right)\mathrm{d}u\\&=\frac{299}{120}+\frac{5\sqrt{5}}{24}.\end{aligned}$$

解法 2

$$\int_\Gamma xy\mathrm{d}s=\int_0^1 x(-\sqrt{x})\sqrt{1+\frac{1}{4x}}\mathrm{d}x+\int_0^2 x\sqrt{x}\sqrt{1+\frac{1}{4x}}\mathrm{d}x=\frac{99}{40}-\frac{5\sqrt{5}}{24}.$$

解法 3

$$\int_\Gamma xy\mathrm{d}s=\int_{-1}^{\sqrt{2}} y^3\sqrt{1+4y^2}\mathrm{d}y=\frac{1}{2}\int_1^2 t\sqrt{1+4t}\mathrm{d}t=\frac{99}{40}-\frac{5\sqrt{5}}{24}.$$

答：解法 2 是正确的. 解法 1 的错误在于第一型曲线积分化为定积分时, 定积分的下限必须小于上限 (从而保证 $\mathrm{d}s>0$), 而不以起点和终点所对应的参变量为下限和上限. 这一点要与第二型曲线积分严格区分开来.

解法 3 的错误在第二个等号, 进行变量替换 $t=y^2$ 时, 不能从 $y=-1$ 时 $t=1$, $y=\sqrt{2}$ 时 $t=2$ 直接和第三个等号相等是错误的. 原因在于 y 从 -1 到 $\sqrt{2}$ 时, t 先从 1 到 0, 然后从 0 到 2, 因此正确的解法是

$$\int_\Gamma xy\mathrm{d}s=\int_{-1}^{\sqrt{2}} y^3\sqrt{1+4y^2}\mathrm{d}y=\frac{1}{2}\int_1^0 t\sqrt{1+4t}\mathrm{d}t+\frac{1}{2}\int_0^2 t\sqrt{1+4t}\mathrm{d}t=\frac{99}{40}-\frac{5\sqrt{5}}{24}.$$

11. 第一型曲线积分满不满足积分中值定理? 为什么第二型曲线积分不具有单调性, 也不满足积分中值定理? 关于曲面积分呢?

答：第一型曲线积分满足积分中值定理. 第一型曲线积分作为定积分的推广, 有如下的中值定理:

设 $f(x,y), g(x,y)$ 在光滑的平面曲线 Γ 上连续, $g(x,y)$ 在 Γ 上不变号, 那么在曲线 Γ 上 (除端点外) 存在一点 $P(x_0,y_0)$, 使得

$$\int_{\Gamma} f(x,y)g(x,y)\mathrm{d}s = f(x_0,y_0)\int_{\Gamma} g(x,y)\mathrm{d}s.$$

第二型曲线积分一般不具有关于函数的单调性, 这是由于一方面向量函数不能比较大小, 另一方面向量函数在小弧段上的积分还与弧段方向与向量方向之间的夹角有关, 故一般不满足积分中值定理, 反例如下.

如果积分中值定理成立, 应该是：若 $f(P)$ 在 Γ 上连续, 则存在点 $P_0 \in \Gamma$, 使得

$$\int_{\Gamma^+} f(P)\mathrm{d}x = f(P_0)\int_{\Gamma^+} \mathrm{d}x,$$

其中 Γ^+ 是 Γ 确定方向后的曲线.

取 $f(P) = y, \Gamma^+$ 为 $x^2 + y^2 = 2y$, 方向为逆时针, 则

$$\int_{\Gamma^+} f(P)\mathrm{d}x = \int_{\Gamma^+} y\mathrm{d}x = -\pi \neq 0 = f(P_0)\int_{\Gamma^+} \mathrm{d}x.$$

尽管第二型曲线积分已经没有积分中值定理, 但是添加适当条件, 仍有第二型曲线积分中值定理, 如下例.

设 $\Gamma(A,B)$ 是从 A 到 B 的定向光滑曲线, 曲线上每点处的切线与曲线方向一致, 且切线与 x 轴正向的夹角均为锐角 (或均为钝角), $f(x,y), g(x,y)$ 在光滑的平面曲线 Γ 上连续, $g(x,y)$ 在 Γ 上不变号, 那么在曲线 Γ 上 (除端点外) 存在一点 $P(x_0,y_0)$, 使得

$$\int_{\Gamma} f(x,y)g(x,y)\mathrm{d}x = f(x_0,y_0)\int_{\Gamma} g(x,y)\mathrm{d}x.$$

重积分有积分中值定理, 作为二重积分的推广的第一型曲面积分也有对应的积分中值定理:

设 $f(x,y,z), g(x,y,z)$ 在光滑的曲面 S 上连续, $g(x,y,z)$ 在 S 上不变号, 那么在曲线 S 上存在一点 $P(x_0,y_0,z_0)$, 使得

$$\iint_{S} f(x,y,z)g(x,y,z)\mathrm{d}S = f(x_0,y_0,z_0)\iint_{S} g(x,y,z)\mathrm{d}S.$$

类似地, 第二型曲面积分也是向量函数的 Riemann 积分, 且第二型曲面积分还与曲面的侧有关联, 所以一般是不会满足积分中值定理的, 但条件改变也会有如下的积分中值定理:

设 $S: z=z(x,y),(x,y)\in D$ 是定侧光滑曲面, 曲面上每点的切平面与曲面方向一致, 且切平面与 z 轴正向的夹角均为锐角 (或均为钝角), $f(x,y,z),g(x,y,z)$ 在 S 上连续, $g(x,y,z)$ 在 S 上不变号, 那么在曲面 S 上存在一点 $P(x_0,y_0,z_0)$, 使得

$$\iint_S f(x,y,z)g(x,y,z)\mathrm{d}x\mathrm{d}y=f(x_0,y_0,z_0)\iint_S g(x,y,z)\mathrm{d}x\mathrm{d}y.$$

12. 设 S 是半球面 $x^2+y^2+z^2=a^2(y\geqslant 0)$ 的外侧. 有人说:“由对称性知 $\iint_S z\mathrm{d}S=0$, 故同样也有 $\iint_S z\mathrm{d}x\mathrm{d}y=0$”这样说对不对?

答: 这样说不对.

对面积的曲面积分与曲面 (积分域) 的侧 (方向) 无关. 故考虑对称性时比较容易. 但对坐标的曲面积分与曲面的侧有关, 所以在考虑它的对称性时, 不仅要考虑曲面的侧, 还要顾及被积函数与曲面, 情形就比较复杂. 因此, 在计算对坐标的曲面积分时, 不如先把它转化为二重积分, 再化为定积分, 在转化过程中可考虑利用二重积分或定积分的对称性, 这是基本方法. 利用对称性只是对具有这种特殊性质的积分所用的解题技巧, 并非每个曲面积分都具有这种特殊性质.

问题中的积分 $\iint_S z\mathrm{d}S=0$ 是对的. 因为曲面 S 对称于 xy 平面, 而被积函数 z 在关于 xy 平面的对称点上, 它的值差一个符号 (奇函数), 所以 $\iint_S z\mathrm{d}S=0$. 但 $\iint_S z\mathrm{d}x\mathrm{d}y=0$ 是不对的. 因为曲面虽关于 xy 平面对称, 但在对称点上, S 的方向不同, 因而投影 $\mathrm{d}x\mathrm{d}y$ 不等. 故对称性不能用. 计算 $\iint_S z\mathrm{d}x\mathrm{d}y$ 可用 Gauss 公式或如下方法:

设将 S 分为 xy 平面上 下两部分, 分别记为 S_1 与 S_2 , 它们的方程是 $z=\sqrt{a^2-x^2-y^2}$ 与 $z=-\sqrt{a^2-x^2-y^2}$. S 的外侧相当于 S_1 的上侧和 S_2 的下侧, 设其在 xOy 面的投影为 D, 所以

$$\iint_S z\mathrm{d}x\mathrm{d}y=\iint_{S_1} z\mathrm{d}x\mathrm{d}y+\iint_{S_2} z\mathrm{d}x\mathrm{d}y$$

$$= \iint_D \sqrt{a^2 - x^2 - y^2} \mathrm{d}x\mathrm{d}y - \iint_D -\sqrt{a^2 - x^2 - y^2} \mathrm{d}x\mathrm{d}y$$

$$= 2 \iint_D \sqrt{a^2 - x^2 - y^2} \mathrm{d}x\mathrm{d}y$$

$$= 2 \int_{-\frac{\pi}{2}}^{\frac{\pi}{2}} \mathrm{d}t \int_0^a \sqrt{a^2 - r^2} r \mathrm{d}r = 2\pi \int_0^a \sqrt{a^2 - r^2} r \mathrm{d}r = \frac{2}{3}\pi a^3.$$

7.2 典型例题

7.2.1 第一型曲线积分

计算第一型曲线积分的方法除了下面介绍的直接计算法和变换参数法之外, 还有其他的间接办法, 如转化成其他类型的曲线积分的办法, 下面先介绍直接计算法和变换参数法.

1. 直接计算法

例 1 计算 $\oint_C (x+y)\mathrm{d}s$, 其中 C 是连接 $O(0,0), A(1,0), B(0,2)$ 的闭折线 $OABO$(图 7.1).

分析 由于 C 是分段光滑的, 可以分段积分.

解 由于 C 是分段光滑的, 所以

$$\oint_C (x+y)\mathrm{d}s = \int_{\overline{OA}} (x+y)\mathrm{d}s + \int_{\overline{AB}} (x+y)\mathrm{d}s \int_{\overline{BO}} (x+y)\mathrm{d}s.$$

由于在 $\overline{OA}$ 上: $y = 0, 0 \leqslant x \leqslant 1, \mathrm{d}s = \mathrm{d}x$, 所以

$$\int_{\overline{OA}} (x+y)\mathrm{d}s = \int_0^1 (x+0)\mathrm{d}x = \frac{1}{2}.$$

由于在 $\overline{AB}$ 上: $y = 2 - 2x, 0 \leqslant x \leqslant 1, \mathrm{d}s = \sqrt{1+y'^2}\mathrm{d}x = \sqrt{5}\mathrm{d}x$, 所以

$$\int_{\overline{AB}} (x+y)\mathrm{d}s = \int_0^1 (x+2-2x)\sqrt{5}\mathrm{d}x = \frac{3\sqrt{5}}{2}.$$

由于在 $\overline{BO}$ 上: $x = 0, 0 \leqslant y \leqslant 2, \mathrm{d}s = \mathrm{d}y$, 所以

$$\int_{\overline{BO}} (x+y)\mathrm{d}s = \int_0^2 y\mathrm{d}y = 2.$$

因此

$$\oint_C (x+y)\mathrm{d}s = \frac{5+3\sqrt{5}}{2}.$$ □

例 2 计算曲线积分 $\int_\Gamma (x^2+y^2+z^2)\mathrm{d}s$, 其中 Γ 为螺旋线 $x=a\cos t, y=a\sin t, z=kt, 0\leqslant t\leqslant 2\pi$ 的一段弧 (图 7.2).

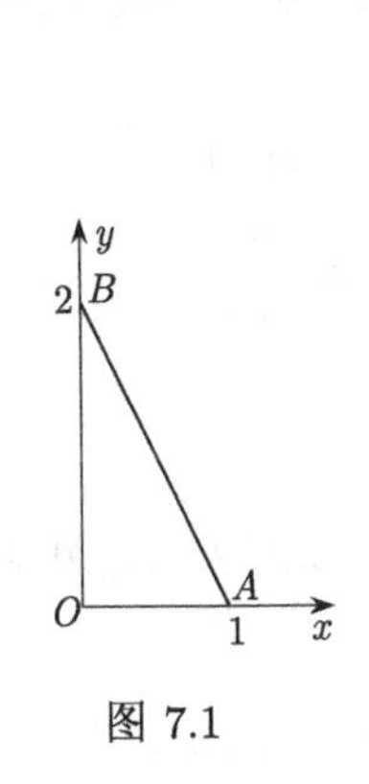

图 7.1

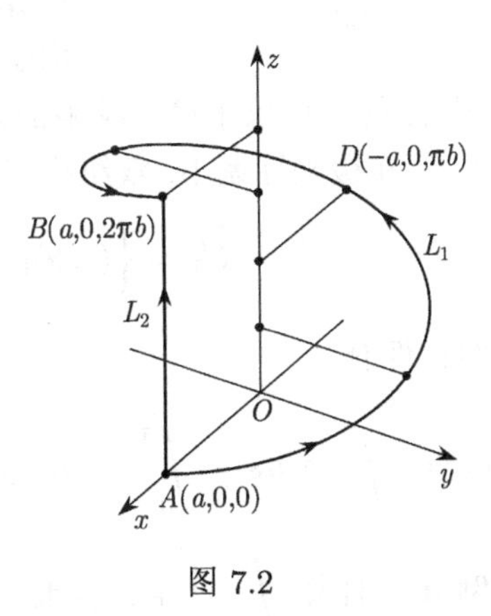

图 7.2

分析 这里的空间积分曲线是由参数方程给出, 可以直接用公式来计算.

解 由于

$$\begin{aligned}&\int_\Gamma (x^2+y^2+z^2)\mathrm{d}s\\ =&\int_0^{2\pi}[a^2\cos^2 t+a^2\sin^2 t+k^2t^2]\sqrt{a^2\sin^2 t+a^2\cos^2 t+k^2}\mathrm{d}t\\ =&\int_0^{2\pi}[a^2+k^2t^2]\sqrt{a^2+k^2}\mathrm{d}t,\end{aligned}$$

所以

$$\int_\Gamma (x^2+y^2+z^2)\mathrm{d}s = \frac{2\pi}{3}\sqrt{a^2+k^2}(3a^2+4k^2\pi^2).$$ □

2. 变换参数法

如果给定的曲线 Γ 的方程不便于计算, 则可考虑将 Γ 表为其他形式的参数方程, 往往是简便的. 特别地, 如果曲线 Γ 是由直角坐标方程给出, x 与 y 的关系复杂, 甚至不能将一个变量表示成另一个变量的单值函数, 如: 圆、椭圆、双曲线、双纽线等, 此时可作变量替换, 转化成其他参数形式进行计算.

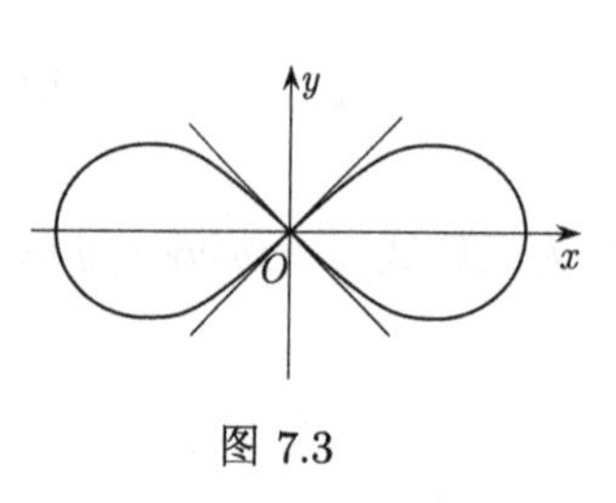

图 7.3

例 3　计算 $\int_C |x|\mathrm{d}s$, 其中 C 是双纽线 $(x^2+y^2)^2=a^2(x^2-y^2), a>0$ 的弧 (图 7.3).

分析　曲线 C 是直角坐标方程 (隐函数给出), 从中解出 x 或 y 都是困难的, 所以以 x 或 y 为参数进行计算是不方便的, 应转化成其他参数方程进行计算, 又由于双纽线的对称性以及被积函数在对称点上的函数值相等, 因此可只求第一象限部分 C_1 上的积分.

解　在极坐标系下, 双纽线在第一象限的极坐标方程为

$$C_1=\left\{(r,\theta)|r=a\sqrt{\cos 2\theta}, 0\leqslant\theta\leqslant\frac{\pi}{4}\right\}.$$

利用对称性有

$$\text{原式}=4\int_{C_1}|x|\mathrm{d}s=\int_0^{\frac{\pi}{4}} r\cos\theta\sqrt{r^2(\theta)+r'^2(\theta)}\mathrm{d}\theta=4a^2\int_0^{\frac{\pi}{4}}\cos\theta\mathrm{d}\theta=2\sqrt{2}a^2.$$

□

例 4　计算 $\int_C (x^2+y^2)^{\frac{1}{2}}\mathrm{d}s$, 其中 C 是 $x^2+y^2=ax, a>0$.

解法 1　设

$$x=\frac{a}{2}+\frac{a}{2}\cos\theta,\quad y=\frac{a}{2}\sin\theta,\quad 0\leqslant\theta\leqslant 2\pi,$$

则 $\mathrm{d}s=\sqrt{x_\theta^2+y_\theta^2}\mathrm{d}\theta=\frac{a}{2}\mathrm{d}\theta$, 于是

$$\begin{aligned}\int_C (x^2+y^2)^{\frac{1}{2}}\mathrm{d}s&=\int_0^{2\pi}\left[a\left(\frac{a}{2}+\frac{a}{2}\cos\theta\right)\right]^{\frac{1}{2}}\frac{a}{2}\mathrm{d}\theta\\&=\frac{a^2}{2}\left(\int_0^{\pi}\cos\frac{\theta}{2}\mathrm{d}\theta-\int_{\pi}^{2\pi}\cos\frac{\theta}{2}\mathrm{d}\theta\right)=2a^2.\end{aligned}$$

解法 2　设

$$r=a\cos\theta,\quad -\frac{\pi}{2}\leqslant\theta\leqslant\frac{\pi}{2},$$

则 $\mathrm{d}s=\sqrt{r^2+r_\theta^2}\mathrm{d}\theta=a\mathrm{d}\theta$, 于是

$$\int_C (x^2+y^2)^{\frac{1}{2}}\mathrm{d}s=\int_{-\frac{\pi}{2}}^{\frac{\pi}{2}} a\cos\theta a\mathrm{d}\theta=2a^2.$$

□

注　本例的解法 2 要优于解法 1, 因此在计算第一型曲线积分时要注意曲线表达方式的选择.

例 5 计算 $\int_C y(x-z)\mathrm{d}s$, 其中 C 是椭球面 $\frac{x^2}{4}+\frac{y^2}{2}+\frac{z^2}{4}=1$ 与平面 $x+z=2$ 的交线在第一卦限中连接点 $(2,0,0)$ 与点 $(1,1,1)$ 的一段.

分析 解题的关键是选择 C 的一个参数方程, 其方法是将 C 向一个坐标平面上作投影, 先求出投影曲线的方程, 再将此参数方程代入 $\frac{x^2}{4}+\frac{y^2}{2}+\frac{z^2}{4}=1$ 或 $x+z=2$ 中, 找出剩余变量的参数方程, 从而得到 C 的参数方程.

解 由方程组

$$\begin{cases} \frac{x^2}{4}+\frac{y^2}{2}+\frac{z^2}{4}=1, \\ x+z=2 \end{cases}$$

消去 z, 即得到曲线 C 在 xy 面的投影曲线

$$(x-1)^2+y^2=1,$$

该曲线的参数方程为

$$x=1+\cos\theta, \quad y=\sin\theta, \quad 0\leqslant\theta\leqslant 2\pi,$$

将此参数方程代入 $x+z=2$ 中, 则得到 C 在第一卦限的参数方程为

$$x=1+\cos\theta, \quad y=\sin\theta, \quad z=1-\cos\theta, \quad 0\leqslant\theta\leqslant\frac{\pi}{2},$$

又因为 $\mathrm{d}s=\sqrt{x_\theta^2+y_\theta^2+z_\theta^2}\mathrm{d}\theta=\sqrt{1+\sin^2\theta}\mathrm{d}\theta$, 所以

$$\int_C y(x-z)\mathrm{d}s=\int_0^{\frac{\pi}{2}} 2\sin\theta\cos\theta\sqrt{1+\sin^2\theta}\mathrm{d}\theta=\frac{2}{3}(2\sqrt{2}-1). \qquad \square$$

3. 第一型曲线积分的计算技巧

(1) 巧用对称性

根据第一型曲线积分的定义, 当积分曲线与被积函数二者都有对称性时, 第一型曲线积分有如下结论:

对于第一型曲线积分 $\int_C f(P)\mathrm{d}s$, 当 C 可划分为两对称的部分 C_1 和 C_2, 且对称点上 $f(P)$ 大小相等, 符号相反, 则 C_1 和 C_2 上的积分相互抵消, C 上积分为 0. 若对称点上 $f(P)$ 大小相等, 符号相同, 则 C_1 和 C_2 上的积分相等, C 上积分为 C_1 上积分的 2 倍.

例 6 计算质量均匀分布的球面 $x^2+y^2+z^2=a^2$ 在第一卦限部分的边界的重心坐标 (x_0,y_0,z_0) $(\rho\equiv 1)$.

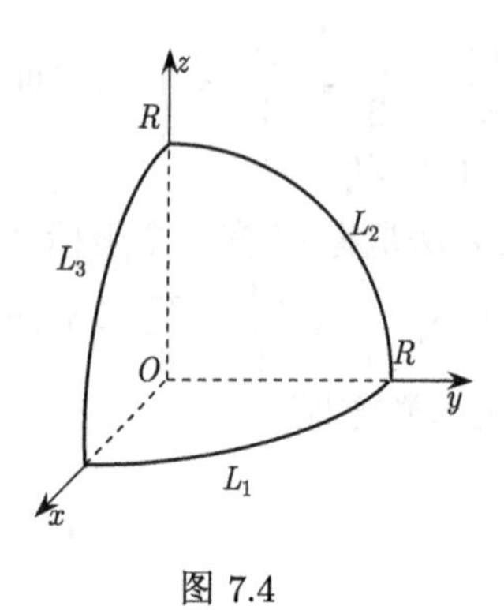

图 7.4

分析　这是一个第一类曲线积分的应用题. 在计算上要注意将第一卦限部分的边界曲线分成三个部分; 另一方面由曲线关于坐标系的对称性, 利用 $x_0 = y_0 = z_0$ 可简化计算.

解　设边界曲线 L 在三个坐标面内的弧段分别为 L_1, L_2, L_3, 如图 7.4 所示, 曲线长度为

$$l = 3\int_{L_1} \mathrm{d}s = 3\frac{2\pi a}{4} = \frac{3\pi a}{2}.$$

根据对称性, 注意到在 L_2 上 $x = 0$ 得, 重心坐标为

$$x_0 = y_0 = z_0 = \frac{1}{l}\int_L x\mathrm{d}s = \frac{1}{l}\left(\int_{L_1} x\mathrm{d}s + \int_{L_2} x\mathrm{d}s + \int_{L_3} x\mathrm{d}s\right) = \frac{2}{l}\int_{L_1} x\mathrm{d}s.$$

由于 L_1 的极坐标方程为：$x = a\cos\theta, y = a\sin\theta, 0 \leqslant \theta \leqslant \pi/2$, 所以 $\mathrm{d}s = a\mathrm{d}\theta$ 且

$$x_0 = \frac{4}{3\pi a}\int_0^{\frac{\pi}{2}} (a\cos\theta)a\mathrm{d}\theta = \frac{4a}{3\pi}.$$

因此, 质量均匀分布的球面 $x^2 + y^2 + z^2 = a^2$ 在第一卦限部分的边界的重心坐标 $\left(\frac{4a}{3\pi}, \frac{4a}{3\pi}, \frac{4a}{3\pi}\right)$. □

(2) 可以将积分曲线方程代入曲线积分的被积函数中

例 7　计算 $\oint_C (2xy + 3x^2 + 4y^2)\mathrm{d}s$, 其中 C 是椭圆 $\frac{x^2}{4} + \frac{y^2}{3} = 1$, 其周长为 a.

分析　一方面可以应用对称性, 另一方面可以将积分曲线方程代入曲线积分的被积函数中达到简化的目的.

解　由于对称性知 $\oint_C 2xy\mathrm{d}s = 0$, 于是

$$\oint_C (2xy + 3x^2 + 4y^2)\mathrm{d}s = \oint_C (3x^2 + 4y^2)\mathrm{d}s = \oint_C 12\mathrm{d}s = 12a.$$ □

注　第一型曲线积分有如下几个常见的公式.

求弧长　当第一型曲线积分的被积函数为 1 时, 即得弧长公式

$$l = \int_C \mathrm{d}s.$$

求曲线质量　设曲线 C 的密度函数为 $\rho(x, y, z)$, 则该曲线的质量

$$m = \int_C \rho(x,y,z)\mathrm{d}s.$$

求曲线的重心坐标 曲线 C 的重心坐标 (x_0, y_0, z_0) 为

$$x_0 = \frac{1}{m}\int_C x\rho(x,y,z)\mathrm{d}s, \quad y_0 = \frac{1}{m}\int_C y\rho(x,y,z)\mathrm{d}s, \quad z_0 = \frac{1}{m}\int_C z\rho(x,y,z)\mathrm{d}s,$$

其中 $m = \int_C \rho(x,y,z)\mathrm{d}s$.

7.2.2 第一型曲面积分

计算第一型曲面积分一般采用的方法是利用“一投, 二换, 三代”的法则, 将第一类曲面积分转化为二重积分.

(1) 当曲面 S 是用显式

$$S:\quad z = z(x,y), \quad (x,y)\in D$$

给出时, 第一型曲面积分的计算公式和计算要领:

$$\iint_S f(x,y,z)\mathrm{d}S = \iint_D f(x,y,z(x,y))\sqrt{1+z_x^2+z_y^2}\mathrm{d}x\mathrm{d}y.$$

(i) 二重积分的积分区域 D 是 S 在 xy 平面上的投影;

(ii) 微元变换式: $\mathrm{d}S = \sqrt{1+z_x^2+z_y^2}\mathrm{d}x\mathrm{d}y$, 其中 z_x, z_y 是曲面表达式关于 x, y 的偏导数.

(iii) 被积函数 $f(x,y,z)$ 中的 z 用曲面表达式 $z = z(x,y)$ 代入.

(2) 当曲面 S 是用隐式方程

$$S:\quad F(x,y,z) = 0$$

给出时, 第一型曲面积分的计算公式为

$$\begin{aligned}\iint_S f(x,y,z)\mathrm{d}S &= \iint_{D_{xy}} f(x,y,z(x,y))\sqrt{1+z_x^2+z_y^2}\mathrm{d}x\mathrm{d}y \\ &= \iint_{D_{yz}} f(x(y,z),y,z))\sqrt{1+x_y^2+x_z^2}\mathrm{d}y\mathrm{d}z \\ &= \iint_{D_{zx}} f(x,y(x,z),z)\sqrt{1+y_x^2+y_z^2}\mathrm{d}x\mathrm{d}z.\end{aligned}$$

比较情形 (1), 只要由 S 的隐式表达求出显示表达即可. 根据隐函数的具体特点, 选择性地将曲面的隐式表达变成二元函数.

(3) 当曲面 S 用参数方程形式

$$S: \quad x = x(u,v), \quad y = y(u,v), \quad z = z(u,v), \quad (u,v) \in D$$

给出, 且在 D 上各点的 Jacobi 行列式 $\dfrac{\partial(x,y)}{\partial(u,v)}, \dfrac{\partial(y,z)}{\partial(u,v)}, \dfrac{\partial(z,x)}{\partial(u,v)}$ 中至少有一个不等于零, S 为光滑曲面. 第一型曲面积分的计算公式:

$$\iint\limits_S f(x,y,z)\mathrm{d}S = \iint\limits_D f(x(u,v), y(u,v), z(u,v))\sqrt{EG-F^2}\mathrm{d}u\mathrm{d}v,$$

其中 $E = x_u^2 + y_u^2 + z_u^2, F = x_u x_v + y_u y_v + z_u z_v, G = x_v^2 + y_v^2 + z_v^2$.

1. 直接化为二重积分进行计算

(1) 曲面 S 可以表示为某两个坐标变量的函数, 可以直接运用公式转化为二重积分.

例 1 求 $\iint\limits_S \dfrac{1}{z}\mathrm{d}S$, 其中 S 是由球面 $x^2+y^2+z^2=a^2$ 被平面 $z=h(0<h<a)$ 截出的顶部.

分析 首先画出曲面的草图, 选择投影的坐标面, 化第一型曲面积分为二重积分, 最后计算出二重积分.

解 如图 7.5 所示, 积分曲面为 $z=\sqrt{a^2-x^2-y^2}$, 将曲面 S 向 xy 面投影得 $D_{xy} = \{(x,y)|x^2+y^2 \leqslant a^2-h^2\}$, 且 $z_x = -\dfrac{x}{\sqrt{a^2-x^2-y^2}}$, $z_y = -\dfrac{y}{\sqrt{a^2-x^2-y^2}}$, 于是

$$\mathrm{d}S = \sqrt{1+z_x^2+z_y^2}\mathrm{d}x\mathrm{d}y = \frac{a}{\sqrt{a^2-x^2-y^2}}\mathrm{d}x\mathrm{d}y,$$

所以

$$\iint\limits_S \frac{1}{z}\mathrm{d}S = \iint\limits_{D_{xy}} \frac{1}{\sqrt{a^2-x^2-y^2}}\frac{a}{\sqrt{a^2-x^2-y^2}}\mathrm{d}x\mathrm{d}y = \iint\limits_{D_{xy}} \frac{a}{a^2-x^2-y^2}\mathrm{d}x\mathrm{d}y.$$

再进行极坐标变换, 有

$$\iint\limits_S \frac{1}{z}\mathrm{d}S = a\int_0^{2\pi}\mathrm{d}\theta\int_0^{\sqrt{a^2-h^2}}\frac{r}{a^2-r^2}\mathrm{d}r = 2\pi a\ln\frac{a}{h}. \qquad \square$$

例 2 求 $\iint\limits_S (x^2+y^2+z^2)\mathrm{d}S$, 其中 S 是由球面 $x^2+y^2+z^2=a^2$ 在第一卦限和第五卦限部分.

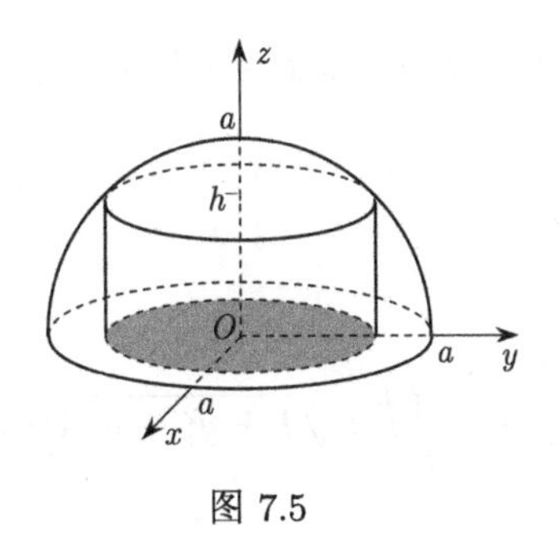

图 7.5

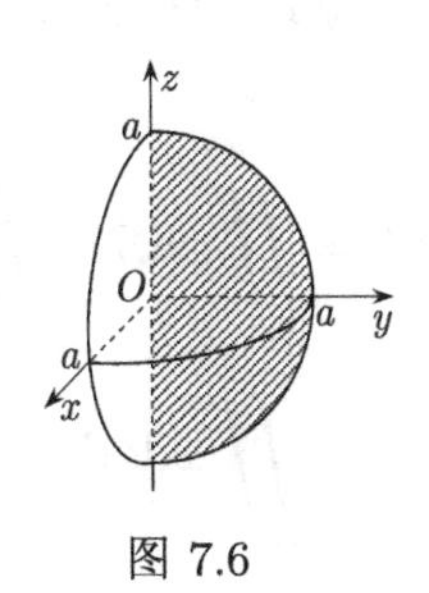

图 7.6

分析 如果被积曲面向 xy 面投影, 因为曲面表达式看成关于 x, y 的函数时, 两个卦限部分的函数表达式不相同, 则要分曲面在第一和第五卦限部分分别投影, 从而要表示成两个二重积分. 如果向另两个坐标面投影就不会出现这个问题.

解法 1 如图 7.6 所示, 将曲面 S 向 zy 面投影得 $D_{zy}=\{(y,z)|z^2+y^2\leqslant a^2, y\geqslant 0\}$, 且 $x=\sqrt{a^2-z^2-y^2}$, 于是

$$\mathrm{d}S=\sqrt{1+x_y^2+x_z^2}\mathrm{d}x\mathrm{d}y=\frac{a}{\sqrt{a^2-z^2-y^2}}\mathrm{d}z\mathrm{d}y,$$

所以

$$\begin{aligned}\iint_S(x^2+y^2+z^2)\mathrm{d}S=&\iint_{D_{zy}}((\sqrt{a^2-z^2-y^2})^2+y^2+z^2)\frac{a}{\sqrt{a^2-z^2-y^2}}\mathrm{d}z\mathrm{d}y\\=&a^3\iint_{D_{zy}}\frac{1}{\sqrt{a^2-z^2-y^2}}\mathrm{d}z\mathrm{d}y.\end{aligned}$$

再进行极坐标变换 $y=r\cos\theta, z=r\sin\theta, -\pi/2\leqslant\theta\leqslant\pi/2$, 有

$$\iint_S(x^2+y^2+z^2)\mathrm{d}S=a^3\int_{-\frac{\pi}{2}}^{\frac{\pi}{2}}\mathrm{d}\theta\int_0^a\frac{r}{\sqrt{a^2-r^2}}\mathrm{d}r=\pi a^3\cdot(-\sqrt{a^2-r^2})\Big|_0^a=\pi a^4.\ \square$$

(2) 若曲面 S 不可以表示为某两个坐标变量的单值函数或曲面是由几块曲面构成, 应将 S 适当分片分块, 使每片或每块可表为单值函数, 对每片或每块分别选择相应的计算公式进行计算.

例 3 计算 $\iint_S x\mathrm{d}S$, 其中 S 是由圆柱面 $x^2+y^2=1$ 和平面 $z=x+2$ 及 $z=0$ 所围成的空间立体的表面 (图 7.7).

分析 画出立体的草图, 将其分成三块或四片, 再用可加性进行计算.

解 如图 7.8 所示, 将曲面 S 分成三块, 即 $S_1: z=0, S_2: z=x+2, S_3: x^2+y^2=1$, S_1, S_2 向 xy 面投影得 $D_1=\{(x,y)|x^2+y^2\leqslant 1\}$, S_3 分成前后两片, 解析表

达式为 $y=\pm\sqrt{1-x^2}$, 向 zx 面投影得 $D_2=\{(x,z)|-1\leqslant x\leqslant 1,0\leqslant z\leqslant x+2\}$, 于是

$$\begin{aligned}\iint\limits_{S} x\mathrm{d}S &= \iint\limits_{S_1} x\mathrm{d}S+\iint\limits_{S_2} x\mathrm{d}S+\iint\limits_{S_3} x\mathrm{d}S\\ &= \iint\limits_{D_1} x\mathrm{d}x\mathrm{d}y+\iint\limits_{D_1} x\sqrt{1+1}\mathrm{d}x\mathrm{d}y+2\iint\limits_{D_2} x\sqrt{1+y_x^2+y_z^2}\mathrm{d}x\mathrm{d}z\\ &= 0+0+2\int_{-1}^{1}\frac{x}{\sqrt{1-x^2}}\mathrm{d}x\int_0^{x+2}\mathrm{d}z\\ &= \pi.\end{aligned}$$

□

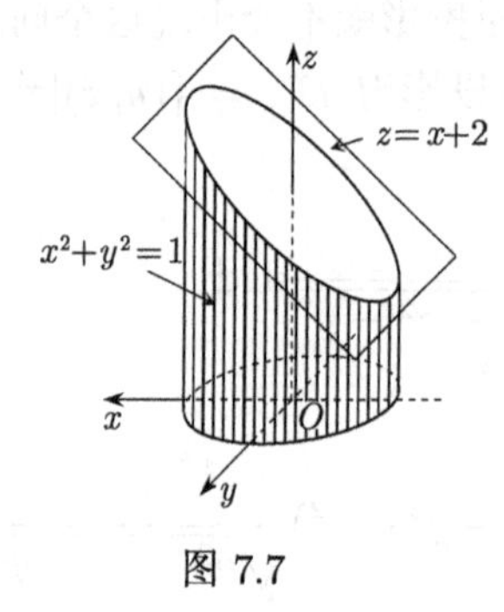

图 7.7

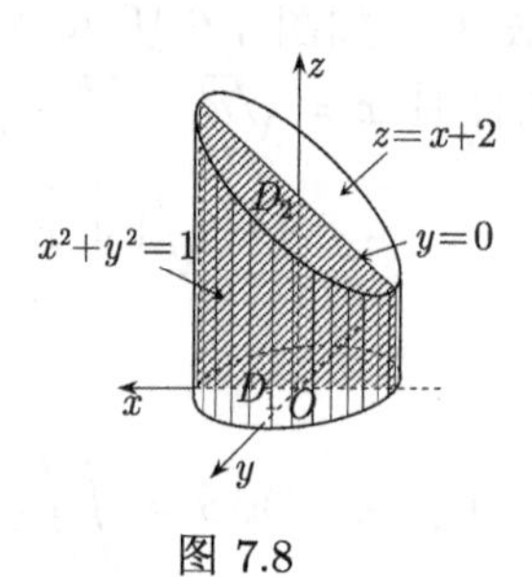

图 7.8

2. 第一型曲面积分计算的其他方法

(1) 利用对称性

若积分曲面 S 可以分成对称的两部分 $S=S_1+S_2$, 则

$$\iint\limits_{S} f(P)\mathrm{d}S=\begin{cases}2\iint\limits_{S_1} f(P)\mathrm{d}S, & \text{对称点上}f(P)\text{的符号相同},\\ 0, & \text{对称点上}f(P)\text{的符号相反},\end{cases}$$

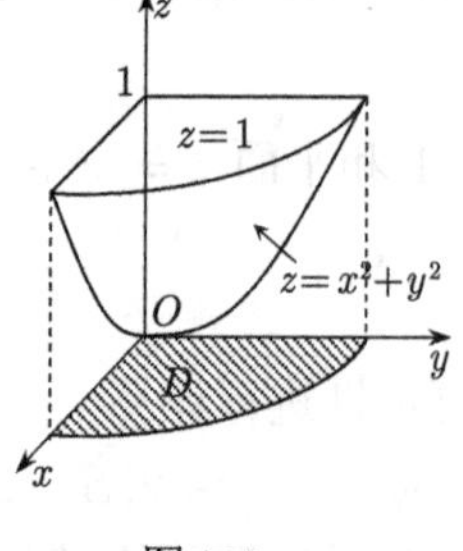

图 7.9

其中 S 的两部分 S_1 和 S_2 对称, 可以关于原点对称, 也可以关于平面对称.

例 4　计算 $\iint\limits_{S}|xyz|\mathrm{d}S$, 其中 S 是抛物面 $z=x^2+y^2,0\leqslant z\leqslant 1$(图 7.9).

分析　积分曲面 S 是关于 z 轴对称的, 被积函数是关于 xz,yz 对称的, 所以可以利用对称性.

解 令 S_1 是积分曲面 S 的第一卦限部分, 其在第一卦限部分在 xy 面上的投影 $D=\{(x,y)|x^2+y^2\leqslant 1, x\geqslant 0, y\geqslant 0\}$, 应用对称性, 则

$$\iint\limits_S |xyz|\mathrm{d}S = 4\iint\limits_{S_1} xyz\mathrm{d}S = 4\iint\limits_D xy(x^2+y^2)\sqrt{1+4x^2+4y^2}\mathrm{d}x\mathrm{d}y.$$

再进行极坐标变换, 有

$$\begin{aligned}\iint\limits_S |xyz|\mathrm{d}S &= 4\int_0^{\frac{\pi}{2}}\mathrm{d}\theta\int_0^1 r^5\cos\theta\sin\theta\sqrt{1+4r^2}\mathrm{d}r\\ &=\frac{1}{4}\int_1^5\sqrt{u}\frac{(u-1)^2}{16}\mathrm{d}u=\frac{125\sqrt{5}-1}{420}.\end{aligned}$$ □

(2) 用曲面 S 的方程简化被积函数

下面给出例 2 的新解法.

分析 用曲面 S 的方程代入被积函数后, 即变成求积分曲面的面积.

例 2 的解法 2 用曲面 S 的方程代入被积函数, 于是

$$\iint\limits_S (x^2+y^2+z^2)\mathrm{d}S = \iint\limits_S a^2\mathrm{d}S = a^2|S|,$$

其中 $|S|$ 表示曲面 S 的面积. 于是

$$\iint\limits_S (x^2+y^2+z^2)\mathrm{d}S = \frac{1}{4}a^2(4\pi a^2)=\pi a^4.$$ □

(3) 微元法

根据实际问题的情况, 对微元替换, 从而变成定积分 (例 5) 或第一型曲面积分 (例 6).

例 5 求 $\iint\limits_S \frac{1}{x^2+y^2+z^2}\mathrm{d}S$, 其中 S 是介于平面 $z=0, z=h$ 之间的圆柱面 $x^2+y^2=a^2$.

分析 若将曲面分为前后 (或左右) 两片, 则计算较繁.

解 如图 7.10 所示, 取曲面面积元素 $\mathrm{d}S=2\pi a\mathrm{d}z$, 则

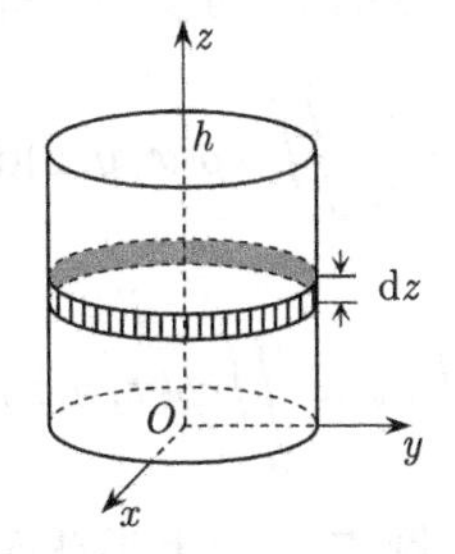

图 7.10

$$\iint\limits_S \frac{1}{x^2+y^2+z^2}\mathrm{d}S = \int_0^h\frac{2\pi a}{a^2+z^2}\mathrm{d}z = 2\pi\arctan\frac{h}{a}.$$ □

3. 第一型曲面积分的应用

(1) 求曲面面积

当第一型曲面积分的被积函数恒为 1 时, 即得曲面面积公式

$$\Delta S = \iint\limits_{S} \mathrm{d}S.$$

例 6　求椭圆柱面 $\dfrac{x^2}{5}+\dfrac{y^2}{9}=1$ 位于 xy 面上方及平面 $z=y$ 下方那部分柱面的侧面积 ΔS.

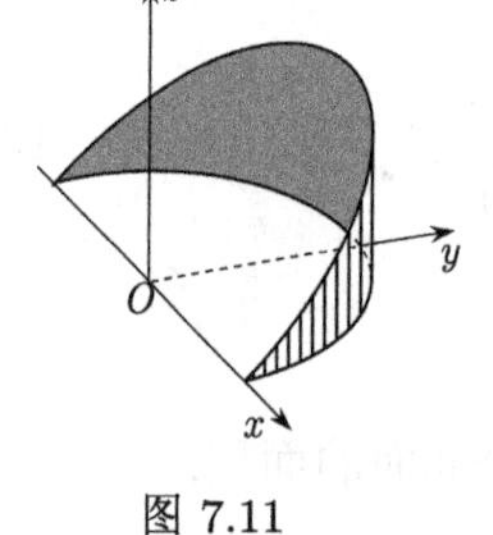

图 7.11

解　如图 7.11 所示, 取曲面面积元素

$$\mathrm{d}S = z\mathrm{d}s,$$

并作变换：$x=\sqrt{5}\cos\theta, y=3\sin\theta, 0\leqslant\theta\leqslant\pi$, 则

$$\begin{aligned}\Delta S &= \iint\limits_{S}\mathrm{d}S = \int_L z\mathrm{d}s = \int_L y\mathrm{d}s\\ &= \int_0^{\pi} 3\sin\theta\sqrt{5\sin^2\theta+9\cos^2\theta}\mathrm{d}\theta\\ &= 9+\frac{15}{4}\ln 5.\end{aligned}$$

□

(2) 求曲面的质量

设曲面 S 的密度函数为 $\rho(x,y,z)$, 则该曲面的质量为

$$m=\iint\limits_{S}\rho(x,y,z)\mathrm{d}S.$$

(3) 求曲线的重心坐标

曲面 S 的重心坐标 (x_0,y_0,z_0) 为

$$x_0=\frac{1}{m}\iint\limits_{S}x\rho(x,y,z)\mathrm{d}S,\quad y_0=\frac{1}{m}\iint\limits_{S}y\rho(x,y,z)\mathrm{d}S,\quad z_0=\frac{1}{m}\iint\limits_{S}z\rho(x,y,z)\mathrm{d}S,$$

其中 $m=\iint\limits_{S}\rho(x,y,z)\mathrm{d}S$.

例 7　求上半球面 $z=\sqrt{R^2-x^2-y^2}$ 被 $x^2+y^2=Rx$ 截取部分的质量和重心坐标 (x_0,y_0,z_0), 其中 $R>0$, 球面的面密度为 1.

解　如图 7.12 给出了 Viviani 体的第一, 第四卦限部分以及在第一卦限部分在 xOy 面的投影 D.

$$
\begin{aligned}
m &= \iint_S \rho(x,y,z)\mathrm{d}S \\
&= \iint_{x^2+y^2\leqslant Rx} \sqrt{1+z_x^2+z_y^2}\mathrm{d}x\mathrm{d}y \\
&= \iint_{x^2+y^2\leqslant Rx} \frac{R}{\sqrt{R^2-x^2-y^2}}\mathrm{d}x\mathrm{d}y \\
&= \int_{-\frac{\pi}{2}}^{\frac{\pi}{2}}\mathrm{d}\theta\int_0^{R\cos\theta}\frac{Rr}{\sqrt{R^2-r^2}}\mathrm{d}r \\
&= (\pi-2)R^2.
\end{aligned}
$$

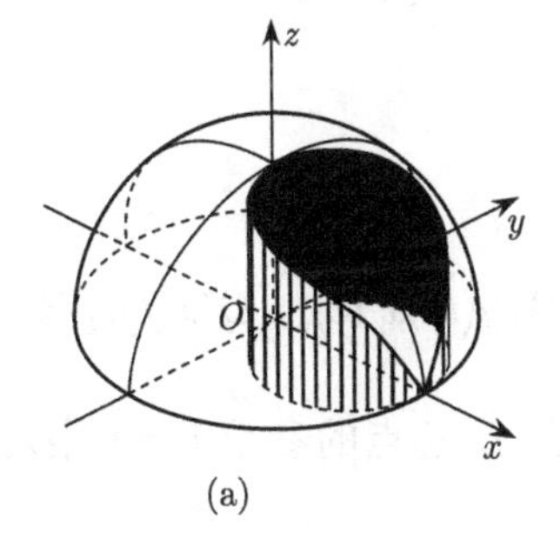

(a)

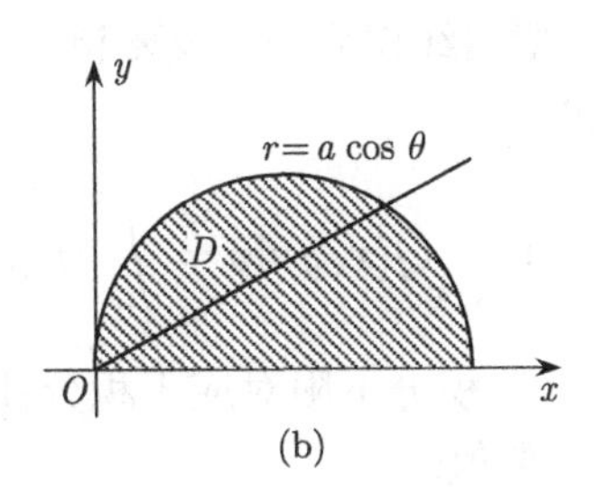

(b)

图 7.12

下面求重心的坐标, 根据对称性知 $y_0=0$, 且

$$
\begin{aligned}
x_0 &= \frac{1}{(\pi-2)R^2}\iint_S x\rho(x,y,z)\mathrm{d}S \\
&= \frac{1}{(\pi-2)R^2}\iint_{x^2+y^2\leqslant Rx}\frac{Rx}{\sqrt{R^2-x^2-y^2}}\mathrm{d}x\mathrm{d}y \\
&= \frac{2}{(\pi-2)R}\int_0^{\frac{\pi}{2}}\cos\theta\mathrm{d}\theta\int_0^{R\cos\theta}\frac{r^2}{\sqrt{R^2-r^2}}\mathrm{d}r \\
&= \frac{2}{(\pi-2)R}\int_0^{\frac{\pi}{2}}\cos\theta\mathrm{d}\theta\int_{\frac{\pi}{2}}^{\theta}R^2\cos^2 t\mathrm{d}t \\
&= \frac{2R}{3(\pi-2)};
\end{aligned}
$$

$$
z_0 = \frac{1}{(\pi-2)R^2}\iint_S z\mathrm{d}S
$$

$$= \frac{1}{(\pi - 2)R^2} \iint\limits_{x^2+y^2 \leqslant Rx} \frac{R}{\sqrt{R^2 - x^2 - y^2}} \sqrt{R^2 - x^2 - y^2} \mathrm{d}x\mathrm{d}y$$

$$= \frac{\pi R}{4(\pi - 2)}.$$ □

7.2.3 第二型曲线积分

1. 用公式转化成定积分计算

以积分曲线为平面曲线为例, 三维的空间曲线可类推.

(1) 当 L 用参数方程给出时,

$$L: x = x(t), y = y(t), \quad \alpha \leqslant t \leqslant \beta.$$

计算第二型曲线积分公式及要领:

计算公式

$$\int_L P(x,y)\mathrm{d}x + Q(x,y)\mathrm{d}y = \int_\alpha^\beta [P(x(t),y(t))x'(t) + Q(x(t),y(t))y'(t)]\mathrm{d}t.$$

(i) 定积分的积分下限对应于积分曲线 L 起点的参数值, 上限对应于积分曲线 L 终点的参数值;

(ii) 微元变换式: $\mathrm{d}x = x'(t)\mathrm{d}t, \mathrm{d}y = y'(t)\mathrm{d}t$;

(iii) 被积函数变换法: 将 $x = x(t)$, $y = y(t)$ 代入 $P(x,y), Q(x,y)$ 中.

当积分曲线是封闭曲线时, 可以取任一点作为起点, 沿 L 指定的方向, 最后再以此点作为终点.

(2) 当曲线 L 是用显式给出时,

$$L: y = y(x), \quad a \leqslant x \leqslant b,$$

L 可以看成以 x 为参数的参数方程:

$$L: x = x, y = y(x), \quad a \leqslant x \leqslant b.$$

计算公式

$$\int_L P(x,y)\mathrm{d}x + Q(x,y)\mathrm{d}y = \int_\alpha^\beta [P(x,y(x)) + Q(x,y(x))y'(x)]\mathrm{d}x,$$

其中 α 对应于 L 的起点的 x 值, β 对应于 L 的终点的 x 值.

当曲线 L 是用显式 $L: x = x(y), a \leqslant y \leqslant b$ 给出时, 可类似处理.

(3) 当曲线 L 是用隐式给出时,

$$F(x,y)=0,$$

需要将 L 化为显式后, 再用 (2) 即可.

(4) 当曲线 L 用极坐标给出时,

$$L: r=r(\theta),\quad \alpha\leqslant\theta\leqslant\beta,$$

可将 L 化为参数方程:

$$L: x=r(\theta)\cos\theta, y=r(\theta)\sin\theta,\quad \alpha\leqslant\theta\leqslant\beta,$$

其中 θ 是参数, 再用 (1) 即可.

例 1 设 L 为沿抛物线 $y^2=x$ 从点 $A(1,-1)$ 到 $B(1,1)$ 的一段, 求 $\int_L xy\mathrm{d}x$.

分析 积分曲线 L 以简单直角坐标方程给出, 以 x 或 y 为参数计算均可, 以 x 为参数时, 曲线要分为两段 $L(A,O)$, $L(O,B)$, 才可表为关于 x 的单值函数, 进而分别计算; 如果看成关于 y 的显示表达, 则可直接计算. 显然, 后者会更简便些.

解法 1 如图 7.13 所示, 取 x 为参数, 则 $L=L(A,O)+L(O,B)$,

$$L(A,O): y=-\sqrt{x},\quad x \text{ 从 } 1 \text{ 变到 } 0;\quad L(O,B): y=\sqrt{x},\quad x \text{ 从 } 0 \text{ 变到 } 1.$$

于是

$$\int_L xy\mathrm{d}x=\int_{L(A,O)}xy\mathrm{d}x+\int_{L(O,B)}xy\mathrm{d}x=\int_1^0 x(-\sqrt{x})\mathrm{d}x+\int_0^1 x(\sqrt{x})\mathrm{d}x=\frac{4}{5}.$$

解法 2 取 y 为参数, 则

$$L: x=y^2,\quad y \text{ 从 } -1 \text{ 变到 } 1.$$

于是

$$\int_L xy\mathrm{d}x=\int_{-1}^1 y^2y(y^2)'\mathrm{d}y=\frac{4}{5}.$$ □

例 2 求 $\int_L y^2\mathrm{d}x$, 其中 L 为

(1) 圆心在原点, 半径为 a 的上半圆周, 方向为逆时针方向;

(2) 从点 $A(a,0)$ 沿 x 轴到点 $B(-a,0)$.

分析 对于 (1) 而言, 积分曲线以 x 为参变量是容易的, 但是以 y 为参变量也可以计算, 但会麻烦; 若积分曲线转化为一般的参数方程也是容易的. 对于 (2) 而言, 可以直接计算 (图 7.14).

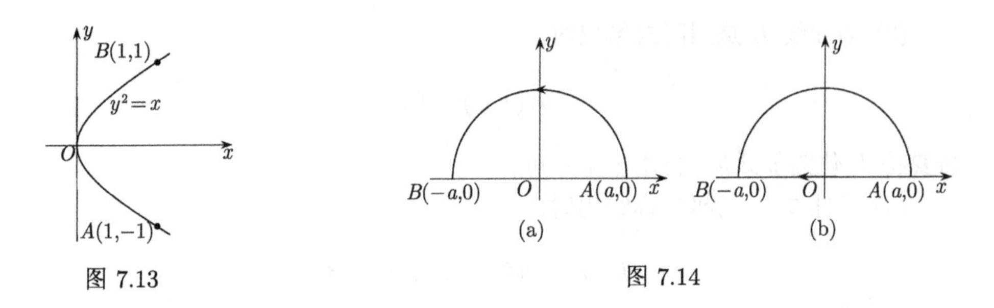

图 7.13 图 7.14

(1) **解法 1** 选取 x 为参变量, 则

$$\int_L y^2 \mathrm{d}x = \int_a^{-a} (a^2 - x^2)\mathrm{d}x = -2a^3 + \frac{2}{3}a^3 = -\frac{4}{3}a^3.$$

解法 2 考虑到曲线为半径为 a 圆心在原点的上半圆周, 于是引入参数方程

$$x = a\cos\theta, \quad y = a\sin\theta, \quad 0 \leqslant \theta \leqslant \pi,$$

所以有

$$\int_L y^2 \mathrm{d}x = \int_0^{\pi} a^2 \sin^2\theta(-a\sin\theta)\mathrm{d}\theta = -\frac{4}{3}a^3.$$

(2) **解** 取 L 的方程为

$$y = 0, \quad x \text{ 从 } a \text{ 变到 } -a,$$

则

$$\int_L y^2 \mathrm{d}x = \int_a^{-a} 0\mathrm{d}x = 0.$$ □

注 本例题说明被积函数相同, 起点和终点也相同, 当积分路径不同时, 积分结果不同. 文献 [4] 中第 208 页的例 4 说明被积函数相同, 起点和终点也相同, 当积分路径不同时, 积分结果可以相同.

例 3 设 $\Gamma = \{(x,y,z)|x^2+y^2=1, x-y+z=2\}$, 从 z 轴正向看为顺时针方向, 求

$$I = \int_\Gamma (z-y)\mathrm{d}x + (x-z)\mathrm{d}y + (x-y)\mathrm{d}z.$$

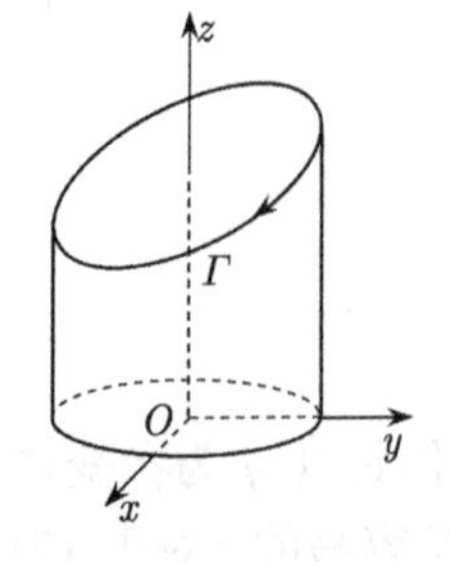

图 7.15

分析 积分曲线为空间曲线, 曲线的表达式为隐函数组的方式给出的, 将其转化为参数方程表示 (图 7.15).

解 取 Γ 的参数方程:

$$x = \cos\theta, \quad y = \sin\theta, \quad z = 2 + \sin\theta - \cos\theta,$$

其中 θ 是从 2π 到 0, 则

$$
\begin{aligned}
I=&\int_{2\pi}^{0}[(2-\cos\theta)(-\sin\theta)+(-2-\sin\theta+2\cos\theta)\cos\theta\\
&+(\cos\theta-\sin\theta)(\cos\theta+\sin\theta)]\mathrm{d}\theta\\
=&\int_{0}^{2\pi}(1-4\cos^2\theta)\mathrm{d}\theta\\
=&-2\pi.
\end{aligned}
$$

□

2. 利用字母轮换对称性计算第二型曲线积分

例 4 计算曲线积分 $I=\int_L(y^2-z^2)\mathrm{d}x+(z^2-x^2)\mathrm{d}y+(x^2-y^2)\mathrm{d}z$, 其中 L 是球面三角形 $x^2+y^2+z^2=1, x\geqslant 0, y\geqslant 0, z\geqslant 0$ 的边界线, 从球的外侧看去, L 的方向为逆时针方向.

分析 (1) 如果直接计算 I, 就要分别计算以下三个积分:

$$
I_1=\int_L(y^2-z^2)\mathrm{d}x,\quad I_2=\int_L(z^2-x^2)\mathrm{d}y,\quad I_3=\int_L(x^2-y^2)\mathrm{d}z.
$$

如果注意到字母 x,y,z 在积分曲线 L 处于对称地位, 同时三个被积表达式中字母 x,y,z 的关系, 则可作如下字母轮换: 将 y 换成 z, z 换成 x, x 换成 y, 显然, 积分曲线 L 没变, 而 I_1 的被积表达式变成了 I_2 的被积表达式, 因此, 在此变化下 $I_1=I_2$. 同理也有 $I_2=I_3, I_3=I_1$.

(2) 如果将第二型曲线积分 I 的被积表达式看成不变, 由于积分曲线可以分成 3 段: L_1, L_2, L_3, 方向上为从球的外侧看去为逆时针方向. 计算积分 I 可以分别计算三个积分:

$$
J_1=\int_{L_1}(y^2-z^2)\mathrm{d}x+(z^2-x^2)\mathrm{d}y+(x^2-y^2)\mathrm{d}z,
$$

$$
J_2=\int_{L_2}(y^2-z^2)\mathrm{d}x+(z^2-x^2)\mathrm{d}y+(x^2-y^2)\mathrm{d}z,
$$

$$
J_3=\int_{L_3}(y^2-z^2)\mathrm{d}x+(z^2-x^2)\mathrm{d}y+(x^2-y^2)\mathrm{d}z.
$$

如果注意到字母 x,y,z 在被积表达式中处于对称地位, 同时三个积分曲线 L 中字母 x,y,z 的关系, 则可作如下字母轮换: 将 y 换成 z, z 换成 x, x 换成 y, 显然, 被积表达式没变, 而 J_1 的积分曲线 L_1 变成了 J_2 的积分曲线 L_2, 因此, 在此变化下 $J_1=J_2$. 同理也有 $J_2=J_3, J_3=J_1$.

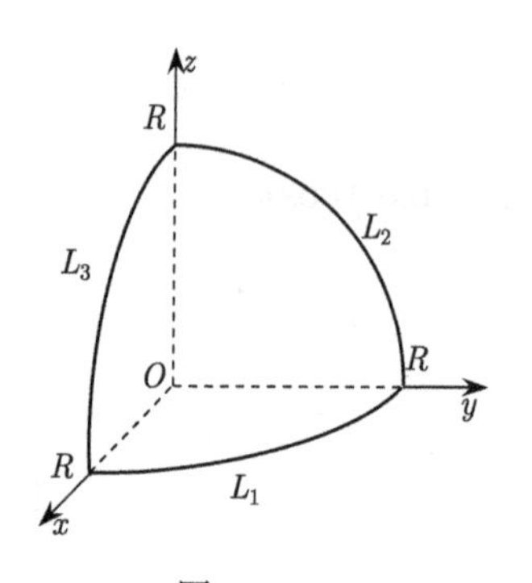

图 7.16

解法 1　如图 7.16 所示, 根据字母轮换对称性, 有

$$I = 3I_1 = 3\left(\int_{L_1}(y^2 - z^2)\mathrm{d}x + \int_{L_2}(y^2 - z^2)\mathrm{d}x + \int_{L_3}(y^2 - z^2)\mathrm{d}x\right).$$

由于积分曲线 L_1 上, $z = 0, y^2 = 1 - x^2$, 积分曲线 L_2 上, $x = 0$, 积分曲线 L_3 上, $y = 0, z^2 = 1 - x^2$, 所以

$$\begin{aligned} I &= 3\left(\int_{L_1} y^2\mathrm{d}x - \int_{L_3} z^2\mathrm{d}x\right) \\ &= 3\int_1^0(1 - x^2)\mathrm{d}x - 3\int_0^1(1 - x^2)\mathrm{d}x \\ &= -4. \end{aligned}$$

解法 2　如图 7.16 所示, 根据字母轮换对称性, 有

$$I = 3J_1 = 3\int_{L_1} y^2\mathrm{d}x - x^2\mathrm{d}y = 3\int_1^0(1 - x^2)\mathrm{d}x - 3\int_0^1(1 - y^2)\mathrm{d}y = -4. \quad \square$$

注 1　这里利用轮换对称性使计算化简, 都是写为某积分的 3 倍, 它们的区别在于解法 2：积分表达式不变, 积分化为 L_1 上的积分的 3 倍. 解法 1：积分曲线不变, 积分化为表达式中第一项积分的 3 倍. 既然上述方法均正确, 那是否可化为既是 L_1 上的积分的 3 倍, 又是表达式中第一项积分的 3 倍, 即

$$I = 9\int_{L_1}(y^2 - z^2)\mathrm{d}x.$$

这显然是不正确的, 因为以 J_1 中的三个积分为例, 已经不具有字母轮换对称性了.

注 2　以例 4 为例, 由于字母位置的一种“轮换”, 而积分变量 (积分曲线) 用什么字母并不会改变积分值, 也就是说并不是本质问题. 还要注意使用这种“字母轮换对称性”时简化积分计算的条件是字母 x, y, z 在积分曲线 (被积表达式) 中处于对称位置.

3. 利用对称性计算第二型曲线积分

对于第二型曲线积分, 相对于第一型曲线积分而言, 除了要考虑被积函数的大小和符号之外, 还要考虑投影元素的符号. 当积分方向与坐标轴正向之夹角

小于 $\frac{\pi}{2}$ 时, 投影元素算为正, 否则算为负. 以积分 $\int_L f(P)\mathrm{d}x$ 为例, 如果在对称点上 $|f(P)|$ 相等, $f(P)$ 与投影元素 $\mathrm{d}x$ 的乘积 $f(P)\mathrm{d}x$ 在对称点上取相反符号, 则 $\int_L f(P)\mathrm{d}x = 0$, 若 $f(P)\mathrm{d}x$ 对称点上取相同符号, 则 $\int_L f(P)\mathrm{d}x = 2\int_{L_1} f(P)\mathrm{d}x$.

例 5 计算曲线积分 $I = \int_L (y^2 - z^2)\mathrm{d}x + (z^2 - x^2)\mathrm{d}y + (x^2 - y^2)\mathrm{d}z$, 其中 L 是球面 $x^2 + y^2 + z^2 = a^2$ 和柱面 $x^2 + y^2 = ax(a > 0)$ 的交线位于 xy 平面上方的部分, 从 x 轴上 $(b, 0, 0)(b > a)$ 点看去, L 是顺时针方向.

分析 如图 7.17 所示, 积分曲线关于 zx 平面对称, 且方向相反, 可以对三个曲线积分分别考虑应用对称性.

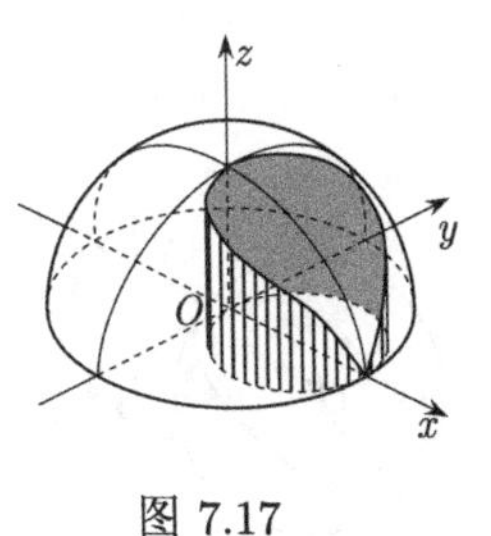

图 7.17

解 曲线关于 zx 平面对称, 且方向相反, 所以

$$\int_L (y^2-z^2)\mathrm{d}x = \int_{L,y\geqslant 0} (y^2-z^2)\mathrm{d}x + \int_{L,y\leqslant 0} (y^2-z^2)\mathrm{d}x = 0,$$

$$\int_L (x^2-y^2)\mathrm{d}z = \int_{L,y\geqslant 0} (x^2-y^2)\mathrm{d}z + \int_{L,y\leqslant 0} (x^2-y^2)\mathrm{d}z = 0,$$

因此

$$I = \int_L (z^2 - x^2)\mathrm{d}y.$$

利用球面的参数方程

$$x = a\cos\theta\sin\varphi, \quad y = a\sin\theta\sin\varphi, \quad z = a\cos\varphi,$$

将其代入柱坐标方程 $x^2 + y^2 = ax$, 得 $\sin\varphi = \cos\theta$, 于是 L 的参数方程为

$$x = a\cos^2\theta, \quad y = a\sin\theta\cos\theta, \quad z = a|\sin\theta|, \quad \theta \text{ 从 } -\frac{\pi}{2} \text{ 到 } \frac{\pi}{2}.$$

于是

$$I = \int_{-\frac{\pi}{2}}^{\frac{\pi}{2}} a^2(\sin^2\theta - \cos^4\theta)a(\cos^2\theta - \sin^2\theta)\mathrm{d}\theta = \frac{\pi}{2}a^3. \qquad \square$$

注 1 本例利用对称性 (不是轮换对称性), 立即可知前两项的积分为 0. 值得注意的是第二型的曲线积分与第一型的曲线积分对称性的应用是不同的. 例如第一项积分, 曲线关于 zx 平面对称, 且方向相反, 而被积函数关于 y 是偶函数 (不是奇函数), 则

$$\int_L (x^2 - y^2)\mathrm{d}z = \int_{L,y\geqslant 0} (x^2 - y^2)\mathrm{d}z + \int_{L,y\leqslant 0} (x^2 - y^2)\mathrm{d}z = 0,$$

上面等式中, 两项恰好相差一个符号, 负号的出现是由于方向相反产生的.

注 2　由于积分曲线 L 是由柱面和球面相交得到的空间曲线, 也可以利用柱面的参数方程

$$x=\frac{a}{2}+\frac{a}{2}\cos\theta,\quad y=\frac{a}{2}\sin\theta,$$

代入球面方程 $x^2+y^2+z^2=a^2$, 得到积分曲线 L 的参数方程:

$$x=\frac{a}{2}+\frac{a}{2}\cos\theta,\quad y=\frac{a}{2}\sin\theta,\quad z=a\left|\sin\frac{\theta}{2}\right|,\quad \theta \text{ 从 } 2\pi \text{ 到 } 0.$$

取此法中的参数方程进行计算类似于例题的解法, 从略.

4. 利用平面曲线积分计算空间曲线积分

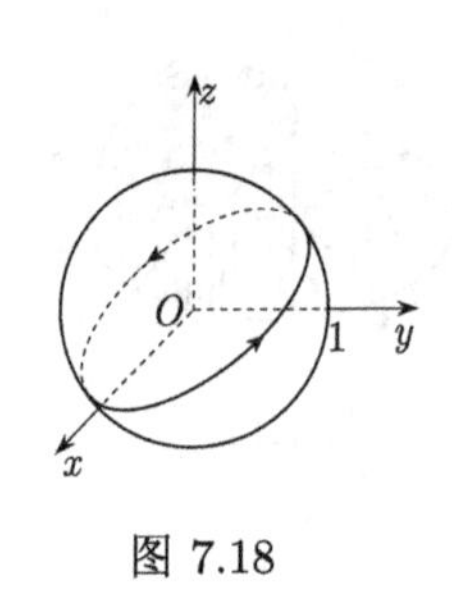

图 7.18

例 6　计算曲线积分 $I=\oint_L xyz\mathrm{d}z$, 其中 L 是球面 $x^2+y^2+z^2=2z$ 和平面 $x=y$ 的交线, 从 x 轴正向上看去, L 是逆时针方向 (图 7.18).

分析　空间曲线投影到平面, 变成平面上的曲线积分, 从而达到降维简化的目的.

解　将空间曲线 L 有向投影到 yz 面, 得平面曲线 C 的方程为 $2y^2+z^2=2z$, 其参数方程为

$$y=\frac{1}{\sqrt{2}}\cos\theta,\quad z=1+\sin\theta,\quad \theta \text{ 从 } 0 \text{ 到 } 2\pi.$$

于是

$$I=\oint_L y^2z\mathrm{d}z=\int_0^{2\pi}\frac{1}{2}\cos^2\theta(1+\sin\theta)\cos\theta\mathrm{d}\theta=0.$$ □

7.2.4　第二型曲面积分

1. 利用二重积分计算的公式法

(1) 曲面 S 用显式 $S: z=z(x,y),(x,y)\in D$ 给出时, 计算公式为

$$\iint\limits_S R(x,y,z)\mathrm{d}x\mathrm{d}y=\pm\iint\limits_{D_{xy}} R(x,y,z(x,y))\mathrm{d}x\mathrm{d}y.$$

公式的运用遵循“一投, 二代, 三定号”的原则:

(i) 二重积分的积分区域 D_{xy} 是 S 在 xy 平面上的投影 (图 7.19);

(ii) 被积函数变换法: 将 $z=z(x,y)$ 代入 $R(x,y,z)$ 中;

(iii) 二重积分前 ± 号的确定法：当 S 为正侧时，取 + 号，S 为负侧时，取 − 号，其中正侧是 S 的法线方向与 z 轴正向的夹角成锐角的一侧.

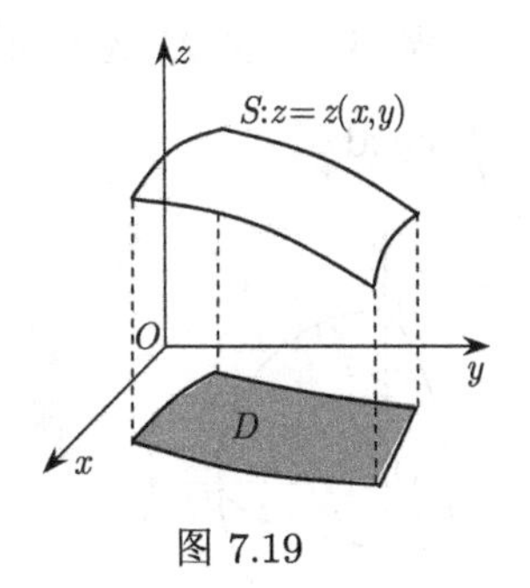

图 7.19

当曲面 S 是用显式 $L: x = x(y,z), (y,z) \in D_{yz}$ 或 $L: y = y(x,z), (x,z) \in D_{xz}$ 给出时，可类似处理.

(2) 当 S 用参数方程 $L: x = x(u,v), y = y(u,v), z = z(u,v), (u,v) \in D$ 给出时且在 D 上各点的 Jacobi 行列式 $\dfrac{\partial(x,y)}{\partial(u,v)}, \dfrac{\partial(y,z)}{\partial(u,v)}, \dfrac{\partial(z,x)}{\partial(u,v)}$ 中至少有一个不等于零，S 为光滑曲面. 计算公式如下：

$$\iint\limits_{S} R(x,y,z)\mathrm{d}y\mathrm{d}z = \pm \iint\limits_{D} R(x(u,v), y(u,v), z(u,v))\frac{\partial(y,z)}{\partial(u,v)}\mathrm{d}u\mathrm{d}v;$$

$$\iint\limits_{S} R(x,y,z)\mathrm{d}z\mathrm{d}x = \pm \iint\limits_{D} R(x(u,v), y(u,v), z(u,v))\frac{\partial(z,x)}{\partial(u,v)}\mathrm{d}u\mathrm{d}v;$$

$$\iint\limits_{S} R(x,y,z)\mathrm{d}x\mathrm{d}y = \pm \iint\limits_{D} R(x(u,v), y(u,v), z(u,v))\frac{\partial(x,y)}{\partial(u,v)}\mathrm{d}u\mathrm{d}v,$$

其中 ± 对应于曲面 S 的两个侧，当 uv 平面的法线正向对应于曲面 S 所选定的法线正向一侧时，则取 + 号，否则取 − 号.

(3) 当曲面 S 是用隐式 $F(x,y,z) = 0$ 给出时，计算公式：

$$\iint\limits_{S} R(x,y,z)\mathrm{d}x\mathrm{d}y = \pm \iint\limits_{D_{xy}} R(x,y,z(x,y))\mathrm{d}x\mathrm{d}y;$$

$$\iint\limits_{S} R(x,y,z)\mathrm{d}y\mathrm{d}z = \pm \iint\limits_{D_{yz}} R(x(y,z),y,z)\mathrm{d}y\mathrm{d}z;$$

$$\iint\limits_{S} R(x,y,z)\mathrm{d}x\mathrm{d}z = \pm \iint\limits_{D_{xz}} R(x,y(x,z),z)\mathrm{d}x\mathrm{d}z.$$

(i) S 的显示表达的求法：用二重积分的两个积分变量外的变量表示成两个积分变量的函数式.

(ii) 二重积分前 ± 号的确定法：当 S 为正侧时，取 + 号；S 为负侧时，取 − 号，其中正侧是 S 的法线方向与两个积分变元外的变元轴正向的夹角成锐角的一侧.

(iii) S 在坐标平面上的投影区域的确定：由两个积分变量及 S 的方程确定 S 在该两积分变量所确定坐标面上的投影.

例 1　设 Σ 为球面 $x^2+y^2+z^2=1$ 外侧在 $x>0,y>0$ 的部分, 求 $\iint\limits_{\Sigma} xyz\mathrm{d}x\mathrm{d}y$.

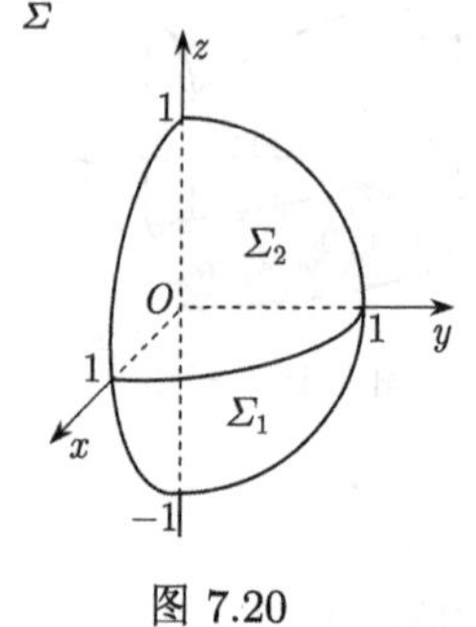

图 7.20

分析　积分曲面 Σ 以隐函数形式给出, 首先将其变成以 x,y 为变量的显函数, 而 Σ 不能表为 xy 平面上的单值函数, 将曲面因表达式的不同分成两部分, 则可直接计算.

解　如图 7.20 所示, 令 $\Sigma=\Sigma_1+\Sigma_2$, 其中

$$\Sigma_1: z=-\sqrt{1-x^2-y^2},\quad (x,y)\in D_{xy},$$

$$\Sigma_2: z=\sqrt{1-x^2-y^2},\quad (x,y)\in D_{xy},$$

和 $D_{xy}=\{(x,y)|\ x^2+y^2\leqslant 1,\ x\geqslant 0,\ y\geqslant 0\}$, 则

$$\begin{aligned}\iint\limits_{\Sigma} xyz\mathrm{d}x\mathrm{d}y &= \iint\limits_{\Sigma_1} xyz\mathrm{d}x\mathrm{d}y+\iint\limits_{\Sigma_2} xyz\mathrm{d}x\mathrm{d}y\\ &=-\iint\limits_{D_{xy}} -\sqrt{1-x^2-y^2}xy\mathrm{d}x\mathrm{d}y+\iint\limits_{D_{xy}} xy\sqrt{1-x^2-y^2}\mathrm{d}x\mathrm{d}y\\ &=2\iint\limits_{D_{xy}} xy\sqrt{1-x^2-y^2}\mathrm{d}x\mathrm{d}y\\ &=2\int_0^{\frac{\pi}{2}}\mathrm{d}\theta\int_0^1 r\cos\theta r\sin\theta\sqrt{1-r^2}r\mathrm{d}r\\ &=\frac{2}{15}.\end{aligned}$$

□

注　下述解法是错误的：根据对称性 $\iint\limits_{\Sigma} xyz\mathrm{d}x\mathrm{d}y=0$. 原因在于积分区域是对称的, 被积函数的函数值符号相反, 但第二型曲面积分还与积分曲面的侧紧密联系.

例 2　计算积分 $\iint\limits_{\Sigma} zx\mathrm{d}y\mathrm{d}z+xy\mathrm{d}z\mathrm{d}x+yz\mathrm{d}x\mathrm{d}y$, 其中 Σ 为柱面 $x^2+y^2=1$ 在第一卦限中 $0\leqslant z\leqslant 1$ 的部分的前侧.

分析　由于是三个曲面积分, 所以要将积分曲面向三个坐标面分别投影. 特别要清楚的是由第二型曲面积分定义可知, 当 Σ 在 xy 坐标面上的投影区域的面积为零时有

$$\iint\limits_{\Sigma} yz\mathrm{d}x\mathrm{d}y=0.$$

解 如图 7.21 所示, Σ 在坐标面 yz, zx, xy 上的投影区域分别是

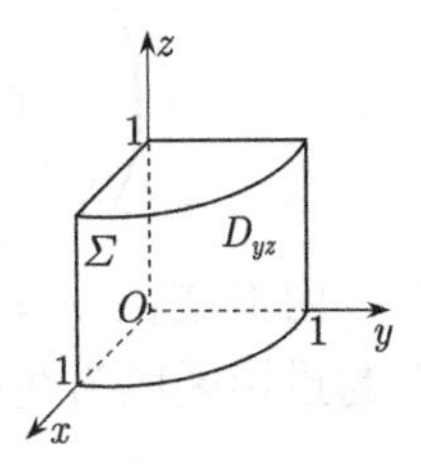

图 7.21

$$D_{yz}: 0 \leqslant x \leqslant 1, 0 \leqslant y \leqslant 1;$$
$$D_{zx}: 0 \leqslant x \leqslant 1, 0 \leqslant z \leqslant 1;$$
$$D_{xy}: x^2+y^2=1,\ x \geqslant 0, y \geqslant 0,$$

其中第三个积分的积分区域垂直于 xy 面, 投影区域为曲线. 前两个积分对应曲面的显示表达分别为

$$\Sigma: x=\sqrt{1-y^2},\quad \text{前侧};\quad \Sigma: y=\sqrt{1-x^2},\quad \text{右侧}.$$

所以

$$\begin{aligned}
&\iint\limits_{\Sigma} zx\mathrm{d}y\mathrm{d}z+xy\mathrm{d}z\mathrm{d}x+yz\mathrm{d}x\mathrm{d}y\\
=&\iint\limits_{D_{yz}} z\sqrt{1-y^2}\mathrm{d}y\mathrm{d}z+\iint\limits_{D_{zx}} x\sqrt{1-x^2}\mathrm{d}z\mathrm{d}x+0\\
=&\int_0^1\mathrm{d}z\int_0^1 z\sqrt{1-y^2}\mathrm{d}y+\int_0^1\mathrm{d}z\int_0^1 x\sqrt{1-x^2}\mathrm{d}x\\
=&\frac{1}{2}z^2\Big|_0^1\cdot\frac{\pi}{4}+z\Big|_0^1\cdot\Big[-\frac{1}{3}(1-x^2)\Big]_0^1\\
=&\frac{\pi}{8}+\frac{1}{3}.
\end{aligned}$$

□

例 3 计算积分 $I=\iint\limits_{\Sigma} x^2\mathrm{d}y\mathrm{d}z+y^2\mathrm{d}z\mathrm{d}x+z^2\mathrm{d}x\mathrm{d}y$, 其中 Σ 是由平面 $x+y+z=1, x=0, y=0, z=0$ 所围成的空间区域的整个边界曲面的外侧.

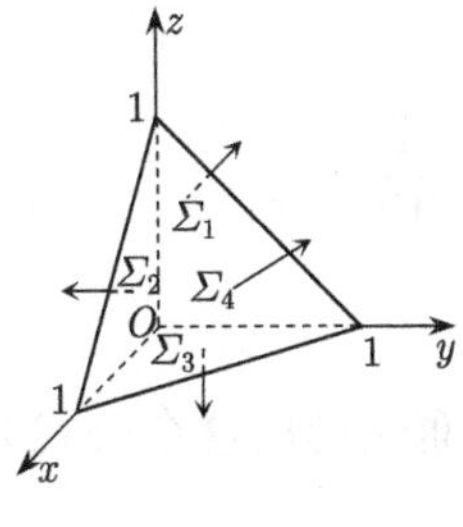

分析 分片光滑曲面 Σ 由四个平面构成, 可用以下五种方法求解: ① 分成单个积分分别计算; ② 分片求积分 (向量点积法); ③ 用轮换对称性; ④ 用两型曲面积分的关系转化为第一型曲面积分计算; ⑤ 用 Gauss 公式计算.

图 7.22

解法 1 如图 7.22 所示, $\Sigma=\Sigma_1+\Sigma_2+\Sigma_3+\Sigma_4$, 所以

$$\iint\limits_{\Sigma} x^2\mathrm{d}y\mathrm{d}z+y^2\mathrm{d}z\mathrm{d}x+z^2\mathrm{d}x\mathrm{d}y$$

$$=\left(\iint\limits_{\Sigma_1}+\iint\limits_{\Sigma_2}+\iint\limits_{\Sigma_3}+\iint\limits_{\Sigma_4}\right)x^2\mathrm{d}y\mathrm{d}z+y^2\mathrm{d}z\mathrm{d}x+z^2\mathrm{d}x\mathrm{d}y.$$

由于 $\Sigma_1: x=0, y+z\leqslant 1, y\geqslant 0, z\geqslant 0$, 其外侧是后侧, Σ_1 在坐标面 zx, xy 上的投影区域为线段, 面积为零. 所以

$$\iint\limits_{\Sigma_1}x^2\mathrm{d}y\mathrm{d}z+y^2\mathrm{d}z\mathrm{d}x+z^2\mathrm{d}x\mathrm{d}y=\iint\limits_{\Sigma_1}0\mathrm{d}y\mathrm{d}z+0+0=0.$$

同理

$$\iint\limits_{\Sigma_2}x^2\mathrm{d}y\mathrm{d}z+y^2\mathrm{d}z\mathrm{d}x+z^2\mathrm{d}x\mathrm{d}y=\iint\limits_{\Sigma_3}x^2\mathrm{d}y\mathrm{d}z+y^2\mathrm{d}z\mathrm{d}x+z^2\mathrm{d}x\mathrm{d}y=0.$$

由于 $\Sigma_4: z=1-x-y, D_{xy}: 0\leqslant x+y\leqslant 1, 0\leqslant x\leqslant 1$, 取上侧, 所以

$$\begin{aligned}\iint\limits_{\Sigma_4}z^2\mathrm{d}x\mathrm{d}y&=\iint\limits_{D_{xy}}(1-x-y)^2\mathrm{d}x\mathrm{d}y\\&=\int_0^1\mathrm{d}x\int_0^{1-x}(1-x-y)^2\mathrm{d}y\\&=\int_0^1\left[-\frac{1}{3}(1-x-y)^3\right]_{y=0}^{y=1-x}\mathrm{d}x=\int_0^1\frac{1}{3}(1-x)^3\mathrm{d}x\\&=-\frac{1}{12}(1-x)^4\Big|_0^1\\&=\frac{1}{12}.\end{aligned}$$

同理

$$\iint\limits_{\Sigma_4}x^2\mathrm{d}y\mathrm{d}z=\iint\limits_{\Sigma_4}y^2\mathrm{d}x\mathrm{d}z=\frac{1}{12}.$$

于是

$$\iint\limits_{\Sigma}x^2\mathrm{d}y\mathrm{d}z+y^2\mathrm{d}z\mathrm{d}x+z^2\mathrm{d}x\mathrm{d}y=0+0+0+3\cdot\frac{1}{12}=\frac{1}{4}.$$ □

2. 向量点积法

向量点积法是计算第二型曲面积分的一个常用方法, 下面先给出这个公式并加以推导, 然后用它来计算第二型曲面积分.

设 $P(x,y,z), Q(x,y,z), R(x,y,z)$ 是定义在光滑曲面

$$\Sigma: z=z(x,y),\quad (x,y)\in D_{xy}$$

上的连续函数, 则

$$\iint_{\Sigma} P\mathrm{d}y\mathrm{d}z + Q\mathrm{d}z\mathrm{d}x + R\mathrm{d}x\mathrm{d}y = \pm\iint_{D_{xy}} \{P, Q, R\}\cdot\{-z_x, -z_y, 1\}\mathrm{d}x\mathrm{d}y$$

$$= \pm\iint_{D_{xy}} (-Pz_x - Qz_y + R)\mathrm{d}x\mathrm{d}y, \qquad (7.2.1)$$

Σ 取上侧为正, 取下侧为负.

事实上, 如果令向量 $\boldsymbol{A} = \{P, Q, R\}$, 法向量 $\boldsymbol{n} = \pm\{-z_x, -z_y, 1\}$, 其单位法向量为 $\boldsymbol{n}^0 = \pm\dfrac{1}{\sqrt{z_x^2 + z_y^2 + 1}}\{-z_x, -z_y, 1\} = \{\cos\alpha, \cos\beta, \cos\gamma\}$, 两型曲面积分之间的关系是:

$$\iint_{\Sigma} P\mathrm{d}y\mathrm{d}z + Q\mathrm{d}z\mathrm{d}x + R\mathrm{d}x\mathrm{d}y = \iint_{\Sigma} (P\cos\alpha + Q\cos\beta + R\cos\gamma)\mathrm{d}S,$$

即

$$\mathrm{d}y\mathrm{d}z = \cos\alpha\mathrm{d}S, \quad \mathrm{d}z\mathrm{d}x = \cos\beta\mathrm{d}S, \quad \mathrm{d}x\mathrm{d}y = \cos\gamma\mathrm{d}S.$$

在第一型曲面积分中,

$$\mathrm{d}S = \sqrt{z_x^2 + z_y^2 + 1}\mathrm{d}x\mathrm{d}y,$$

于是

$$\iint_{\Sigma} P\mathrm{d}y\mathrm{d}z + Q\mathrm{d}z\mathrm{d}x + R\mathrm{d}x\mathrm{d}y = \iint_{\Sigma} \{P, Q, R\}\cdot\{\mathrm{d}y\mathrm{d}z, \mathrm{d}z\mathrm{d}x, \mathrm{d}x\mathrm{d}y\}$$

$$= \iint_{\Sigma} \{P, Q, R\}\cdot\{\cos\alpha\mathrm{d}S, \cos\beta\mathrm{d}S, \cos\gamma\mathrm{d}S\}$$

$$= \iint_{\Sigma} \{P, Q, R\}\cdot\{\cos\alpha, \cos\beta, \cos\gamma\}\mathrm{d}S$$

$$= \pm\iint_{D_{xy}} \{P, Q, R\}\cdot\{-z_x, -z_y, 1\}\mathrm{d}x\mathrm{d}y$$

$$= \pm\iint_{D_{xy}} (-Pz_x - Qz_y + R)\mathrm{d}x\mathrm{d}y,$$

其中 Σ 取上侧为正, 取下侧为负.

公式 (7.2.1) 的方便之处在于：只需将曲面往坐标面 xy 投影不必往其他两个坐标面投影. 下面应用向量点积法给出例 3 的一种新解法.

例 3 的解法 2 如图 7.22 所示, $\Sigma=\Sigma_1+\Sigma_2+\Sigma_3+\Sigma_4$, 所以

$$\begin{aligned}&\iint\limits_{\Sigma} x^2\mathrm{d}y\mathrm{d}z+y^2\mathrm{d}z\mathrm{d}x+z^2\mathrm{d}x\mathrm{d}y\\&=\left(\iint\limits_{\Sigma_1}+\iint\limits_{\Sigma_2}+\iint\limits_{\Sigma_3}+\iint\limits_{\Sigma_4}\right)x^2\mathrm{d}y\mathrm{d}z+y^2\mathrm{d}z\mathrm{d}x+z^2\mathrm{d}x\mathrm{d}y.\end{aligned}$$

由于 $\Sigma_1: x=0, y+z\leqslant 1, y\geqslant 0, z\geqslant 0$, 其外侧是后侧, Σ_1 在坐标面 zx, xy 上的投影区域为线段, 面积为零. 应用公式 (7.2.1) 有

$$\iint\limits_{\Sigma_1} x^2\mathrm{d}y\mathrm{d}z+y^2\mathrm{d}z\mathrm{d}x+z^2\mathrm{d}x\mathrm{d}y=-\iint\limits_{D_{yz}}0\mathrm{d}y\mathrm{d}z+0+0=0.$$

同理

$$\iint\limits_{\Sigma_2} x^2\mathrm{d}y\mathrm{d}z+y^2\mathrm{d}z\mathrm{d}x+z^2\mathrm{d}x\mathrm{d}y=\iint\limits_{\Sigma_3} x^2\mathrm{d}y\mathrm{d}z+y^2\mathrm{d}z\mathrm{d}x+z^2\mathrm{d}x\mathrm{d}y=0.$$

由于 $\Sigma_4: z=1-x-y, D_{xy}: 0\leqslant x+y\leqslant 1, 0\leqslant x\leqslant 1$, 取上侧, 且 $z_x=-1, z_y=-1$, 应用公式 (7.2.1) 有

$$\iint\limits_{\Sigma_4} x^2\mathrm{d}y\mathrm{d}z+y^2\mathrm{d}z\mathrm{d}x+z^2\mathrm{d}x\mathrm{d}y=\iint\limits_{D_{xy}}[x^2+y^2+(1-x-y)^2]\mathrm{d}x\mathrm{d}y=\frac{1}{4}.$$

于是

$$\iint\limits_{\Sigma} x^2\mathrm{d}y\mathrm{d}z+y^2\mathrm{d}z\mathrm{d}x+z^2\mathrm{d}x\mathrm{d}y=0+0+0+\frac{1}{4}=\frac{1}{4}.$$ □

3. 第二型曲面积分计算的其他方法

(1) 字母轮换对称性

同样以例 3 为例来说明这种方法.

分析 应用解法 1 和解法 2 都要分片和分项进行积分, 如果令

$$I_1=\iint\limits_{\Sigma} x^2\mathrm{d}y\mathrm{d}z,\quad I_2=\iint\limits_{\Sigma} y^2\mathrm{d}z\mathrm{d}x,\quad I_3=\iint\limits_{\Sigma} z^2\mathrm{d}x\mathrm{d}y,$$

注意到字母 x, y, z 在积分曲线 L 处于对称地位, 同时三个被积表达式中字母 x, y, z 的关系, 则可作如下字母轮换：将 y 换成 z, z 换成 x, x 换成 y, 显然,

积分曲面 Σ 没变, 而 I_1 的被积表达式变成了 I_2 的被积表达式, 因此, 在此变化下 $I_1=I_2$. 同理也有 $I_2=I_3, I_3=I_1$.

例 3 的解法 3 应用轮换对称性和解法 1 的运算可知

$$\iint_{\Sigma} x^2\mathrm{d}y\mathrm{d}z+y^2\mathrm{d}z\mathrm{d}x+z^2\mathrm{d}x\mathrm{d}y=3\iint_{\Sigma} x^2\mathrm{d}y\mathrm{d}z=\frac{1}{12}\times 3=\frac{1}{4}. \qquad \square$$

(2) 两类曲面积分的关系转化法

两类曲面积分的联系公式:

$$\iint_{\Sigma} P\mathrm{d}y\mathrm{d}z+Q\mathrm{d}z\mathrm{d}x+R\mathrm{d}x\mathrm{d}y=\iint_{\Sigma}(P\cos\alpha+Q\cos\beta+R\cos\gamma)\mathrm{d}S,$$

此公式可以将第一型曲面积分转化为第二型曲面积分, 也可以将第二型曲面积分转化为第一型曲面积分计算. 下面用此法来解答例 3.

例 3 的解法 4 如图 7.22 所示, $\Sigma=\Sigma_1+\Sigma_2+\Sigma_3+\Sigma_4$, 所以

$$\begin{aligned}&\iint_{\Sigma} x^2\mathrm{d}y\mathrm{d}z+y^2\mathrm{d}z\mathrm{d}x+z^2\mathrm{d}x\mathrm{d}y\\=&\left(\iint_{\Sigma_1}+\iint_{\Sigma_2}+\iint_{\Sigma_3}+\iint_{\Sigma_4}\right)(x^2\cos\alpha+y^2\cos\beta+z^2\cos\gamma)\mathrm{d}S.\end{aligned}$$

由于 $\Sigma_1: x=0, \Sigma_1$ 上点的法向量与 y,z 轴垂直, 所以 $\cos\beta=\cos\gamma=0, \cos\alpha=-1$. 因此

$$\iint_{\Sigma_1} x^2\mathrm{d}y\mathrm{d}z+y^2\mathrm{d}z\mathrm{d}x+z^2\mathrm{d}x\mathrm{d}y=\iint_{\Sigma_1}(0\cdot(-1)+y^2\cdot 0+z^2\cdot 0)\mathrm{d}S=0.$$

同理

$$\iint_{\Sigma_2} x^2\mathrm{d}y\mathrm{d}z+y^2\mathrm{d}z\mathrm{d}x+z^2\mathrm{d}x\mathrm{d}y=\iint_{\Sigma_3} x^2\mathrm{d}y\mathrm{d}z+y^2\mathrm{d}z\mathrm{d}x+z^2\mathrm{d}x\mathrm{d}y=0.$$

由于 $\Sigma_4: z=1-x-y, D_{xy}: 0\leqslant x+y\leqslant 1, 0\leqslant x\leqslant 1$, 取上侧, 且 $z_x=-1, z_y=-1$, 所以 Σ_4 上各点处的法向量的方向余弦为

$$\cos\alpha=\cos\beta=\cos\gamma=\frac{1}{\sqrt{3}}.$$

因此

$$\iint_{\Sigma_4} x^2\mathrm{d}y\mathrm{d}z+y^2\mathrm{d}z\mathrm{d}x+z^2\mathrm{d}x\mathrm{d}y$$

$$
\begin{aligned}
&= \iint\limits_{\Sigma_4} (x^2\cos\alpha + y^2\cos\beta + z^2\cos\gamma)\mathrm{d}S \\
&= \iint\limits_{D_{xy}} \left(\frac{1}{\sqrt{3}}x^2 + \frac{1}{\sqrt{3}}y^2 + \frac{1}{\sqrt{3}}(1-x-y)^2\right)\sqrt{1+1+1}\mathrm{d}x\mathrm{d}y \\
&= \int_0^1 \mathrm{d}x \int_0^{1-x} \left(x^2+y^2+(1-x-y)^2\right)\mathrm{d}y \\
&= \frac{1}{4}.
\end{aligned}
$$

由两类曲面积分的联系公式有

$$
\iint\limits_{\Sigma} x^2\mathrm{d}y\mathrm{d}z + y^2\mathrm{d}z\mathrm{d}x + z^2\mathrm{d}x\mathrm{d}y = 0+0+0+\frac{1}{4} = \frac{1}{4}. \qquad \square
$$

(3) 对称性

以积分 $\iint\limits_{\Sigma} f(x,y,z)\mathrm{d}x\mathrm{d}y$ 为例, 若曲面 Σ 可以分成对称的两部分 Σ_1, $\Sigma_2(\Sigma = \Sigma_1 + \Sigma_2)$, 如果在对称点上 $|f(x,y,z)|$ 的值相等, $f(x,y,z)$ 与投影元素 $\mathrm{d}x\mathrm{d}y$ 的乘积 $f(x,y,z)\mathrm{d}x\mathrm{d}y$ 在对称点上取相反符号, 令 Σ_1^+, Σ_2^+ 分别为 Σ_1, Σ_2 的正侧, $\Sigma^+ = \Sigma_1^+ + \Sigma_2^+$, 则

$$
\iint\limits_{\Sigma^+} f(x,y,z)\mathrm{d}x\mathrm{d}y = \begin{cases} 2\iint\limits_{\Sigma_1^+} f(x,y,z)\mathrm{d}x\mathrm{d}y, & \text{在对称点上 } f\mathrm{d}x\mathrm{d}y \text{ 的符号相同}, \\ 0, & \text{在对称点上 } f\mathrm{d}x\mathrm{d}y \text{ 的符号相反}. \end{cases}
$$

例 4　设 $f(t)$ 为奇函数, Σ^+ 为 $|x|+|y|+|z|=1$ 的外侧, 求

(1) $\iint\limits_{\Sigma^+} xf^2(z)\mathrm{d}x\mathrm{d}y$;

(2) $\iint\limits_{\Sigma^+} (x+2y+3z)f(x+y+z)\mathrm{d}x\mathrm{d}y$.

分析　积分区域 Σ^+ 关于三个坐标面都是对称的, $f(t)$ 的解析表达式并不清楚, 可以对两个曲面积分分别应用对称性.

解　(1) 曲面 Σ 关于 xy 平面上下对称, $z>0$ 的部分外法线方向与 z 轴正向成锐角, $z<0$ 的部分外法线方向与 z 轴正向成钝角, 所以 $xf^2(z)\mathrm{d}x\mathrm{d}y$ 在上下对称点上异号, 所以

$$\iint_{\Sigma+} xf^2(z)\mathrm{d}x\mathrm{d}y = 0.$$

(2) 曲面 Σ 关于原点对称, x, y, z 同时改变符号时, 被积函数 $(x+2y+3z)f(x+y+z)$ 的符号不变, 而 $\mathrm{d}x\mathrm{d}y$ 在对称点上符号相反, 于是

$$\iint_{\Sigma+} (x+2y+3z)f(x+y+z)\mathrm{d}x\mathrm{d}y = 0.$$ □

7.2.5 综合举例

前面已经给出了曲面积分一题多解的例子, 下面给出曲线积分一题多解的例子.

例 1 求 $I = \int_L (xy+yz+zx)\mathrm{d}s$, 其中 L 是球面 $x^2+y^2+z^2=a^2$ 与平面 $x+y+z=0$ 的交线 (图 7.23).

解法 1

$$\begin{aligned} I &= \frac{1}{2}\int_L 2(xy+yz+zx)\mathrm{d}s \\ &= \frac{1}{2}\int_L [(x+y+z)^2-(x^2+y^2+z^2)]\mathrm{d}s \\ &= -\frac{1}{2}\int_L a^2\mathrm{d}s \\ &= -\frac{a^2}{2}\int_L \mathrm{d}s = -\pi a^3. \end{aligned}$$

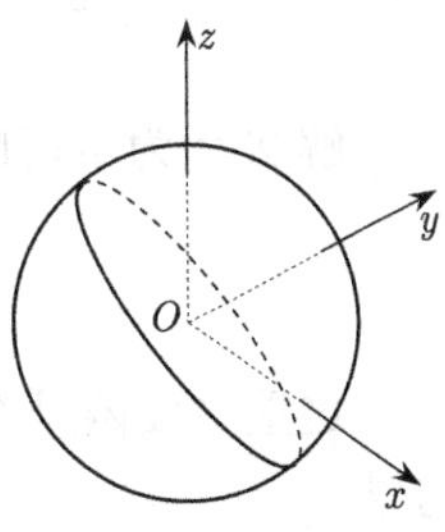

图 7.23

解法 1 技巧性强, 直接利用了几何意义, 将积分曲线的方程代入被积函数, 达到简化的目的, 而不必化为定积分.

解法 2 先求曲线 L 的参数方程: 由 $x^2+y^2+z^2=a^2$ 与 $x+y+z=0$ 消去 y 得 $x^2+xz+z^2=\dfrac{a^2}{2}$, 于是

$$\left(x+\frac{z}{2}\right)^2 = \frac{a^2}{2}\left(1-\frac{3z^2}{2a^2}\right).$$

令 $z = a\sqrt{\dfrac{2}{3}}\sin\theta$, 则

$$x = \pm\frac{a}{\sqrt{2}}\cos\theta - \frac{a}{\sqrt{6}}\sin\theta, \quad y = \mp\frac{a}{\sqrt{2}}\cos\theta - \frac{a}{\sqrt{6}}\sin\theta.$$

于是得两组参数方程, 任选其中一组为

$$
\begin{aligned}
x &= \frac{a}{\sqrt{2}}\cos\theta - \frac{a}{\sqrt{6}}\sin\theta, \\
y &= -\frac{a}{\sqrt{2}}\cos\theta - \frac{a}{\sqrt{6}}\sin\theta, \\
z &= a\sqrt{\frac{2}{3}}\sin\theta.
\end{aligned}
$$

显然, 被积函数和都具有轮换对称性, 则

$$
\begin{aligned}
I &= 3\int_L zx\mathrm{d}s \\
&= \sqrt{3}a^2\int_0^{2\pi}\sin\theta\left(\cos\theta - \frac{1}{\sqrt{3}}\sin\theta\right)\sqrt{x'^2(\theta)+y'^2(\theta)+z'^2(\theta)}\mathrm{d}\theta \\
&= -a^3\int_0^{2\pi}\sin^2\theta\mathrm{d}\theta \\
&= -\pi a^3.
\end{aligned}
$$

解法 2 为常规的方法, 即

写出参数方程 → 套公式 → 计算定积分.

这里主要困难在第一步, 写参数方程. 通过解法 2, 给出了一种求参数方程的方法.

分析　第三种办法是作坐标旋转. 旧坐标是 (x, y), 新坐标是 (X, Y), 旋转角为 θ, 则旋转变换的一般公式为

$$
x = X\cos\theta - Y\sin\theta, \quad y = X\sin\theta + Y\cos\theta.
$$

解法 3　因为平面 $x+y+z=0$ 的单位法向量为 $\boldsymbol{n} = \frac{1}{\sqrt{3}}(1,1,1)$, 则它与 z 轴的夹角余弦为 $\cos\varphi = \frac{1}{\sqrt{3}}$. 下面分两步进行旋转, 先将 xy 平面旋转 $\frac{\pi}{4}$, 得新坐标系 $Ou'vz$; 再将 Ozu' 平面旋转 φ, 得新坐标系 $Ouvw$. 即

$$
Oxyz \to Ou'vz \to Ouvw.
$$

由旋转公式得

$$
\begin{aligned}
&x = \frac{1}{\sqrt{2}}(u'-v), \quad y = \frac{1}{\sqrt{2}}(u'+v), \\
&z = w\cos\varphi - u\sin\varphi, \quad u' = w\sin\varphi + u\cos\varphi.
\end{aligned}
$$

于是

$$x=\frac{1}{\sqrt{2}}(w\sin\varphi+u\cos\varphi-v),$$
$$y=\frac{1}{\sqrt{2}}(w\sin\varphi+u\cos\varphi+v),$$
$$z=w\cos\varphi-u\sin\varphi.$$

在这组变换下, 曲线 L: $x^2+y^2+z^2=a^2$, $x+y+z=0$ 变为 $u^2+v^2+w^2=a^2$ 与 $w=0$, 故

$$\begin{aligned}I&=3\int_L xy\mathrm{d}s\\&=\frac{3}{2}\int_L(u\cos\varphi-v)(u\cos\varphi+v)\mathrm{d}s\\&=\frac{1}{2}\int_L(u^2-3v^2)\mathrm{d}s\\&=\frac{1}{2}\int_L(u^2+v^2-4v^2)\mathrm{d}s\\&=\pi a^3-2a^3\int_0^{2\pi}\sin^2 t\mathrm{d}t\\&=-\pi a^3.\end{aligned}$$

□

解法 3 先通过坐标旋转, 将问题转化为另一个与之等价的问题, 再按常规的方法计算.

$Oxyz$ 坐标系下的线积分 $\to$ $Ouvw$ 坐标系下的线积分:

写出参数方程 $\to$ 套公式 $\to$ 计算定积分.

在新的坐标下, 曲线有简单的参数方程. 这个解法表明, 可以适当地转化问题, 如作坐标旋转, 从而获得简单的参数方程.

例 2 计算曲面积分:

$$I=\iint_S (f(x,y,z)+x)\mathrm{d}y\mathrm{d}z+(2f(x,y,z)+y)\mathrm{d}z\mathrm{d}x+(f(x,y,z)+z)\mathrm{d}x\mathrm{d}y,$$

其中 $f(x,y,z)$ 是连续函数, S 是平面 $x-y+z=1$ 在第四卦限部分的上侧 (图 7.24).

分析 在被积函数中含有未知函数 $f(x,y,z)$, 而根据已知条件不能求出 $f(x,y,z)$, 因此不能直接利用公式计算积分. 虽然已知被积函数 $f(x,y,z)$ 连续, 但没

有偏导数存在的条件, 不能用高斯公式计算积分. 在此题中, S 上任意一点的法向量的方向余弦是常数, 化为对面积的曲面积分可以消去 $f(x,y,z)$.

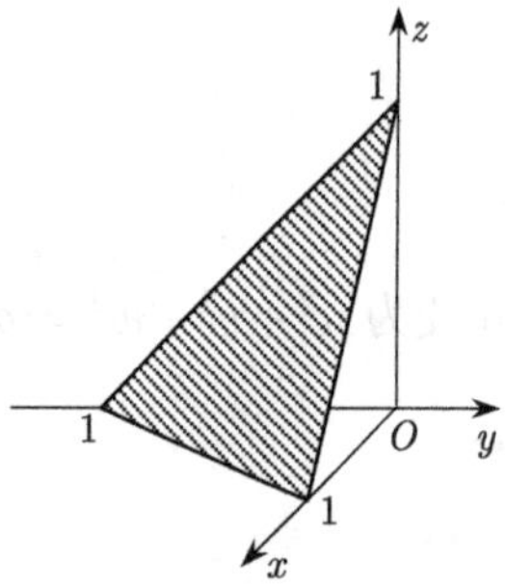

图 7.24

解 由于 S 取上侧, 所以 S 上任意一点的法向量 $\boldsymbol{n}$ 与 z 轴正向的夹角为锐角, 其方向余弦为

$$\cos\alpha=\frac{1}{\sqrt{3}},\quad \cos\beta=-\frac{1}{\sqrt{3}},\quad \cos\gamma=\frac{1}{\sqrt{3}}.$$

于是

$$\begin{aligned}I=&\iint_S[(f(x,y,z)+x)\cos\alpha\\&+(2f(x,y,z)+y)\cos\beta+(f(x,y,z)+z)\cos\gamma]\mathrm{d}S\\=&\frac{1}{\sqrt{3}}\iint_S\mathrm{d}S=\frac{1}{\sqrt{3}}\cdot\frac{1}{2}(\sqrt{2})^2\sin\frac{\pi}{3}\\=&\frac{1}{2}.\end{aligned}$$

□

例 3 设 S 为椭球面 $\dfrac{x^2}{2}+\dfrac{y^2}{2}+z^2=1$ 的上半部分, 点 $P(x,y,z)\in S,\varPi$ 为 S 在 P 处的切平面, $\rho(x,y,z)$ 为点 (0,0,0) 到平面 $\varPi$ 的距离, 试求 $\displaystyle\iint_S\frac{z}{\rho(x,y,z)}\mathrm{d}S$.

分析 这是一道综合题, 要先写出切平面 $\varPi$ 的方程, 再求出被积函数, 最后计算曲面积分.

解 设 (X,Y,Z) 为 $\varPi$ 上任意一点, $F(x,y,z)=\dfrac{x^2}{2}+\dfrac{y^2}{2}+z^2-1$, 则

$$F_x=x,\quad F_y=y,\quad F_z=2z.$$

S 在点 P 处的切平面 $\varPi$ 的方程为

$$x(X-x)+y(Y-y)+2z(Z-z)=0,$$

即

$$\frac{xX}{2}+\frac{yY}{2}+zZ=1.$$

$$\rho(x,y,z)=\frac{\left|\dfrac{x}{2}\cdot0+\dfrac{y}{2}\cdot0+z\cdot0-1\right|}{\sqrt{\dfrac{x^2}{4}+\dfrac{y^2}{4}+z^2}}=\frac{1}{\sqrt{\dfrac{x^2}{4}+\dfrac{y^2}{4}+z^2}}.$$

S 在坐标面 xOy 上的投影区域记为 $D_{xy}: x^2+y^2 \leqslant 2$, 由 $z=\sqrt{1-\frac{x^2}{2}-\frac{y^2}{2}}$, 则

$$z_x=\frac{-x}{2\sqrt{1-\frac{x^2}{2}-\frac{y^2}{2}}}, \quad z_y=\frac{-y}{2\sqrt{1-\frac{x^2}{2}-\frac{y^2}{2}}},$$

$$\sqrt{1+z_x^2+z_y^2}=\sqrt{\frac{4-x^2-y^2}{4\left(1-\frac{x^2}{2}-\frac{y^2}{2}\right)}}.$$

所以

$$\begin{aligned}\iint\limits_S \frac{z}{\rho(x,y,z)}\mathrm{d}S&=\iint\limits_{D_{xy}}\sqrt{1-\frac{x^2}{2}-\frac{y^2}{2}}\sqrt{1-\frac{x^2}{4}-\frac{y^2}{4}}\sqrt{\frac{4-x^2-y^2}{4\left(1-\frac{x^2}{2}-\frac{y^2}{2}\right)}}\mathrm{d}x\mathrm{d}y\\&=\frac{1}{4}\iint\limits_{D_{xy}}(4-x^2-y^2)\mathrm{d}x\mathrm{d}y\\&=\frac{1}{4}\int_0^{2\pi}\mathrm{d}\theta\int_0^{\sqrt{2}}(4-r^2)r\mathrm{d}r\\&=\frac{3\pi}{2}.\end{aligned}$$

□

例 4 设半径为 R 的球面 Σ 的球心在球面 $\Sigma_0: x^2+y^2+z^2=a^2(a>0)$ 上, 问 R 为何值时, 球面 Σ 在球面 Σ_0 内部的那部分的面积最大?

分析 本题是第一类曲面积分的应用题, 在计算中关键是利用球面的对称性, 以及确定含在定球面内部的 Σ 上那部分球面 Σ_1 在 xy 面上的投影区域为 D. 在此基础上, 再按上题分析中的“一投, 二代, 三换”的法则即可解得结果.

解 不妨设 Σ 的球心为 $(0,0,a)$, 那么 Σ 的方程为 $x^2+y^2+(z-a)^2=R^2$, 它与球面 Σ_0 的交线为

$$x^2+y^2+(z-a)^2=R^2, \quad x^2+y^2+z^2=a^2,$$

即

$$x^2+y^2=\frac{R^2(4a^2-R^2)}{4a^2}, \quad z=a-\frac{R^2}{2a}.$$

设含在球面 Σ_0 内部的 Σ 上那部分球面 Σ_1 在 xy 面上的投影区域为 D, 那么

$$D: x^2+y^2 \leqslant \frac{R^2(4a^2-R^2)}{4a^2}$$

且这部分球面的方程为

$$z=a-\sqrt{R^2-a^2-y^2},\quad (x,y)\in D,$$

则 Σ_1 的面积为

$$\begin{aligned}S&=\iint\limits_{\Sigma_1}\mathrm{d}S=\iint\limits_{D}\sqrt{1+z_x^2+z_y^2}\mathrm{d}x\mathrm{d}y\\&=R\int_0^{2\pi}\mathrm{d}\theta\int_0^{\frac{R\sqrt{4a^2-R^2}}{2a}}\frac{r\mathrm{d}r}{\sqrt{R^2-r^2}}\\&=2\pi R^2\frac{2a-R}{2a}.\end{aligned}$$

以下只需求函数 $S(R)=2\pi R^2\dfrac{2a-R}{2a}$ 在 $[0,2a]$ 上的最大值. 由令 $S'(R)=0$ 得唯一驻点 $R=\dfrac{4a}{3}$ 且 $S''\left(\dfrac{4a}{3}\right)=-4\pi<0$, 由问题的实际意义知 $S(R)$ 在 $R=\dfrac{4a}{3}$ 处取得最大值. 即 $R=\dfrac{4a}{3}$ 时, Σ_1 的面积最大, 为 $\dfrac{32}{27}a^2\pi$. □

例 5 证明曲线积分的估计式:

$$\left|\int_{AB}P\mathrm{d}x+Q\mathrm{d}y\right|\leqslant LM,$$

其中 L 为 AB 的弧长, $M=\max\limits_{(x,y)\in AB}\sqrt{P^2+Q^2}$.

利用上述不等式估计积分

$$I_R=\int_{x^2+y^2=R^2}\frac{y\mathrm{d}x-x\mathrm{d}y}{(x^2+xy+y^2)^2},$$

并证明 $\lim\limits_{R\to+\infty}I_R=0$.

分析 因为第二型曲线积分是向量函数在曲线上的积分, 所以第二型曲线积分可以应用向量的不等式.

解

$$\begin{aligned}\left|\int_{AB}P\mathrm{d}x+Q\mathrm{d}y\right|&=\left|\int_{AB}(P,Q)\cdot(\mathrm{d}x,\mathrm{d}y)\right|\\&\leqslant\int_{AB}\sqrt{P^2+Q^2}\sqrt{\mathrm{d}x^2+\mathrm{d}y^2}\end{aligned}$$

$$\leqslant M\int_{AB}\mathrm{d}s=ML.$$

将 $AB: x^2+y^2=R^2$ 表为参数方程

$$x=R\cos t,\quad y=R\sin t,\quad 0\leqslant t\leqslant 2\pi.$$

$$P^2+Q^2=\frac{1}{R^6\left(1+\dfrac{1}{2}\sin 2t\right)^4},\quad M=\frac{4}{R^3},$$

$$0\leqslant I_R\leqslant LM\leqslant\frac{4}{R^3}\cdot 2\pi R=\frac{8\pi}{R^2},$$

所以

$$\lim_{R\to+\infty}I_R=0.$$ □

例 6 设 S 是球面 $x^2+y^2+z^2=1$, f 是一元连续函数, 证明

$$\iint_S f(ax+by+cz)\mathrm{d}S=2\pi\int_{-1}^{1}f(u\sqrt{a^2+b^2+c^2})\mathrm{d}u,$$

其中 a, b, c 为常数.

分析 证明此公式的主要思想是选取适当的坐标变换, 即旋转变换, 引入参数方程, 将单位球面上的曲面积分化为定积分.

证明 将坐标系 $Oxyz$ 作旋转后得到 $Ouvw$. 原点不变, 以 $\Pi: ax+by+cz=0$ 为 Ovw 面, u 轴过 O 垂直于 Π, $M(x,y,z)$ 为系 $Oxyz$ 内任一点, 其在系 $Ouvw$ 内的新坐标为 $M(u,v,w)$, 其中

$$u=\frac{ax+by+cz}{\sqrt{a^2+b^2+c^2}},$$

即

$$ax+by+cz=u\sqrt{a^2+b^2+c^2}.$$

由于是旋转变换, 所以球面 $x^2+y^2+z^2=1$ 在新坐标系下仍然是球面 $u^2+v^2+w^2=1$, 先引入参数方程

$$\begin{aligned}&u=u,\\&v=\sqrt{1-u^2}\cos t,\quad 0\leqslant t\leqslant 2\pi,\quad -1\leqslant u\leqslant 1,\\&w=\sqrt{1-u^2}\sin t.\end{aligned}$$

由于

$$E = u_t^2 + v_t^2 + w_t^2 = 1 - u^2,$$
$$G = u_u^2 + v_u^2 + w_u^2 = \frac{1}{1-u^2},$$
$$F = u_t u_u + v_t v_u + w_t w_u = 0,$$

故

$$\sqrt{EG - F^2} = 1, \quad \mathrm{d}S = \sqrt{EG - F^2}\mathrm{d}u\mathrm{d}t = \mathrm{d}u\mathrm{d}t,$$

令 $G = \{(u,t)|0 \leqslant t \leqslant 2\pi, -1 \leqslant u \leqslant 1\}$, 所以

$$\begin{aligned}\iint\limits_S f(ax+by+cz)\mathrm{d}S &= \iint\limits_G f(u\sqrt{a^2+b^2+c^2})\sqrt{EG-F^2}\mathrm{d}u\mathrm{d}t \\ &= \int_0^{2\pi}\mathrm{d}t\int_{-1}^1 f(u\sqrt{a^2+b^2+c^2})\mathrm{d}u \\ &= 2\pi\int_{-1}^1 f(u\sqrt{a^2+b^2+c^2})\mathrm{d}u.\end{aligned}$$

□

注　旋转变换和参数方程的引入是证明本题的关键.

7.3　进阶练习题

1. 求柱面 $x^{\frac{2}{3}} + y^{\frac{2}{3}} = 1$ 在球面 $x^2 + y^2 + z^2 = 1$ 内的侧面积.

2. 已知平面区域 $D = \{(x,y)|0 \leqslant x \leqslant \pi, 0 \leqslant y \leqslant \pi\}$, L 为 D 的正向边界, 试证:

(1) $\oint_L x\mathrm{e}^{\sin y}\mathrm{d}y - y\mathrm{e}^{-\sin x}\mathrm{d}x = \oint_L x\mathrm{e}^{-\sin y}\mathrm{d}y - y\mathrm{e}^{\sin x}\mathrm{d}x$;

(2) $\oint_L x\mathrm{e}^{\sin y}\mathrm{d}y - y\mathrm{e}^{-\sin x}\mathrm{d}x \geqslant \frac{5\pi}{2}$.

3. 计算第一型曲线积分:

(1) $\oint_\Gamma (x^2+y^2)^n\mathrm{d}s$, 其中 Γ 为圆周 $x = a\cos t, y = a\sin t(a > 0, 0 \leqslant t \leqslant 2\pi)$.

(2) $\oint_\Gamma (4x^3 + x^2y)\mathrm{d}s$, 其中 Γ 为折线段 $|x| + |y| = 1$ 所围成区域的整个边界.

4. 设曲线 C 为 $y = \sin x, 0 \leqslant x \leqslant \pi$, 证明:

$$\frac{3\sqrt{2}\pi^2}{8} \leqslant \int_C x\mathrm{d}s \leqslant \frac{\sqrt{2}\pi^2}{2}.$$

5. 计算第二型曲线积分:

(1) $\int_{\Gamma}(x^2+y^2)\mathrm{d}x+(x^2-y^2)\mathrm{d}y$, 其中 Γ 为曲线 $y=1-|1-x|$ 对应于 $x=0$ 的点到 $x=2$ 的点.

(2) $\int_{\Gamma} y\mathrm{d}x+z\mathrm{d}y+x\mathrm{d}z$, 其中 Γ 为曲线:

$$x^2+y^2+z^2=2az, \quad z+x=a, \quad a>0,$$

且从 z 轴正向看去为逆时针方向.

6. 计算第二型曲面积分:

(1) $\iint\limits_{S} \dfrac{ax\mathrm{d}y\mathrm{d}z+(z+a)^2\mathrm{d}x\mathrm{d}y}{\sqrt{x^2+y^2+z^2}}$, 其中 S 为下半球面 $z=-\sqrt{a^2-x^2-y^2}$ 的上侧, a 为大于零的常数;

(2) $\iint\limits_{S}(x+y)\mathrm{d}y\mathrm{d}z+(y-z)\mathrm{d}z\mathrm{d}x+(z+3x)\mathrm{d}x\mathrm{d}y$, 其中 S 为下半球面 $x^2+y^2+z^2=a^2$ 的外侧;

(3) $\iint\limits_{S}(2x+z)\mathrm{d}y\mathrm{d}z+z\mathrm{d}x\mathrm{d}y$, 其中 S 为有向曲面 $z=x^2+y^2(0\leqslant z\leqslant 1)$, 其法向量与 z 轴正向的夹角为锐角.

7. 计算曲面积分

$$F(t)=\iint\limits_{x+y+z=t} f(x,y,z)\mathrm{d}S,$$

其中

$$f(x,y,z)=\begin{cases} 1-x^2-y^2-z^2, & x^2+y^2+z^2\leqslant 1, \\ 0, & x^2+y^2+z^2>1. \end{cases}$$

8. 设 P,Q,R 是一元连续函数, Q 为奇函数, S 为球面 $x^2+y^2+z^2=1$ 上 $\sqrt{x^2+y^2}\leqslant kz(k>0), y^2\leqslant 2xz$ 的部分. L 为 S 的边界曲线. L^+ 规定为 L 上逆时针方向 (从 z 轴正向往下看). 求

$$\oint_{L+} P(z)\mathrm{d}x+Q(y)\mathrm{d}y+R(x)\mathrm{d}z.$$

9. 计算积分 $I=\oint_C (1+x)^2\,\mathrm{d}s$, 其中 C 为空间曲线 $\begin{cases} x^2+y^2+z^2=R^2 \\ x+y+z=0 \end{cases} (R>0)$.

10. 计算积分 $J=\oint_C (x+2y+3z^2)\mathrm{d}s$, 其中 C 为曲线

$$\begin{cases} x^2+y^2+z^2=R^2 \\ y=2z \end{cases} (R>0).$$

第 8 章 各种积分之间的关系

8.1 疑难解析

1. 在一条平面闭曲线上求第二型曲线积分, 如果没有特别指明它的方向, 它的方向如何确定?

答：由于第二型曲线积分与积分曲线的方向有关, 所以当没有特别指明积分曲线的方向时, 这意味着默认该曲线积分是关于积分曲线正向的积分, 即当人沿这条曲线 $\varGamma$ 的正向行走时, $\varGamma$ 所围成的有界区域 D 总在他的左边.

2. 如何利用 Green 公式求平面图形的面积?

答：利用 Green 公式求平面图形 D 的面积 A_D 有如下公式：

$$A_D=\oint_{\varGamma} x\mathrm{d}y, \tag{8.1.1}$$

$$A_D=\oint_{\varGamma} -y\mathrm{d}x, \tag{8.1.2}$$

$$A_D=\frac{1}{2}\oint_{\varGamma} x\mathrm{d}y-y\mathrm{d}x. \tag{8.1.3}$$

注意, 公式 (8.1.3) 虽然看起来比公式 (8.1.1) 和公式 (8.1.2) 复杂一点, 但它具有的对称性有时可以给计算带来方便.

3. 如何利用 Gauss 公式求立体图形的体积?

答：利用 Gauss 公式求立体图形 Ω 的体积 V 有如下公式：

$$V=\frac{1}{3}\iint\limits_{S} x\mathrm{d}y\mathrm{d}z+y\mathrm{d}z\mathrm{d}x+z\mathrm{d}x\mathrm{d}y,$$

其中 S 为立体图形 Ω 的边界曲面.

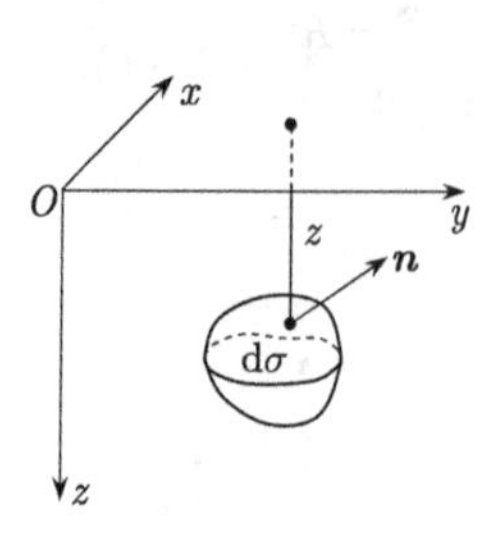

图 8.1

4. 利用 Gauss 公式证明阿基米德原理：浸在液体中的物体所受的浮力等于物体排开液体的重量, 方向是向上的.

答：如图 8.1 所示建立坐标系. 设液体的密度为 ρ, 物体浸在液体中的立体记为 Ω, 其表面为 S, 浮力为 $\boldsymbol{F}=$

(F_1,F_2,F_3), 则单位面积的浮力大小为 ρgz, 方向为 $-\boldsymbol{n}$, 于是

$$\mathrm{d}\boldsymbol{F}=(\mathrm{d}F_1,\mathrm{d}F_2,\mathrm{d}F_3)=-\rho gz\mathrm{d}\sigma\cdot\boldsymbol{n},$$

所以

$$\begin{aligned}\mathrm{d}F_1&=-\rho gz\cos(\boldsymbol{n},x)\mathrm{d}\sigma=-\rho gz\mathrm{d}y\mathrm{d}z,\\\mathrm{d}F_2&=-\rho gz\cos(\boldsymbol{n},y)\mathrm{d}\sigma=-\rho gz\mathrm{d}z\mathrm{d}x,\\\mathrm{d}F_3&=-\rho gz\cos(\boldsymbol{n},z)\mathrm{d}\sigma=-\rho gz\mathrm{d}x\mathrm{d}y,\end{aligned}$$

因此根据 Gauss 公式可得

$$\begin{aligned}F_1&=-\iint\limits_S\rho gz\mathrm{d}y\mathrm{d}z=-\iiint\limits_\Omega 0\,\mathrm{d}x\mathrm{d}y\mathrm{d}z=0,\\F_2&=-\iint\limits_S\rho gz\mathrm{d}z\mathrm{d}x=-\iiint\limits_\Omega 0\,\mathrm{d}x\mathrm{d}y\mathrm{d}z=0,\\F_3&=-\iint\limits_S\rho gz\mathrm{d}x\mathrm{d}y=-\rho g\iiint\limits_\Omega\mathrm{d}x\mathrm{d}y\mathrm{d}z=-\rho gV=-G,\end{aligned}$$

其中 $G=\rho gV$ 是物体排开液体的重量. 故 $\boldsymbol{F}=-G\boldsymbol{k}$, 其中 $\boldsymbol{k}=(0,0,1)$, 这就是所要证明的.

5. 叙述曲面及其边界定向的右手法则.

答: 双侧曲面 S 与其边界曲线 L 定向的右手法则如下: 设有人站在 S 上指定的一侧, 若沿 L 行走, 指定的侧总在人的左方, 则人前进的方向为边界线 L 的正向; 若沿 L 行走, 指定的侧总在人的右方, 则人前进的方向为边界线 L 的负向, 这个定向方法称为右手法则.

6. 什么是单连通域?

答: 在平面区域中, 称没有“洞”的区域为单连通区域, 有“洞”的区域为多连通区域. 在数学上可以这样来定义, 若在区域 D 内任意一条简单闭曲线可以不经过区域以外的点连续收缩于区域的一点, 则称区域 D 为单连通域, 否则称区域 D 为多连通域.

7. 怎样求全微分 $P\mathrm{d}x+Q\mathrm{d}y+R\mathrm{d}z$ 的原函数?

答: 如果 $\int_\Gamma P\mathrm{d}x+Q\mathrm{d}y+R\mathrm{d}z$ 与路径无关, 设 $A(x_0,y_0,z_0)$ 为 D 内某一定点, $B(x,y,z)$ 为 D 内任意一点, 由于曲线积分

$$\int_{\widehat{AB}}P\mathrm{d}x+Q\mathrm{d}y+R\mathrm{d}z$$

与路线的选择无关, 所以当 $B(x,y,z)$ 在 D 内变动时, 其积分值是 $B(x,y,z)$ 的函数, 且

$$u(x,y,z)=\int_{\widehat{AB}} P\mathrm{d}x+Q\mathrm{d}y+R\mathrm{d}z$$

是 $P\mathrm{d}x+Q\mathrm{d}y+R\mathrm{d}z$ 的原函数. 特别地, 如果

$$[x_0,x]\times\{(y_0,z_0)\}\subset D,\quad \{(x,z_0)\}\times[y_0,y]\subset D,\quad \{(x,y)\}\times[z_0,z]\subset D,$$

则 $P\mathrm{d}x+Q\mathrm{d}y+R\mathrm{d}z$ 的原函数可由下式构造得出:

$$u(x,y,z)=\int_{x_0}^{x} P(x,y_0,z_0)\mathrm{d}x+\int_{y_0}^{y} Q(x,y,z_0)\mathrm{d}y+\int_{z_0}^{z} R(x,y,z)\mathrm{d}z.$$

8.2 典 型 例 题

8.2.1 Green 公式

例 1 计算 $\oint_L y\mathrm{d}x+\sin x\mathrm{d}y$, 其中 L 是由 $y=\cos x\,(0\leqslant x\leqslant \pi)$, 直线 $y=-1$ 及 y 轴所围成的闭曲线, 取逆时针方向.

分析 这是沿着简单闭曲线的第二型曲线积分, 可以用 Green 公式求, 也可用参数方程法计算.

解法 1 用 D 表示曲线 L 所围成的有界区域, 令 $P(x,y)=y$, $Q(x,y)=\sin x$, 则根据 Green 公式可得

$$\begin{aligned}\oint_L y\mathrm{d}x+\sin x\mathrm{d}y&=\iint\limits_D\left(\frac{\partial Q}{\partial x}-\frac{\partial P}{\partial y}\right)\mathrm{d}x\mathrm{d}y=\iint\limits_D(\cos x-1)\mathrm{d}x\mathrm{d}y\\&=\int_0^{\pi}\mathrm{d}x\int_{-1}^{\cos x}(\cos x-1)\mathrm{d}y\\&=\int_0^{\pi}(\cos x-1)(\cos x+1)\mathrm{d}x\\&=-\frac{1}{2}\int_0^{\pi}(1-\cos 2x)\mathrm{d}x\\&=-\frac{1}{2}\Big[x-\frac{1}{2}\sin 2x\Big]_0^{\pi}=-\frac{\pi}{2}.\end{aligned}$$

解法 2 记 $A(\pi,-1),B(0,1),C(0,-1)$, 则 $L=L(A,B)+L(B,C)+L(C,A)$, 其中 $L(A,B)$: $y=\cos x$, x 从 π 变到 0, $L(B,C)$: $x=0$, y 从 1 变到 -1,

$L(C,A)$: $y=-1$, x 从 0 变到 π, 于是

$$\begin{aligned}\oint_L y\mathrm{d}x+\sin x\mathrm{d}y&=\int_{L(A,B)} y\mathrm{d}x+\sin x\mathrm{d}y+\int_{L(B,C)} y\mathrm{d}x+\sin x\mathrm{d}y\\&\quad+\int_{L(C,A)} y\mathrm{d}x+\sin x\mathrm{d}y\\&=\int_\pi^0(\cos x-\sin^2 x)\mathrm{d}x+\int_1^{-1}0\mathrm{d}y+\int_0^\pi(-1)\mathrm{d}x\\&=\int_\pi^0\left(\cos x-\frac{1-\cos 2x}{2}\right)\mathrm{d}x+0-x\Big|_0^\pi\\&=\left(\sin x-\frac{x}{2}+\frac{\sin 2x}{4}\right)\Big|_\pi^0-\pi=-\frac{\pi}{2}\end{aligned}$$

□

例 2 计算笛卡儿叶形线 $\Gamma: x^3+y^3=3axy\ (a>0)$ 所围成平面图形的面积.

分析 这题的难点是写出笛卡儿叶形线的参数方程. 令 $y=tx$, 则根据曲线方程可得 $x=\dfrac{3at}{1+t^3}$, $y=\dfrac{3at^2}{1+t^3}$, 当参数 t 从 0 开始递增到 $+\infty$ 时, 笛卡儿叶形线正好画出一条闭曲线, 如图 8.2 所示.

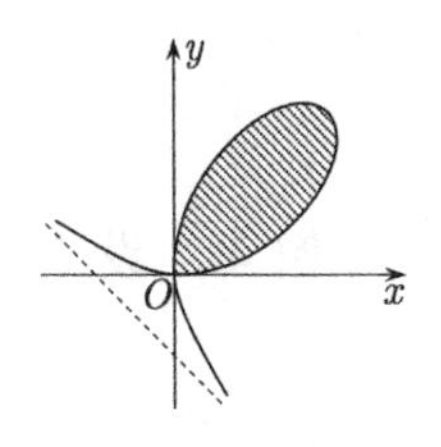

图 8.2

解 设 $y=tx$, 则根据曲线方程可得

$$\Gamma:\begin{cases}x=\dfrac{3at}{1+t^3},\\ y=\dfrac{3at^2}{1+t^3},\end{cases}$$

其中 $0\leqslant t<+\infty$. 于是 $x\mathrm{d}y-y\mathrm{d}x=xt\mathrm{d}x+x^2\mathrm{d}t-tx\mathrm{d}x=x^2\mathrm{d}t$, 所以所求的面积 A_D 为

$$\begin{aligned}A_D&=\frac{1}{2}\oint_\Gamma x\mathrm{d}y-y\mathrm{d}x=\frac{1}{2}\int_0^{+\infty}x^2\mathrm{d}t\\&=\frac{9a^2}{2}\int_0^{+\infty}\frac{t^2}{(1+t^3)^2}\mathrm{d}t\\&=\frac{3a^2}{2}\cdot\left[-\frac{1}{1+t^3}\right]_0^{+\infty}=\frac{3a^2}{2},\end{aligned}$$

即笛卡儿叶形线 $\Gamma: x^3+y^3=3axy\ (a>0)$ 所围成的平面图形的面积是 $\dfrac{3a^2}{2}$. □

例 3　计算曲线积分 $I=\int_{\widehat{AO}}(\mathrm{e}^x\sin y-y^2)\mathrm{d}x+\mathrm{e}^x\cos y\mathrm{d}y$, 其中 $\widehat{AO}$ 为 $A(a,0)$ 至 $O(0,0)$ 的上半圆周 $x^2+y^2=ax\,(a>0)$.

解　用 x 轴上的线段 $\overline{OA}$ 与上半圆周 $\widehat{AO}$ 形成一闭曲线, 记所围成区域为 D, 则根据 Green 公式可得

$$\begin{aligned}\int_{\widehat{AO}+\overline{OA}}(\mathrm{e}^x\sin y-y^2)\mathrm{d}x+\mathrm{e}^x\cos y\mathrm{d}y&=\iint\limits_D(\mathrm{e}^x\cos y-\mathrm{e}^x\cos y+2y)\mathrm{d}x\mathrm{d}y\\&=\iint\limits_D 2y\mathrm{d}x\mathrm{d}y,\end{aligned}$$

于是

$$\begin{aligned}I&=\iint\limits_D 2y\mathrm{d}x\mathrm{d}y-\int_{\overline{OA}}(\mathrm{e}^x\sin y-y^2)\mathrm{d}x+\mathrm{e}^x\cos y\mathrm{d}y\\&=\int_0^a\int_0^{\sqrt{ax-x^2}}2y\mathrm{d}y-0=\int_0^a(ax-x^2)\mathrm{d}x=\frac{a^3}{6}.\end{aligned}$$

□

例 4　设 $\varGamma$ 为平面上分段光滑的简单闭曲线, $\boldsymbol{l}$ 为给定方向, 证明

$$\oint_{\varGamma}\cos(\boldsymbol{l},\boldsymbol{n})\mathrm{d}s=0,$$

其中 $\boldsymbol{n}$ 为 $\varGamma$ 上单位外法向量.

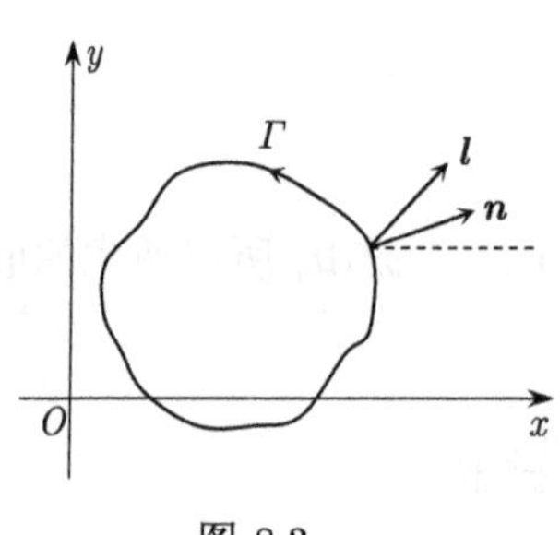

图 8.3

证明　不妨取 $\varGamma$ 的逆时针方向为其正向, 如图 8.3 所示. 设 $(\boldsymbol{n},x)$, $(\boldsymbol{l},\boldsymbol{n})$ 及 $(\boldsymbol{l},x)$ 分别表示外法向量 $\boldsymbol{n}$ 与 x 轴正向, $\boldsymbol{l}$ 与外法向量 $\boldsymbol{n}$ 以及 $\boldsymbol{l}$ 与 x 轴正向的夹角, 用 D 表示曲线 $\varGamma$ 所围的有界区域, 则

$$(\boldsymbol{l},\boldsymbol{n})=(\boldsymbol{l},x)+(x,\boldsymbol{n})=(\boldsymbol{l},x)-(\boldsymbol{n},x),$$

所以

$$\cos(\boldsymbol{l},\boldsymbol{n})=\cos(\boldsymbol{l},x)\cos(\boldsymbol{n},x)+\sin(\boldsymbol{l},x)\sin(\boldsymbol{n},x).$$

又设 $\boldsymbol{T}$ 为曲线 $\varGamma$ 上的切向量, 则

$$(\boldsymbol{T},x)=(\boldsymbol{T},\boldsymbol{n})+(\boldsymbol{n},x)=\frac{\pi}{2}+(\boldsymbol{n},x),$$

于是 $(\boldsymbol{n},x)=(\boldsymbol{T},x)-\dfrac{\pi}{2}$, 所以

$$\cos(\boldsymbol{n},x)=\sin(\boldsymbol{T},x),\quad \sin(\boldsymbol{n},x)=-\cos(\boldsymbol{T},x),$$

因此

$$\cos(\boldsymbol{l},\boldsymbol{n})=\cos(\boldsymbol{l},x)\sin(\boldsymbol{T},x)-\sin(\boldsymbol{l},x)\cos(\boldsymbol{T},x).$$

由于 $\mathrm{d}x=\cos(\boldsymbol{T},x)\mathrm{d}s$, $\mathrm{d}y=\sin(\boldsymbol{T},x)\mathrm{d}s$, 所以

$$\cos(\boldsymbol{l},\boldsymbol{n})\mathrm{d}s=-\sin(\boldsymbol{l},x)\mathrm{d}x+\cos(\boldsymbol{l},x)\mathrm{d}y,$$

注意到 $\boldsymbol{l}$ 为给定方向, 即 $(\boldsymbol{l},x)$ 是常数, 因此根据 Green 公式得

$$\oint_{\Gamma}\cos(\boldsymbol{l},\boldsymbol{n})\mathrm{d}s=\oint_{\Gamma}-\sin(\boldsymbol{l},x)\mathrm{d}x+\cos(\boldsymbol{l},x)\mathrm{d}y=\iint_{D}(0-0)\mathrm{d}x\mathrm{d}y=0.\qquad\square$$

例 5 设 Γ 是单位圆周 $x^2+y^2=1$, 正向为逆时针方向, 求积分

$$I=\oint_{\Gamma}\frac{(x-y)\mathrm{d}x+(x+4y)\mathrm{d}y}{x^2+4y^2}.$$

分析 记 $P(x,y)=\dfrac{x-y}{x^2+4y^2}$, $Q(x,y)=\dfrac{x+4y}{x^2+4y^2}$, 由于 P,Q 不是在单位圆内可微, 为了能够使用 Green 公式, 需要在单位圆内挖掉一个以原点为中心的充分小椭圆 $x^2+4y^2\leqslant\varepsilon^2$. 注意是挖掉一个充分小椭圆, 不是挖掉一个充分小圆, 这是解题的关键.

解 设 $P(x,y)=\dfrac{x-y}{x^2+4y^2}$, $Q(x,y)=\dfrac{x+4y}{x^2+4y^2}$, 则当 $(x,y)\neq(0,0)$ 时, 有

$$\frac{\partial P}{\partial y}=\frac{4y^2-x^2-8xy}{(x^2+4y^2)^2}=\frac{\partial Q}{\partial x},$$

由于 Γ 包含原点, 所以不能直接用 Green 公式.

取 $\varepsilon\in(0,1/4)$, 作椭圆

$$\gamma_\varepsilon: x^2+4y^2=4\varepsilon^2,$$

取逆时针方向为其正向, 记以 Γ 和 γ_ε 为边界的有界区域为 D, 则根据 Green 公式得

$$I=\oint_{\Gamma+\gamma_\varepsilon^-}P(x,y)\mathrm{d}x+Q(x,y)\mathrm{d}y+\oint_{\gamma_\varepsilon}\frac{(x-y)\mathrm{d}x+(x+4y)\mathrm{d}y}{x^2+4y^2}$$

$$
\begin{aligned}
&=\iint\limits_{D}\left(\frac{\partial Q}{\partial x}-\frac{\partial P}{\partial y}\right)\mathrm{d}x\mathrm{d}y+\oint_{\gamma_\varepsilon}\frac{(x-y)\mathrm{d}x+(x+4y)\mathrm{d}y}{x^2+4y^2}\\
&=\oint_{\gamma_\varepsilon}\frac{(x-y)\mathrm{d}x+(x+4y)\mathrm{d}y}{x^2+4y^2}.
\end{aligned}
$$

令 $x=2\varepsilon\cos\theta, y=\varepsilon\sin\theta,\ \theta\in[0,2\pi]$, 则

$$
I=\int_0^{2\pi}\frac{(2\varepsilon\cos\theta-\varepsilon\sin\theta)(-2\varepsilon\sin\theta)+(2\varepsilon\cos\theta+4\varepsilon\sin\theta)\varepsilon\cos\theta}{4\varepsilon^2}\mathrm{d}\theta=\pi. \quad \square
$$

8.2.2 Gauss 公式

例 1 求积分: $\iint\limits_{S}f(x)\mathrm{d}y\mathrm{d}z+g(y)\mathrm{d}z\mathrm{d}x+h(z)\mathrm{d}x\mathrm{d}y$, 其中 f,g,h 为连续可微函数, S 为长方体 $(0,a)\times(0,b)\times(0,c)$ 的外表面.

解 用 V 表示 S 所围成的长方体. 由于 f,g,h 是连续可微函数, 所以根据 Gauss 公式可得

$$
\begin{aligned}
&\iint\limits_{S}f(x)\mathrm{d}y\mathrm{d}z+g(y)\mathrm{d}z\mathrm{d}x+h(z)\mathrm{d}x\mathrm{d}y\\
&=\iiint\limits_{V}\Big[f'(x)+g'(y)+h'(z)\Big]\mathrm{d}x\mathrm{d}y\mathrm{d}z\\
&=\iiint\limits_{V}f'(x)\mathrm{d}x\mathrm{d}y\mathrm{d}z+\iiint\limits_{V}g'(y)\mathrm{d}x\mathrm{d}y\mathrm{d}z+\iiint\limits_{V}h'(z)\mathrm{d}x\mathrm{d}y\mathrm{d}z\\
&=\int_0^b\mathrm{d}y\int_0^c\mathrm{d}z\int_0^a f'(x)\mathrm{d}x+\int_0^a\mathrm{d}x\int_0^c\mathrm{d}z\int_0^b g'(y)\mathrm{d}y\\
&\quad+\int_0^a\mathrm{d}x\int_0^b\mathrm{d}y\int_0^c h'(z)\mathrm{d}z\\
&=bc[f(a)-f(0)]+ac[g(b)-g(0)]+ab[h(c)-h(0)].
\end{aligned}
\quad \square
$$

注 注意到积分曲面 S 为长方体 $(0,a)\times(0,b)\times(0,c)$ 的外表面, 如果直接计算要分成六个面分别积分, 那将会比较麻烦. 因为是封闭曲面, 可以利用 Gauss 公式.

例 2 求 $I=\iint\limits_{S}xy^2\mathrm{d}y\mathrm{d}z+yz^2\mathrm{d}z\mathrm{d}x+(zx^2+xy)\mathrm{d}x\mathrm{d}y$, 其中 S 是上半球面 $z=\sqrt{a^2-x^2-y^2}\,(z\geqslant 0,\ a>0)$, 取外侧.

分析 这是第二型曲面积分, 直接计算将会比较烦琐. 由于 S 是上半球面, 它不是封闭曲面, 所以不能直接用 Gauss 公式. 不过可以在上半球面下面加一个平面片 (即一个圆盘), 使其封闭, 这样就可以使用 Gauss 公式, 然后用球坐标变换.

解 设 $S_1: z=0, (x,y)\in D_{xy}=\{(x,y)|x^2+y^2\leqslant a^2\}$, 取上侧, 并记 $S+(-S_1)$ 所围成的立体为 V, 则根据 Gauss 公式可得

$$
\begin{aligned}
I=&\iint\limits_{S+(-S_1)} xy^2\mathrm{d}y\mathrm{d}z+yz^2\mathrm{d}z\mathrm{d}x+(zx^2+xy)\mathrm{d}x\mathrm{d}y\\
&+\iint\limits_{S_1} xy^2\mathrm{d}y\mathrm{d}z+yz^2\mathrm{d}z\mathrm{d}x+(zx^2+xy)\mathrm{d}x\mathrm{d}y\\
=&\iiint\limits_V (y^2+z^2+x^2)\mathrm{d}x\mathrm{d}y\mathrm{d}z+\iint\limits_{D_{xy}} xy\mathrm{d}x\mathrm{d}y.
\end{aligned}
$$

因为

$$\iint\limits_{D_{xy}} xy\mathrm{d}x\mathrm{d}y=\int_{-a}^{a}x\mathrm{d}x\int_{-\sqrt{a^2-x^2}}^{\sqrt{a^2-x^2}}y\mathrm{d}y=0,$$

所以 $I=\iiint\limits_V (x^2+y^2+z^2)\mathrm{d}x\mathrm{d}y\mathrm{d}z.$

作球坐标变换:

$$
\begin{cases}
x=r\sin\varphi\cos\theta, & 0\leqslant r\leqslant a,\\
y=r\sin\varphi\sin\theta, & 0\leqslant\varphi\leqslant\dfrac{\pi}{2},\\
z=r\cos\varphi, & 0\leqslant\theta\leqslant 2\pi,
\end{cases}
$$

则

$$I=\int_0^{2\pi}\mathrm{d}\theta\int_0^{\frac{\pi}{2}}\sin\varphi\mathrm{d}\varphi\int_0^a r^2\cdot r^2\mathrm{d}r=2\pi\cdot\Big[-\cos\varphi\Big]_0^{\frac{\pi}{2}}\cdot\frac{1}{5}r^5\Big|_0^a=\frac{2\pi}{5}a^5.\qquad\square$$

例 3 证明公式

$$\iiint\limits_V\frac{\mathrm{d}x\mathrm{d}y\mathrm{d}z}{\sqrt{x^2+y^2+z^2}}=\frac{1}{2}\iint\limits_S\cos(\boldsymbol{n},\boldsymbol{r})\mathrm{d}S,$$

其中光滑曲面 S 是包围 V 的曲面, 坐标原点在 S 外, $\boldsymbol{n}$ 是 S 的外法向量, $\boldsymbol{r}=(x,y,z)$.

分析　本例的关键是找出 $\cos(\boldsymbol{n},\boldsymbol{r})$ 与 x,y,z 的关系式.

证明　不妨设 $\boldsymbol{n}$ 是单位向量. 由于 $\boldsymbol{n}=(\cos(\boldsymbol{n},x),\cos(\boldsymbol{n},y),\cos(\boldsymbol{n},z))$, $\boldsymbol{r}=(x,y,z)$, 所以

$$\boldsymbol{n}\cdot\boldsymbol{r}=|\boldsymbol{n}|\cdot|\boldsymbol{r}|\cos(\boldsymbol{n},\boldsymbol{r})=\sqrt{x^2+y^2+z^2}\cos(\boldsymbol{n},\boldsymbol{r}),$$

因此

$$\cos(\boldsymbol{n},\boldsymbol{r})=\frac{\boldsymbol{n}\cdot\boldsymbol{r}}{\sqrt{x^2+y^2+z^2}}=\frac{x\cos(\boldsymbol{n},x)+y\cos(\boldsymbol{n},y)+z\cos(\boldsymbol{n},z)}{\sqrt{x^2+y^2+z^2}}.$$

记 $P(x,y,z)=\dfrac{x}{\sqrt{x^2+y^2+z^2}}$, $Q(x,y,z)=\dfrac{y}{\sqrt{x^2+y^2+z^2}}$, $R(x,y,z)=\dfrac{z}{\sqrt{x^2+y^2+z^2}}$, 则

$$\begin{aligned}
\frac{\partial P}{\partial x}&=\frac{\sqrt{x^2+y^2+z^2}-x\cdot\dfrac{x}{\sqrt{x^2+y^2+z^2}}}{x^2+y^2+z^2}=\frac{y^2+z^2}{(x^2+y^2+z^2)^{3/2}},\\
\frac{\partial Q}{\partial y}&=\frac{z^2+x^2}{(x^2+y^2+z^2)^{3/2}},\\
\frac{\partial R}{\partial z}&=\frac{x^2+y^2}{(x^2+y^2+z^2)^{3/2}},
\end{aligned}$$

于是根据两类曲面积分之间的关系式和 Gauss 公式可得

$$\begin{aligned}
\frac{1}{2}\iint\limits_S\cos(\boldsymbol{n},\boldsymbol{r})\mathrm{d}S&=\frac{1}{2}\iint\limits_S\frac{x\cos(\boldsymbol{n},x)+y\cos(\boldsymbol{n},y)+z\cos(\boldsymbol{n},z)}{\sqrt{x^2+y^2+z^2}}\mathrm{d}S\\
&=\frac{1}{2}\iint\limits_S\Big(P\cos(\boldsymbol{n},x)+Q\cos(\boldsymbol{n},y)+R\cos(\boldsymbol{n},z)\Big)\mathrm{d}S\\
&=\frac{1}{2}\iiint\limits_V\left(\frac{\partial P}{\partial x}+\frac{\partial Q}{\partial y}+\frac{\partial R}{\partial z}\right)\mathrm{d}x\mathrm{d}y\mathrm{d}z\\
&=\iiint\limits_V\frac{\mathrm{d}x\mathrm{d}y\mathrm{d}z}{\sqrt{x^2+y^2+z^2}}.
\end{aligned}$$

□

8.2.3 Stokes 公式

例 1　求积分 $\displaystyle\int_C(z^3+3x^2y)\,\mathrm{d}x+(x^3+3y^2z)\,\mathrm{d}y+(y^3+3z^2x)\,\mathrm{d}z$, 其中 C 是 $z=\sqrt{a^2-x^2-y^2}$ 与 $x=y$ 的交线, 自 $A\left(\dfrac{a}{\sqrt{2}},\dfrac{a}{\sqrt{2}},0\right)$ 到 $B\left(-\dfrac{a}{\sqrt{2}},-\dfrac{a}{\sqrt{2}},0\right)$.

分析 直接计算比较麻烦, 可以考虑添加辅助线, 使变成闭曲线, 然后用 Stokes 公式.

解 用 $\overline{BA}$ 表示由 B 到 A 的直线段, 记 $\varGamma = C + \overline{BA}$, 用 S 表示以 $\varGamma$ 为边界的一个光滑曲面, 则 $\overline{BA}$ 的方程是

$$\overline{BA}:\begin{cases} y = x, & -\dfrac{a}{\sqrt{2}} \leqslant x \leqslant \dfrac{a}{\sqrt{2}}, \\ z = 0, \end{cases}$$

于是

$$\begin{aligned}
&\int_{\overline{BA}} (z^3 + 3x^2 y)\,\mathrm{d}x + (x^3 + 3y^2 z)\,\mathrm{d}y + (y^3 + 3z^2 x)\,\mathrm{d}z \\
=&\int_{-\frac{a}{\sqrt{2}}}^{\frac{a}{\sqrt{2}}} (3x^2 \cdot x + x^3)\mathrm{d}x \\
=&\, x^4\Big|_{-\frac{a}{\sqrt{2}}}^{\frac{a}{\sqrt{2}}} = 0,
\end{aligned}$$

所以根据 Stokes 公式得

$$\begin{aligned}
&\int_C (z^3 + 3x^2 y)\,\mathrm{d}x + (x^3 + 3y^2 z)\,\mathrm{d}y + (y^3 + 3z^2 x)\,\mathrm{d}z \\
=&\oint_\varGamma (z^3 + 3x^2 y)\,\mathrm{d}x + (x^3 + 3y^2 z)\,\mathrm{d}y + (y^3 + 3z^2 x)\,\mathrm{d}z \\
&-\int_{\overline{BA}} (z^3 + 3x^2 y)\,\mathrm{d}x + (x^3 + 3y^2 z)\,\mathrm{d}y + (y^3 + 3z^2 x)\,\mathrm{d}z \\
=&\oint_\varGamma (z^3 + 3x^2 y)\,\mathrm{d}x + (x^3 + 3y^2 z)\,\mathrm{d}y + (y^3 + 3z^2 x)\,\mathrm{d}z \\
=&\iint_S (3y^2 - 3y^2)\mathrm{d}y\mathrm{d}z + (3z^2 - 3z^2)\mathrm{d}z\mathrm{d}x + (3x^2 - 3x^2)\mathrm{d}x\mathrm{d}y \\
=&\,0.
\end{aligned}$$

□

例 2 设 C 是空间任一逐段光滑的简单闭曲线, $f(x)$, $g(x)$, $h(x)$ 是任意连续函数. 证明

$$\oint_C (f(x) - yz)\,\mathrm{d}x + (g(y) - xz)\,\mathrm{d}y + (h(z) - xy)\,\mathrm{d}z = 0.$$

分析 注意当 $P(x,y,z), Q(x,y,z), R(x,y,z)$ 及 $\dfrac{\partial P}{\partial y}, \dfrac{\partial P}{\partial z}, \dfrac{\partial Q}{\partial x}, \dfrac{\partial Q}{\partial z}, \dfrac{\partial R}{\partial x}, \dfrac{\partial R}{\partial y}$ 都在曲面 S 上连续时, Stokes 公式仍然成立.

证明　令 $P(x,y,z)=f(x)-yz$, $Q(x,y,z)=g(y)-xz$, $R(x,y,z)=h(z)-xy$, 则由条件得

$$\frac{\partial P}{\partial y}=\frac{\partial Q}{\partial x}=-z,\quad \frac{\partial P}{\partial z}=\frac{\partial R}{\partial x}=-y,\quad \frac{\partial Q}{\partial z}=\frac{\partial R}{\partial y}=-x,$$

及 P,Q,R 都在 $\mathbb{R}^3$ 上连续, 此时 Stokes 公式仍然成立, 于是根据 Stokes 公式得

$$\begin{aligned}
&\oint_C (f(x)-yz)\,\mathrm{d}x+(g(y)-xz)\,\mathrm{d}y+(h(z)-xy)\,\mathrm{d}z\\
=&\oint_C P(x,y,z)\,\mathrm{d}x+Q(x,y,z)\,\mathrm{d}y+R(x,y,z)\,\mathrm{d}z\\
=&\iint_S \left(\frac{\partial R}{\partial y}-\frac{\partial Q}{\partial z}\right)\mathrm{d}y\mathrm{d}z+\left(\frac{\partial P}{\partial z}-\frac{\partial R}{\partial x}\right)\mathrm{d}z\mathrm{d}x+\left(\frac{\partial Q}{\partial x}-\frac{\partial P}{\partial y}\right)\mathrm{d}x\mathrm{d}y\\
=&\iint_S (-x+x)\mathrm{d}y\mathrm{d}z+(-y+y)\mathrm{d}z\mathrm{d}x+(-z+z)\mathrm{d}x\mathrm{d}y\\
=&0.
\end{aligned}$$

□

例 3　求

$$\iint_{\Sigma}\begin{vmatrix}\cos\alpha & \cos\beta & \cos\gamma\\ \dfrac{\partial}{\partial x} & \dfrac{\partial}{\partial y} & \dfrac{\partial}{\partial z}\\ x-z & x^3-yz & -3xy^2\end{vmatrix}\mathrm{d}S,$$

其中 Σ 是 $x^2+y^2+z^2=R^2$ 在 $z\geqslant 0$ 的部分, $(\cos\alpha,\cos\beta,\cos\gamma)$ 是 Σ 下侧的单位法向量.

分析　首先要用到 Stokes 公式, 其次是 Green 公式, 最后用极坐标计算.

解　记曲面 Σ 的边界曲线为 $L: x^2+y^2=R^2, z=0$, 取逆时针方向, 用 D 表示 L 所围成的圆盘. 由于 $(\cos\alpha,\cos\beta,\cos\gamma)$ 是曲面 Σ 下侧的单位法向量, 所以根据 Stokes 公式可得

$$\begin{aligned}
\text{原式}=&-\oint_L (x-z)\,\mathrm{d}x+(x^3-yz)\,\mathrm{d}y+(-3xy^2)\,\mathrm{d}z\\
=&-\oint_L x\,\mathrm{d}x+x^3\,\mathrm{d}y,
\end{aligned}$$

因此根据 Green 公式得

$$\text{原式}=-\iint_D (3x^2-0)\mathrm{d}x\mathrm{d}y$$

$$
\begin{aligned}
&= -\int_0^{2\pi} \mathrm{d}\theta \int_0^R 3r^2 \cos^2\theta \cdot r\mathrm{d}r \\
&= -\frac{3}{4}R^4 \cdot \frac{1}{2}\left(1+\frac{1}{2}\sin 2\theta\right)\Big|_0^{2\pi} \\
&= -\frac{3\pi}{4}R^4.
\end{aligned}
$$

□

例 4 设 C 是平面 $x\cos\alpha + y\cos\beta + z\cos\gamma - p = 0$ 上逐段光滑的闭曲线, C 所围内部的面积为 S, C 的定向与单位向量 $(\cos\alpha, \cos\beta, \cos\gamma)$ 成右手系, 试计算积分

$$
\oint_C \begin{vmatrix} \mathrm{d}x & \mathrm{d}y & \mathrm{d}z \\ \cos\alpha & \cos\beta & \cos\gamma \\ x & y & z \end{vmatrix}.
$$

解 记 $\overline{S}$ 为 C 所围成的平面有界区域, 则根据题设条件和 Stokes 公式可得

$$
\begin{aligned}
\text{原式} &= \oint_C (z\cos\beta - y\cos\gamma)\,\mathrm{d}x + (x\cos\gamma - z\cos\alpha)\,\mathrm{d}y + (y\cos\alpha - x\cos\beta)\,\mathrm{d}z \\
&= \iint\limits_{\overline{S}} (\cos\alpha + \cos\alpha)\,\mathrm{d}y\mathrm{d}z + (\cos\beta + \cos\beta)\,\mathrm{d}z\mathrm{d}x + (\cos\gamma + \cos\gamma)\,\mathrm{d}x\mathrm{d}y \\
&= 2\iint\limits_{\overline{S}} (\cos^2\alpha + \cos^2\beta + \cos^2\gamma)\mathrm{d}S.
\end{aligned}
$$

由于 $(\cos\alpha, \cos\beta, \cos\gamma)$ 是单位向量, 所以 $\cos^2\alpha + \cos^2\beta + \cos^2\gamma = 1$, 因此

$$
\text{原式} = 2\iint\limits_{\overline{S}} \mathrm{d}S = 2S.
$$

□

8.2.4 曲线积分与路径无关的条件

例 1 验证曲线积分 $\int_L (\mathrm{e}^y + x)\mathrm{d}x + (x\mathrm{e}^y - 2y)\mathrm{d}y$ 与路径无关, 并求之, 其中 L 为过三点 $O(0,0)$, $A(0,1)$, $B(1,2)$ 的圆周由 $O(0,0)$ 到 $B(1,2)$ 的曲线弧.

解 设 $P(x,y) = \mathrm{e}^y + x$, $Q(x,y) = x\mathrm{e}^y - 2y$, 则 $P(x,y), Q(x,y)$ 在 $\mathbb{R}^2$ 上有连续的一阶偏导数, 且

$$
\frac{\partial P}{\partial y} = \mathrm{e}^y = \frac{\partial Q}{\partial x},
$$

于是根据第二型曲线积分与路径无关的等价条件定理得, 曲线积分 $\int_L (\mathrm{e}^y + x)\mathrm{d}x +$

$(xe^y-2y)dy$ 与路径无关. 所以

$$\int_L(e^y+x)dx+(xe^y-2y)dy=\int_{(0,0)}^{(1,2)}d\left(xe^y+\frac{1}{2}x^2-y^2\right)$$
$$=\left(xe^y+\frac{1}{2}x^2-y^2\right)\Big|_{(0,0)}^{(1,2)}$$
$$=e^2+\frac{1}{2}-2^2=e^2-\frac{7}{2}. \qquad \square$$

例 2　对微分式 $(2x+z\cos y)dx+(1-xz\sin y)dy+(3z^2+x\cos y)dz$, 证明其原函数存在, 并求之.

解　由于

$$\begin{aligned}&(2x+z\cos y)dx+(1-xz\sin y)dy+(3z^2+x\cos y)dz\\=&2xdx+dy+3z^2dz+z\cos ydx-xz\sin ydy+x\cos ydz\\=&d(x^2)+dy+d(z^3)+z\cos ydx+xzd\cos y+x\cos ydz\\=&d(x^2+y+z^3+xz\cos y),\end{aligned}$$

所以微分式 $(2x+z\cos y)dx+(1-xz\sin y)dy+(3z^2+x\cos y)dz$ 存在原函数, $u(x,y,z)=x^2+y+z^3+xz\cos y$ 就是它在 $\mathbb{R}^3$ 上的一个原函数. $\square$

例 3　设有曲线积分 $I=\int_L\frac{x}{y}r^\alpha dx-\frac{x^2}{y^2}r^\alpha dy$, 其中 $r=\sqrt{x^2+y^2}$, L 是与 x 轴不相交的曲线, 试确定参数 α, 使得曲线积分 I 与路径无关.

解　设 $P(x,y)=\frac{x}{y}r^\alpha$, $Q(x,y)=-\frac{x^2}{y^2}r^\alpha$, 则

$$\begin{aligned}\frac{\partial P}{\partial y}&=-\frac{x}{y^2}r^\alpha+\alpha\frac{x}{y}r^{\alpha-1}\frac{y}{r}\\&=\frac{xr^{\alpha-2}}{y^2}(\alpha y^2-r^2),\\\frac{\partial Q}{\partial x}&=-\frac{2x}{y^2}r^\alpha-\alpha\frac{x^2}{y^2}r^{\alpha-1}\frac{x}{r}\\&=-\frac{xr^{\alpha-2}}{y^2}(\alpha x^2+2r^2).\end{aligned}$$

显然 $P(x,y),Q(x,y)$ 在包含 L 的半平面上有连续的一阶偏导数, 于是根据有关定理得, 当 $\frac{\partial P}{\partial y}=\frac{\partial Q}{\partial x}$ 时, 曲线积分 I 与路径无关. 此时有

$$\alpha y^2-r^2=-\alpha x^2-2r^2,$$

即 $\alpha=-1$. 所以当 $\alpha=-1$ 时, 曲线积分 I 与路径无关. □

例 4 设当 $x>0, y>0$ 时, 曲线积分 $I=\int_L F(x,y)(y\mathrm{d}x+x\mathrm{d}y)$ 与路径无关, 且方程 $F(x,y)=0$ 满足隐函数存在定理的条件, 它所确定的隐函数 $y=y(x)$ 连续、可导, 其图形过点 $(1,2)$, 求函数 $y=y(x)$.

解 设 $P(x,y)=yF(x,y)$, $Q(x,y)=xF(x,y)$, 则

$$\frac{\partial P}{\partial y}=F(x,y)+y\frac{\partial F}{\partial y},$$
$$\frac{\partial Q}{\partial x}=F(x,y)+x\frac{\partial F}{\partial x}.$$

因为曲线积分 $I=\int_L F(x,y)(y\mathrm{d}x+x\mathrm{d}y)$ 与路径无关, 所以 $\dfrac{\partial P}{\partial y}=\dfrac{\partial Q}{\partial x}$, 因此

$$y\frac{\partial F}{\partial y}=x\frac{\partial F}{\partial x},$$

故根据隐函数定理得

$$\frac{\mathrm{d}y}{\mathrm{d}x}=-\frac{\partial F}{\partial x}\Big/\frac{\partial F}{\partial y}=-\frac{y}{x}.$$

变形得, $\dfrac{\mathrm{d}y}{y}=-\dfrac{\mathrm{d}x}{x}$, 两边积分得, $xy=C$, 即 $y(x)=\dfrac{C}{x}$.

又由条件知, $y(1)=2$, 所以 $C=2$, 因此所求函数为 $y=y(x)=\dfrac{2}{x}$. □

8.2.5 综合举例

例 1 设 Σ 是分片光滑的闭曲面, $\boldsymbol{n}$ 为 Σ 上的单位外法向量, 试证明:

$$I=\iint_{\Sigma}\begin{vmatrix}\cos(\boldsymbol{n},x) & \cos(\boldsymbol{n},y) & \cos(\boldsymbol{n},z)\\ \dfrac{\partial}{\partial x} & \dfrac{\partial}{\partial y} & \dfrac{\partial}{\partial z}\\ P & Q & R\end{vmatrix}\mathrm{d}S=0,$$

其中分两种情形: (1) P, Q, R 在 $\overline{\Omega}$ 上二阶连续可微, Ω 为 Σ 所围的立体; (2) P,Q,R 在 Σ 上一阶连续可微.

分析 根据题设条件, (1) 可以用 Gauss 公式, (2) 不能用 Gauss 公式, 不过可以用 Stokes 公式.

证明 (1) 由于 P, Q, R 在 $\overline{\Omega}$ 上二阶连续可微, 所以 P, Q, R 在 $\overline{\Omega}$ 上有二阶连续偏导数, 因此根据两类曲面积分的关系和 Gauss 公式可得

$$I=\iint\limits_{\Sigma}\Big[\Big(\frac{\partial R}{\partial y}-\frac{\partial Q}{\partial z}\Big)\cos(\boldsymbol{n},x)+\Big(\frac{\partial P}{\partial z}-\frac{\partial R}{\partial x}\Big)\cos(\boldsymbol{n},y)$$
$$+\Big(\frac{\partial Q}{\partial x}-\frac{\partial P}{\partial y}\Big)\cos(\boldsymbol{n},z)\Big]\mathrm{d}S$$
$$=\iint\limits_{\Sigma}\Big(\frac{\partial R}{\partial y}-\frac{\partial Q}{\partial z}\Big)\mathrm{d}y\mathrm{d}z+\Big(\frac{\partial P}{\partial z}-\frac{\partial R}{\partial x}\Big)\mathrm{d}z\mathrm{d}x+\Big(\frac{\partial Q}{\partial x}-\frac{\partial P}{\partial y}\Big)\mathrm{d}x\mathrm{d}y$$
$$=\iiint\limits_{\Omega}\Big(\frac{\partial^2 R}{\partial x\partial y}-\frac{\partial^2 Q}{\partial x\partial z}+\frac{\partial^2 P}{\partial y\partial z}-\frac{\partial^2 R}{\partial x\partial y}+\frac{\partial^2 Q}{\partial x\partial z}-\frac{\partial^2 P}{\partial y\partial z}\Big)\mathrm{d}x\mathrm{d}y\mathrm{d}z=0.$$

(2) 设 L 为 Σ 上一条封闭曲线, 取 L 的正向为从 z 轴正向看是逆时针方向, 则 Σ 被 L 分成上、下两部分, 分别记为 Σ_1,Σ_2, 且都取外侧.

由于 P,Q,R 在 Σ 上一阶连续可微, 所以根据 Stokes 公式可得

$$I=\iint\limits_{\Sigma_1}\begin{vmatrix}\cos(\boldsymbol{n},x) & \cos(\boldsymbol{n},y) & \cos(\boldsymbol{n},z)\\ \dfrac{\partial}{\partial x} & \dfrac{\partial}{\partial y} & \dfrac{\partial}{\partial z}\\ P & Q & R\end{vmatrix}\mathrm{d}S$$
$$+\iint\limits_{\Sigma_2}\begin{vmatrix}\cos(\boldsymbol{n},x) & \cos(\boldsymbol{n},y) & \cos(\boldsymbol{n},z)\\ \dfrac{\partial}{\partial x} & \dfrac{\partial}{\partial y} & \dfrac{\partial}{\partial z}\\ P & Q & R\end{vmatrix}\mathrm{d}S$$
$$=\oint_L P\mathrm{d}x+Q\mathrm{d}y+R\mathrm{d}z+\oint_{L^-}P\mathrm{d}x+Q\mathrm{d}y+R\mathrm{d}z$$
$$=0.$$
□

例 2　用 Stokes 公式计算

$$I=\oint_C(y^2+z^2)\,\mathrm{d}x+(z^2+x^2)\,\mathrm{d}y+(x^2+y^2)\,\mathrm{d}z,$$

其中 C 为 $x^2+y^2+z^2=2Rx$ 与 $x^2+y^2=2rx$ 的交线 $(0<r<R,z>0)$, C 的定向使得 C 所包围的球面上较小区域保持在左边.

解　记 $P=y^2+z^2,Q=z^2+x^2,R=x^2+y^2$, 用 S 表示 C 所包围的球面上较小区域. 由于球面 $x^2+y^2+z^2=2Rx$ 上外法向量的方向余弦为

$$\cos\alpha=\frac{x-R}{R},\quad \cos\beta=\frac{y}{R},\quad \cos\gamma=\frac{z}{R},$$

所以根据 Stokes 公式可得

$$I=\iint_S\left[\left(\frac{\partial R}{\partial y}-\frac{\partial Q}{\partial z}\right)\cos\alpha+\left(\frac{\partial P}{\partial z}-\frac{\partial R}{\partial x}\right)\cos\beta+\left(\frac{\partial Q}{\partial x}-\frac{\partial P}{\partial y}\right)\cos\gamma\right]\mathrm{d}S$$

$$=\iint_S\left[(2y-2z)\left(\frac{x}{R}-1\right)+(2z-2x)\cdot\frac{y}{R}+(2x-2y)\cdot\frac{z}{R}\right]\mathrm{d}S$$

$$=2\iint_S(z-y)\mathrm{d}S.$$

注意到 S 关于 zOx 面对称, 所以 $\iint\limits_S y\mathrm{d}S=0$. 又因为

$$\iint_S z\mathrm{d}S=\iint_S R\cos\gamma\mathrm{d}S=R\cdot\pi r^2=\pi Rr^2,$$

所以 $I=2\pi Rr^2$. □

例 3 选取 n, 使得

$$\frac{(x-y)\mathrm{d}x+(x+y)\mathrm{d}y}{(x^2+y^2)^n}$$

为右半平面上一函数的全微分, 并求出这个函数.

分析 $P\mathrm{d}x+Q\mathrm{d}y$ 是右半平面上一函数的全微分当且仅当 $\dfrac{\partial P}{\partial y}\equiv\dfrac{\partial Q}{\partial x}$, $\forall x>0$.

证明 令 $P(x,y)=\dfrac{x-y}{(x^2+y^2)^n}$, $Q(x,y)=\dfrac{x+y}{(x^2+y^2)^n}$, 则

$$\frac{\partial P}{\partial y}=\frac{-(x^2+y^2)^n-n(x-y)(x^2+y^2)^{n-1}\cdot 2y}{(x^2+y^2)^{2n}}$$

$$=\frac{-x^2-2nxy+(2n-1)y^2}{(x^2+y^2)^{n+1}},$$

$$\frac{\partial Q}{\partial x}=\frac{(x^2+y^2)^n-n(x+y)(x^2+y^2)^{n-1}\cdot 2x}{(x^2+y^2)^{2n}}$$

$$=\frac{(1-2n)x^2-2nxy+y^2}{(x^2+y^2)^{n+1}},$$

于是根据有关定理可得, 当且仅当 $\dfrac{\partial P}{\partial y}\equiv\dfrac{\partial Q}{\partial x}$, $\forall x>0$, 或者 $n=1$ 时, $P\mathrm{d}x+Q\mathrm{d}y$ 是右半平面上一函数的全微分.

当 $n=1$ 时, 直接凑微分可得

$$\begin{aligned}
P\mathrm{d}x+Q\mathrm{d}y &= \frac{(x-y)\mathrm{d}x+(x+y)\mathrm{d}y}{x^2+y^2}\\
&= \frac{x\mathrm{d}x+y\mathrm{d}y}{x^2+y^2}+\frac{x\mathrm{d}y-y\mathrm{d}x}{x^2+y^2}\\
&= \frac{1}{2}\frac{\mathrm{d}(x^2+y^2)}{x^2+y^2}+\frac{1}{1+\left(\frac{y}{x}\right)^2}\cdot\frac{x\mathrm{d}y-y\mathrm{d}x}{x^2}\\
&= \mathrm{d}\left(\frac{1}{2}\ln(x^2+y^2)\right)+\frac{1}{1+\left(\frac{y}{x}\right)^2}\mathrm{d}\left(\frac{y}{x}\right)\\
&= \mathrm{d}\left(\frac{1}{2}\ln(x^2+y^2)+\arctan\frac{y}{x}+C\right),
\end{aligned}$$

所以当 $n=1$ 时, $\dfrac{(x-y)\mathrm{d}x+(x+y)\mathrm{d}y}{(x^2+y^2)^n}$ 是右半平面上函数 $u(x,y)=\dfrac{1}{2}\ln(x^2+y^2)+\arctan\dfrac{y}{x}+C$ 的全微分. □

例 4　质点在力场 $\boldsymbol{F}=\left(\dfrac{\mathrm{e}^x}{1+y^2},\dfrac{2y(1-\mathrm{e}^x)}{(1+y^2)^2}\right)$ 的作用下, 沿 $x^2+(y-1)^2=1$ 由 $(0,0)$ 点运动到 $(1,1)$ 点, 求力场做的功.

证明　记 $\Gamma: x^2+(y-1)^2=1$, 方向为由点 $(0,0)$ 到点 $(1,1)$ 的方向, 则力场所做的功 W 为

$$W=\int_\Gamma \boldsymbol{F}\cdot\mathrm{d}\boldsymbol{r}=\int_\Gamma\frac{\mathrm{e}^x}{1+y^2}\mathrm{d}x+\frac{2y(1-\mathrm{e}^x)}{(1+y^2)^2}\mathrm{d}y.$$

记 $P(x,y)=\dfrac{\mathrm{e}^x}{1+y^2}$, $Q(x,y)=\dfrac{2y(1-\mathrm{e}^x)}{(1+y^2)^2}$, 则

$$\frac{\partial P}{\partial y}=-\frac{2y\mathrm{e}^x}{(1+y^2)^2}=\frac{\partial Q}{\partial x},$$

于是根据有关定理可得, 曲线积分 $\displaystyle\int_\Gamma P\mathrm{d}x+Q\mathrm{d}y$ 与路径无关, 所以

$$\begin{aligned}
W&=\int_\Gamma\frac{\mathrm{e}^x}{1+y^2}\mathrm{d}x+\frac{2y(1-\mathrm{e}^x)}{(1+y^2)^2}\mathrm{d}y\\
&=\int_0^1\mathrm{e}^x\mathrm{d}x+\int_0^1\frac{2y(1-\mathrm{e})}{(1+y^2)^2}\mathrm{d}y\\
&=\mathrm{e}-1+(1-\mathrm{e})\cdot\left.\frac{-1}{1+y^2}\right|_0^1
\end{aligned}$$

$$=\frac{\mathrm{e}-1}{2}.$$ □

例 5 设 Ω 为空间区域, 函数 $f(x,y,z)$ 在 Ω 上有一阶连续偏导数, 证明对于 Ω 中任一光滑闭曲面 S, 第二型曲面积分

$$\iint_S f(x,y,z)(x\mathrm{d}y\mathrm{d}z+y\mathrm{d}z\mathrm{d}x+z\mathrm{d}x\mathrm{d}y)=0$$

的充要条件是

$$xf_x(x,y,z)+yf_y(x,y,z)+zf_z(x,y,z)+3f(x,y,z)=0,\quad (x,y,z)\in\Omega.$$

分析 利用 Gauss 公式及函数 $f(x,y,z)$ 在 Ω 上有一阶连续偏导数的条件.

证明 记 Ω_s 为曲面 S 所围成的有界区域. 由于函数 $f(x,y,z)$ 在 Ω 上有一阶连续偏导数, 所以根据 Gauss 公式可得

$$\begin{aligned}&\iint_S f(x,y,z)(x\mathrm{d}y\mathrm{d}z+y\mathrm{d}z\mathrm{d}x+z\mathrm{d}x\mathrm{d}y)\\&=\iiint_{\Omega_s}\Big[(f(x,y,z)+xf_x)+(f(x,y,z)+yf_y)+(f(x,y,z)+zf_z)\Big]\mathrm{d}x\mathrm{d}y\mathrm{d}z\\&=\iiint_{\Omega_s}\Big[xf_x(x,y,z)+yf_y(x,y,z)+zf_z(x,y,z)+3f(x,y,z)\Big]\mathrm{d}x\mathrm{d}y\mathrm{d}z.\end{aligned}$$

先证充分性. 若 $xf_x(x,y,z)+yf_y(x,y,z)+zf_z(x,y,z)+3f(x,y,z)=0$, $(x,y,z)\in\Omega$, 则根据上式得, 对于 Ω 中任一光滑闭曲面 S, 有

$$\iint_S f(x,y,z)(x\mathrm{d}y\mathrm{d}z+y\mathrm{d}z\mathrm{d}x\mathrm{d}y)=\iiint_{\Omega_s}\Big[xf_x+yf_y+zf_z+3f(x,y,z)\Big]\mathrm{d}x\mathrm{d}y\mathrm{d}z=0.$$

再证必要性. 若对于 Ω 中任一光滑闭曲面 S, 有

$$\iint_S f(x,y,z)(x\mathrm{d}y\mathrm{d}z+y\mathrm{d}z\mathrm{d}x+z\mathrm{d}x\mathrm{d}y)=0,$$

假定存在 $(x_0,y_0,z_0)\in\Omega$, 使得 $x_0f_x(x_0,y_0,z_0)+y_0f_y(x_0,y_0,z_0)+z_0f_z(x_0,y_0,z_0)+3f(x_0,y_0,z_0)\neq 0$, 不妨设其大于零, 则由于 $xf_x(x,y,z)+yf_y(x,y,z)+zf_z(x,y,z)+3f(x,y,z)$ 在 Ω 上连续, 所以根据连续函数的保号性定理得, 存在 $B=B_\delta(x_0,y_0,z_0)\subset\Omega$, 使在 B 上, 有

$$xf_x(x,y,z)+yf_y(x,y,z)+zf_z(x,y,z)+3f(x,y,z)>0,$$

因此

$$\begin{aligned}&\iint\limits_{\partial B} f(x,y,z)(x\mathrm{d}y\mathrm{d}z+y\mathrm{d}z\mathrm{d}x+z\mathrm{d}x\mathrm{d}y)\\=&\iiint\limits_{B}\Big[xf_x+yf_y+zf_z+3f(x,y,z)\Big]\mathrm{d}x\mathrm{d}y\mathrm{d}z>0,\end{aligned}$$

这与条件相矛盾. 故

$$xf_x(x,y,z)+yf_y(x,y,z)+zf_z(x,y,z)+3f(x,y,z)=0,\quad (x,y,z)\in\Omega.\quad \Box$$

例 6　计算 $I=\oint_{\Gamma}\dfrac{x\mathrm{d}y-y\mathrm{d}x}{x^2+y^2}$, 其中 Γ 是任一光滑的简单闭曲线, 原点在 Γ 上.

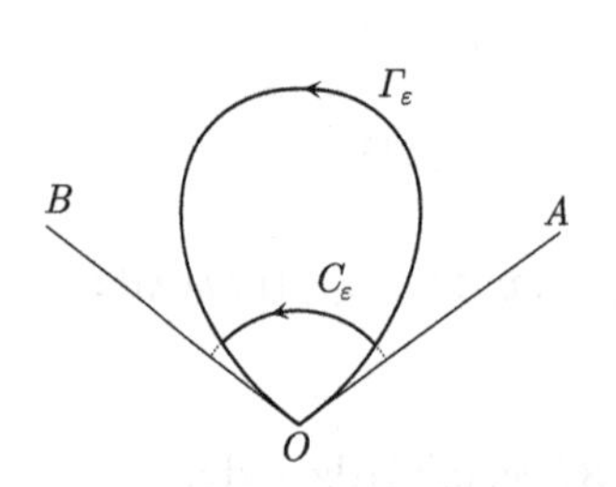

图 8.4

解　令 $P(x,y)=\dfrac{-y}{x^2+y^2}$, $Q(x,y)=\dfrac{x}{x^2+y^2}$, 则当 $(x,y)\neq(0,0)$ 时, 有

$$\frac{\partial P}{\partial y}=\frac{y^2-x^2}{(x^2+y^2)^2}=\frac{\partial Q}{\partial x}.$$

过原点 O 作曲线 Γ 的切线 OA,OB, 设 OA,OB 的夹角为 θ (图 8.4). 作一个以原点为心, ε 为半径的圆 B_ε, 记 B_ε 的边界在 Γ 内的部分为 C_ε, 它的定向如图 8.4 所示. 它对应的圆心角是 θ_ε, Γ 在 B_ε 之外的部分是 Γ_ε, 则根据 Green 公式可得

$$\begin{aligned}I=&\oint_{\Gamma}\frac{x\mathrm{d}y-y\mathrm{d}x}{x^2+y^2}=\lim_{\varepsilon\to0}\int\limits_{\Gamma_\varepsilon}\frac{x\mathrm{d}y-y\mathrm{d}x}{x^2+y^2}\\=&\lim_{\varepsilon\to0}\left(\int\limits_{\Gamma_\varepsilon}+\int\limits_{-C_\varepsilon}+\int\limits_{C_\varepsilon}\right)\frac{x\mathrm{d}y-y\mathrm{d}x}{x^2+y^2}\\=&\lim_{\varepsilon\to0}\int\limits_{C_\varepsilon}\frac{x\mathrm{d}y-y\mathrm{d}x}{x^2+y^2}.\end{aligned}$$

作变换 $x=\varepsilon\cos\varphi$, $y=\varepsilon\sin\varphi$, $\alpha\leqslant\varphi\leqslant\alpha+\theta_\varepsilon$, 则

$$I=\lim_{\varepsilon\to0}\int_{\alpha}^{\alpha+\theta_\varepsilon}\frac{\varepsilon^2\cos^2\varphi+\varepsilon^2\sin^2\varphi}{\varepsilon^2}\mathrm{d}\varphi=\lim_{\varepsilon\to0}\theta_\varepsilon=\theta.\quad\Box$$

例 7 设 D 是以光滑闭曲线 L 为边界的平面区域, $u(x,y)$, $v(x,y)$ 在 D 上有二阶连续偏导数, 记 $\Delta u=\dfrac{\partial^2 u}{\partial x^2}+\dfrac{\partial^2 u}{\partial y^2}$, $\boldsymbol{n}$ 是 L 上区域 D 的外法向量. 利用 Green 公式证明:

(1) $\displaystyle\iint\limits_D \Delta u\mathrm{d}x\mathrm{d}y=\oint_L \frac{\partial u}{\partial n}\,\mathrm{d}s$;

(2) $\displaystyle\iint\limits_D v\Delta u\mathrm{d}x\mathrm{d}y=-\iint_D\left(\frac{\partial u}{\partial x}\frac{\partial v}{\partial x}+\frac{\partial u}{\partial y}\frac{\partial v}{\partial y}\right)\mathrm{d}x\mathrm{d}y+\oint_L v\frac{\partial u}{\partial n}\,\mathrm{d}s$;

(3) $\displaystyle\iint\limits_D (v\Delta u-u\Delta v)\mathrm{d}x\mathrm{d}y=\oint_L\left(v\frac{\partial u}{\partial n}-u\frac{\partial v}{\partial n}\right)\,\mathrm{d}s$.

分析 主要利用两类曲线积分的关系和 Green 公式进行证明.

证明 (1) 设 $\boldsymbol{l}$ 为 L 上的切向量, 则 L 的切方向的方向余弦为 $(\cos(\boldsymbol{l},x),\cos(\boldsymbol{l},y))$.

由于 $\boldsymbol{n}$ 是 L 上区域 D 的外法向量, 所以

$$\cos(\boldsymbol{l},x)=\cos\left(\frac{\pi}{2}+(\boldsymbol{n},x)\right)=-\sin(\boldsymbol{n},x)=-\cos(\boldsymbol{n},y),$$

$$\cos(\boldsymbol{l},y)=\cos\left(\frac{\pi}{2}-(\boldsymbol{n},y)\right)=\sin(\boldsymbol{n},y)=\cos(\boldsymbol{n},x).$$

因为 $u(x,y)$, $v(x,y)$ 都在 D 上有二阶连续偏导数, 所以根据两类曲线积分的关系和 Green 公式可得

$$\begin{aligned}\oint_L\frac{\partial u}{\partial n}\,\mathrm{d}s&=\oint_L[u_x\cos(\boldsymbol{n},x)+u_y\cos(\boldsymbol{n},y)]\,\mathrm{d}s\\&=\oint_L[-u_y\cos(\boldsymbol{l},x)+u_x\cos(\boldsymbol{l},y)]\,\mathrm{d}s\\&=\oint_L -u_y\mathrm{d}x+u_x\mathrm{d}y\\&=\iint\limits_D\left(\frac{\partial^2 u}{\partial x^2}+\frac{\partial^2 u}{\partial y^2}\right)\mathrm{d}x\mathrm{d}y\\&=\iint\limits_D\Delta u\mathrm{d}x\mathrm{d}y.\end{aligned}$$

(2) 根据两类曲线积分的关系和 Green 公式可得

$$\oint_L v\frac{\partial u}{\partial n}\,\mathrm{d}s=\oint_L[vu_x\cos(\boldsymbol{n},x)+vu_y\cos(\boldsymbol{n},y)]\,\mathrm{d}s$$

$$
\begin{aligned}
&=\oint_L[-vu_y\cos(\boldsymbol{l},x)+vu_x\cos(\boldsymbol{l},y)]\,\mathrm{d}s\\
&=\oint_L -vu_y\mathrm{d}x+vu_x\mathrm{d}y\\
&=\iint\limits_D\Big(\frac{\partial(vu_x)}{\partial x}+\frac{\partial(vu_y)}{\partial y}\Big)\mathrm{d}x\mathrm{d}y\\
&=\iint\limits_D\Big(\frac{\partial u}{\partial x}\frac{\partial v}{\partial x}+v\frac{\partial^2 u}{\partial x^2}+\frac{\partial u}{\partial y}\frac{\partial v}{\partial y}+v\frac{\partial^2 u}{\partial y^2}\Big)\mathrm{d}x\mathrm{d}y\\
&=\iint\limits_D v\Delta u\mathrm{d}x\mathrm{d}y+\iint\limits_D\Big(\frac{\partial u}{\partial x}\frac{\partial v}{\partial x}+\frac{\partial u}{\partial y}\frac{\partial v}{\partial y}\Big)\mathrm{d}x\mathrm{d}y,
\end{aligned}
$$

于是

$$
\iint\limits_D v\Delta u\mathrm{d}x\mathrm{d}y=-\iint\limits_D\left(\frac{\partial u}{\partial x}\frac{\partial v}{\partial x}+\frac{\partial u}{\partial y}\frac{\partial v}{\partial y}\right)\mathrm{d}x\mathrm{d}y+\oint_L v\frac{\partial u}{\partial n}\,\mathrm{d}s.
$$

(3) 由 (2) 可得

$$
\iint\limits_D v\Delta u\mathrm{d}x\mathrm{d}y=-\iint\limits_D\left(\frac{\partial u}{\partial x}\frac{\partial v}{\partial x}+\frac{\partial u}{\partial y}\frac{\partial v}{\partial y}\right)\mathrm{d}x\mathrm{d}y+\oint_L v\frac{\partial u}{\partial n}\,\mathrm{d}s,
$$

$$
\iint\limits_D u\Delta v\mathrm{d}x\mathrm{d}y=-\iint\limits_D\left(\frac{\partial u}{\partial x}\frac{\partial v}{\partial x}+\frac{\partial u}{\partial y}\frac{\partial v}{\partial y}\right)\mathrm{d}x\mathrm{d}y+\oint_L u\frac{\partial v}{\partial n}\,\mathrm{d}s,
$$

所以根据以上两式可得

$$
\iint\limits_D (v\Delta u-u\Delta v)\mathrm{d}x\mathrm{d}y=\oint_L\left(v\frac{\partial u}{\partial n}-u\frac{\partial v}{\partial n}\right)\,\mathrm{d}s.
$$

□

例 8　计算 Gauss 曲线积分 $I=\oint_L\frac{\cos(\boldsymbol{r},\boldsymbol{n})}{r}\mathrm{d}s$, 其中 L 是单连通域 D 的边界, 逆时针方向为其正向, r 为 L 上一点 $P(x,y)$ 到 L 外一点 $A(\xi,\eta)$ 的距离, $(\boldsymbol{r},\boldsymbol{n})$ 是向量 $\boldsymbol{r}$ (向量 $\overrightarrow{AP}$) 与外法向量 $\boldsymbol{n}$ 的夹角.

解　因为 $(\boldsymbol{r},\boldsymbol{n})=(\boldsymbol{r},x)+(x,\boldsymbol{n})=(\boldsymbol{r},x)-(\boldsymbol{n},x)$, 所以

$$
\begin{aligned}
\cos(\boldsymbol{r},\boldsymbol{n})&=\cos(\boldsymbol{r},x)\cos(\boldsymbol{n},x)+\sin(\boldsymbol{r},x)\sin(\boldsymbol{n},x)\\
&=\frac{x-\xi}{r}\cos(\boldsymbol{n},x)+\frac{y-\eta}{r}\cos(\boldsymbol{n},y),
\end{aligned}
$$

因此

$$I = \oint_L \left(\frac{x-\xi}{r^2} \cos(\boldsymbol{n}, x) + \frac{y-\eta}{r^2} \cos(\boldsymbol{n}, y) \right) \mathrm{d}s$$
$$= \oint_L \frac{x-\xi}{r^2} \mathrm{d}y - \frac{y-\eta}{r^2} \mathrm{d}x.$$

记 $P(x,y) = -\dfrac{y-\eta}{r^2} = -\dfrac{y-\eta}{(x-\xi)^2+(y-\eta)^2}$, $Q(x,y) = \dfrac{x-\xi}{(x-\xi)^2+(y-\eta)^2}$, 则当 $(x,y) \neq (\xi,\eta)$ 时有

$$\frac{\partial P}{\partial y} = \frac{(y-\eta)^2-(x-\xi)^2}{[(x-\xi)^2+(y-\eta)^2]^2} = \frac{\partial Q}{\partial x},$$

于是当 A 在 D 外部时, 根据 Green 公式可得, $I=0$.

当 A 在 D 内部时, 取含于 D 内以 A 为中心, 充分小的 $\delta > 0$ 为半径的圆周 γ, 取逆时针方向为其正向, 则在 γ 上, $r=\delta$, $(\boldsymbol{r}, \boldsymbol{n}) = 0$, 于是

$$I = \oint_\gamma \frac{\mathrm{d}s}{\delta} = \frac{2\pi\delta}{\delta} = 2\pi. \qquad \square$$

8.3 进阶练习题

1. 设 Γ 是长方形 $[-3,3]\times[-1,1]$ 的边界, 取逆时针方向, 求曲线积分 $I = \int_\Gamma (x^3y + 2y^2\mathrm{e}^x + 6y^3)\mathrm{d}x + \left(\frac{1}{4}x^4 + \frac{1}{3}x^3 + 4y\mathrm{e}^x + 18xy^2\right)\mathrm{d}y$.

2. 计算积分 $I = \int_\Gamma (x+xy^2-y\cos x)\mathrm{d}x + (x^2y - \sin x)\mathrm{d}y$, 其中 Γ 是摆线

$$\begin{cases} x = t - \sin t, \\ y = 1 - \cos t \end{cases}$$

由 $t=0$ 到 $t=2\pi$ 的一段.

3. 计算曲面积分 $J = \iint\limits_S xy^2\mathrm{d}y\mathrm{d}z + xz\mathrm{d}z\mathrm{d}x + x^2z\mathrm{d}x\mathrm{d}y$, 其中 S 是锥面 $z=\sqrt{x^2+y^2}$ 在 $0 \leqslant z \leqslant 1$ 的部分, 取下侧.

4. 求曲面积分 $J = \iint\limits_S xy^2\mathrm{d}y\mathrm{d}z + xz\mathrm{d}z\mathrm{d}x + x^2z\mathrm{d}x\mathrm{d}y$, 其中 S 是曲面 $z=x^2+y^2$ 被平面 $z=2$ 截下的部分 $(0 \leqslant z \leqslant 2)$, 取下侧.

5. 计算曲线积分 $I=\int_L \frac{x-y}{x^2+y^2}\mathrm{d}x+\frac{x+y}{x^2+y^2}\mathrm{d}y$, 其中 L 是从点 $A(-a,0)$ 经过上半椭圆 $\frac{x^2}{a^2}+\frac{y^2}{b^2}=1\,(y\geqslant 0)$ 到点 $B(a,0)$ 的弧段, 这里 $a>0,b>0$.

6. 计算 $\int_C (x+\mathrm{e}^y)\mathrm{d}x+(y+x\mathrm{e}^y)\mathrm{d}y$, 其中 C 是从 $(0,0)$ 到 $(1,1)$ 的任一光滑弧端.

7. 设 $D=\{(x,y)|x^2+y^2\leqslant r^2\}\,(r>0)$, L 是 D 的边界曲线, L 取逆时针方向为正向. $\boldsymbol{n}$ 是 L 的外法线方向上的单位向量. $\boldsymbol{F}(P(x,y),Q(x,y))$ 是定义在 D 上的连续可微向量函数. 计算极限: $\lim\limits_{r\to 0}\oint_L \boldsymbol{F}\cdot\boldsymbol{n}\mathrm{d}s$.

8. 设 C 是取逆时针方向为正向的圆周 $(x-1)^2+(y-1)^2=1$, $f(x)$ 是正的连续函数, 试证明:

$$\oint_C xf(y)\mathrm{d}y-\frac{y}{f(x)}\mathrm{d}x\geqslant 2\pi.$$

9. 应用 Stokes 公式计算曲线积分 $\oint_L y\mathrm{d}x+z\mathrm{d}y+x\mathrm{d}z$, 其中 L 是圆周

$$\begin{cases} x^2+y^2+z^2=1,\\ x+y+z=0,\end{cases}$$

从 x 轴正向看去, 积分是依逆时针方向进行.

10. 计算 Gauss 曲面积分 $I(\xi,\zeta,\eta)=\iint\limits_S \frac{\cos(\boldsymbol{r},\boldsymbol{n})}{r^2}\mathrm{d}S$, 其中 S 是光滑封闭曲面, 取外侧为其正侧, r 为 S 上一点 $P(x,y,z)$ 到 S 外一点 $A(\xi,\zeta,\eta)$ 的距离, $(\boldsymbol{r},\boldsymbol{n})$ 是向量 $\boldsymbol{r}$ (向量 $\overrightarrow{AP}$) 与 S 上点 $P(x,y,z)$ 的外法向量 $\boldsymbol{n}$ 的夹角.

进阶练习题的参考答案或提示

第 1 章　一元函数微分学

1.3 进阶练习题

1. 利用导数的定义和函数极限的局部有界性.
2. 利用导数的定义和函数极限的运算法则.
3. $p=3$.
4. 分 $x>0, x<0$ 与 $x=0$ 三种情况求导数.
5. 利用导数的定义.
6. 注意到 $f(0)=1$ 及 $2x \leqslant f(x)-f(0) \leqslant x^2+2x$, 利用导数的定义和迫敛性定理.
7. $f(x)$ 在 x_0 连续、可导, 且 $f'(x_0)=0$.
8. $1+f(0)$.
9. $\dfrac{k(k+1)}{2}$.
10. $\dfrac{(n+1)\cos nx-n\cos(n+1)x-1}{2(1-\cos x)}$.
11. 在公式 $(1+x)^n=\sum\limits_{k=0}^{n}\mathrm{C}_n^k x^k$ 两边对 x 求导数, 乘以 x 再求导, 令 $x=1$.
12. 利用条件和导数的定义.
13. 利用导数的定义.
14. (1) $\sqrt[3]{\dfrac{\mathrm{e}^x}{1+\cos x}}\cdot\dfrac{1+\sin x+\cos x}{1+\cos x}$; (2) $-2^{\csc^2 x}\cos x\cdot\csc^3 x\ln 2$.
15. (1) $\dfrac{2[f(x)f'(x)+g(x)g'(x)]}{n[f^2(x)+g^2(x)]^{1-\frac{1}{n}}}$; (2) $\dfrac{f'(x)}{f(x)}-\dfrac{g'(x)}{g(x)}$.
16. 利用导数的定义和连续的定义.
17. (1) $\dfrac{(-1)^{n+1}n!}{(1+x)^{n+1}}$; (2) $n!+\dfrac{n!2^{n+1}}{(2-x)^{n+1}}$; (3) $\mathrm{e}^{ax}\cos\left(bx+n\arctan\dfrac{b}{a}\right)$.
18. 利用题目条件和导数的运算法则.
19. (1) $\dfrac{2\,\mathrm{d}x}{x^4-1}$; (2) $\dfrac{2}{x^4+x^2+1}$; (3) $\dfrac{1}{x^4+1}$.

第 2 章　一元函数微分法的应用

2.3 进阶练习题

1. 作辅助函数 $F(x)=f^m(x)f^n(1-x)$.

2. 作辅助函数 $f(x) = a_1 \sin x + \frac{a_2}{3} \sin 3x + \cdots + \frac{a_n}{2n-1} \sin(2n-1)x$.

3. 分别在 $[a, c]$ 与 $[c, b]$ 上利用连续函数介值定理, 然后应用 Rolle 中值定理.

4. 可以先分别在 $[a, c]$ 与 $[c, b]$ 上应用 Lagrange 中值定理, 得 $\xi_1 \in (a, c)$, $\xi_2 \in (c, b)$, 使 $f'(\xi_1) < 0$, $\quad f'(\xi_2) > 0$. 然后再对 $f'(x)$ 在 $[\xi_1, \xi_2]$ 上应用 Lagrange 中值定理.

5. 利用带 Lagrange 型余项的 Taylor 公式, 将 $f\left(\frac{a+b}{2}\right)$ 分别在 $x = a$ 与 $x = b$ 处展开.

6. (1) 2; (2) 1; (3) $\frac{2}{3}$; (4) -2; (5) 1; (6) 1; (7) $\mathrm{e}^{\frac{1}{3}}$; (8) $\frac{1}{3}$.

7. 利用 Taylor 公式.

8. 作辅助函数 $F(x) = f(x) - x$, 讨论其单调性.

9. 讨论函数 $f(x) = \mathrm{e} \ln x - x$ 的单调性, $\pi^{\mathrm{e}} < \mathrm{e}^{\pi}$.

10. 利用函数 $f(x) = \frac{x}{1+x}$ 的单调递增性质.

11. 所证不等式等价于 $\frac{\ln a}{a-1} > \frac{\ln b}{b-1}$.

12. 利用 Lagrange 中值定理.

13. 利用函数 $f(x) = x^x$ 是下凸函数的凸性性质.

14. 可以利用 Cauchy 中值定理, 或者 Taylor 公式, 或者函数的单调性.

15. 作辅助函数, 并讨论其严格单调性.

16. 利用 $n = 3$ 的带 Lagrange 型余项的 Maclaurin 公式.

17. 利用函数极限的局部有界性和 Cauchy 中值定理.

18. 利用单调性.

19. 作辅助函数, 证明辅助函数在两端的极限为零, 再设法利用 Fermat 定理.

21. 作辅助函数 $F(x) = (a-x)^2(f(x) - f(b))$, 然后应用 Rolle 中值定理.

22. 作辅助函数 $F(x) = (b-x)^n(f(x) - f(a))$, 然后应用 Rolle 中值定理.

23. 作辅助函数 $F(x) = (b-x)^a f(x)$, 然后应用 Rolle 中值定理.

24. 将要证明的不等式恒等变形, 然后作辅助函数 $F(t) = \frac{\ln t}{1-t}$, 再应用单调性证明.

25. 首先利用三角函数倍角公式可得 $f'(x) = \frac{1}{2} + \frac{1}{2} \sin \frac{2}{x}$, 其次, $f(x) = \int_0^x f'(t)\mathrm{d}t = \frac{x}{2} + \frac{1}{2}\int_0^x \sin \frac{2}{t}\mathrm{d}t = \frac{x}{2} + \frac{1}{2}x^2 \cos \frac{2}{x} - \int_0^x t \cos \frac{2}{t}\mathrm{d}t$, 然后应用洛必达法则可得结果为 1/2.

26. 利用题目条件和函数极限的保不等式性, 以及连续函数的最值定理和介值定理.

27. $a = 1/6, b = -4/3$, 极大值 $f(1) = -7/6$, 极小值 $f(3) = \ln 3 - 5/2$.

第 3 章 一元函数积分学

3.3 进阶练习题

1. (1) $\frac{1}{2} \ln \left|\frac{1-\cos x}{\sin x}\right| - \frac{1}{2(1+\cos x)} + C$; (2) $\frac{3}{8}x - \frac{1}{4}\sin 2x + \frac{1}{32}\sin 4x + C$; (3) $-\frac{1}{2}\frac{\cos x}{\sin^2 x} + \frac{1}{2}\ln|\csc x - \cot x| + C$; (4) $x + \frac{1}{\sqrt{2}}\arctan\left(\frac{1}{\sqrt{2}\tan x}\right) + C$.

2. 方法一：两个联立求; 方法二：两个独立求.

$$I_1=\frac{x^2}{4}-\frac{1}{4}x\sin 2x-\frac{1}{8}\cos 2x+C;\quad I_2=\frac{x^2}{4}+\frac{1}{4}x\sin 2x+\frac{1}{8}\cos 2x+C.$$

3. (1) $-\frac{3}{2}\sqrt[3]{\frac{x+1}{x-1}}$;

(2) $2\ln|x+\sqrt{x^2+x+1}|-\frac{3}{2}\ln|1+2x+2\sqrt{x^2+x+1}|+\frac{3}{2(1+2x+2\sqrt{x^2+x+1})}+C$;

(3) $\sqrt{x^2-1}\ln(x+\sqrt{x^2-1})-x+C$; (4) $2\sin^{-1/2}x-\frac{2}{5}\sin^{-5/2}x+C$.

4. 函数 $f(x)$ 在 $0,\frac{1}{2},\frac{1}{3},\cdots,\frac{1}{n},\cdots$ 处间断.

5. 令 $f(x)=\mathrm{e}^{x^2-x}$, 求得 $\max\limits_{x\in[0,2]}f(x)=\mathrm{e}^2$, $\min\limits_{x\in[0,2]}f(x)=\mathrm{e}^{-\frac{1}{4}}$.

6. $\forall x\in(a,b)$, 有 $f(x)=f'(\xi_1)(x-a)$, $\xi_1\in(a,x)$, $f(x)=f'(\xi_2)(b-x)$, $\xi_2\in(x,b)$, 于是 $|f(x)|\leqslant M(x-a)$ 与 $|f(x)|\leqslant M(b-x)$.

7. 当 $a=b$ 时, $I=\frac{1}{a^2}$; 当 $a>b$ 时, $I=\frac{1}{b\sqrt{a^2-b^2}}\arctan\frac{\sqrt{a^2-b^2}}{b}$; 当 $a<b$ 时, $I=\frac{1}{b\sqrt{a^2-b^2}}\ln\frac{b+\sqrt{a^2-b^2}}{a}$.

8. $I=\frac{1}{6}$.

9. 用分部积分法, $f(0)=2$.

10. $f(x)=\mathrm{e}^x-1$.

11. 由 f 下凸得, $f\left(\frac{a+b}{2}\right)\leqslant\frac{f(a)+f(b)}{2}$. $\int_a^b f\mathrm{d}x=\int_a^{\frac{a+b}{2}}f\mathrm{d}x+\int_{\frac{a+b}{2}}^b f\mathrm{d}x=I_1+I_2$. 由于

$$I_1=\int_a^{\frac{a+b}{2}}f\mathrm{d}x=\int_{\frac{a+b}{2}}^b f(a+b-t)\mathrm{d}t\quad(x=a+b-t),$$

所以

$$\int_a^b f\mathrm{d}x=\int_{\frac{a+b}{2}}^b(f(a+b-x)+f(x))\mathrm{d}x,\quad f(a+b-x)+f(x)\geqslant 2f\left(\frac{a+b}{2}\right),$$

由此得 $f\left(\frac{a+b}{2}\right)\leqslant\frac{1}{b-a}\int_a^b f\mathrm{d}x$.

另, $\forall x\in[a,b],\exists\theta\in[0,1]$, 使 $x=\theta a+(1-\theta)b$, 于是

$$\int_a^b f\mathrm{d}x=\int_1^0 f(\theta a+(1-\theta)b)(a-b)\mathrm{d}\theta\leqslant(b-a)\int_0^1[\theta f(a)+(1-\theta)f(b)]\mathrm{d}\theta=(b-a)\cdot\frac{f(a)+f(b)}{2}.$$

12. (1) $\frac{1}{3}\mathrm{e}^{\sin^2(x^3)}+C$, (2) $\frac{x^2}{2}\ln(x^2+\sqrt{x^4-1})-\frac{1}{2}\sqrt{x^4-1}+C$,

(3) $-\dfrac{1}{7x^7}+\dfrac{1}{5x^5}-\dfrac{1}{3x^3}+\dfrac{1}{x}+\arctan x+C$, (4) $=\begin{cases}0, & 0\leqslant x<1,\\ x-1, & 1\leqslant x<2,\\ 2x-3, & 2\leqslant x\leqslant 3.\end{cases}$

13. 参考文献 [2] 的 32 页例 5 和 35 页的题 4, 利用导函数介值定理易知, 题 4 的函数在 $[0,1]$ 上不存在原函数.

14. 连续, 但是不可导, F 不是 f 的原函数.

15. 利用变限积分的性质和介值定理, 要分两种情况.

第 4 章 多元函数微分学

4.3 进阶练习题

1. (1) $f(x,y)$ 在原点 $(0,0)$ 是连续; (2) $f_x(0,0)=f_y(0,0)=0$;
(3)

$$f_x(x,y)=\begin{cases}\dfrac{2xy^3}{(x^2+y^2)^2}, & (x,y)\neq(0,0),\\ 0, & (x,y)=(0,0),\end{cases}$$

$$f_y(x,y)=\begin{cases}\dfrac{x^2(x^2-y^2)}{(x^2+y^2)^2}, & (x,y)\neq(0,0),\\ 0, & (x,y)=(0,0),\end{cases}$$

它们在原点 $(0,0)$ 均不连续 (以 $y=kx$ 代入可验证);

(4) $f(x,y)$ 在原点 $(0,0)$ 不可微; (5) 当 $\alpha>2$, $f(x,y)$ 在原点 $(0,0)$ 可微.

2. (1) $f_x(1,1)=f_y(1,1)=0$;

(2) $f_x(x,1,1)=1$, $f_y(1,y,1)=y^{-2-1/y}(\ln y-1)$, $f_y(1,1,z)=0$;

(3) $f_x(x,y)=y\left(\sin\dfrac{1}{\sqrt{x^2+y^2}}-\dfrac{x^2}{(x^2+y^2)^{3/2}}\cos\dfrac{1}{\sqrt{x^2+y^2}}\right)$,

$$f_y(x,y)=x\left(\sin\frac{1}{\sqrt{x^2+y^2}}-\frac{y^2}{(x^2+y^2)^{3/2}}\cos\frac{1}{\sqrt{x^2+y^2}}\right).$$

3. (1) $\mathrm{d}u=a^{xyz}(xyz)\left(\dfrac{1}{x}\mathrm{d}x+\dfrac{1}{y}\mathrm{d}y+\dfrac{1}{z}\mathrm{d}z\right)\ln a$;

(2) $\mathrm{d}u=x^yy^zz^x\left\{\left(\dfrac{y}{x}+\ln z\right)\mathrm{d}x+\left(\dfrac{z}{y}+\ln x\right)\mathrm{d}y+\left(\dfrac{x}{z}+\ln y\right)\mathrm{d}z\right\}$;

(3) $\mathrm{d}u=(f_1'+3tf_2'+3t^2f_3')\mathrm{d}t$.

4. (1) $z_{xy}=z_{yx}=\dfrac{1}{4}x(xy-x^2)^{-3/2}$;

(2) $f_{xy}(0,0)=0$, $f_{yx}(0,0)=1$;

(3) $f_{xx}(x,y)=\varphi''(x+y)+\varphi(x-y)+\psi'(x+y)-\psi'(x-y)$,
$f_{xy}(x,y)=\varphi''(x+y)-\varphi(x-y)+\psi'(x+y)+\psi'(x-y)$.

5. 提示：令 $u=ax+by$, $v=y$, 则 $z=f\left(\dfrac{u-bv}{a},v\right)$. 证明：$\dfrac{\partial z}{\partial v}=0$.

6. $f(x,y)=a+bx+cy+\dfrac{1}{2}(x^2y+xy^2)$.

7. 考察例子 $f(x,y)=\arctan\dfrac{y}{x}$.

11. (1) 利用求偏导数的公式和偏导数的定义, (2) 利用可微的充要条件 (即推论 13.4.1).

12. (1) 首先利用求偏导数的公式和偏导数的定义求出偏导函数, 然后利用连续函数的定义验证, (2) 利用可微的充分条件和充要条件.

第 5 章　多元函数微分法的应用

5.3 进阶练习题

1. 只在 x 轴的正、负方向和 y 上存在方向导数 (依定义证明).

2. 切线方程为 $x+z=2,\ y+2=0$.

3. $\left.\dfrac{\partial z}{\partial l}\right|_{P_0}=2$.

4. 提示：对 $f(1,0)-f(0,1)$ 运用二元函数微分中值定理.

5. $f(x,y)=\displaystyle\sum_{m=1}^{4}\sum_{n=1}^{4}(-1)^{m+n}\frac{1}{mn}x^m y^n+o(x^4)+o(y^4),\quad x,\ y\to 0$.

6. 提示：在 $f(tx,ty)=t^n f(x,y)$ 中, 令 $u=tx,\ v=ty$, 并对 t 求导 k 次后, 取 $t=1$. $q_k=0,\ k=1,2,\cdots$.

7. (1) $y'=\dfrac{x+y}{x-y},\ y''=\dfrac{2(x^2+y^2)}{(x-y)^3}$;

(2) $z_x=\dfrac{z^2(yz-x^2)}{xy(z^2-xy)},\ z_y=\dfrac{zx(zx-y^2)}{y^2(z^2-xy)}$;

(3) $u_x=\dfrac{f_x+g_x-2x}{2u-f_u-g_u},\ u_x=\dfrac{g_y}{2u-f_u-g_u}$;

(4) $u_x=\dfrac{f_1'}{1-f_1'-yf_2'},\ u_y=\dfrac{uf_2'}{1-f_1'-yf_2'}$.

8. $\dfrac{\partial u}{\partial x}=\dfrac{v^3-3xu^2v^2+4}{6x^2uv^2+2y},\ \dfrac{\partial v}{\partial y}=\dfrac{2xu^2+3y^3}{3x^2uv^2+y}$.

9. $\dfrac{\partial^2 x}{\partial u^2}=\dfrac{16x^2y-8yz-32x^2z^2}{(1+8xyz)^2},\ \dfrac{\partial^2 x}{\partial u\partial v}=\dfrac{16y^2z-8xz-32x^2y^2}{(1+8xyz)^3}$.

10. $a=3$.

11. 提示：求出稳定点 $(x_n.y_n)=(n\pi,\cos n\pi-1),\ n=0,\pm1,\cdots$. 可以验证, n 为偶数时, $f(x,y)$ 在 (x_n,y_n) 上取得极大值; n 为奇数时, $f(x,y)$ 在 (x_n,y_n) 处没有极值.

12. $f(x,y,z)$ 在点 $(1,1,1),\ (-1,-1,1),\ (-1,1,-1)$ 和 $(1,-1,-1)$ 均取得极小值.

13. 最大值 $f_{\max}=f(1,0)=4$ 和最小值 $f(-1,0)=-4$.

14. 提示：问题转化为证明函数 $f(x,y)=x\ln x-x+\mathrm{e}^y-xy$ 在域 $D=\{(x,y):x\geqslant 1,y\geqslant 0\}$ 上的最小值是 0.

15. f 的最大值为 $\ln(6\sqrt{3}r^6)$.

16. 铁丝三节长度之比是 $\pi:4:3\sqrt{3}$ 时, 这三个图形的面积和最小.

18. 利用平均值不等式和极值的必要条件可得最小值为 $u(P_0) = 4\sqrt[4]{2}$, 唯一极值点为 $(2^{\frac{1}{4}}, 2^{\frac{1}{2}}, 2^{\frac{3}{4}})$.

第 6 章 重 积 分

6.3 进阶练习题

1. $\dfrac{1}{6}$.

2. 仿照综合举例中的例 1.

3. (1) $(\mathrm{e}-1)^2$; (2) $\dfrac{11}{15}$; (3) $\dfrac{3\mathrm{e}}{8} - \dfrac{\sqrt{\mathrm{e}}}{2}$; (4) $\dfrac{1}{45}$; (5) $\dfrac{3}{8}$; (6) $\dfrac{\pi}{60}(96\sqrt{2} - 89)$; (7) $\dfrac{\pi}{4}$.

4. $\dfrac{a^2}{2}\ln 2$.

5. $2\pi f(0,0)$.

6. $\dfrac{\pi^2 a^3}{4\sqrt{2}}$.

7. $\dfrac{\pi}{168}$.

8. 考虑对积分 $\displaystyle\int_0^1\int_0^1 \left(\frac{f(y)}{f(x)} + \frac{f(y)}{f(x)}\right) \mathrm{d}x\mathrm{d}y$ 进行估计.

9. $\dfrac{9\pi}{16}$.

10. $\dfrac{16}{3}(\sqrt{3}+1) - 4\sqrt{2}$.

11. 可以将定积分化为二重积分问题, 交换积分次序, 应用分部积分法和定积分的性质可证明不等式.

12. $\dfrac{(820 - 81\ln 3)\pi}{72}$.

13. 考虑二重积分 $\displaystyle\iint\limits_D xy(1-x)(1-y)\frac{\partial^4 f}{\partial x^2 \partial y^2}\mathrm{d}x\mathrm{d}y$, 将其化为二次积分, 得到 $\displaystyle\iint\limits_D f(x, y)\mathrm{d}x\mathrm{d}y$ 的估计表达式.

第 7 章 曲线积分与曲面积分

7.3 进阶练习题

1. $\dfrac{3\sqrt{3}\pi}{2}$.

2. 可直接通过定义进行计算.

3. (1) $2\pi a^{2n+1}$; (2) 0.

4. $\dfrac{a^2}{2}\ln 2$.

5. (1) $\frac{4}{3}$; (2) $-\sqrt{2}a^2\pi$.
6. (1) $-\frac{\pi}{2}a^3$; (2) $4\pi R^3$; (3) $-\frac{\pi}{2}$.
7. $F(t)=\begin{cases}\frac{\pi}{18}(3-t^2)^2, & |t|\leqslant\sqrt{3},\\ 0, & |t|>\sqrt{3}.\end{cases}$
8. 0.
9. $2\pi R\left(1+\frac{R^2}{3}\right)$.
10. $\frac{3\pi}{5}R^3$.

第 8 章　各种积分之间的关系

8.3 进阶练习题

1. 36.
2. $2\pi^2$.
3. $-\frac{3\pi}{20}$.
4. $-\frac{8\pi}{3}$.
5. $-\pi$.
6. 证明积分与路径无关, 结果是 $1+\mathrm{e}$.
7. $P_x(0,0)+Q_y(0,0)$.
8. 利用 Green 公式, 然后证明 $\iint\limits_D f(x)\mathrm{d}x\mathrm{d}y=\iint\limits_D f(y)\mathrm{d}x\mathrm{d}y$.
9. $-\sqrt{3}\pi$.
10. 当 $A(\xi,\zeta,\eta)$ 在 S 内部或者外部时, $I=4\pi$ 或者 0.

参 考 文 献

[1] 菲赫金哥尔茨. 微积分学教程. 1 卷. 8 版. 余家荣等译. 北京：高等教育出版社, 2006.

[2] 刘名生, 冯伟贞, 韩彦昌. 数学分析 (一). 2 版. 北京：科学出版社, 2018.

[3] 徐志庭, 刘名生, 冯伟贞. 数学分析 (二). 2 版. 北京：科学出版社, 2019.

[4] 耿堤, 易法槐, 丁时进, 等. 数学分析 (三). 2 版. 北京：科学出版社, 2019.

[5] 周民强. 数学分析 (第一、二、三册). 上海：上海科学技术出版社, 2003.

[6] 四个师范大学联合编写. 数学分析习题课讲义. 天津：天津科学技术出版社, 1995.

[7] 胡雁军, 李育生, 邓聚成. 数学分析中的证题方法与难题选解. 开封：河南大学出版社, 1987.

[8] 刘三阳, 于力, 李广民. 数学分析选讲. 北京：科学出版社, 2007.

[9] 韩云端等. 微积分学习指导. 北京：清华大学出版社, 2000.

[10] 谢惠民等. 数学分析习题课讲义 (上册). 北京：高等教育出版社, 2003.

[11] 张建新. 不定积分的非初等性. 沙洲职业工学院学报, 2001, 4(2): 35–38.

[12] 张春苟. 不定积分中的“积不出”问题. 数学的实践与认识, 2009, 39(7): 221–224.

[13] 吉米多维奇. 数学分析习题集. 北京：高等教育出版社, 1984.

[14] 江泽坚, 吴智泉. 实变函数论. 2 版. 北京：高等教育出版社, 1994.

[15] 林源渠，方企勤. 数学分析解题指南. 北京: 北京大学出版社, 2003.

附录　2011, 2012, 2020 年华南师范大学数学分析考研真题

2011 年华南师范大学数学分析考研真题

一、(15 分) 设 $a_1, a_2, \cdots, a_n$ 为 n 个正数, 求

$$\lim_{x\to-\infty}\left(\frac{a_1^x+a_2^x+\cdots a_n^x}{n}\right)^{\frac{1}{x}},\quad \lim_{x\to 0}\left(\frac{a_1^x+a_2^x+\cdots a_n^x}{n}\right)^{\frac{1}{x}}.$$

二、(20 分) 设 $f''(x)$ 连续, $f(0)=1$, 试讨论函数

$$g(x)=\begin{cases}\dfrac{f(x)-\cos x}{x}, & x\neq 0,\\ f'(0), & x=0\end{cases}$$

的导函数在 $x=0$ 处的连续性, 并求出 $g'(0)$ 的值.

三、(15 分) 证明函数 $f(x)=\sin\dfrac{1}{x}$ 在 $(0,+\infty)$ 上非一致连续.

四、(15 分) 设函数 $f(x)$ 在 $[a,b]$ 上可积, 若 $\forall x\in[a,b]$ 有 $f(x)\geqslant 0$, 且存在 $x_0\in[a,b]$, 使得 $\lim\limits_{x\to x_0}f(x)>0$, 试证明 $\displaystyle\int_a^b f(x)\mathrm{d}x>0$.

五、(15 分) 判断反常积分 $\displaystyle\int_0^1\frac{1}{x^\alpha}\sin\frac{1}{x}\mathrm{d}x\ (\alpha>0)$ 是绝对收敛还是条件收敛.

六、(20 分) 证明: 函数项级数 $\displaystyle\sum_{n=1}^{\infty}x^n(1-x)^2$ 在 $[0,1]$ 上一致收敛, 但是 $\displaystyle\sum_{n=1}^{\infty}x^n(1-x)$ 在 $[0,1]$ 上非一致收敛.

七、(20 分) 证明函数

$$f(x,y)=\begin{cases}xy\sin\dfrac{1}{\sqrt{x^2+y^2}}, & (x,y)\neq(0,0),\\ 0, & (x,y)=(0,0)\end{cases}$$

在原点 $(0,0)$ 连续, 偏导数存在、可微，但是其偏导函数在原点 $(0,0)$ 不连续.

八、(15 分) 设幂级数 $\sum\limits_{n=1}^{\infty} a_n x^n$ 在 $|x| \leqslant 1$ 内收敛于 $f(x)$. 如果 $\lim\limits_{n\to\infty} na_n = 0$, $\lim\limits_{x\to 1^-} f(x) = s$, 试证明 $\sum\limits_{n=0}^{\infty} a_n = s$.

九、(15 分) 计算积分 $\oint_L \dfrac{x\mathrm{d}y - y\mathrm{d}x}{x^2+y^2}$, 其中 L 是以点 $(1,-1)$ 为中心， R 为半径的圆周 $(R \neq \sqrt{2})$, 取逆时针方向为正向.

2012 年华南师范大学数学分析考研真题

一、(15 分) 求极限 $\lim\limits_{x\to+\infty}\left(\dfrac{1}{x}\cdot\dfrac{a^x-1}{a-1}\right)^{\frac{1}{x}}$, $a>0$, $a\neq 1$.

二、(15 分) 证明：若函数 $f(x)$ 在 $[a,b]$ 上可积, 且存在 $c>0$, $\forall x\in[a,b]$ 有 $f(x)\geqslant c$. 则 $\dfrac{1}{f(x)}$ 也在 $[a,b]$ 上可积.

三、(15 分) 设导函数 $f'(x)$ 在 $[a,b]$ 上连续，证明函数 $f(x)$ 在 $[a,b]$ 上必一致可导，即 $\forall\varepsilon>0,\exists\delta>0,\forall h:0<|h|<\delta$, $\forall x\in[a,b]$, 有 $\left|\dfrac{f(x+h)-f(x)}{h}-f'(x)\right|<\varepsilon$.

四、(15 分) 设函数 $f(x)$ 在闭区间 $[a,b]$ 上无界, 证明：

1. 存在 $\{x_n\}\subset[a,b]$, 使得 $\lim\limits_{n\to\infty}f(x_n)=\infty$;

2. 存在 $c\in[a,b]$, 使得 $\forall\delta>0$, $f(x)$ 在 $(c-\delta,c+\delta)\cap[a,b]$ 上无界.

五、(15 分) 设定义在 $\mathbb{R}$ 上的函数 $f(x)$ 在 $U^\circ(0;\delta')$ 内有界, 且满足 $f(\alpha x)=\beta f(x)$, $(\alpha>1,\ \beta>1)$, 试证明: $\lim\limits_{x\to 0}f(x)=0$.

六、(20 分) 证明: 函数项级数 $\sum\limits_{n=1}^{\infty}n\mathrm{e}^{-nx}$ 于 $(0,+\infty)$ 不一致收敛, 但是对于 $\forall\delta>0$, 于 $[\delta,+\infty)$ 一致收敛.

七、(20 分) 设函数 $f(x,y)=|x-y|\varphi(x,y)$, 其中 $\varphi(x,y)$ 在点 $(0,0)$ 的一个邻域内连续, 试证明: $f(x,y)$ 在点 $(0,0)$ 可微的充要条件是 $\varphi(0,0)=0$.

八、(20 分) 设有幂级数 $\sum\limits_{n=1}^{\infty}n^2x^n$.

1. 求上述幂级数的收敛半径和收敛域;

2. 求上述幂级数的和函数.

九、(15 分) 设 C 是取正向的圆周 $(x-1)^2+(y-1)^2=1$, $f(x)$ 是正的连续函数, 证明:

$$\oint_C xf(y)\mathrm{d}y-\frac{y}{f(x)}\mathrm{d}x\geqslant 2\pi.$$

2020 年华南师范大学数学分析考研真题

一、计算极限 (40 分 =5 × 8 分)

1. $\lim\limits_{n\to\infty}\dfrac{n^2\sin n}{n^3+n^2-1}$; 2. $\lim\limits_{n\to\infty}\dfrac{n!\,2^n}{n^{n+1}}$; 3. $\lim\limits_{n\to\infty} n(\sqrt[n]{3}-1)$;

4. $\lim\limits_{n\to\infty}\dfrac{1}{n}\sum\limits_{k=1}^{n}2^{k/n}$; 5. $\lim\limits_{x\to\infty}\left(\dfrac{4x+5}{4x+1}\right)^{3x+2}$.

二、计算导数、微分和积分 (40 分 =4 × 10 分)

1. 设 $y=x\ln(x+\sqrt{x^2+1})-\sqrt{x^2+1}$, 求 $\mathrm{d}y$.

2. 设 $f(x)=\begin{cases} x^2\mathrm{e}^{-x^2}, & x\geqslant 0, \\ x^3\sin\dfrac{1}{x}, & x<0, \end{cases}$ 求 $f(x)$ 的导函数.

3. $\displaystyle\int\frac{\mathrm{d}x}{x^4(1+x^2)}$.

4. $\displaystyle\int_\Gamma\sqrt{x^2+2y^2}\,\mathrm{d}s$, 其中 Γ 为 $x^2+y^2+z^2=a^2$ 与 $x=y$ 相交的圆周.

三、(16 分) 设函数 $f(x)$ 在 $(-\infty,+\infty)$ 上连续，且极限 $\lim\limits_{x\to\infty}f(x)$ 存在, 试证明:

(1) $f(x)$ 在 $(-\infty,+\infty)$ 上有界； (2) $f(x)$ 在 $(-\infty,+\infty)$ 上一致连续.

四、(14 分) 判别下列反常积分 $\displaystyle\int_0^1\frac{x^a}{\sqrt{1-x}}\mathrm{d}x\,(a\in\mathbb{R})$ 的敛散性.

(1) $\displaystyle\int_0^1\frac{\ln^2 x}{1-x}\mathrm{d}x$; (2) $\displaystyle\int_1^{+\infty}\frac{\ln x}{x^p(1+x)}\mathrm{d}x\,(p>0)$.

五、(10 分) 设 $\{P_n(x_n,y_n)\}$ 是平面上的一个点列, 证明点列 $\{P_n\}$ 收敛的充要条件是：$\forall\varepsilon>0$, 存在正整数 N, 使当 $n>N$ 时, 对任何正整数 p 有

$$\|P_n-P_{n+p}\|<\varepsilon.$$

六、(15 分) 设函数 $f(x,y)$ 在开区域 D 内对 x 连续，$f_y(x,y)$ 存在且有界, 试证明: f 在 D 内连续.

七、(15 分) 求 $I=\displaystyle\iint_S xy^2\mathrm{d}y\mathrm{d}z+yz^2\mathrm{d}z\mathrm{d}x+(zx^2+xy)\mathrm{d}x\mathrm{d}y$, 其中 S 是上半球面 $z=\sqrt{a^2-x^2-y^2}\,(z\geqslant 0,\ a>0)$, 取外侧.